Petroleum Geochemomometrics—Foundations and Applications

油气地球化学计量学
——基础与应用

邹艳荣　王遥平　詹兆文　著

科学出版社
北京

内 容 简 介

本书提出了油气地球化学计量学的概念，定义为化学计量学与油气地球化学的结合，即数学、统计学和计算机在油气地球化学中的应用。书中内容涵盖了油气地球化学的主要研究领域。全书分为三篇，共十三章。

上篇是基础篇，包括基础统计方法、地球化学数据清洗、异常值判断、缺失值填补、数据变换、数据标准化方法、相似性度量选择以及常用统计分析方法基础。

中篇为油–油对比、油–源对比和混源油解析篇，将聚类分析、主成分分析、多维标度、非负矩阵分解等方法用于我国主要油气盆地，包括塔里木盆地、准噶尔盆地、渤海湾盆地、中国南海北部湾盆地等的地球化学对比和混源油解析，并展望了地球化学计量学方法的发展前景。

下篇为天然气的对比和混合气解析篇，用聚类分析、主成分分析和非负矩阵分解对天然气进行对比和混源解析，并用于吐哈盆地和准噶尔盆地的天然气的成因研究。

本书主要适合油气地球化学与化学计量学专业学者、师生阅读参考，也可供地学相关领域研究人员研究使用。

图书在版编目（CIP）数据

油气地球化学计量学：基础与应用/邹艳荣，王遥平，詹兆文著.—北京：科学出版社，2021.8

ISBN 978-7-03-067024-3

Ⅰ.①油… Ⅱ.①邹…②王…③詹… Ⅲ.①油气勘探–地球化学–化学计量学 Ⅳ.①P618.130.8

中国版本图书馆 CIP 数据核字（2020）第 234284 号

责任编辑：焦　健　柴良木　韩　鹏/责任校对：王　瑞
责任印制：吴兆东/封面设计：北京图阅盛世

科学出版社 出版

北京东黄城根北街 16 号
邮政编码：100717
http://www.sciencep.com

北京建宏印刷有限公司 印刷
科学出版社发行　各地新华书店经销

*

2021 年 8 月第 一 版　开本：787×1092　1/16
2021 年 8 月第一次印刷　印张：21 1/4
字数：500 000

定价：288.00 元
（如有印装质量问题，我社负责调换）

序

  化学计量学是将统计学方法与化学结合起来，定量地解释化学反应与分析测试结果，获取有用信息，目前已在多个学科领域展现了良好的应用效果。油气地球化学计量学则定义为"化学计量学在油气地球化学中的应用"，虽然略显宽泛，却又恰当而准确地概括了油气地球化学计量学的研究内容，同时也体现了作为油气地球化学和化学计量学交叉学科的开放性。这一定义的出现标志着油气地球化学计量学逐渐走向成熟。

  20 世纪 90 年代以前，有机地球化学家主要依靠分析技术难度很高的生物标志化合物对有机质的来源、形成环境与热演化做出判断。不难想象，地球化学家脑海中必须存储大量生物标志化合物的基础知识，才能得出相对精准的结论。随着分析仪器和计算机技术的应用和普及，现今的油气地球化学家面临的却是另一番情景："数据爆炸"和"维度魔咒"；科学家不得不面对大量相对容易获得且种类繁多的数据，我们需要对这些海量数据进行提炼、综合才能得出准确的结论。在探索油气地球化学数据分类、提取有用信息的过程中，化学计量学方法提供了一种有效且可以获得有用信息的综合分析工具。从 21 世纪初开始，生物标志化合物与化学计量学开始深度融合，油气地球化学计量学雏形得以显现。近年来，这一发展趋势更加明显，在油气地球化学研究中应用越来越多，展现出更加广阔的发展前景。

  邹艳荣研究员学风严谨、勇于开拓，曾在大学教授 6 年多的数学地质，具有较好的数学和计算机基础，他一直关注着化学计量学在油气地球化学中的应用。近十年来，他带领的研究小组持续开展了相关研究，解决了从系列混合原油中识别端元组分、利用化合物参数识别原油混合比例等石油地球化学难题，把油气地球化学计量学带到了新的发展高度。该书就是他对油气地球化学计量学研究与应用成果的全面总结。

  油气地球化学计量学尚处于初级发展阶段，该书是第一部对油气地球化学计量学较为系统总结的专著。该书从油气地球化学数据和矩阵代数入手，既有对油气地球化学中经典方法（如主成分分析）简明、清晰的介绍，也有从相关学科引进新的方法（如非线性多维标度），并配有易懂的流程和浅显的算例；这些方法既有理论基础，也有后续章节的具体应用实例，相信该书对油气地球化学同行和相关专业研究生来说都是一本有用的书。因此，我非常愿意推荐这本有价值的书并为之作序。

2020 年 10 月 28 日于广州

前　言

本书是应有机地球化学国家重点实验室之邀，由目前仍在油气地球化学计量学研究和教学工作一线的人员撰写而成。在地质有机质大分子学科组的长期支持下，尽管近十年来作者在油气地球化学计量学领域开展了相关研究工作、培养了几位博士研究生、发表过数篇相关研究论文，然而要整理成书内心依然有些忐忑。毕竟，这一领域可参考的文献、资料十分有限。经协商，我们决定把我们做过的研究工作、研究过程中的思考以及相关的理论进行系统地梳理，整理成册，供相关领域的科研人员、研究生参考。

全书由三篇十三章组成。上篇：油气地球化学计量学基础，由邹艳荣完成。中篇：原油的对比与混源解析，由詹兆文和王遥平共同完成。其中，第 5～8 章由王遥平主笔，主要涉及我国南海盆地和松辽外围盆地的油–源对比研究；第 9～11 章由詹兆文主笔，是针对我国塔里木盆地和渤海湾盆地进行的油–源对比以及混源解析研究。下篇：天然气对比与解析探索，主要是吐哈盆地和准噶尔盆地天然气对比与混源解析的探索性研究，由王遥平完成。全书由邹艳荣统稿完成。

本书从油气地球化学数据和矩阵代数入手，介绍了三大类别统计分析的基础理论和应用实例。其中，经典方法有聚类分析和主成分分析，这些经典方法在油气地球化学中依然发挥着重要作用；近年发展起来的新方法有非负矩阵分解，在目前原油混源解析研究中发挥着不可替代的作用；从邻近学科引进方法有非线性多维标度和趋势面分析，主要在非线性降维和分析结果的展示方面进行了一些探索。

油气地球化学计量学是一门新兴的交叉学科，与模式识别、机器学习、大数据、人工智能的交叉、融合是必然的发展趋势。本书涉及内容主要是前期成果的总结，尚有相关研究成果待产出。此外，非线性方法有待进一步拓展。尽管我们明白一本书中不可能包罗万象，但内心依然有些许遗憾。希望以后有机会，对本书内容进行补充和进一步完善。

感谢中国科学院战略性先导科技专项（A 类）项目（XDA14010102）、国家油气开发专项（2017ZX05008-002-010）和国家自然科学基金项目（41621062）、广东海洋大学博士科研启动费及研究生培养经费项目（R20030，R17001）的大力支持！感谢有机地球化学国家重点实验室领导的支持和信任！感谢王云鹏研究员在本书筹划和撰写过程中的支持和帮助！大庆油田、胜利油田、塔里木油田和新疆油田也给予了我们诸多支持和帮助；林晓慧博士、梁天博士在文献资料收集方面也进行了很多协助；本书写作过程中，还得到了一些同事、同行的帮助和建议，无法一一列举，在此一并表达由衷的谢意！

我们深知，书中涉及的问题较多、较为复杂，尽管作了最大努力，但受水平所限，书中难免存在不足、疏漏和一些值得商榷的问题，敬请读者批评指正。

作　者

2020 年 10 月于广州

目　　录

上篇　油气地球化学计量学基础

中篇　原油的对比与混源解析

下篇　天然气对比与解析探索

上篇
油气地球化学
计量学基础

第1章 绪 论

1.1 油气地球化学计量学的概念

油气地球化学计量学（petroleum geochemometrics）可以简单地定义为：化学计量学（chemometrics）在油气地球化学中的应用，即油气地球化学与数理统计、数学及计算机技术相结合的学科。它是以实验数据为基础、以最大限度提取有用的油气地球化学信息为目标，从多因素、定量的方面研究和解决油气地球化学问题。

化学计量学的概念是由瑞典的 S. 沃尔德（Svante Wold）于 1971 年 1 月首先提出来的（Currie，1988）。化学计量学是用数据驱动的方法从化学体系中提取信息的科学。实用的化学计量学定义为用数学和统计方法设计或选择优化测量过程及实验并且通过分析化学数据提供最大化的化学信息的化学学科（Otto，2017）。1974 年 10 月，科瓦斯基（Bruce R. Kowalski）和沃尔德共同倡议成立了国际化学计量学学会（International Chemometrics Society）。随着计算机小型化和个人计算机的普及，化学计量学在 20 世纪 80 年代有了较大的发展，各种新的化学计量学算法的基础及应用研究取得了长足的发展和进步，成为化学与分析化学发展的重要前沿领域。它的兴起有力地推动了化学和分析化学的发展；80 年代中期，2 本化学计量学期刊——《化学计量学杂志》（1987 年，*Journal of Chemometrics*）和《化学计量学与智能实验室系统》（1986 年，*Chemometrics and Intelligent Laboratory Systems*）相继问世（Otto，2017）。其他杂志，如 *Analytica Chimica Acta*，也有部分涉及化学计量学（Verma，2012）；90 年代以后，化学计量学得到广泛地推广与应用。

1.2 发 展 历 程

油气地球化学计量学是个非常年轻的学科，其产生、发展与有机地球化学和油气地球化学的发展以及化学计量学、计算机的应用密切相关。

1.2.1 地球化学

地球化学（geochemistry）一词是德国-瑞士化学家 C. F. 舍恩科因（Christian Friedrich Schönbein）于 1938 年首次提出的（White，2008）。V. M. 戈尔德施密特（Victor Moritz Goldschmidt）被认为是地球化学之父（Mather，2013），1955 年，美国地球化学学会（Geochemical Society，GS）成立，该学会出版有 *Geochimica et Cosmochimica Acta*（GCA）期刊，且每年召开一次戈尔德施密特会议（Goldschmidt Conference）。1985 年，欧洲地球化学协会（European Association of Geochemistry，EAG）成立。

1.2.2　有机地球化学

有机地球化学（organic geochemistry）是随地球化学一起发展的。最初的研究与石油的成因研究密切相关。20 世纪 30 年代，已经开始了有机地球化学的早期研究工作，发现并证实了地质卟啉化合物来自植物叶绿素（盛国英，1992；Durand，2003）。早期虽然还有其他研究者，但有机地球化学的诞生普遍归因于特赖布斯（Alfred Treibs）的工作（Nissenbaum and Rullkötter，2011）。50 年代中期，成功地从现代海洋沉积物中分离鉴定出微量类似于石油的烃类化合物，从而奠定了石油的有机成因理论基础（盛国英，1992）。1958 年提出了干酪根的概念。1959 年美国地球化学学会正式成立欧洲有机地球化学分会。

20 世纪 60~90 年代为有机地球化学蓬勃发展阶段，体现在三个方面：国际组织和会议显著增多、关键技术方法和代表性论著积极面世、有机地球化学研究领域拓展与新的分支学科涌现。60 年代进入石油时代，石油成为人类的主要能源，石油需求快速增长（Durand，2003）。人们认识到，清晰地理解石油的形成机理和聚集规律能够增加石油勘探的成功率。1962 年，欧洲主要的实验室组成了欧洲有机地球化学协会（The European Association of Organic Geochemistry，EAOG），在意大利米兰组织了第一届有机地球化学国际会议。此后，每两年召开一届有机地球化学国际会议。1963 年，Breger 主编的第一本《有机地球化学》面世，标志着有机地球化学成为一门独立的学科（Durand，2003）。色谱及色谱-质谱技术的发展为沉积物和原油中有机化合物的结构、分布提供了详细的资料，生物标志化合物（biological maker compounds 或 biomarker）概念的出现，成为油-源、油-油对比的重要工具（Dembicki，2017）。有机岩石学用于描述有机质的显微组成、类型和成熟度；热解技术的发明及对有机质类型、热演化、烃类生成过程的理解更为深入，促使"油窗"概念的提出，发现油气形成遵从化学动力学原理，可进行盆地模拟研究等。这一时期涌现了一些新的分支学科，如生物地球化学、环境有机地球化学、分子有机地球化学、沉积有机地球化学、矿床有机地球化学等。新的分支学科丰富了有机地球化学研究方向和研究内容，拓展了有机地球化学的研究领域。在分支学科不断涌现的背景下，油气地球化学诞生了，以 1979 年 *Petroleum Geochemistry and Geology* 的出版为起点，承袭了关于有机质成熟，生物标志化合物，油气的来源、生成等有机地球化学的经典研究内容。*Petroleum Geochemistry and Geology* 被认为是第一本关于油气地球化学的教科书（Dembicki，2017）。在 1989 年第 14 届有机地球化学国际会议上，560 多名参与者中，油气地球化学论文独占一半（Durand，2003），成为有机地球化学最为重要的组成部分。

1.2.3　油气地球化学

油气地球化学（petroleum geochemistry）关注沉积岩每种物质的地质演化，如干酪根的形成及其降解成烃、流体运移、油藏内烃类的转化、储层矿物组合的转变及其对岩石物性的影响（Huc，2003）。最初，油气地球化学重点主要集中在勘探问题上，一个明显的趋势是将地球化学概念应用于与化石燃料的勘探和生产有关的领域（Philp and Mansuy，

1997）。20 世纪 80 年代后期，油气地球化学与地球物理和油气勘探相结合，显著提高了勘探效率，油气地球化学成为降低勘探风险的有效工具（Dembicki，2017）。在 1996 年第二版的 *Petroleum Geochemistry and Geology* 中，油气地球化学被定义为：将化学概念用于理解油气（包括原油、天然气、凝析油）的来源及在地表和地壳内产出和归宿的科学研究与应用研究（Curiale，2017）。这明显提高了油气地球化学的科学研究分量，使其成为科学研究和实际应用并重的学科。

20 世纪 90 年代以后，油气系统（petroleum system）和盆地模拟、生物标志化合物研究成绩显著（Dembicki，2017）；随着深海、深层的勘探及天然气需求的增加，油气地球化学应对这一新态势进行了调整，开展了天然气及高温高压区带盆地模拟工作（Durand，2003）。1990 年《天然气地球科学》创刊。天然气和深海勘探与 20 世纪 90 年代末油价走低及国际海域开放勘探有关。进入 21 世纪，油气地球化学继续在以上诸方面取得进展。然而，非常规油气和深层（高温高压）成为主要研究方向，流体性质和相行为受到更多的关注（Dembicki，2017）。油气地球化学以元素地球化学、分子地球化学和同位素地球化学为科学基础，去理解油气的来源及后续有机化学变化（Curiale，2017）；以勘查地球化学（exploration geochemistry）和储层地球化学（reservoir geochemistry）为主要应用领域（Philp and Mansuy，1997）。油气的元素、分子和同位素分析结果是油气地球化学计量学研究的基本数据源。

1.2.4 油气地球化学计量学

油气地球化学计量学是随着地球化学，特别是有机地球化学和油气地球化学的发展应运而生的。地球化学计量学的概念最早由墨西哥的地球化学家 S. P. Verma 于 2005 年提出，是指统计学、数学与地球化学计算相结合的科学（Verma，2012）。地球化学计量学借助于火山岩、岩浆岩、沉积岩等的主、微量元素，进行多维成分数据分析、多维人地构造判别、对改变了的岩浆岩进行多维分类等（Verma，2020）。

油气地球化学计量学与地球化学计量学相比，不但研究对象不同，而且在统计分析方法、数据类型以及解决的实际问题方面均有显著差别。这是由学科性质和研究对象不同决定的。K. E. Peters 等于 2007 年发表的关于北极圈油气系统研究论文中，首次明确了利用化学计量学的决策树方法（Peters et al.，2007），用 20 个生物标志化合物和稳定同位素指标对 900 多个油样进行了分类、识别和油–源对比。按照油气地球化学计量学的简短定义，即化学计量学在油气地球化学中的应用，油气地球化学计量学的建立应该从 2007 年算起。事实上，多元统计方法在油气地球化学的应用，可追溯到 20 世纪 80 年代，甚至更早。油气地球化学中早期应用的多元统计方法主要是一些经典的方法——聚类分析和主成分分析（Clayton and Swetland，1980；Christie et al.，1984；Budziski et al.，1995；Barth et al.，1996；Bhullar et al.，1998；Peters et al.，1999）。这些经典方法至今依然被广泛使用。值得注意的是，早期多元统计方法在油气地球化学的应用，所采用的指标并非都是与生源、环境或年代相关的指标。

2000～2010 年，油气地球化学计量学建立。油气地球化学计量学的简短定义是：化学计量学在油气地球化学中的应用。在这期间，化学计量学方法在油气地球化学中开始应用且应用频率逐渐增加（Peters and Fowler，2002；Peters et al.，2007，2008a，2008b；Hao et al.，2009），为油气地球化学计量学建立阶段。该阶段，油气地球化学计量学最显著的特点是：①更注重化学计量学方法与分子地球化学（生物标志化合物）和同位素地球化学的结合，是油气地球化学计量学研究最为鲜明的特色；②化学计量学方法更加丰富，针对油气地球化学中需要解决的原油的混源及分类的实际问题，在油气地球化学建立之初，直接引入如软独立分类模拟（soft independent modeling of class analogy，SIMCA）用于油-源分类（Peters et al.，2007，2008a）、ALS 方法进行原油的混源解析（Peters et al.，2008b）。当代地球化学用于油气勘探中，四个具有里程碑意义的重要技术之一就是生物标志化合物、稳定同位素和多元统计用于油-油和油-源对比；在油藏地球化学中，多层混合生产（或多套管泄漏）比例的确定具有里程碑式的重要价值（Peters and Fowler，2002；Peters et al.，2008b）。K. E. Peters 及其合作者为油气地球化学计量学的建立奠定了高起点的坚实基础。

2010～2020 年，油气地球化学计量学稳健发展。经典的化学计量学方法，聚类分析和主成分分析得到较广泛的应用，已经成为常用的基本方法（Diasty et al.，2020；He et al.，2012；Yang et al.，2017；Wang et al.，2014，2018b，2018c；Thompson-Butler et al.，2019；Zhan et al.，2019；Zhang et al.，2020），SIMCA 技术、ALS 方法进一步推广应用（Peters et al.，2013，2016；Zhan et al.，2016a，2016b，2017，2020）。新方法引入，如偏最小二乘回归方法（PLSR）分析了 11 个重排麦角甾烷量子化学参数，建立了立体化学异构体的保留时间（Peters et al.，2014），多维标度（multidimensional scale，MDS）方法引入油-油对比，用趋势面分析或双标图（biplot）展示成熟度和/或沉积环境指标在二维平面中的变化（Wang et al.，2016，2018a，2018c）；应用领域进一步拓展，如用化学计量学方法进行天然气分类和气-源对比（Wang et al.，2019）、混源油解析应用区域不断拓展（Zhan et al.，2016a，2016b，2017，2020）、天然气混源解析的尝试（Wang et al.，2020）等。同期，在油气相关杂志发表了很多聚类分析和主成分分析等用于油气分类、对比的文章，无法一一列举。这展示出油气地球化学计量学稳健发展的态势。在油气地球化学发展进程中，有许多重要事件，这里无法一一列举。部分与油气地球化学计量学发展相关的重要组织、期刊、专著成立或发表年份列于表 1-1 中，图 1-1 显示了油气地球化学计量学发展的主要脉络。

表 1-1　重要国际组织、期刊、专著成立或发表时间

年份	国际组织	作者	说明	备注
1953	ICCP		国际煤岩学委员会成立	
1955			美国地球化学学会成立 *Geochimica et Cosmochimica Acta* 创刊	Goldschmidt Conference
1962	IMOG		第一届有机地球化学国际会议举办	每两年一次
1966			中国科学院地球化学研究所成立	
1967	IAGC		国际地球化学学会成立	

续表

年份	国际组织	作者	说明	备注
1968	IAMG		国际数学地球科学协会成立	
1971		S. Wold	提出 "chemometrics"	
1972			《地球化学》创刊	
1974			International Chemometrics Society 成立	
1978		Tissot，Welte	*Petroleum Formation and Occurrence* 创刊	
1979		J. M. Hunt	*Petroleum Geochemistry and Geology* 创刊	
1980		Schidlowski	*Kerogen，Insoluble Organic Matter from Sedimentary Rocks*	
1982			第一届全国有机地球化学会议举办	每两年一次
1982		中国科学院地球化学研究所有机地球化学与沉积学研究室	《有机地球化学》创刊	
1982		石油勘探开发科学研究院地质研究所	《中国陆相油气生成》创刊	
1983	EAOG		欧洲有机地球化学家协会成立	
1984		杨万里等	《松辽盆地陆相油气生成运移和聚集》创刊	
1985	EAG		欧洲地球化学协会成立	
1985		Waples	*Geochemistry in Petroleum Exploration* 创刊	
1986	AAAPG		亚非石油地球化学家协会成立	
1986			亚非石油地球化学与勘探国际会议举办	每两年一次
1986			*Chemometrics and Intelligent Laboratory Systems* 创刊	
1987			*Journal of Chemometrics* 创刊	
1988		傅家谟等	《碳酸岩有机地球化学》——在石油、天然气、煤和层挖矿床成因及评价中的应用	
1989	LASOG		拉丁美洲有机地球化学学会成立	
1990			《天然气地球科学》创刊	现为月刊
1990		傅家谟等	《煤成烃地球化学》创刊	
1993		Peters 等	*The Biomarker Guide* 创刊	
1993			*Applied Organic Geochemistry* 创刊	
1993		Engel 和 Macko	*Organic Geochemistry：Principles and Applications* 创刊	
1993		Katz 和 Pratt	*Source Rocks in a Sequence Stratigraphic Framework* 创刊	
1995		Katz	*Petroleum Source Rocks* 创刊	
1995		Huc	*Paleogeography，Paleoclimate，and Source Rocks* 创刊	
1997		Welte 等	*Petroleum and Basin Evolution* 创刊	

续表

年份	国际组织	作者	说明	备注
1998		De Gracianski 等	*Mesozoic and Cenozoic Sequence Stratigraphic of European Basins* 创刊	
2005		Verma	*Geochemometrics* 创刊	
2007		Peters 等	化学计量学用于油气地球化学（如 Peters et al.，2007）	
2014			*Big Data Research* 创刊	季刊
2014			*Journal of Big Data* 创刊	
2016			*International Journal of Data Science and Analytics* 创刊	

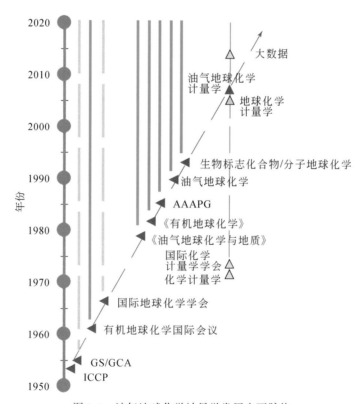

图 1-1　油气地球化学计量学发展主要脉络

1.3　发 展 前 景

　　油气地球化学是有机地球化学最重要的组成部分，即使从 1933 年特赖布斯的工作算起，也不足百年，是年轻的、发展中的学科。20 世纪 90 年代起，油气地球化学注重在基础和应用两个方面的研究。在基础研究领域，以分子有机地球化学、元素地球化学和同位素地球化学方法研究有机质，包括油气的来源、成熟、演化；在应用领域，与油气系统相结合，发展了油气勘查地球化学和油气藏地球化学两个分支，对提高油气勘探效率、降低勘探风险以及油藏管理方面均发挥了积极作用，从而得以稳定发展。进入 21 世纪，随着油气勘探、开采难度和地质背景复杂程度增加，油气地球化学数据的积累以及工业需求，地球化学家将化学计量学与分子油气地球化学、同位素地球化学相结合，解决了部分油气地球化学难题。油气地球化学计量学展示出良好的应用与发展前景。然而，也应该看到，油气地球化学计量学仍在发展中，统计分析方法和应用领域需要进一步挖掘；油气的重点勘探领域也随时间的推移而变化，这既是油气地球化学计量学发展的机遇，也是面临的新挑战。以下几个方面很可能具有较好的应用和发展前景。

（1）产能分配研究属于油藏管理范畴，目前国内外在此方向的应用和研究均不多，是值得关注和拓展的领域。

（2）与元素地球化学的结合。目前，油气地球化学计量学多与分子地球化学和同位素地球化学结合。研究烃源岩的形成环境、油气的来源、成熟、混合等时，元素地球化学可以从另一个方面提供有价值的信息。

（3）非线性方法是油气地球化学计量学近期值得关注和发展的方向。石油公司和研究院所曾经进行了大量的油气样品分析，特别是色谱和色谱-质谱分析。这些数据以非定量分析占绝大多数，生物标志化合物比值和单体烃同位素是常用地球化学指标。然而，这些地化指标之间，有很多是非线性关系。在进行某些化学计量学分析时，采用线性模型的分析结果往往并不十分理想。非线性方法，包括人工智能，可能是处理和利用这些数据的有效途径，值得关注。

（4）深层油气。深层具有高温高压的特点，与中浅层油气相比，无论是烃源岩还是储层原油在分子和同位素指标上，都发生了很大变化。新的较低分子标志物的挖掘，如轻烃、金刚烷类化合物及其同位素组成，在科学和应用层面上都具有较高的潜在价值。

（5）大数据。近几年，大数据在地学界引起很大关注。以较大的数据集为基础，Cornford 等（1998）和 Milkov 等（2018，2020）分别对 5000 余个 Rock-Eval 数据和 20000 多个天然气及 2600 多个页岩气数据进行了统计分析，改进了以往不同类型干酪根演化和天然气/页岩气成因图解。大数据会给油气地球化学带来新的变革，尽管还有一段路要走，大数据在研究方法和认识上有可能成为油气地球化学的新工具，是油气地球化学很有前景的研究方向。

参 考 文 献

盛国英. 1992. 有机地球化学. 地球科学进展, 7（3）: 91-93.

Barth T, Andresen B, Iden K, et al. 1996. Modelling source rock production potentials for short-chain organic acids and CO_2—a multivariate approach. Organic Geochemistry, 25（8）: 427-438.

Bhullar A G, Karlsen D A, Holm K, et al. 1998. Petroleum geochemistry of the fray field and rind discovery, Norwegian continental shelf. Implications for reservoir characterization, compartmentalization and basin scale hydrocarbon migration patterns in the region. Organic Geochemistry, 29（1-3）: 735-768.

Budziski H, Garrigues P H, Connan J, et al. 1995. Alkylated phenanthrene distributions as maturity and origin indicators in crude oils and rock extracts. Geochimica et Cosmochimica Acta, 59（10）: 2043-2056.

Christie O H J, Esbensen K, Meyer T, et al. 1984. Aspects of pattern recognition in organic geochemistry. Organic Geochemistry, 6: 885-891.

Clayton J L, Swetland P J. 1980. Petroleum generation and migration in denver basin. American Association of Petroleum Geologists Bulletin, 64 (10): 1613-1633.

Cornford C, Gardner P, Burgess C. 1998. Geochemical truths in large data sets. I: geochemical screening data. Organic Geochemistry, 29 (1-3): 519-530.

Curiale J A. 2017. Petroleum geochemistry//Sorkhabi R. Encyclopedia of Petroleum Geoscience. Cham: Springer.

Currie L A. 1988. Chemometrics and Standards. Journal of Research of the National Bureau of Standards, 93 (3): 193-205.

Dembicki H. 2017. A brief history of petroleum geochemistry//Dembicki H J. Practical Petroleum Geochemistry for Exploration and Production. Elsevier Science and Technology.

Diasty W S, Beialy S Y, Mostafa A R, et al. 2020. Chemometric differentiation of oil families and their potential source rocks in the gulf of Suez. Natural Resources Research, 29: 2063-2102.

Durand B. 2003. A history of organic geochemistry. Oil & Gas Science and Technology, 58 (2): 203-231.

Hao F, Zhou X, Zhu Y, et al. 2009. Mechanisms for oil depletion and enrichment on the Shijiutuo uplift, Bohai Bay Basin, China. AAPG Bulletin, 93 (8): 1015-1037.

He M, Moldowan J M, Nemchenko-Rovenskaya A, et al. 2012. Oil families and their inferred source rocks in the Barents Sea and northern Timan-Pechora Basin, Russia. AAPG Bulletin, 96 (6): 1121-1146.

Hitchon B. 1986. International association of geochemistry and cosmochemistry: a history. Applied Geochemistry, 1 (1): 7-14.

Huc A Y. 2003. Petroleum geochemistry at the dawn of the 21st century. Oil & Gas Science and Technology, 58 (2): 233-241.

Jiang B, Zhan Z W, Shi Q, et al. 2019. Chemometric unmixing of petroleum mixtures by negative Ion ESI FT-ICR MS analysis. Analytical Chemistry, 91: 2209-2215.

Mather T A. 2013. Geochemistry, Reference Module in Earth Systems and Environmental Sciences. http://dx.doi.org/10.1016/B978-0-12-409548-9.05929-7 [2021.5.24].

Milkov A V, Etiope G. 2018. Revised genetic diagrams for natural gases based on a global dataset of >20,000 samples. Organic Geochemistry, 125: 109-120.

Milkov A V, Faiz M, Etiope G. 2020. Geochemistry of shale gases from around the world: composition, origins, isotope reversals and rollovers, and implications for the exploration of shale plays. Organic Geochemistry, 143: 103997.

Nissenbaum A, Rullkötter J. 2011. From the dawn of organic geochemistry (1933, 1938): Estrogenic substances in bituminous deposits and in the Dead Sea. Organic Geochemistry, 42: 498-501.

Otto M. 2017. Chemometrics: Statistics and Computer Application in Analytical Chemistry. New York: John Wiley & Sons.

Peters K E, Fowler M G. 2002. Applications of petroleum geochemistry to exploration and reservoir management. Organic Geochemistry, 33: 5-36.

Peters K E, Fraser T H, Amris W, et al. 1999. Geochemistry of crude oils from eastern Indonesia. AAPG Bulletin, 83 (12): 1927-1942.

Peters K E, Ramos L S, Zumberge J E, et al. 2007. Circum-Arctic petroleum systems identified using decision-tree chemometrics. AAPG Bulletin, 91: 877-913.

Peters K E, Hostettler F D, Lorenson T D, et al. 2008a. Families of Miocene Monterey crude oil, seep, and tarball samples, coastal California. AAPG Bulletin, 92 (9): 1131-1152.

Peters K E, Ramos L S, Zumberge J E, et al. 2008b. De-convoluting mixed crude oil in Prudhoe Bay Field,

North Slope, Alaska. Organic Geochemistry, 39: 623-645.

Peters K E, Coutrot D, Nouvelle X, et al. 2013. Chemometric differentiation of crude oil families in the San Joaquin Basin, California. AAPG Bulletin, 97 (1): 103-143.

Peters K E, Moldowan J M, LaCroce M V, et al. 2014. Stereochemistry, elution order and molecular modeling of four diaergostanes in petroleum. Organic Geochemistry, 76: 1-8.

Peters K E, Wright T L, Ramos L S, et al. 2016. Chemometric recognition of genetically distinct oil families in the Los Angeles basin, California. AAPG Bulletin, 100 (1): 115-135.

Philp R P, Mansuy L. 1997. Petroleum geochemistry: concepts, applications, and results. Energy & Fuels, 11 (4): 749-760.

Schidlowski M. 1980. Kerogen—insoluble organic matter from sedimentary rocks. Earth-Science Reviews, 18 (1): 87-88.

Thompson-Butler W, Peters K E, Magoon L B, et al. 2019. Identification of genetically distinct petroleum tribes in the Middle Magdalena Valley, Colombia. AAPG Bulletin, 103 (12): 3003-3034.

Verma S P. 2012. Revista Mexicana de Ciencias Geológicas. Geochemometrics, 29 (1): 276-298.

Verma S P. 2020. Road from Geochemistry to Geochemometrics. Singapore: Springer Nature Singapore.

Wang Y, Peters K E, Moldowan J M, et al. 2014. Cracking, mixing, and geochemical correlation of crude oils, North Slope, Alaska. AAPG Bulletin, 98 (6): 1235-1267.

Wang Y P, Zhang F, Zou Y R, et al. 2016. Chemometrics reveals oil sources in the Fangzheng Fault Depression, NE China. Organic Geochemistry, 102: 1-13.

Wang Y P, Zhang F, Zou Y R, et al. 2018a. Oil source and charge in the Wuerxun Depression, Hailar Basin, northeast China: a chemometric study. Marine and Petroleum Geology, 89: 665-686.

Wang Y P, Zou Y R, Shi J T, et al. 2018b. Review of the chemometrics application in oil-oil and oil-source rock correlations. Journal of Natural Gas Geoscience, 3 (4): 217-232.

Wang Y P, Zhang F, Zou Y R, et al. 2018c. Origin and genetic family of Huhehu oil in the Hailar Basin, northeast China. Acta Geochimica, 37 (6): 820-841.

Wang Y P, Zhan X, Zou Y R, et al. 2019. Chemometric methods as a tool to reveal genetic types of natural gases-a case study from the Turpan-Hami Basin, northwestern China. Petroleum Science and Technology, 37 (3): 310-316.

Wang Y P, Zhan X, Gao Y, et al. 2020. Chemometric differentiation of natural gas types in the northwestern Junggar Basin, NW China. Energy Exploration & Exploitation, (3): 014459872091397.

White W M. 2008. Geochemistry. New York: John Wiley & Sons.

Yang S, Schulz H M, Schovsbo N H, et al. 2017. Oil-source-rock correlation of the lower paleozoic petroleum system in the Baltic Basin (northern Europe). AAPG Bulletin, 101 (12): 1971-1993.

Zhan Z W, Zou Y R, Shi J T, et al. 2016a. Unmixing of mixed oil using chemometrics. Organic Geochemistry, 92: 1-15.

Zhan Z W, Tian Y, Zou Y R, et al. 2016b. De-convoluting crude oil mixtures from palaeozoic reservoirs in the Tabei Uplift, Tarim Basin, China. Organic Geochemistry, 97: 78-94.

Zhan Z W, Zou Y R, Pan C, et al. 2017. Origin, charging, and mixing of crude oils in the Tahe oilfield, Tarim Basin, China. Organic Geochemistry, 108: 18-29.

Zhan Z W, Lin X H, Zou Y R, et al. 2019. Chemometric differentiation of crude oil families in the southern Dongying Depression, Bohai Bay Basin, China. Organic Geochemistry, 127: 37-49.

Zhan Z W, Lin X H, Zou Y R, et al. 2020. Chemometric identification of crude oil families and de-convolution of mixtures in the surrounding Niuzhuang sag, Bohai Bay Basin, China. AAPG Bulletin, 104 (4): 863-885.

Zhang Y, Lu H, Wang Y P, et al. 2020. Organic geochemical characteristics of eocene crude oils from Zhanhua Depression, Bohai Bay Basin, China. Acta Geochimica, 39: 655-667.

第 2 章 油气地球化学数据

油气地球化学计量学面对的是各种油气地球化学数据资料，如生物标志化合物含量或比值数据。这些数据在未经整理前，往往不容易看出蕴含在其中的规律，因此有必要对这些数据进行初步整理，才能从中提取得到有价值的信息。通常，将这些初步整理的数据绘制成各种图表，帮助发现、分析和处理数据资料中可能存在的问题或错误，为进一步的研究奠定良好的数据基础、避免得到不正确的分析结果。本章将简明扼要地介绍基本统计方法及其如何用于油气地球化学数据的初步整理。

2.1 油气地球化学数据的来源和类型

油气地球化学中，定性、定量或半定量数据主要源自各种实验分析结果，其来源相对较广，如色谱数据、质谱数据、红外光谱数据、核磁共振、稳定同位素等，这往往与所采用的实验方法、研究目的等密切相关。在实际工作中，往往包括多种实验分析。因而，往往多种来源数据并用，这就导致这些数据的计量单位不同、数量级不同。即使相同来源的数据，其数量级也可能存在较大差别。不同来源的数据类型主要可分为模拟信号数据和数字信号数据两类。近年来，由于计算机和仪器设备的发展，模拟信号数据已很少见，但数字信号数据占绝对优势。数字信号数据大体上可分为：绝对定量数据、比值数据和百分比数据。地理坐标、名义数据、顺序数据、间距数据等在油气地球化学计量学研究中很少用到。

特别值得注意的是，并非所有的生物标志化合物比值数据都参与化学计量学的计算，在油–油对比、油–源对比、原油分类和混源解析中，主要用到 4 种类型的数据，即与地质年代、沉积环境、有机质来源有关的生物标志化合物以及稳定同位素数据，而与成熟度、生物降解等有关的生物标志化合物通常不参与化学计量学的计算。在天然气的计量学研究中，气体成分和同位素数据通常均会涉及，因为天然气中可分析的指标相对较少。本章中的油气地球化学数据只是为了展示数据的处理方法，未严格遵循上述原则。具体的生物标志化合物选择，请参阅应用部分的有关章节，如第 5 章、第 6 章。

表 2-1 展示了渤海湾盆地原油的色谱、质谱分析结果（Zhang et al., 2020）。一般来说，饱和烃和类异戊二烯烃是色谱分析结果，因为色谱对含量高的烃类物质定量更为准确。萜烷和甾烷在原油中含量低，分别是质谱质荷比 m/z 191 和 m/z 217 的数据。对于非绝对定量分析而言，通常用相近化合物的比值表示；表中的甾烷 $C_{27}S$（$\alpha\alpha\alpha$）、$C_{28}S$（$\alpha\alpha\alpha$）、$C_{29}S$（$\alpha\alpha\alpha$）用百分比（%）表示，此外表中还存在少量缺失值。

表 2-1　渤海湾盆地原油地球化学参数

序号	Pr/Ph	Pr/ nC_{17}	Ph/ nC_{18}	C_{19}/ C_{23}TT	Ts/ (Ts+Tm)	C_{30}M/ C_{30}H	Ga/ C_{30}H	C_{35}H/ C_{34}H	H/S	C_{27}S（ααα）/%	C_{28}S（ααα）/%	C_{29}S（ααα）/%
1	0.51	0.7	0.93	0.15	0.29	0.09	0.48	0.42	0.69	50.1	26.82	23.08
2	0.63	0.77	0.87	0.12	0.19	0.09	0.24	0.43	0.56	55.2	21.4	23.4
3	0.56	0.97	1.11	0.09	0.3	0.09	0.44	—	1.49	43.47	30.97	25.56
4	0.28	0.26	0.78	0.13	0.09	0.06	0.37	2.71	3.2	35.7	16.62	47.68
5	0.35	0.45	0.84	0.11	0.14	0.06	0.05	1.18	5.04	48.92	18.44	32.64
6	0.25	0.21	0.59	0.09	0.11	0.06	0.23	2.56	6.45	37.93	18.62	43.45
7	0.27	0.19	0.58	0.11	0.1	0.05	0.28	2.61	4.82	37.31	17.84	44.85
8	0.27	0.67	1.69	0.15	0.09	0.05	0.24	1.54	1.48	38.87	19.19	41.94
9	0.39	0.16	0.37	0.11	0.19	0.06	0.08	1.15	11.56	37.47	16.86	45.67
10	1.08	0.71	0.5	0.21	0.32	0.09	0.15	0.85	1.86	43.87	22.23	33.9
11	1.02	0.65	0.48	0.15	0.33	0.09	0.23	0.43	2.44	45.76	21.4	32.84
12	1.21	0.7	0.47	0.26	0.42	0.09	0.13	0.9	2.2	47.02	20.37	32.61
13	1.45	0.91	0.5	0.37	0.41	0.09	0.04	0.49	3.49	42.08	19.16	38.76
14	1.25	0.73	0.47	0.2	0.38	0.09	0.12	0.55	2.54	46.15	22.46	31.39
15	0.96	0.85	0.75	0.2	0.26	0.12	0.1	0.36	1.63	45.38	20.51	34.11
16	0.96	0.79	0.67	0.18	0.35	0.08	0.15	0.63	2.04	45.16	24.54	30.3
17	0.96	0.85	0.75	0.2	0.26	0.12	0.1	0.36	1.63	45.38	20.51	34.11
18	1.14	0.6	0.45	0.3	0.42	0.07	0.09	0.48	2.89	40.21	21.16	38.63
19	1.36	0.44	0.31	0.39	0.47	0.11	0.21	0.56	4.05	38.23	22.26	39.51
20	1.2	0.66	0.45	0.33	0.41	0.09	0.1	0.63	2.24	44.84	21.7	33.46
21	1.23	0.72	0.46	0.42	0.3	0.11	0.08	—	3.31	39.09	24.72	36.19
22	1.59	0.43	0.26	0.36	0.41	0.13	0.11	0.83	6.36	33.94	16.52	49.54
23	1.44	0.45	0.27	0.36	0.46	0.11	0.13	0.62	6.1	30.3	17.61	52.09
24	0.9	0.92	0.79	0.1	0.24	0.09	0.21	0.59	1.55	46.93	24.08	28.99
25	1.45	0.57	0.34	0.31	0.37	0.12	0.08	0.54	6.08	35.38	18.72	45.9
26	1.37	0.73	0.44	0.36	0.36	0.1	0.13	—	2.78	38.55	20.54	40.91
27	1.45	0.83	0.52	0.32	0.29	0.09	0.03	0.65	4.24	41.33	21.42	37.25
28	1.12	0.87	0.53	0.35	0.33	0.09	0.06	0.59	3.77	37.15	20.62	42.23
29	1.2	0.65	0.41	0.44	0.4	0.09	0.07	0.8	4.02	30.18	20.08	49.74
30	1.5	0.8	0.44	0.45	0.39	0.08	0.05	0.46	5.29	35.91	21.35	42.74
31	1.23	0.53	0.35	0.41	0.47	0.1	0.19	0.68	3.79	38.51	23.78	37.71

注：Pr=姥姣烷；Ph=植烷；TT=三环萜烷；M=莫烷；H=藿烷；Ga=伽马蜡烷；S=甾烷；Ts=三降新藿烷；Tm=三降藿烷。

天然气的地球化学参数比较少，特别是高成熟和过成熟阶段的天然气，可用的地球化学参数更少。表 2-2 是琼东南盆地天然气地球化学特征（梁刚等，2020），内容主要包括天然气中烃类气、非烃气百分含量和烷烃气的稳定碳同位素数据，是比较有代表性的天然气地球化学参数。利用这些参数还可以计算出一些衍生指标，用于天然气的划分和对比。

表 2-2　琼东南盆地天然气地球化学特征

气田	井号	海底以下埋深/m	层位	烃类气/%							非烃气/%		δ¹³C/‰	
				C_1	C_2	C_3	iC_4	nC_4	iC_5	nC_5	CO_2	N_2	$\delta^{13}C_1$	$\delta^{13}C_2$
Y13	Y13-1	3484.5~3496.8	陵水组	85.03	1.27	1.33	0.40	0.40	0.20	0.14	9.60	0.72	-35.73	-25.20
	Y13-2	3619.8~3636.6	陵水组	88.95	2.01	0.55	0.13	0.13	0.06	0.04	8.00	1.37	-35.02	-24.37
	Y13-4	3751.17~3780.17	陵水组	84.58	3.08	0.91	0.25	0.25	0.10	0.06	8.73	1.76	-37.09	-26.29
	Y13-3	3696.7~3725.3	陵水组	83.22	3.94	1.81	0.47	0.46	0.18	0.12	8.54	1.04	-39.36	-26.47
	Y13-6	3682.9~3725.2	陵水组	85.50	4.81	2.12	0.57	0.52	0.21	0.11	4.99	0.93	-39.90	-26.80
L25	L25-1	2785.4	黄流组	85.17	4.77	1.58	0.43	0.36	0.19	0.11	2.38	1.58	-39.50	-25.60
	L25-1	2939.6	黄流组	84.60	4.60	4.60	1.58	0.41	0.39	0.21	4.16	3.34	-36.11	-24.05
	L25-1	2914.6~2944.6	黄流组	85.25	85.17	4.77	1.58	0.43	0.36	0.19	6.09	0.96	-38.20	-25.10
	L25-2	3134.3	黄流组	81.64	84.97	1.47	0.36	0.37	0.21	0.13	9.26	1.05	-35.60	-25.60
	L25-5	3010.1	黄流组	87.84	4.98	1.82	0.46	0.46	0.25	0.15	3.91	0.02	-36.70	-25.10
	L25-5	2864.1	黄流组	85.52	5.76	1.70	0.34	0.34	0.18	0.25	2.86	0.03	-41.40	-26.20
	L25-6	2908.55~2915.05	黄流组	88.68	5.37	1.76	0.40	0.40	0.22	0.20	1.36	0.63	-46.80	-26.20
LS13	L13-1	3444.8	梅山组	65.26	9.98	5.78	1.24	1.42	0.65	0.30	3.84	8.32	-43.94	-25.61
	L13-2	3603.5	梅山组	77.23	7.74	3.87	0.79	0.88	0.33	0.19	3.88	4.18	-44.89	-25.81
	L13-2	3600.4~3690.5	梅山组	76.46	8.27	4.26	0.92	1.07	0.39	0.24	3.70	3.50	-45.40	-26.30
L17	L17-1	1873.8~1903.8	黄流组	93.00	4.33	1.04	0.26	0.20	0.09	0.05	0.62	0.26	-37.30	-24.10
	L17-1	1858.8	黄流组	90.07	4.28	1.08	0.22	0.21	0.09	0.06	0.91	2.94	-36.81	-23.51
	L17-1	1919.2	黄流组	91.04	4.18	1.02	0.20	0.19	0.09	0.04	0.67	2.35	-37.25	-23.77
	L17-1	2021.3	黄流组	91.68	4.27	1.05	0.21	0.19	0.09	0.05	0.70	1.66	-36.83	-24.09
	L17-2	1681.4	黄流组	91.68	4.30	1.13	0.21	0.21	0.09	0.05	0.70	1.66	-38.20	-23.80
	L17-2	1784.2	黄流组	91.51	4.27	1.14	0.22	0.22	0.09	0.05	0.07	2.15	-37.40	-24.16
	L17-3	1876.5	黄流组	89.45	4.71	1.54	0.34	0.32	0.16	0.10	0.53	2.56	-37.76	-25.30
	L17-4	1804.8	黄流组	86.89	4.79	1.60	0.37	0.40	0.20	0.14	0.18	4.05	-39.07	-25.37
	L17-4	1998.8	黄流组	88.86	4.73	1.62	0.34	0.40	0.19	0.13	0.59	2.16	-38.36	-25.77
	L17-5	2003.2	黄流组	91.16	5.04	1.49	0.34	0.34	0.16	0.11	0.31	0.55	-39.20	-26.20
	L17-5	2016.7	黄流组	91.37	4.94	1.44	0.33	0.33	0.15	0.10	0.32	0.57	-38.80	-26.00
	L17-5	2055.2	黄流组	91.53	4.95	1.39	0.32	0.31	0.14	0.10	0.32	0.55	-39.20	-26.00
	L17-8	1940.2	黄流组	85.18	4.63	1.82	0.43	0.47	0.23	0.16	0.22	5.09	-40.15	-25.94
	L17-8	2041.5	黄流组	88.79	4.50	1.62	0.37	0.41	0.19	0.13	0.36	2.63	-38.89	-25.95
	L17-7	2225	黄流组	83.38	4.75	2.11	0.54	0.56	0.29	0.19	0.30	5.87	-46.50	-26.10
	L17-9	2499.2	黄流组	83.93	4.84	2.17	0.54	0.59	0.27	0.19	0.70	4.95	-45.12	-26.00

气田	井号	海底以下埋深/m	层位	烃类气/%							非烃气/%		$\delta^{13}C/‰$	
				C_1	C_2	C_3	iC_4	nC_4	iC_5	nC_5	CO_2	N_2	$\delta^{13}C_1$	$\delta^{13}C_2$
L18	L18-1	1131.2~1158	莺歌海组	92.89	4.57	1.04	0.28	0.21	0.09	0.05	0.04	0.64	-40.20	-25.30
	L18-1	1054.3	莺歌海组	84.17	4.44	1.54	0.58	0.71	0.58	0.42	0.11	4.82	-40.30	-26.45
	L18-1	1146.8	莺歌海组	84.52	4.31	0.97	0.20	0.20	0.10	0.06	0.07	7.66	-41.61	-26.15
	L18-2	1413.9	黄流组	95.79	3.01	0.61	0.05	0.05	0.01	0.00	0.08	0.37	-42.80	-26.20
	L18-2	1374.6	黄流组	93.88	2.87	0.59	0.05	0.05	0.01	0.00	0.09	2.01	-43.18	-26.68
S34	S34-2	2407.1~2485.3	三亚组	93.60	1.82	0.61	0.21	0.16	0.10	0.05	1.58	1.52	-38.30	-23.00
	S34-1	2142.8	三亚组	94.03	2.10	1.08	0.41	0.38	0.26	0.16	0.65	0.44	-46.60	-27.60
	S34-1	2152.6	三亚组	92.80	2.25	1.28	0.55	0.54	0.42	0.27	0.72	0.39	-46.72	-25.60
Y8	Y8-1	984.5	崖城组	92.02	2.29	0.43	0.05	0.05	0.02	0.02	0.60	3.49	-45.22	-28.00
	Y8-1	999.6	三叠系	92.79	2.23	0.47	0.06	0.05	0.04	0.02	0.70	3.65	-45.40	-27.60
	Y8-2	1098	崖城组	88.55	1.53	0.19	0.02	0.02	0.01	0.00	1.67	6.46	-45.73	-27.70
	Y8-2	1154.8	崖城组	88.06	1.61	0.20	0.02	0.02	0.01	0.00	3.58	5.22	-44.03	-27.13
	Y8-3	997.8~1106	三叠系	95.65	2.58	0.46	0.06	0.06	0.02	0.01	0.83	0.19	-43.73	-26.70

在实际进行油气地球化学计量学分析前，要对这些数据进行必要的清洗、缺失值填补、预处理等。因而，基本的统计学分析工作变得十分必要。

2.2　数据的描述性统计

实验分析获得的数据都是有误差的，包括系统误差和随机误差，需要用统计学方法处理、评价和解释这些数据。描述性统计（descriptive statistics）也称基本统计分析，是用一组数学方法，对所获得的实验数据进行加工、处理和显示，综合概括分析，反映观察量的基本情况统计参数的总称。也就是说，描述性统计就是对已有的数据，分析、解释和展示其分布、集中趋势或离散趋势，简化成清晰的总体规律，发现异常数据等。

油气地球化学数据，常用直方图（histogram）、散点图（scatter plot）等表达数据的分布（distribution）；用均值/平均数（mean/average）、中位数（median）、众数（mode）考察数据的集中量数（measure of central location）；而用标准差（standard deviation）、四分位数（quartile）表示数据的变异量数（measure of variation）。有些地球化学数据在统计绘图前，需要进行适当的数据变换，如对数变换。

2.2.1　频率直方图

在统计数据时，按照频数分布，在平面直角坐标系中，横轴标出每个组的端点，纵轴表示频数，每个矩形的高代表对应的频数，横轴上的每个小区间对应一个组的组距，作为小矩形的底边，称这样的统计图为频数分布直方图（图2-1）。图2-1中的每一个矩形块就代表一个组，共划分了 14 组，显示出对称的总体特征，是较典型的正态分布。

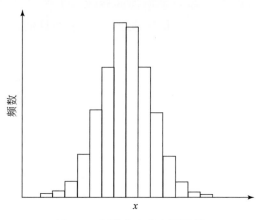

图 2-1　频数分布直方图示例

对于一组实测数据，绘制直方图分为三步（程光华等，1982）：

首先，要对数据进行分组。分组数与样本的数量有关，较大的样本量分组可以多一点，可分成 10 ~ 20 组，甚至更多；较小的样本量可以分为 10 组以下，如 5 ~ 7 组。通常用等间距进行分组，组与组之间的间距叫组距。组距（J）可由数据的上下界限和分组数（K）求得

$$J = (U-L)/K$$

式中，U 为数据的上界，通常取比最大值大一点的数；L 为数据的下界，一般取比最小值略小一点的数。

以甲烷的分布为例展示直方图的绘制过程。表 2-2 中，甲烷（C_1）最高含量百分比为 95.79%，取数据上界 $U=96\%$；甲烷最低含量百分比为 65.26%，取下界 $L=65\%$；数据分为 10 组（$K=10$），则组距 $J=(U-L)/K=(96-65)/10=3.1$。

其次，按照统计落入各组中的数据个数（频数）计算频率（表 2-3）。

表 2-3　琼东南盆地天然气甲烷含量分组统计分布

组范围	组中值	频数	累积频数	频率/%	累积频率/%
65.0 ~ 68.1	66.55	1	1	2.27	2.27
68.1 ~ 71.2	69.65	0	1	0.00	2.27
71.2 ~ 74.3	72.75	0	1	0.00	2.27
74.3 ~ 77.4	75.85	2	3	4.55	6.82
77.4 ~ 80.5	78.95	0	3	0.00	6.82
80.5 ~ 83.6	82.05	3	6	6.82	13.64
83.6 ~ 86.7	85.15	11	17	25.00	38.64
86.7 ~ 89.8	88.25	9	26	20.45	59.09
89.8 ~ 92.9	91.35	12	38	27.27	86.36
92.9 ~ 96.0	94.45	6	44	13.64	100.00

　　最后，绘制频率直方图。在实际工作中，用组中值绘制频率直方图也比较多。所谓频率就是频数除以样本数。图 2-2 显示了甲烷的频率直方图。可见甲烷含量主要分布在 80%～96% 之间，与图 2-1 相比较，是非对称分布的，有少许低含量甲烷分布。

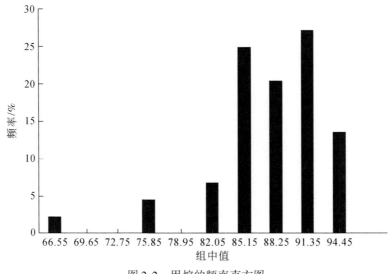

图 2-2　甲烷的频率直方图

2.2.2　累积频率分布

　　累积频率分布，又称累积概率分布，简称累积分布，用于描述随机变量落在任一区间上的频率，常被视为数据的某种特征。对于离散型数据，累积频率分布是由分布加和求得的函数。在绘制累积频率分布的时候，由于真实的概率分布函数未知，往往定义为直方图分布的积分（图 2-3）。有时候可以将频率直方图或频数直方图与累积频率分布图结合在同一个图中。

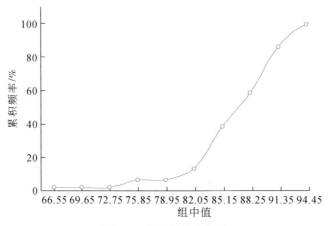

图 2-3　累积频率分布图

2.2.3　分位数

分位数（quantile），也称分位点，是指将一个随机变量的概率分布范围分为几等份的数值点。

四分位数就是通过 3 个点将数据累积概率分布划分为四等份。在描述性统计中，把所有数值由小到大排列并分成四等份，处于三个分割点位置的数值，通常是一组离散型数据排序后处于 25%、50% 和 75% 位置上的值。在 25% 位置上的数值，称为下四分位数（Q_1）；中间的 50% 四分位数（Q_2）就是中位数（median）；处在 75% 位置上的数值，称为上四分位数（Q_3）。分位数总共有 5 个统计量，除了 3 个四分位数外，还有最小值（Q_0）和最大值（Q_4），这是数据中的 2 个端点值，在展示数据分布形态或范围时经常用到。

四分位数也经常与中位数等统计量结合在一起展示实测数据的特征或可靠性。

2.2.4　均值、中位数和众数

描述数据集中趋势，一般用均值、中位数和众数作为衡量指标。均值（mean）也称平均数（average），它是一组离散型数据的总和与样品个数的商，即算数平均值。习惯上，常用 μ 表示均值，数学表达式为

$$\mu = \left(\sum_{i=1}^{n} x_i \right)/n$$

式中，n 为样品个数；x_i 为第 i 个样品的实测值。

中位数是累积频率为 50% 时对应的数值，即 2.2.3 节中所述的 Q_2。众数（mode）是指一组数据中出现次数最多的数值（图 2-4），有时众数在一组数中不止一个。

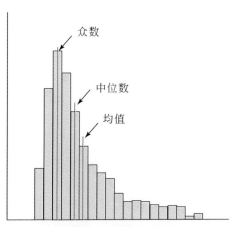

图 2-4　众数、中位数和均值示意图

数值型数据中，众数、中位数和均值均可以作为选取的统计量，但选取均值作为统计量的较多。在数据呈现对称分布时，以上三个统计量结果是一样的，一般都选择平均数；

当数据呈现偏态分布时，则选取中位数和众数作为集中趋势度量值。根据数据分布形态，分为对称分布和非对称分布。均值与众数、中位数大致相当，则为对称分布。正态分布是典型的对称分布。与正态分布相对应，非对称分布也称偏态分布。根据拖尾所在的位置，偏态分布进一步分为左偏态和右偏态。也可根据均值与中位数的位置关系，进一步划分，如均值位于中位数的左侧，称为左偏分布、左偏态或负偏态；如均值位于中位数的右侧，称为右偏分布、右偏态或正偏态。

2.2.5 标准差与置信水平

方差（variance）和标准差是衡量数据集中数据点与均值的离散程度的指标。其值越大，表明数据的离散程度就越大。对于样品分析数据而言，方差的数学公式为

$$s_n^2 = \sum_{i=1}^{n} (x_i - \mu)^2 / (n-1)$$

式中，n 为样品数；μ 为均值。

标准差也称均方差，是方差的平方根，通常用 σ 表示，数学公式为

$$\sigma = \sqrt{s_n^2} = \left[\sum_{i=1}^{n} (x_i - \mu)^2 / (n-1) \right]^{1/2}$$

在实际处理地球化学数据时，经常用标准差来反映一个数据集的离散程度。方差虽然能很好地描述数据与均值的偏离程度，但与要处理的数据的量纲（单位）是不一致的，处理结果也不直观。而标准差和均值的量纲是一致的，在描述数据的波动范围时，标准差比方差更方便。

2.2.6 置信水平和置信区间

置信水平（confidence level）是对样本均值估计的精确度，也称置信度。它是指样本统计值落在参数值某一正负区间内的概率。然而，确定置信水平的具体大小，主要取决于地球化学数据的质量和研究者的要求。通常，选择的置信水平不低于90%，较高的置信水平可选用95%。

就油气地球化学数据而言，很多数据的检测误差是不可避免的。即使实验条件再精确，也无法完全避免随机干扰的影响。所以，在科学实验中总是会在测量结果上加一个误差范围。同样，对样本参数的估计，往往在一定置信水平下给出一个区间，这个区间就是置信区间（confidence interval）。置信区间展现的是这个参数的真实值落在预测范围的概率。置信水平越高，置信区间越大。

对于正态分布，随机变量均值（μ）的估计，其置信水平、置信区间与标准差（σ）有密切联系（图2-5）。换句话说，置信区间在一个标准差范围 $[\mu-\sigma, \mu+\sigma]$ 内，置信水平为68.3%；置信区间在两个标准差范围 $[\mu-2\sigma, \mu+2\sigma]$ 内，置信水平为95.4%；置信区间在三个标准差范围 $[\mu-3\sigma, \mu+3\sigma]$ 内，置信水平为99.7%。图2-5显示了标准差为整数情况下的置信水平。然而，人们更习惯于置信水平为整数百分比下，如90%的参数估

计范围。表 2-4 给出了常用置信水平下的置信区间（Otto，2017）。

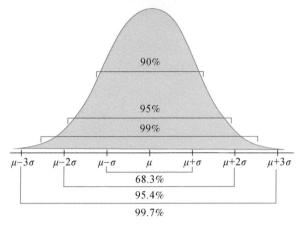

图 2-5　均值的标准差与置信水平、置信区间的关系

表 2-4　常用置信水平与标准差

置信区间和置信系数（Z-score）		置信水平/%	允许误差/%
$\mu-1\sigma$	$\mu+1\sigma$	68.3	31.7
$\mu-2\sigma$	$\mu+2\sigma$	95.4	4.6
$\mu-3\sigma$	$\mu+3\sigma$	99.7	0.3
$\mu-1.28\sigma$	$\mu+1.28\sigma$	90	10
$\mu-1.96\sigma$	$\mu+1.96\sigma$	95	5
$\mu-2.58\sigma$	$\mu+2.58\sigma$	99	1
$\mu-3.29\sigma$	$\mu+3.29\sigma$	99.9	0.1

2.2.7　箱须图

箱须图（box and whisker plot）简称箱形图（box plot），是一种用作显示一组数据分散情况资料的统计图，因形状如箱子而得名。它是利用数据中分位数的五个统计量：最小值（Q_0）、第一四分位数（下四分位数，Q_1）、中位数（第二四分位数，Q_2）、第三四分位数（上四分位数，Q_3）与最大值（Q_4）来描述数据的一种方法。为了便于考察数据分布形态，常常把均值也绘制到箱须图中（图 2-6）。通过它也可以粗略地看出数据是否具有对称性、分散程度等信息，特别是可以用于对不同样本或不同变量比较。

箱须图是描述性统计学主要的图形表现形式。其中，"箱"的主体由四分位数的第一四分位数（下四分位数，Q_1）、第二四分位数（中位数，Q_2）和第三四分位数（上四分位数，Q_3）及均值构成。但"须"的范围及采用值，因目的不同而变化，常见有 2 种表现方式。一种"须"由最小值（Q_0）和最大值（Q_4）构成，主要用于考察数据分布范围和形态特征。另一种常见箱须图主要用于异常值的检测，将在后边的异常值检测章节（2.4.1节）中详细介绍。图2-6显示了甲烷含量的箱须图。由图可见，甲烷含量主要分布在85%~92%之间；均值小于中位数，且最小值方向的"须"很长、拖尾较严重，具有左偏的分布特征。

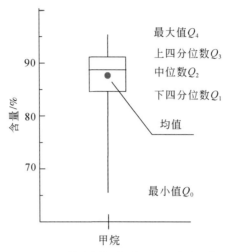

图2-6　甲烷含量箱须图及主要绘图元素

图2-7示意性显示了2个变量的比较。同一数轴上，几个变量的箱须图并行排列，不同变量的中位数、均值、分布区间、分布形态等信息便一目了然，使分析过程简便快捷。

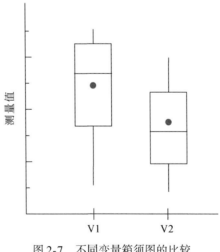

图2-7　不同变量箱须图的比较

2.3　最低样本量的确定

统计学上，总体是指研究对象的全部。对于地质体而言，总体是巨大的，甚至是无限的。即使油田中所有的石油全部采出来了，也不可能全部用于实验分析。实际上，只能对其中的一部分样品进行分析、化验和研究，这一部分就是样本。样本量的确定是一个非常重要的问题，在不考虑抽样成本的前提下，样本量越多则估计得越准。然而，实际情况中我们需要平衡抽样成本与估计结果的置信度——以尽可能低的样本得到尽可能高的置信结果。那么，最低多少样本能代表总体？这涉及研究结果的可信度问题，也是统计分析必须回答的问题。本节将介绍几种常用的确定最低样本量的方法。

2.3.1　经验法确定最低样本量

由于地质总体非常大，样本自然是越多越好，从而分析精度越高。然而，采样具有很强的随机性，有些样本可以采集较多，有时只能采到有限的样本。特别是勘探初期，能够获得的样本很有限。需要多少样本才能够在统计上代表总体特征？一个经验上的最低样本量（n）是

$$n \geqslant 30$$

这个最低样本量是经验数值，没有理论依据。但可以作为采样时的最低标准。

另一个经验最低样本量与所分析变量数量有关。假设有 m 个变量或地球化学参数参与化学计量学的计算，那么样本量（n）应该是

$$n \geqslant (1.2 \sim 1.5) \cdot m$$

也就是说，最低样本量是参与计算的变量数的 $1.2 \sim 1.5$ 倍（Wang et al., 2016）。其主要依据是：在油气地球化学计量学计算中，都会用到线性几何/矩阵方程，如果样本量（n）少于或与变量数（m）太接近，方程的解是不确定的。若样本量达到参与计算的变量数的 $1.2 \sim 1.5$ 倍，方程的解是确定的。该最低样本量估计值，可以作为实际的化学计量学计算时样本数量的参考。

2.3.2　根据置信水平确定最低样本量

地球化学中的实验分析都是针对采集来的样品进行的，这些样本是否能够代表地质体的总体特征，取决于样本与总体之间的差异，二者之间的误差叫抽样误差。显然，样本量越大、抽样误差越小，对总体的代表性就越强。反之，样本量越小、抽样误差越大，对总体的代表性就越差。因样本的随机性，具有一定的标准差（σ），加上对置信水平（α）、允许误差（$1-\alpha$）的要求可以计算出最低样本量：

$$n = \left[Z_{\alpha/2} \cdot \sigma / (1-\alpha) \right]^2$$

式中，Z_α 是某一置信水平（α）下的 Z 统计量（Z-score 值），置信水平取 95%，则 $Z_{\alpha95\%} = 1.96$；（$1-\alpha$）为允许误差（表 2-4），也称边际误差，有时也称为精度。

2.3.3　补充定理

这里补充两个重要定理，中心极限定理和大数定理，这两个定理是最低样本量估计和数据清洗及标准化的理论基础。同时也提示我们，满足最低样本量外，在条件允许的

情况下，尽可能采取更多的样本，样本量越大，各种估计值越准，获得的结果越接近真实值。

中心极限定理是指概率论中随机变量序列部分和分布渐近于正态分布的一类定理。这组定理是数理统计学和误差分析的理论基础，指出了大量随机变量近似服从正态分布的条件。它是概率论中最重要的一类定理，有广泛的实际应用背景。在自然界与生产中，一些现象受到许多相互独立的随机因素的影响，如果每个因素所产生的影响都很微小时，总的影响可以看作是服从正态分布的。中心极限定理就是从数学上证明了这一现象。它支撑着与置信区间相关的检验和假设检验的计算公式及相关理论。

对于属于正态分布的指标数据，我们可以很快捷地对它进行下一步假设检验，并推算出对应的置信区间；而对于那些不属于正态分布的数据，根据中心极限定理，在样本容量很大时，总体参数的抽样分布是趋向于正态分布的，最终都可以依据正态分布的检验公式对它进行下一步分析。

大数定理是指在随机试验中，每次出现的结果不同，但是大量重复试验出现的结果的平均值却几乎总是接近于某个确定的值。其原因是，在大量的观察试验中，个别的、偶然的因素影响而产生的差异将会相互抵消，从而使现象的必然规律性显示出来。大数定理包括如下两个比较重要的定理。

切比雪夫大数定理。将该定理应用于抽样调查，就会有如下结论：随着样本容量 n 的增加，样本平均数将接近于总体平均数。从而为统计推断中依据样本平均数估计总体平均数提供了理论依据。

伯努利大数定理。该定理是切比雪夫大数定理的特例，其含义是，当 n 足够大时，事件 A 出现的频率将几乎接近于其发生的概率，即频率的稳定性。在抽样调查中，用样本数去估计总体成数，其理论依据即在于此。

2.4　数据的清洗和预处理

数据准备和数据清洗（data cleaning, data cleansing, data laundering, data scrubbing）是进行数据统计分析的第一步，好的数据分析依赖于清洁的数据。原始数据中，由于各种误差的存在、误差传递以及数据缺失现象，有缺陷的数据会影响到最终的分析结果。毫无疑问，数据清洗要花费相当的时间和精力，然而要保证分析结果的可靠性，数据清洗是必需的。油气地球化学计量学研究中，数据质量非常重要，以至于会影响到最后的分析结果。无论这些地球化学数据是单一来源还是多种来源，对于提高数据质量、开展数据清洗工作，都应该予以足够的重视，值得花费一定时间和精力，这有利于获得可靠的分析结果。数据清洗包括两部分：发现数据中的异常值、错误和改正这些错误。

2.4.1　异常值检测

异常值（outlier）是指那些远离主流数据的数据。在统计学上，是与其他值相距甚远的异常观测值，是一种与其他结构良好的数据不同的观测值。很多情况下，异常值是样本中的个别值。数学上，异常值没有严格的定义。可能仅仅是偶然因素造成的，也可能意味着测量误差，也可能是暗示着以前没有注意到的现象。

因为不同的数据集，产生异常原因不同，没有统一的异常值鉴定判别方法。描述性统计对这些异常值很敏感，结合前述统计知识，介绍两种常用的发现、鉴定异常值的方法。

1) 四分位数法

箱须图是根据四分位数绘制的一种显示数据分散情况的统计图。四分位数提供了识别异常值的一个简便方法。在异常值检测中，"须"的取值有所变化。箱须图是利用四分位数进行统计描述的分析方法，用于描述任何类型的数据，尤其是偏态数据的离散程度。四分位数间距（IQR）是上四分位数 Q_3（75%）与下四分位数 Q_1（25%）之差，即 $IQR = Q_3 - Q_1$，其间包含了全部观察值的一半。异常检测箱须图的下须极限为 $Q_1 - 1.5IQR$；上须极限为 $Q_3 + 1.5IQR$。异常值是指位于范围 $[Q_1 - 1.5IQR, Q_3 + 1.5IQR]$ 以外的值，即小于 $Q_1 - 1.5IQR$ 或大于 $Q_3 + 1.5IQR$ 的值为异常值。在鉴定异常值时，箱须图中的均值往往忽略。图2-8 示意性显示了异常检测箱须图的结构。

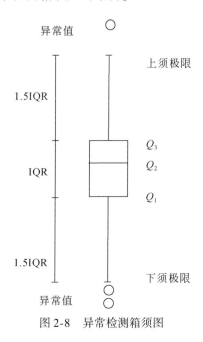

图 2-8　异常检测箱须图

箱须图发现异常值简洁方便，特别适合于较大数据量的异常检测，在实际工作中可以不绘制箱须图。

另外，除同位素值外，很多实测地球化学参数都是大于 0 的正数，四分位数法的下须极限（$Q_1 - 1.5IQR$）值有可能出现小于零的负数。这时的下须极限直接取 0 即可，无须绘制小于零的部分，因为也不会有小于零的实测值需要异常检测。

2) 置信水平法

置信水平法适合于正态分布数据的异常值检测，是 3σ 原则的改进和在异常值检测中的应用。

在统计学中，如果一个数据分布近似正态，那么大约 68.3% 的数据值会在均值的一个标准差范围内，大约 95.4% 会在两个标准差范围内，大约 99.7% 会在三个标准差范围内。注意，上述的概率，即置信水平是小数，标准差为整数倍数。然而，在实际工作中通常置信水平取整数，如 90%，这样不能取整数倍数的标准差，就需要一个系数将置信水平换算成整数，而取小数倍数（Z-score 值）。如表 2-4 所示，当取置信水平为 90% 时，Z 值为 1.28，数据在 $[\mu-1.28\sigma, \mu+1.28\sigma]$ 范围内均属于正常值，而处于这个置信区间以外的数据就是异常值，其中，μ 为均值；σ 为标准差。

2.4.2　缺失值和异常值的处理

油气地球化学数据中，有时会有缺失值，有时会发现有异常值。在进一步分析前，对这些异常值和缺失值要进行必要的处理。根据数据集的大小其处理方法有所差别。

（1）异常值处理。

对于大的数据集，异常值的处理比较简单。其一是不作任何处理，考虑到异常值有可能蕴含以前没有发现的现象，这些异常值保留，因样本量多、数据量较大，异常值对总体影响不大，有可能发现导致异常的根本原因。其二是删除含有异常值的记录。

对于较小的数据集而言，因样本量小，甚至刚刚达到最低样本量，简单删除这些数值可能导致样本量不足、统计分析结果可靠性降低；保留这些异常值对分析结果很可能产生较大的影响，甚至得到不正确的结论。异常值通常只出现在某个或某几个变量上，而其余变量是正常值。因而，采用适当方法对这些异常值进行替换、填充是可行的方法，又不影响其他正常变量参与计算。替换、填充方法参阅缺失值处理。

（2）移除重复数据。

（3）缺失值处理。

缺失值的处理方法主要有删除、填充两种方法。

对于大的数据集，删除含有缺失值的记录是简单、常用的方法。

如前所述，对于较小的数据集而言，缺失值不能简单地删除了事，需要特别处理，主要是填充的方法。但不同情况下，采用的填充方法有所不同，应加以区别对待。

已知样品归属某一类别或某一组时，如烃源岩的生物标志化合物比值，可用同类组的均值替换来填充缺失值（Wang et al., 2018a）；未知归属样品的缺失值，如尚未分类原油的生物标志化合物比值数据，用全部样品的均值替代（Wang et al., 2018b, 2018c）。

有序样品，如钻孔岩心分析数据，可以用其上下附近点的数据进行插值，对少量缺失值进行填充处理。

2.4.3　数据的正规化

数据清洗和预处理以后，要进行数据的正规化处理，为化学计量学运算做好数据准备。在油气地球化学研究中，面临的研究对象日趋复杂，如果仅依据单一指标进行分析评价往往不尽合理，必须全面地从整体的角度考虑问题，多指标综合评价应运而生。例如，原油和烃源岩抽提物中，甾、萜烷的生物标志化合物分别来自菌类和藻类，如果单独用甾烷指标或只用萜烷指标进行油源对比、分类等分析，所得结果会有所偏颇。需要综合考虑多种生物标志化合物信息。所谓多指标综合分析评价，就是把研究对象的多个指标综合起来，做一个整体上的综合分析、评价、判断。在多指标体系中，由于各指标的性质不同，通常具有不同的量纲和数量级。当各指标间的水平相差很大时，如果直接用原始指标值进行分析，就会突出数值较高的指标在综合分析中的作用，相对削弱数值水平较低指标的作用。因此，为了保证结果的可靠性，需要对原始指标数据进行正规化处理。

数据的正规化（normalization）是将数据按比例缩放，使之落入一个特定的区间。实际上是对原始数据的线性变换。数据的正规化在油气地球化学计算中经常会用到，以去除数据的单位限制，将其转化为无量纲的纯数值，便于不同单位或量级的指标能够进行比较和计算。

1）极差正规化

极差正规化（range normalization 或 range scaling）是将数据统一到 [0，1] 区间上。计算公式如下：

$$x'_i = (x_i - x_{\min}) / (x_{\max} - x_{\min})$$

式中，x'_i 为正规化后的数据；x_i 为原始数据；$x_{\max}$ 和 $x_{\min}$ 分别为数据中的最大值和最小值；$i(i=1,\cdots,n)$ 为样品序号。

经过极差正规化处理后，数据都统一到 [0，1] 之间，且消除了数据单位，成为无量纲数值（图2-9）。

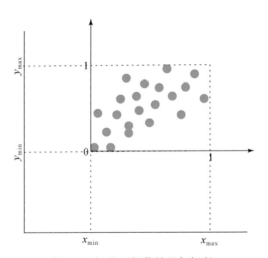

图 2-9 极差正规化的几何解释

2）数据的标准化（Z-score）

这是另一种常用的数据正规化方法：

$$z_i = (x_i - \mu) / \sigma$$

式中，z_i 为正规化后的数据；x_i 为原始数据；μ 为样品的均值；σ 为样品的标准差；$i(i=1,\cdots,n)$ 为样品序号。

经过标准化处理后，原始数据变换至 [−1，1] 之间，均值等于 0，标准差等于 1。同样消除了数据单位成为无量纲数值（图 2-10）。

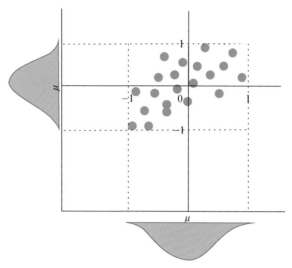

图 2-10　数据的标准化的几何意义

2.4.4　示例

这里通过两个示例，说明数据的清洗和预处理中基本统计参数的应用。

第一个例子是用分位数方法对原油地球化学参数（表 2-1）进行评价。以 Pr/Ph 为例，第一分位数 $Q_1 = 0.60$，第三分位数 $Q_3 = 1.31$，则 $IQR = Q_3 - Q_1 = 0.71$。下限值 $= Q_1 - 1.5IQR = 0.60 - 1.5 \times 0.71 = -0.47$；上限值 $= Q_3 + 1.5IQR = 2.38$，超出上下限值的数据为异常值。Pr/Ph 的标准差 $\sigma = 0.43$，在 $\alpha = 90\%$ 置信水平下，对应的 Z 值（表 2-4）为 1.28；允许误差 $(1 - \alpha) = 0.10$，最低样本量 $n = (1.28 \times 0.43 / 0.1)^2 = 30$。也就是说，对于 Pr/Ph 指标而言，31 个样品满足了统计分析的需要，且无异常值。

对表 2-1 中的其他地球化学参数进行了相同的统计分析（表 2-5）。由表 2-5 可见，参数 $C_{35}H/C_{34}H$ 缺失值较多，31 个样品达不到最低样本量要求；类似的指标 H/S 需要 800 多个样品才能满足要求，不建议在化学计量学计算时采用该指标。$C_{27}S$（ααα）、$C_{28}S$（ααα）、$C_{29}S$（ααα）三个参数为定和数据（三者之和等于 100%），所需的样品量更大，其原因是与其他指标采用的单位制不同，导致标准差很大。初步计算显示，若采用 $C_{27}S$（ααα）/$C_{29}S$（ααα）和 $C_{28}S$（ααα）/$C_{29}S$（ααα）作为参数，31 个样品基本满足最低样本量的要求，建议在绘制三者的三角图时选用百分比数据；进行化学计量学计算时采用比值参数，一方面减少了参数数量，另一方面单位制也与其他参数的相同。表 2-5 中显示，有些参数存在很少的高值异常，这里暂不作处理。

表 2-5　原油地球化学参数检验表

参数	Pr/Ph	Pr/ nC_{17}	Ph/ nC_{18}	C_{19}/ C_{23} TT	Ts/ (Ts+Tm)	C_{30} M/ C_{30} H	Ga/ C_{30} H	C_{35} H/ C_{34} H	H/S	C_{27} S ($\alpha\alpha\alpha$)/%	C_{28} S ($\alpha\alpha\alpha$)/%	C_{29} S ($\alpha\alpha\alpha$)/%
下限值	-0.47	0.03	-0.03	-0.19	0.02	0.05	-0.13	-0.08	-1.92	25.41	13.98	17.21
第一分位数	0.60	0.49	0.44	0.14	0.25	0.08	0.08	0.49	1.95	37.39	18.94	32.74
中位数	1.12	0.70	0.50	0.21	0.33	0.09	0.13	0.63	3.20	40.21	20.62	37.71
第三分位数	1.31	0.80	0.75	0.36	0.41	0.10	0.22	0.86	4.53	45.38	22.25	43.10
上限值	2.38	1.25	1.22	0.69	0.64	0.13	0.43	1.43	8.40	57.37	27.20	58.63
标准差	0.43	0.22	0.29	0.12	0.12	0.02	0.11	0.67	2.24	5.77	3.09	7.65
最低样本量	30	8	14	3	2	1	2	74	822	5455	1568	9600
低值异常数	0	0	0	0	0	0	0	0	0	0	0	0
高值异常数	0	0	1	0	0	0	0	4	1	0	1	0

对于天然气数据（表 2-2），采用置信水平方法对原始数据进行异常检测和最低样本量估算。

天然气数据由天然气的组分数据和甲烷、乙烷同位素数据组成。其中，气体组分用组分占气体总量（包括非烃气体）的百分比表示。应该注意的是，L25-1 和 L25-2 井乙烷含量高达 80% 以上，是明显的异常值，这是不可能的，应该是录入错误。根据其他含量容易更正。

虽然气体组分数据都是百分比数据，但数量级差别很大。因此，首先对表 2-2 数据进行极差正规化预处理，以消除数量级的影响。对正规化后的数据，用 95% 的置信水平进行异常值检测和最低样本量估算。表 2-6 显示了根据天然气组分计算的最低样本量和异常检测结果。可以看出，①在 95% 的置信水平上，样本量完全能够满足进一步统计分析的要求；②少数样品的甲烷含量，显示低异常值，而乙烷、丙烷含量为高异常值，主要集中在 LS13 井梅山组，造成这些异常的原因是非烃含量高。这里的天然气组分含量为定和数据（烃气+非烃气体等于 100%），必然使烃气含量下降。

表 2-6　天然气中烃气参数检验表

气田	烃类气						
	C_1	C_2	C_3	iC_4	nC_4	iC_5	nC_5
LS13/%	65.26	9.98	5.78	1.24	1.42	0.65	0.3
	77.23	7.74	3.87	0.79	0.88	0.33	0.19
	76.46	8.27	4.26	0.92	1.07	0.39	0.24
最低样本量	29	33	31	33	27	42	44
低值异常数	3	4	0	0	0	0	0
高值异常数	0	3	5	4	3	3	3

本例的天然气组分数据存在 2 种异常值：第一类属于录入错误，已经更正；第二类异常值是较高的非烃气体造成的，这类异常值不作处理。

值得一提的是，结合异常值统计表（表 2-6）和天然气组分及同位素数据（表 2-2），重的甲烷同位素往往与高含量 CO_2 有关，而轻的甲烷同位素似乎与高含量 N_2 有关。暗示非烃气体与烃气可能具有某种成因联系，这里不对成因作深入探讨，只是示意性展示最低样本量估计和异常检测的统计分析方法。

参 考 文 献

程光华，蒋耀松，张一球. 1982. 概率统计. 北京：地质出版社.

梁刚，甘军，游君君，等. 2020. 琼东南盆地低熟煤型气地球化学特征及勘探前景. 天然气地球科学，31（7）：895-903.

McLeod S A. 2019. Z-score：definition，calculation and interpretation. https://www. simplypsychology. org/z-score. html ［2021. 5. 24］.

Otto M. 2017. Chemometrics：Statistics and Computer Application in Analytical Chemistry. New York：John Wiley & Sons.

Wang Y P, Zhang F, Zou Y R, et al. 2016. Chemometrics reveals oil sources in the Fangzheng Fault Depression, NE China. Organic Geochemistry, 102：1-13.

Wang Y P, Zhang F, Zou Y R, et al. 2018a. Oil source and charge in the Wuerxun Depression, Hailar Basin, northeast China：a chemometric study. Marine and Petroleum Geology, 89：665-686.

Wang Y P, Zou Y R, Shi J T, et al. 2018b. Review of the chemometrics application in oil-oil and oil-source rock correlations. Journal of Natural Gas Geoscience, 3（4）：217-232.

Wang Y P, Zhang F, Zou Y R, et al. 2018c. Origin and genetic family of Huhehu oil in the Hailar Basin, northeast China. Acta Geochimica, 37（6）：820-841.

Zhang Y, Lu H, Wang Y P, et al. 2020. Organic geochemical characteristics of eocene crude oils from Zhanhua Depression, Bohai Bay Basin, China. Acta Geochimica, 39：655-667.

第3章 矩阵代数基础

本章以实用为目的，从线性方程组入手，简要介绍矩阵代数的基础知识及简单应用，以期为后续油气地球化学计量学分析和研究奠定基础。

3.1 线性方程组

线性方程组是各个方程关于未知量均为一次幂的方程组。对线性方程组的研究，最早记载在公元一世纪左右的《九章算术》中。线性方程组有广泛的应用，一般将形如下式的方程组称为线性方程组。

$$\left.\begin{array}{l}a_{11}x_1+a_{12}x_2+\cdots+a_{1j}x_j+\cdots+a_{1m}x_m=b_1 \\ a_{21}x_1+a_{22}x_2+\cdots+a_{2j}x_j+\cdots+a_{2m}x_m=b_2 \\ \qquad\qquad\cdots\cdots \\ a_{i1}x_1+a_{i2}x_2+\cdots+a_{ij}x_j+\cdots+a_{im}x_m=b_i \\ \qquad\qquad\cdots\cdots \\ a_{n1}x_1+a_{n2}x_2+\cdots+a_{nj}x_j+\cdots+a_{nm}x_m=b_n\end{array}\right\} \tag{3-1}$$

式中，a_{ij} 为系数；b_j 为常数；x_j 为未知数；i 为方程的顺序号（$i=1$, 2, $\cdots$, n）；j 为变量号（$j=1$, 2, $\cdots$, m）。这是由 n 个方程 m 个变量构成的方程组。如果常数项 b_j 为零，则线性方程组称为齐次线性方程组（见下例），否则，称为非齐次线性方程组（Larson and Falvo, 2009）。方程组中，任何一个方程可以有无限个解，或者说根本没有解。

线性方程组在数学以及其他科学研究中都是很常见的（Hefferon, 2020）。中学化学中，甲苯（C_7H_8）与硝酸（HNO_3）在一定条件下混合，生成三硝基甲苯（$C_7H_5N_3O_6$）和副产物水（H_2O）。化学反应方程为

$$x C_7H_8+y HNO_3 \longrightarrow z C_7H_5N_3O_6+w H_2O$$

根据质量守恒定律，反应前后各元素的原子总数相等，依次对反应方程中的元素 C、H、N 和 O 配平，可得方程中反应物和产物质量配平数（系数）。

$$7x=7z$$
$$8x+1y=5z+2w$$
$$1y=3z$$
$$3y=6z+1w$$

用 $x_1 \sim x_4$ 代替变量 x、y、z、w，分别代表元素 C、H、N、O 的原子数，整理后，有

$$\left.\begin{array}{l}7x_1+0x_2-7x_3+0x_4=0 \\ 8x_1+1x_2-5x_3-2x_4=0 \\ 0x_1+1x_2-3x_3+0x_4=0 \\ 0x_1+3x_2-6x_3-1x_4=0\end{array}\right\} \tag{3-2}$$

　　这就是多元线性方程组。所谓"多元"是指变量不止一个;"线性"就是所有变量的幂都不高于一次幂,且变量间无乘积项(Denton and Waldron, 2012);所谓的"组"就是方程有 2 个及以上。式(3-2)中,有 4 个方程 4 个未知量,右侧常数项都为 0,为四元齐次线性方程组。

　　线性方程组式(3-1)中,变量数等于方程个数($m=n$),线性方程组有唯一解;若变量数小于方程个数($m<n$),线性方程组有多个解;如果变量数多于方程个数($m>n$),线性方程组有无限多个解(Larson and Falvo, 2009)。

　　许多实际问题可以通过建立适当的线性方程组得以解决,应用领域几乎可以涵盖所有的工程技术领域(袁海荣,2009)。不过,实际测量值往往存在误差,很可能只能获得方程组的近似解。线性方程组的现代表达方式是矩阵。

3.2　矩　阵　代　数

3.2.1　矩阵和特殊矩阵

1)矩阵的定义

　　矩阵是高等代数学中的常见工具,也常见于统计分析等应用学科中。矩阵是一个矩形数组,数组可以由符号构成,也可以是数字(Kaw, 2020)。或者说,矩阵是写在矩形括号里的数字数组(Boyd and Vandenberghe, 2018)。简单地讲,矩阵是一个二维数据表格。在油气地球化学中,数值都是实数,这样的矩阵叫作实矩阵。

　　每个矩阵都有行和列,行数和列数决定了矩阵的大小。一个由 n 行 m 列组成的矩阵称作 $n\times m$ 矩阵,记作 $[A]_{n\times m}$。这里,矩阵用大写字母和方括号表示。如果省略矩阵的下角的行列数的话,可以简化为大写字母,如简单地记为 $\boldsymbol{A}$。线性方程组式(3-1)的系数用矩阵形式可以写为

$$[A]_{n\times m} = \begin{bmatrix} a_{11} & a_{12} & \cdots & a_{1j} & \cdots & a_{1m} \\ a_{21} & a_{22} & \cdots & a_{2j} & \cdots & a_{2m} \\ \vdots & \vdots & & \vdots & & \vdots \\ a_{i1} & a_{i2} & \cdots & a_{ij} & \cdots & a_{im} \\ \vdots & \vdots & & \vdots & & \vdots \\ a_{n1} & a_{n2} & \cdots & a_{nj} & \cdots & a_{nm} \end{bmatrix}$$

式中,a_{ij} 称为矩阵的元素。

2)几种特殊的矩阵

　　向量是一种特殊的矩阵,只有一行或者一列的矩阵,通常用黑体小写斜体字母表示。有两种类型的向量:行向量和列向量。

　　如果矩阵只有一行,叫作行向量。如

$$\boldsymbol{c} = \begin{bmatrix} c_1 & c_2 & \cdots & c_m \end{bmatrix}$$

这里,m 是行向量的维数。例如,$\boldsymbol{c} = \begin{bmatrix} 10 & 20 & 30 & 40 & 50 \end{bmatrix}$ 是个五维行向量。

如果矩阵只有一列，该矩阵被称为列向量。例如

$$\boldsymbol{b} = \begin{bmatrix} b_1 \\ b_2 \\ b_3 \\ b_4 \end{bmatrix}$$

是个四维列向量。

也可以把矩阵看成是向量的扩展。除了向量外，还有几种特殊的矩阵。

方阵：当矩阵的行数（n）和列数（m）相等时（$n=m$），称为方阵。此时，对角线上的元素（a_{ii}）称为对角元素，有时称作矩阵的主元素。例如

$$\begin{bmatrix} A \end{bmatrix}_{3\times 3} = \begin{bmatrix} 25 & 20 & 3 \\ 5 & 10 & 2 \\ 6 & 7 & 15 \end{bmatrix}$$

是个 3×3 的方阵。对角元素是 $a_{11}=25$，$a_{22}=10$，$a_{33}=15$。

对角线以下的元素都等于 0 的矩阵，叫上三角矩阵。如：

$$\begin{bmatrix} 25 & 20 & 3 \\ 0 & 10 & 2 \\ 0 & 0 & 15 \end{bmatrix}$$

对角线以上的元素都等于 0 的矩阵，叫下三角矩阵。如：

$$\begin{bmatrix} 25 & 0 & 0 \\ 5 & 10 & 0 \\ 6 & 7 & 15 \end{bmatrix}$$

对角线之外的元素都等于 0 的矩阵，叫对角矩阵。如：

$$\begin{bmatrix} 25 & 0 & 0 \\ 0 & 10 & 0 \\ 0 & 0 & 15 \end{bmatrix} \quad 可简化为 \quad \begin{bmatrix} 25 & & \\ & 10 & \\ & & 15 \end{bmatrix}$$

记号 $\mathrm{diag}(a_1,\cdots,a_n)$ 通常用于对 $n\times n$ 阶对角矩阵 $\boldsymbol{A}$ 的对角元素的简约描述，其中，$A_{11}=a_1$，$\cdots$，$A_{nn}=a_n$。该记号虽然并非标准，但被普遍使用（Boyd and Vandenberghe，2018）。例如，上边的对角矩阵可以记为

$$\mathrm{diag}(25,10,15)$$

有时，也可以用向量的参量，如 $\boldsymbol{b}=\mathrm{diag}(1)$。

对称矩阵：若方阵 $\boldsymbol{A}=(a_{ij})$ 的元素满足 $(a_{ij})=(a_{ji})$，则称 $\boldsymbol{A}$ 为对称阵。在样品相似性研究或者变量的相关性研究中，经常用到对称矩阵。

同型矩阵：具有相同行数和列数的矩阵，称为同型矩阵。

单位矩阵：单位矩阵（identity matrix）是指对角矩阵中，对角上的元素为 1，其他元素全部为 0 的矩阵。单位矩阵常用 $\boldsymbol{I}$ 表示（Boyd and Vandenberghe，2018），如：

$$\boldsymbol{I} = \begin{bmatrix} 1 & 0 & 0 \\ 0 & 1 & 0 \\ 0 & 0 & 1 \end{bmatrix}$$

单位矩阵更一般的公式表达为

$$I_{ij} = \begin{cases} 1, & i=j \\ 0, & i \neq j \end{cases} \quad (i,j=1,2,\cdots,n)$$

零矩阵：矩阵元素都等于 0 的矩阵。当然，有零矩阵就有零向量。一般记作：

$$\boldsymbol{O} = \begin{bmatrix} 0 & 0 & 0 \\ 0 & 0 & 0 \\ 0 & 0 & 0 \end{bmatrix}$$

三对角矩阵：非零值分布在主对角线上下的三条对角线上，其余元素全为 0。这样的矩阵叫作三对角矩阵（tridiagonal matrix）。例如：

$$[A] = \begin{bmatrix} 2 & 4 & 0 & 0 \\ 2 & 3 & 9 & 0 \\ 0 & 0 & 5 & 2 \\ 0 & 0 & 3 & 6 \end{bmatrix}$$

对角优势矩阵：对角优势矩阵（diagonally dominant matrix）是个方阵，其每一行的对角元素的绝对值大于这一行的非对角元素绝对值之和；至少有一行的对角元素的绝对值严格大于这一行的非对角元素绝对值之和。公式表达为

$$|a_{ii}| \geq \sum_{j=1,i\neq j}^{n} |a_{ij}| \quad (i=1,2,\cdots,n)$$

和

$$|a_{ii}| > \sum_{j=1,i\neq j}^{n} |a_{ij}| \quad (\text{至少一个 } i)$$

对角优势矩阵对直接法或迭代法解线性代数方程组很重要，可以保证算法的稳定性或收敛性，如矩阵

$$[A] = \begin{bmatrix} 15 & 6 & 7 \\ 2 & -4 & -2 \\ 3 & 2 & 6 \end{bmatrix}$$

就是对角优势矩阵，因为

$$|a_{11}| = |15| = 15 \geq |a_{12}| + |a_{13}| = |6| + |7| = 13$$
$$|a_{22}| = |-4| = 4 \geq |a_{21}| + |a_{23}| = |2| + |2| = 4$$
$$|a_{33}| = |6| = 6 \geq |a_{31}| + |a_{32}| = |3| + |2| = 5$$

上例中，第一和第三行不等式都是严格大于的不等式，是对角优势矩阵。

3.2.2　矩阵的性质

1. 矩阵的加减法

（1）同型矩阵 $\boldsymbol{A}$、$\boldsymbol{B}$ 加减，为对应元素的加减，即 $\boldsymbol{A} \pm \boldsymbol{B} = [a_{ij} \pm b_{ij}]$。

（2）同型矩阵的加减法满足如下运算法则。

a. 交换律：$A \pm B = B \pm A$；

b. 结合律：$(A \pm B) \pm C = A \pm (B \pm C)$；

c. $A + O = A = O + A$；

d. $A - A = O$。

例如，$A = \begin{bmatrix} 3 & 1 & 0 \\ -2 & 0 & 1 \end{bmatrix}$，$B = \begin{bmatrix} -3 & 2 & 1 \\ 1 & 4 & 0 \end{bmatrix}$，那么：

$$A + B = \begin{bmatrix} 3 & 1 & 0 \\ -2 & 0 & 1 \end{bmatrix} + \begin{bmatrix} -3 & 2 & 1 \\ 1 & 4 & 0 \end{bmatrix} = \begin{bmatrix} 3-3 & 1+2 & 0+1 \\ -2+1 & 0+4 & 1+0 \end{bmatrix} = \begin{bmatrix} 0 & 3 & 1 \\ -1 & 4 & 1 \end{bmatrix}$$

类似地，$A - B = \begin{bmatrix} 3 & 1 & 0 \\ -2 & 0 & 1 \end{bmatrix} - \begin{bmatrix} -3 & 2 & 1 \\ 1 & 4 & 0 \end{bmatrix} = \begin{bmatrix} 6 & -1 & -1 \\ -3 & -4 & 1 \end{bmatrix}$。

2. 矩阵与数的乘法（标量乘）

（1）同型矩阵 A、B，若 $B = \lambda A$，矩阵 A 的每个元素均乘以常数 λ，$\lambda A = [\lambda a_{ij}]$；

（2）矩阵的数乘满足如下的运算法则。

a. 数对矩阵的分配律：$\lambda(A + B) = \lambda A + \lambda B$；

b. 矩阵对数的分配律：$(\lambda + \mu)A = \lambda A + \mu A$；

c. 结合律：$(\lambda \mu)A = \lambda(\mu A)$；

d. $0A = O$；$1A = A$；$-1A = -A$。

例如，$\lambda = 3$，$A = \begin{bmatrix} 3 & 1 & 0 \\ -2 & 0 & 1 \end{bmatrix}$，$\lambda A = \begin{bmatrix} 3 \cdot 3 & 3 \cdot 1 & 3 \cdot 0 \\ 3 \cdot -2 & 3 \cdot 0 & 3 \cdot 1 \end{bmatrix} = \begin{bmatrix} 9 & 3 & 0 \\ -6 & 0 & 3 \end{bmatrix}$。

当 $\lambda = -1$ 时，$(-1)A = (-1)\begin{bmatrix} 3 & 1 & 0 \\ -2 & 0 & 1 \end{bmatrix} = \begin{bmatrix} -3 & -1 & 0 \\ 2 & 0 & -1 \end{bmatrix} = -A$。

3. 矩阵与矩阵的乘法

（1）$[C]_{n \times p} = [A]_{n \times m}[B]_{m \times p}$，左行右列对应元素后求和，为 C 的第 n 行 p 列元素，即

$c_{ij} = \sum_{k=1}^{p} a_{ik} b_{ki}$。

（2）矩阵乘法的运算法则如下。

a. 不满足交换律。

b. 分配律：$A(B + C) = AB + AC$（左分配律）；$(B + C)A = BA + CA$（右分配律）。

c. 结合律：$(AB)C = A(BC)$。

d. 数乘结合律：$\lambda(AB) = (\lambda A)B = A(\lambda B)$。

例如，$A = \begin{bmatrix} 1 & 2 \\ 3 & 5 \\ 0 & 2 \end{bmatrix}$，$B = \begin{bmatrix} 2 & 5 \\ 9 & 6 \end{bmatrix}$，$C = AB$，有

$$C = \begin{bmatrix} 1 & 2 \\ 3 & 5 \\ 0 & 2 \end{bmatrix}\begin{bmatrix} 2 & 5 \\ 9 & 6 \end{bmatrix} = \begin{bmatrix} 1 \cdot 2 + 2 \cdot 9 & 1 \cdot 5 + 2 \cdot 6 \\ 3 \cdot 2 + 5 \cdot 9 & 3 \cdot 5 + 5 \cdot 6 \\ 0 \cdot 2 + 2 \cdot 9 & 0 \cdot 5 + 2 \cdot 6 \end{bmatrix} = \begin{bmatrix} 20 & 17 \\ 51 & 45 \\ 18 & 12 \end{bmatrix}$$

4. 矩阵的转置

（1） $\boldsymbol{A}=[a_{ij}],\boldsymbol{A}^{\mathrm{T}}=[a_{ji}]$，例如：

$$\boldsymbol{A}=\begin{bmatrix}1&0&3&-1\\2&1&0&2\end{bmatrix}\text{的转置矩阵}\boldsymbol{A}^{\mathrm{T}}=\begin{bmatrix}1&2\\0&1\\3&0\\-1&2\end{bmatrix}。$$

（2） 矩阵转置的运算法则：

a. $(\boldsymbol{A}^{\mathrm{T}})^{\mathrm{T}}=\boldsymbol{A}$；

b. $(\boldsymbol{A}+\boldsymbol{B})^{\mathrm{T}}=\boldsymbol{A}^{\mathrm{T}}+\boldsymbol{B}^{\mathrm{T}}$；

c. $(\boldsymbol{AB})^{\mathrm{T}}=\boldsymbol{B}^{\mathrm{T}}\boldsymbol{A}^{\mathrm{T}}$；

d. $(\lambda\boldsymbol{A})^{\mathrm{T}}=\lambda\boldsymbol{A}^{\mathrm{T}}$；

e. $(\boldsymbol{A}^{k})^{\mathrm{T}}=(\boldsymbol{A}^{\mathrm{T}})^{k}$；

f. $|\boldsymbol{A}^{\mathrm{T}}|=|\boldsymbol{A}|$；

g. 如果 $\boldsymbol{A}$ 为对称方阵，$\boldsymbol{A}=\boldsymbol{A}^{\mathrm{T}}$。

5. 方阵的幂

$\boldsymbol{A}$ 为方阵，k 是整数，则 $\boldsymbol{A}^{k}=\underbrace{\boldsymbol{A}\cdot\boldsymbol{A}\cdot\boldsymbol{A}\cdots\cdot\boldsymbol{A}}_{k}$，$k=0$ 时，$\boldsymbol{A}^{0}=\boldsymbol{I}$ 为单位矩阵。

矩阵的幂的运算法则：

（1） $(\boldsymbol{A}^{k})^{l}=\boldsymbol{A}^{kl}$；

（2） $\boldsymbol{A}^{k}\boldsymbol{A}^{l}=(\boldsymbol{A})^{k+l}$；

（3） $|\boldsymbol{A}^{m}|=|\boldsymbol{A}|^{m}$，$|k\boldsymbol{A}|=k|\boldsymbol{A}|$。

6. 方阵的逆矩阵

如果矩阵 $\boldsymbol{A}$ 是非奇异可逆方阵，则存在唯一的逆，记为 $\boldsymbol{A}^{-1}$。

（1） 方阵和它的逆矩阵满足交换律：$\boldsymbol{A}\boldsymbol{A}^{-1}=\boldsymbol{A}^{-1}\boldsymbol{A}=\boldsymbol{I}$；

（2） 如果 $\boldsymbol{A}^{-1}$ 也是可逆的，则 $(\boldsymbol{A}^{-1})^{-1}=\boldsymbol{A}$；

（3） 若 $\boldsymbol{B}$ 也是非奇异方阵且与 $\boldsymbol{A}$ 同型，$(\boldsymbol{AB})^{-1}=\boldsymbol{B}^{-1}\boldsymbol{A}^{-1}$；

（4） $(\boldsymbol{A}^{k})^{-1}=(\boldsymbol{A}^{-1})^{k}$；

（5） $(\lambda\boldsymbol{A})^{-1}=(1/\lambda)\boldsymbol{A}^{-1}$。

7. 正交矩阵

一个 $n\times m$ 矩阵的行或列由正交的向量构成，该矩阵称为正交矩阵（$\boldsymbol{Q}$）。

正交矩阵的基本性质：$\boldsymbol{Q}^{-1}=\boldsymbol{Q}^{\mathrm{T}}$，$\boldsymbol{Q}\boldsymbol{Q}^{\mathrm{T}}=\boldsymbol{I}$。

8. 向量的点积

向量的内积（inner product）也称点积（dot product）或数量积。其结果是一个向量在另一个向量方向上投影的长度，是一个标量。

两个向量 $a=[a_1,a_2,\cdots,a_m]$ 和 $b=[b_1,b_2,\cdots,b_m]$ 的点积定义为

$$a\cdot b=|a||b|\cos(\theta)$$

用矩阵乘法并把列向量当作 $n\times1$ 矩阵，点积还可以写为 $a\cdot b=a\cdot b^{\mathrm{T}}$，这里的 b^{T} 指示矩阵 b 的转置。

（1）交换律：$a\cdot b=b\cdot a$。

（2）分配律：$(a+b)\cdot c=a\cdot c+b\cdot c$。

（3）若 λ 为数：$(\lambda a)\cdot b=\lambda(a\cdot b)=a\cdot(\lambda b)$；若 λ、μ 为数：$(\lambda a)\cdot(\mu b)=\lambda\mu(a\cdot b)$。

（4）$a\cdot a=|a|^2$，此外，$a\cdot a=0\langle=\rangle a=0$。向量的数量积不满足消去律，即一般情况下，$a\cdot b=a\cdot c$，$a\neq0\neq\rangle b=c$。向量的数量积不满足结合律，即一般 $(a\cdot b)\cdot c\neq\rangle a\cdot(b\cdot c)$ 相互垂直的两向量数量积为 0。

3.2.3　矩阵的运算

矩阵的运算是数值分析领域的重要问题。将矩阵分解为简单矩阵的组合可以在理论和实际应用上简化矩阵的运算。一些简单的矩阵运算，如矩阵的转置、矩阵乘法等，在 3.2.2 节已经有所涉及，根据矩阵性质和法则很容易计算出来。本节主要介绍几种重要矩阵的计算方法。

1. 线性方程组的求解

求解线性方程组有直接解法和迭代解法两种方法。高斯消元法（gaussian elimination）是直接解法。

1）高斯消元法

高斯消元法，也称高斯消去法，是线性代数中的一个算法，可用于线性方程组求解，算法有些复杂。不过，如果方程组特别大时，高斯消元法会较其他算法省时。一个 n 行 n 个未知变量的方程组，高斯消元法所需要的计算量近似地与 n^3 成比例。

高斯消元法分前向消去和反向回代二步。前向消去过程是利用一方程乘以非零系数和方程与另一方程加减及交换方程的顺序解不变的原理，消去系数矩阵对角线以下的元素，使其等于 0，从而得到了一个上三角矩阵。反向回代过程是根据最后一个方程的解 x_n，依次向后回代到前面的方程中，获得其余 $n-1$ 个解 $(x_{n-1},\cdots,x_1)$。以下列三元一次方程组为例，说明高斯消元过程。

$$\left.\begin{array}{r}-3x_1+2x_2-x_3=-1\\6x_1-6x_2+7x_3=-7\\3x_1-4x_2+4x_3=-6\end{array}\right\}\tag{3-3}$$

式（3-3）可写为矩阵形式：

$$\begin{bmatrix} -3 & 2 & -1 \\ 6 & -6 & 7 \\ 3 & -4 & 4 \end{bmatrix} \begin{bmatrix} x_1 \\ x_2 \\ x_3 \end{bmatrix} = \begin{bmatrix} -1 \\ -7 \\ -6 \end{bmatrix}$$

把系数矩阵 A 与方程组右端常数列 b 结合，写成增广矩阵：

$$\begin{bmatrix} -3 & 2 & -1 & -1 \\ 6 & -6 & 7 & -7 \\ 3 & -4 & 4 & -6 \end{bmatrix}$$

对增广矩阵进行消元，从第一行开始。用第一行除以 -3（a_{11}）再乘以 6（a_{21}）与第二行相减，消去其他行的第一列；第一行除以 -3（a_{11}）再乘以 3（a_{13}）与第三行相减，得

$$\begin{bmatrix} -3 & 2 & -1 & -1 \\ 0 & -2 & 5 & -9 \\ 0 & -2 & 3 & -7 \end{bmatrix}$$

现在，由第二行向下进行消元。将该行除以 -2（a_{22}）再乘以 -2（a_{32}）与第三行相减，得

$$\begin{bmatrix} -3 & 2 & -1 & -1 \\ 0 & -2 & 5 & -9 \\ 0 & 0 & -2 & 2 \end{bmatrix}$$

这样，原始矩阵 A 已经变换成上三角矩阵。根据增广矩阵，变换后的方程组为

$$\left. \begin{aligned} -3x_1 + 2x_2 - 1x_3 &= -1 \\ -2x_2 + 5x_3 &= -9 \\ -2x_3 &= 2 \end{aligned} \right\}$$

这个变换后的方程组，可以通过反向回代得到方程组的解，有

$$x_3 = \frac{2}{-2} = -1$$
$$x_2 = [-9 - 5 \times (-1)]/(-2) = 2$$
$$x_1 = [-1 + 1 \times (-1) - 2 \times 2]/(-3) = 2$$

高斯消元法更一般的数学表达形式。

前向消去过程：

$$a_{ij}^k = a_{ij} - \frac{a_{ik}}{a_{kk}} a_{kj} \quad (i = k+1, \cdots, n) \tag{3-4}$$

反向回代过程：

$$x_n = \frac{b_n^k}{a_n^k} \tag{3-5}$$

$$x_i = \frac{b_i - \left(\sum_{k=i+1}^{n} a_{ik} x_k \right)}{a_{ii}} \tag{3-6}$$

2）高斯–赛德尔迭代法

与直接解法相比，迭代解法在大型线性方程组的求解问题中得到了广泛应用。

线性方程组式（3-1）的矩阵形式：

$$Ax = b$$

式中，A 为系数矩阵；x 为未知变量向量；b 为常数列。

如果系数矩阵 A 为方阵（即 $m = n$），非奇异且 $a_{ii} \neq 0$，方程组有唯一解（Kaw，2020）。重写式（3-1）如下：

$$\left.\begin{array}{l} a_{11}x_1 + a_{12}x_2 + \cdots + a_{1j}x_j + \cdots + a_{1n}x_n = b_1 \\ a_{21}x_1 + a_{22}x_2 + \cdots + a_{2j}x_j + \cdots + a_{2n}x_n = b_2 \\ \cdots\cdots \\ a_{i1}x_1 + a_{i2}x_2 + \cdots + a_{ij}x_j + \cdots + a_{in}x_n = b_i \\ \cdots\cdots \\ a_{n1}x_1 + a_{n2}x_2 + \cdots + a_{nj}x_j + \cdots + a_{nn}x_n = b_n \end{array}\right\}$$

移项，有

$$\left.\begin{array}{l} x_1 = \dfrac{1}{a_{11}}\left[b_1 - (a_{12}x_2 + a_{13}x_3 + \cdots + a_{1n}x_n) \right] \\ x_2 = \dfrac{1}{a_{22}}\left[b_2 - (a_{21}x_1 + a_{23}x_3 + \cdots + a_{2n}x_n) \right] \\ \cdots\cdots \\ x_n = \dfrac{1}{a_{nn}}\left[b_n - (a_{n1}x_1 + a_{n2} + \cdots + a_{nn-1}x_{n-1}) \right] \end{array}\right\}$$

写成通用格式为

$$x_i^{k+1} = \frac{1}{a_{ii}}\left(b_i - \sum_{j < i, j \neq i}^{i-1} a_{ij}x_j^k \right) \tag{3-7}$$

式中，i（$i = 1, 2, \cdots, n$）为变量序号；k（$k = 0, 1, 2, \cdots$）为迭代次数。

式（3-7）就是高斯–赛德尔迭代法的迭代式。迭代计算需要给待求变量一个初始值，最简单的初始值是 $x_i^0 = (0 \quad 0 \quad \cdots \quad 0)^{\mathrm{T}}$。当然，也可以是其他值。值得注意的是，对于非对角优势矩阵可能不收敛。

停止迭代的判据：设允许的误差 ξ 为给定的任意小数，迭代误差为 $e_i = x_i^{k+1} - x_i^k$，当 $\xi < \mathrm{Max}(e_i)$ 时，所得解满足设计要求，停止迭代。

2. 逆矩阵

逆矩阵是经常遇到的。逆矩阵可以类比成数字的倒数，但是对于矩阵来说，不存在直接相除的概念，需要借助逆矩阵，间接实现矩阵的除法。什么是逆矩阵？

假设 A 是一个方阵，如果存在一个矩阵 A^{-1}，使得 $A^{-1}A = I$，并且 $AA^{-1} = I$，那么，矩阵 A 就是可逆的，A^{-1} 称为 A 的逆矩阵。若矩阵 A 是可逆的，则其逆矩阵 A^{-1} 是唯一的。

1）高斯–若尔当消元法

高斯–若尔当（Gauss-Jordan）消元法是通过矩阵行的初等变换求得逆矩阵。根据矩阵

的性质有 $AA^{-1}=I$，A^{-1} 是未知的，I 是单位矩阵，可以写成 $AX=I$，$X=A^{-1}$ 为待求解的逆矩阵。将 A 和单位矩阵写成增广矩阵，有

$$\begin{bmatrix} a_{11} & a_{12} & \cdots & a_{1n} & 1 & 0 & \cdots & 0 & 0 \\ a_{21} & a_{22} & \cdots & a_{2n} & 0 & 1 & \cdots & 0 & 0 \\ \vdots & \vdots & & \vdots & \vdots & \vdots & & \vdots & \vdots \\ a_{n1} & a_{n2} & \cdots & a_{nn} & 0 & 0 & \cdots & 0 & 1 \end{bmatrix}$$

典型的高斯-若尔当消元法分三个步骤：①消去矩阵 A 的下三角部分，使其成为上三角矩阵；②消去矩阵的上三角部分，使其成为对角阵；③用对角矩阵乘以其倒数。这时，原来的 A 矩阵变成了单位阵，而增广部分的单位阵就变成所求的逆矩阵 A^{-1}。例如，有增广矩阵：

$$\begin{bmatrix} 1 & 2 & 3 & 1 & 0 & 0 \\ 3 & 2 & 1 & 0 & 1 & 0 \\ 2 & 1 & 3 & 0 & 0 & 1 \end{bmatrix}$$

每行除以所在行的第一列元素：

$$\begin{bmatrix} 1 & 2 & 3 & 1 & 0 & 0 \\ 1 & 2/3 & 1/3 & 0 & 1/3 & 0 \\ 1 & 1/2 & 3/2 & 0 & 0 & 1/2 \end{bmatrix}$$

每行分别减去第一行：

$$\begin{bmatrix} 1 & 2 & 3 & 1 & 0 & 0 \\ 0 & -4/3 & -8/3 & -1 & 1/3 & 0 \\ 0 & -3/2 & -3/2 & -1 & 0 & 1/2 \end{bmatrix}$$

每行除以第二列的元素，把第二列化为1：

$$\begin{bmatrix} 1/2 & 1 & 3/2 & 1/2 & 0 & 0 \\ 0 & 1 & 2 & 3/4 & 1/4 & 0 \\ 0 & 1 & 1 & 2/3 & 0 & -1/3 \end{bmatrix}$$

第一行、第三行分别减去第二行：

$$\begin{bmatrix} 1/2 & 0 & -1/2 & -1/4 & -1/4 & 0 \\ 0 & 1 & 2 & 3/4 & 1/4 & 0 \\ 0 & 0 & -1 & -1/12 & -1/4 & -1/3 \end{bmatrix}$$

每行除以第三列元素，将第三列化为1：

$$\begin{bmatrix} -1 & 0 & 1 & 1/2 & 1/2 & 0 \\ 0 & 1/2 & 1 & 3/8 & 1/8 & 0 \\ 0 & 0 & 1 & 1/12 & 1/4 & 1/3 \end{bmatrix}$$

第一行、第二行分别减去第三行：

$$\begin{bmatrix} -1 & 0 & 0 & 5/12 & 1/4 & -1/3 \\ 0 & 1/2 & 0 & 7/24 & -1/8 & -1/3 \\ 0 & 0 & 1 & 1/12 & 1/4 & 1/3 \end{bmatrix}$$

除以对角线元素值，得单位矩阵：

$$\begin{bmatrix} 1 & 0 & 0 & -5/12 & -1/4 & 1/3 \\ 0 & 1 & 0 & 7/12 & -1/4 & -2/3 \\ 0 & 0 & 1 & 1/12 & 1/4 & 1/3 \end{bmatrix}$$

矩阵的增广部分就是欲求的逆矩阵。即

$$A^{-1} = \begin{bmatrix} -5/12 & -1/4 & 1/3 \\ 7/12 & -1/4 & -2/3 \\ 1/12 & 1/4 & 1/3 \end{bmatrix}$$

检验：如果 $AA^{-1}=I$，表明 A^{-1} 是 A 的逆矩阵。计算矩阵 A 和 A^{-1} 的乘法为

$$\begin{bmatrix} 1 & 2 & 3 \\ 3 & 2 & 1 \\ 2 & 1 & 3 \end{bmatrix} \begin{bmatrix} -5/12 & -1/4 & 1/3 \\ 7/12 & -1/4 & -2/3 \\ 1/12 & 1/4 & 1/3 \end{bmatrix}$$

$$= \begin{bmatrix} 1\cdot(-5/12)+2\cdot(7/12)+3\cdot(1/12) & 1\cdot(-1/4)+2\cdot(-1/4)+3\cdot(1/4) & 1\cdot(1/3)+2\cdot(-2/3)+3\cdot(1/3) \\ 3\cdot(-5/12)+2\cdot(7/12)+1\cdot(1/12) & 3\cdot(-1/4)+2\cdot(-1/4)+1\cdot(1/4) & 3\cdot(1/3)+2\cdot(-2/3)+1\cdot(1/3) \\ 2\cdot(-5/12)+1\cdot(7/12)+3\cdot(1/12) & 2\cdot(-1/4)+1\cdot(-1/4)+3\cdot(1/4) & 2\cdot(1/3)+1\cdot(-2/3)+3\cdot(1/3) \end{bmatrix}$$

$$= \begin{bmatrix} 1 & 0 & 0 \\ 0 & 1 & 0 \\ 0 & 0 & 1 \end{bmatrix}$$

计算结果表明，$A^{-1} = \begin{bmatrix} -5/12 & -1/4 & 1/3 \\ 7/12 & -1/4 & -2/3 \\ 1/12 & 1/4 & 1/3 \end{bmatrix}$ 是 A 的逆矩阵。

由上例可见，典型高斯–若尔当消元法非常便于理解消去的过程，但在实际操作及编程过程中，经常把消去的过程进一步简化。

增广矩阵的高斯–若尔当消元过程：

$$a_{ij}^{(k+1)} = a_{ij}^{(k)} - \frac{a_{ik}^{(k)}}{a_{kk}^{(k)}} a_{kj}^{(k)} \tag{3-8}$$

式中，k 为迭代次数，$k=0$，1，$\cdots$，$n-1$；$i=1$，2，$\cdots$，$n-1$；$j=k+1$，$i+2$，$\cdots$，n，$n+1$，$\cdots$，$2n$。

高斯–若尔当消元法求矩阵的逆，适合中小矩阵的运算。对于大多数油气地球化学数据而言，基本能够满足要求。特别是随着计算机内存和 CPU 速度的提高，高斯–若尔当消元求逆矩阵也是可以考虑的。与高斯消元法相比，高斯消元法是将方阵消成上三角矩阵，而高斯–若尔当消元法是将方阵消成对角矩阵。高斯–若尔当消元法的精度更好、代码更简单，没有回代的过程。高斯–若尔当消元法求逆矩阵的计算量是 $4n^3$。

假设有方程组

$$\left. \begin{array}{r} x_1+2x_2+3x_3=12 \\ 3x_1+2x_2+x_3=24 \\ 2x_1+x_2+3x_3=36 \end{array} \right\}$$

写成矩阵形式，有 $Ax=b$，即

$$\begin{bmatrix} 1 & 2 & 3 \\ 3 & 2 & 1 \\ 2 & 1 & 3 \end{bmatrix}\begin{bmatrix} x_1 \\ x_2 \\ x_3 \end{bmatrix}=\begin{bmatrix} 12 \\ 24 \\ 36 \end{bmatrix}$$

已知 $A^{-1}=\begin{bmatrix} -5/12 & -1/4 & 1/3 \\ 7/12 & -1/4 & -2/3 \\ 1/12 & 1/4 & 1/3 \end{bmatrix}$，那么用逆矩阵形式求解，$x=A^{-1}b$，有

$$\begin{bmatrix} x_1 \\ x_2 \\ x_3 \end{bmatrix}=\begin{bmatrix} -5/12 & -1/4 & 1/3 \\ 7/12 & -1/4 & -2/3 \\ 1/12 & 1/4 & 1/3 \end{bmatrix}\begin{bmatrix} 12 \\ 24 \\ 36 \end{bmatrix}=\begin{bmatrix} 1 \\ -23 \\ 19 \end{bmatrix}$$

这里显示了用逆矩阵解方程组的方法。

2）LU 分解求逆矩阵

矩阵分解是将矩阵拆分为数个矩阵的乘积，LU 分解（LU decomposition）是矩阵分解的一种，是将一个矩阵分解为一个下三角矩阵（L）和一个上三角矩阵（U）的乘积。对于非奇异方阵，用 LU 分解可以求得矩阵的逆（Kaw，2020），也可以用于解方程组。

LU 分解的计算的复杂程度与 Gauss-Jordan 消元法大体相当。如果只是做矩阵分解，LU 分解法大约需要执行 $n^3/3$ 次内层循环。这是求解一个或几个右端项时的运算次数，它要比 Gauss-Jordan 消元法快三倍，比不计算逆矩阵的 Gauss-Jordan 消元法快 1.5 倍。

并非所有矩阵都能进行 LU 分解，能够进行 LU 分解的矩阵需要满足以下条件：矩阵是方阵、矩阵是可逆的、消元过程中没有 0 主元的出现，即消元过程中不能出现行交换的初等变换。也就是说，由于 LU 分解不作行交换，要求没有 0 主元出现。LU 分解首先将原始矩阵 A 变为下三角矩阵和对应的上三角矩阵的矩阵相乘。下三角矩阵中位于对角线以上的元素都是 0；上三角矩阵中位于对角线以下的元素全部为 0。

假设 A 为一方阵，对其进行 LU 分解，则 $A=LU$。这个变换过程，就是杜尔里特算法（Doolittle algorithm）。如果通过 LU 分解，得到了下三角矩阵（L）和对应的上三角矩阵（U），根据逆矩阵的性质，$A^{-1}=(LU)^{-1}=U^{-1}L^{-1}$，即方阵 A 的逆矩阵等于上三角矩阵的逆与下三角矩阵的逆相乘。对于三角矩阵而言，求逆的过程与方阵相比较，要相对简单。

LU 分解的杜尔里特算法：

$$A=\begin{bmatrix} a_{11} & a_{12} & \cdots & a_{1n} \\ a_{21} & a_{22} & \cdots & a_{2n} \\ \vdots & \vdots & & \vdots \\ a_{n1} & a_{n2} & \cdots & a_{nn} \end{bmatrix}=LU=\begin{bmatrix} 1 & 0 & \cdots & 0 \\ l_{21} & 1 & \cdots & 0 \\ \vdots & \vdots & & \vdots \\ l_{n1} & l_{n2} & \cdots & 1 \end{bmatrix}\begin{bmatrix} u_{11} & u_{12} & \cdots & u_{1n} \\ 0 & u_{21} & \cdots & u_{2n} \\ \vdots & \vdots & & \vdots \\ 0 & 0 & \cdots & u_{nn} \end{bmatrix}$$

根据矩阵乘，有

$$a_{1j}=u_{1j} \quad (j=1,2,\cdots,n)$$

$$a_{ij}=\begin{cases} \sum_{t=1}^{j} l_{it}u_{tj} & (j<i) \\ \sum_{t=1}^{i-1} l_{it}u_{tj}+u_{ij} & (j\geq i) \end{cases}$$

因而：

$$u_{1j}=a_{1j} \quad (j=1,2,\cdots,n) \quad \text{上三角阵第一行} \tag{3-9}$$

$$l_{j1}=a_{1j}/u_{11} \quad (j=1,2,\cdots,n) \quad \text{下三角阵第一列} \tag{3-10}$$

$$\left[\begin{array}{l} \text{For} \quad i=2,3,\cdots,n-1 \\ \qquad \text{For} \qquad j=i+1,\cdots,n \\ \qquad\qquad u_{ii}=a_{ii}-\sum_{t=1}^{i-1} l_{it}u_{tj} \\ \qquad\qquad u_{ij}=a_{ij}-\sum_{t=1}^{i-1} l_{it}u_{tj} \\ \qquad\qquad l_{ji}=a_{ji}/u_{ii}-\dfrac{\sum_{t=1}^{} l_{it}u_{tj}}{u_{ii}} \\ \qquad \text{End} \qquad (j\text{-loop}) \\ \text{End} \quad (i\text{-loop}) \end{array} \right. \tag{3-11}$$

经过上述计算，得到了分解后上、下三角矩阵的元素。值得注意的是，下三角矩阵的主对角元素都为 1。

现在，求矩阵 $\boldsymbol{A}$ 的逆矩阵。先求上三角矩阵 $\boldsymbol{U}$ 的逆矩阵 $\boldsymbol{U}^{-1}$。为了方便，设 $\boldsymbol{V}=\boldsymbol{U}^{-1}$，先求主对角线上元素的逆，有

$$\begin{cases} v_{ii}=\dfrac{1}{u_{ii}} & (i=1,2,\cdots,n) \\ v_{ij}=-\dfrac{\sum_{k=i+1}^{j} v_{kj}u_{ik}}{u_{ii}} & (i=n-1,n-2,\cdots,1) \end{cases} \tag{3-12}$$

显然，上三角矩阵的求逆过程是对增广矩阵 $\boldsymbol{U}$ 的高斯消元过程。不过，增广部分的单位矩阵没有显式地展示出来。接下来求下三角矩阵 $\boldsymbol{L}$ 的逆矩阵 $\boldsymbol{L}^{-1}$。当下三角矩阵（或上三角矩阵）的主对角元素全部为 1 的时候，只需将主对角线以外的元素简单取相反的符号就是该三角矩阵的逆矩阵。这里的下三角矩阵 $\boldsymbol{L}$ 恰巧就是主对角元素为 1 的三角矩阵。所以，逆矩阵 $\boldsymbol{L}^{-1}$ 要简单得多：

$$\boldsymbol{L}^{-1}=\begin{bmatrix} 1 & 0 & \cdots & 0 & 0 \\ & 1 & & & 0 \\ \vdots & & & & \vdots \\ -l_{ij} & \cdots & 1 & 0 \\ & & & & 1 \end{bmatrix} \tag{3-13}$$

至此，可以得到矩阵 $\boldsymbol{A}$ 的逆矩阵 $\boldsymbol{A}^{-1}=\boldsymbol{U}^{-1}\boldsymbol{L}^{-1}$。特别值得注意的是，$\boldsymbol{A}^{-1}=(\boldsymbol{LU})^{-1}\neq \boldsymbol{L}^{-1}\boldsymbol{U}^{-1}$。

概括起来，LU 分解法求逆矩阵分为三步：①将矩阵分解为上三角矩阵和下三角矩阵；②分别对上三角矩阵和下三角矩阵求逆；③用上三角矩阵和下三角矩阵相乘，得到 $\boldsymbol{A}^{-1}$。实际上，还有其他高效的矩阵求逆方法，如 QR 分解、Cholesky 分解等。对于非奇异可逆矩阵，LU 分解也适合于稀疏矩阵的逆。

对矩阵 $A = \begin{bmatrix} 1 & 2 & 4 \\ 3 & 8 & 14 \\ 2 & 6 & 13 \end{bmatrix}$ 进行 LU 分解并求逆矩阵。根据式 (3-9) 和式 (3-10)，分别得

上三角矩阵的第一行 $u_{1j} = \begin{bmatrix} 1 & 2 & 4 \end{bmatrix}$ 和下三角矩阵的第一列 $l_{j1} = \begin{bmatrix} 1 & 3 & 2 \end{bmatrix}^{\mathrm{T}}$。根据式 (3-11)，有

$$u_{22} = a_{22} - l_{21}u_{12} = 8 - 3 \times 2 = 2$$
$$u_{23} = a_{23} - l_{21}u_{13} = 14 - 3 \times 4 = 2$$
$$l_{32} = (a_{32} - l_{31}u_{12}) / u_{22} = (6 - 2 \times 2) / 2 = 1$$
$$u_{33} = a_{33} - (l_{31}u_{13} + l_{32}u_{23}) = 13 - (2 \times 4 + 1 \times 2) = 3$$

因此

$$L = \begin{bmatrix} 1 & 0 & 0 \\ 3 & 1 & 0 \\ 2 & 1 & 1 \end{bmatrix}, \quad U = \begin{bmatrix} 1 & 2 & 4 \\ 0 & 2 & 2 \\ 0 & 0 & 3 \end{bmatrix}$$

根据式 (3-12)，有

$$v_{11} = 1 / u_{11} = 1$$
$$v_{22} = 1 / u_{22} = 1/2$$
$$v_{33} = 1 / u_{33} = 1/3$$
$$v_{23} = -v_{33}u_{23} / u_{22} = -3 \times 2 / 2 = -3$$
$$v_{12} = -v_{22}u_{12} / u_{11} = -(2 \times 2) / 1 = -4$$
$$v_{13} = -(v_{22}u_{32} + v_{12}u_{12}) / u_{11} = -(1/2 \times 2 - 4 \times 2) / 1 = 7$$

因此

$$U^{-1} = \begin{bmatrix} 1 & -4 & 7 \\ & 1/2 & -3 \\ & & 1/3 \end{bmatrix}$$

根据式 (3-13)，有下三角矩阵 L 的逆矩阵：

$$L^{-1} = \begin{bmatrix} 1 & & \\ -3 & 1 & \\ -2 & -1 & 1 \end{bmatrix}$$

故

$$A^{-1} = U^{-1}L^{-1} = \begin{bmatrix} -1 & -11 & 7 \\ 9/2 & 7/2 & -3 \\ -2/3 & -1/3 & 1/3 \end{bmatrix}$$

3. 特征值与特征向量

矩阵的特征值（eigenvalue）与特征向量（eigenvector）是矩阵代数的重要组成部分。随着计算机的快速发展，矩阵代数已经渗透到各行各业，在许多方面都有重要应用。在物理、力学、工程技术中有很多问题在数学上都归结为求矩阵的特征值和特征向量。地球化学计量学中，许多方法也用到特征值与特征向量，如软独立分类模拟（Peters et al.，

2007）、主成分分析（Peters et al., 2008）等。

设 A 是 $n{\times}n$ 方阵，如果 λ 和 n 维非零列向量 x 满足关系式：$Ax = \lambda x$，则称 λ 为 A 的特征值，x 为 A 属于 λ 的一个特征向量。公式的左边为矩阵与向量 x 的乘，数学上视为一种数学变换；公式的右边为标量 λ 与向量 x 的乘，只改变向量的大小。因而，可以通俗地理解，特征向量是经过特定的变换后保持方向不变的；特征值 λ 是变换后的缩放比例（$\lambda \neq 0$）。通常，$n{\times}n$ 方阵的特征值和特征向量不止一个，有 n 个特征值和对应的特征向量。这些特征值与特征向量刻画了矩阵 A 在 n 维空间中的属性和重要特征。然而，由于测量参数间有一定相关性，特征向量在 n 维空间坐标中的方向并非测量值增加的方向，往往存在一定的角度，其度量单位也与实测参数或正规化的参数不同，即特征值和特征向量是无法实测到的。或者反过来讲，实测参数蕴含着特征值和特征向量，是经过变化后的特征值和特征向量的函数值，数据中蕴含的本质特征是可以挖掘出来的。因此，求取矩阵的特征值与特征向量就变得尤为重要。不过，这些特征值和特征向量的作用大小不一，习惯上按特征值由大到小排序，很小的特征值对应的特征向量在实际中发挥的作用也很小，往往可以忽略，只取前几个大的特征值及其对应的特征向量。

设 A 是 n 阶矩阵，如果数 λ 和 n 维非零向量 x 使关系式 $Ax = \lambda x$ 成立，那么，这样的数 λ 称为矩阵 A 的特征值，非零向量 x 称为 A 的对应于特征值 λ 的特征向量。重写公式如下：

$$Ax = \lambda x \tag{3-14}$$

移项有

$$(A - \lambda I)x = 0 \tag{3-15}$$

式（3-14）和式（3-15）是等价的。n 阶矩阵就有不多于 n 个特征值 λ_j（$j = 1, 2, \cdots, n$）。若已知特征值 λ_j，代入式（3-14）或式（3-15）即可得与之对应的特征向量。特征值 λ 为多项式 $p(\lambda) = (-1)^n(\lambda - \lambda_1)(\lambda - \lambda_2)\cdots(\lambda - \lambda_n)$ 的根。

以 2 阶方阵为例，展示特征值和特征向量的计算过程。设矩阵 $A = \begin{bmatrix} 4 & 2 \\ 5 & 7 \end{bmatrix}$，其特征多项式为

$$p(\lambda) = \lambda^2 - 11\lambda + 18 = 0 \Rightarrow (\lambda - 9)(\lambda - 2) = 0$$

所以，$\lambda_1 = 9$，$\lambda_2 = 2$，最大特征值为 9。

将 $\lambda = 9$ 代入式（3-14）有

$$\begin{bmatrix} 4 & 2 \\ 5 & 7 \end{bmatrix} \begin{bmatrix} x_1 \\ x_2 \end{bmatrix} = 9 \begin{bmatrix} x_1 \\ x_2 \end{bmatrix}$$

由此得最大特征值对应的特征向量 $x = \begin{bmatrix} 2 \\ 5 \end{bmatrix}$。现在，用式（3-15）求 $\lambda_2 = 2$ 对应的特征向量：

$$\left(\begin{bmatrix} 4 & 2 \\ 5 & 7 \end{bmatrix} - 2 \begin{bmatrix} 1 & 0 \\ 0 & 1 \end{bmatrix} \right) \begin{bmatrix} x_1 \\ x_2 \end{bmatrix} = \begin{bmatrix} 0 \\ 0 \end{bmatrix}$$

$$\Rightarrow \begin{bmatrix} 2 & 2 \\ 5 & 5 \end{bmatrix} \begin{bmatrix} x_1 \\ x_2 \end{bmatrix} = \begin{bmatrix} 0 \\ 0 \end{bmatrix} \Rightarrow \begin{bmatrix} 1 & 1 \\ 1 & 1 \end{bmatrix} \begin{bmatrix} x_1 \\ x_2 \end{bmatrix} = \begin{bmatrix} 0 \\ 0 \end{bmatrix}$$

由此得 $x_1 = -x_2$。

根据特征向量的定义，$\lambda_2 = 2$ 对应的非零最小整数特征向量 $\boldsymbol{x} = \begin{bmatrix} 1 \\ -1 \end{bmatrix}$。

虽然特征值和特征向量的解析解有助于理解其数学含义和求解过程，然而当矩阵阶数增加时，解析解变得十分乏味、低效和困难，一般只适合于 $n<5$ 的方阵。

为了提高效率、便于编程，通常采用相似变换方法求解特征值和特征向量。相似变换方法的核心是进行一系列相似变换，这一系列的变换不改变矩阵的特征值和特征向量，而使得求解特征值和特征向量变得简单高效。或者可以采用相似变换结合迭代计算的方法。事实上，针对不同问题，已经开发了很多计算方法。在计算精度满足要求的前提下，选择适合具体问题的方法进行计算。

3.2.4　矩阵的几何意义

矩阵都有行和列。前述谈及，向量是只有一行或只有一列的特殊矩阵。如表 2-1 和表 2-2 所示，在油气地球化学中，习惯上将矩阵的每一行代表一个样品，每一列代表一个变量或参数。这样，每个样品就是 m 维变量空间的一个行向量。同理，每一列参数就是 n 维样品空间的列向量。

1）线性方程组的几何意义

多元线性方程组是由一系列线性方程组成的。在二维空间中，每个线性方程就代表一条直线；三维空间是个平面，到了高维空间就是超平面。因此，线性方程组可以看作是高维空间的一系列超平面。齐次方程是通过原点的超平面，而非齐次方程则与坐标轴有截距。图 3-1 示意性地显示了三元线性方程组在三维空间中的几何关系（Kuttler et al., 2020）。图 3-1（a）显示，三个平面没有共同的交会，说明该方程组无解；图 3-1（b）交会成一条直线，因而有多个解；图 3-1（c）中，三个平面交会于一点，意味着该方程组存在唯一的解。

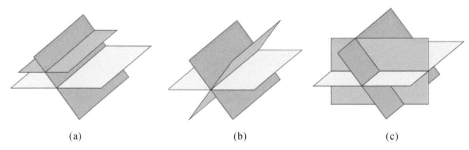

| | | |
| (a) | (b) | (c) |

图 3-1　三元线性方程组的几何表达

2）向量和向量空间的几何意义

在数学上，向量是指具有大小和方向的量。与此对应，只有大小、没有方向的量称为标量或数量。在直角坐标系中，向量是从原点到端点坐标的位置向量（图 3-2）。

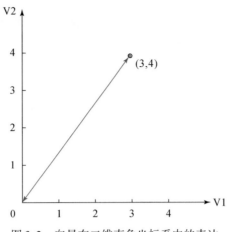

图 3-2　向量在二维直角坐标系中的表达

三维空间中的两个向量如图 3-3 所示。这两个向量的点积是这两个向量模与夹角余弦的乘积。换句话说，就是一个向量在另一个向量上投影的积。图 3-3 显示，两个向量间的夹角接近 90°，一个向量在另一个向量上的投影较小，表明二者的相关性很小。

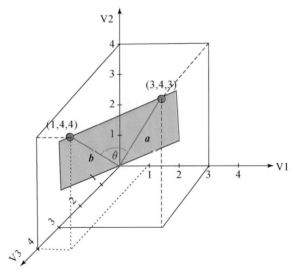

图 3-3　三维直角坐标系中的两个向量

当然，对于多维的空间中的向量，可以通过类推得到。矩阵可以看作多维空间的向量集。有时候把矩阵看作多维空间的点群集。

研究样品间的关系时，可以将 n 个样品视为在 m 维变量空间中的向量；探讨变量（参数）间的相互关系时，可以将 m 个变量视为在 n 维样品空间中的向量。

当将矩阵可以看作多维空间的向量集时，衍生出一个衡量两两样品间相似程度的指标：

$$\cos(\theta) = \boldsymbol{a} \cdot \boldsymbol{b} / |a||b|$$

当把矩阵看作多维空间的点群集时，衍生出一个衡量两两样品间相似程度的另一个指标——各种距离参数，如欧氏距离、街区距离等。显然，距离越大、相似性越小。

3）特征值和特征向量的几何意义

特征值和特征向量是一种线性变换，从实测的参数空间变换到特征空间。在特征空间中，特征向量是参数的线性组合，特征向量决定了其方向，特征值决定了其大小，坐标原点从参数的 0 点移至参数的均值位置（图3-4）。在特征空间，特征向量是互不相关的独立变量，不仅代表了参数的真实关系和特征，而且还达到了降维的效果且很少损失原始信息。这是特征值和特征向量在矩阵代数及实际应用中得以推广的主要原因。

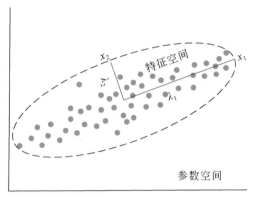

图 3-4　特征值和特征向量与实测参数的关系图示

3.3　一元回归和简单相关分析

在油气地球化学分析中，经常对多个参数或指标同时进行测量。两两指标或参数之间有什么关系？人们常会自觉或不自觉地思考这个问题。在定量分析时，常常会用标准物质建立含量与仪器响应之间的标准曲线。然后，根据样品中物质的响应值确定和预测其含量。实质上，这是问题的两个方面。前者重点在于指标或参数是否相关及密切程度问题；后者以建立模型进行预测为主要目标。二者既有密切联系又有一定区别。这里将相关和一元线性回归分析放到一起讨论，在实际应用中可根据需要有所侧重。

3.3.1　相关和一元线性回归分析

1）相关的概念和类型

相关（correlation）是两个随机变量之间关联程度的度量。变量之间的关系可分为两种类型：函数关系和相关关系。函数关系是由函数确定的一一对应的关系，但在实际问题中，影响一个变量的因素非常多，造成了变量之间关系的不确定性。变量之间不确定的数量关系，称为相关关系。只考察两个随机变量之间的关系称为简单相关（simple correlation）。变量间的相关关系有两种类型：当变量间呈直线变化时，为线性相关；当变量间呈曲线变化时，为非线性相关。图 3-5 为两个变量间的散点图（scatter plot），示意了常见的相关关系。

正相关（positive correlation）展示出一个变量值增加时，另一个变量随之增加 [图 3-5（a）]；负相关（negative correlation）是随一个变量增大而变小 [图 3-5（b）]；不相关（no correlation）是一个变量不随另一个变量变化而变化 [图 3-5（c）]；非线性相关（non-linear correlation）是一个变量随另一个变量增加而显示出复杂的非线性变化 [图 3-5（d）]。这里主要讨论线性变化，非线性变化往往可以通过数据变换转化为线性关系来研究。

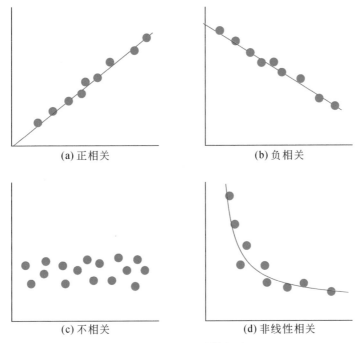

(a) 正相关　　　　　　　　　　　(b) 负相关

(c) 不相关　　　　　　　　　　　(d) 非线性相关

图 3-5　变量相关散点图

2）一元线性回归模型

相关分析的目的在于测量变量之间的关联程度；回归分析的目的是考察变量之间的数量关系，是建立在变量间具有相关关系的基础之上的。可以想象，建立在变量之间不相关或很弱相关基础上的回归模型是没有实际价值的。

只涉及一个自变量的回归分析称为一元回归，若两个变量具有线性关系，则把展示它们之间的线性关系称为一元线性回归（simple linear regression）；把描述具有线性关系变量之间的方程称为一元线性回归模型。一元线性回归模型是利用一组样本数据，确定变量之间的线性关系式。借助该关系式，用一个给定变量的值来预测或估计另一个随机变量的取值。前者为自变量，后者为因变量。

一元线性回归模型可表示为

$$y = \beta_0 + \beta_1 x + \varepsilon \tag{3-16}$$

式中，x 为自变量；y 为因变量；β_0 和 β_1 为未知的待定系数；ε 为随机误差。

3）模型参数的估计

回归模型中，β_0 和 β_1 是未知参数，需要根据样本数据进行估计。通常用最小二乘法对参数进行估计，使模型的估计值与实测值间的剩余（residual）平方和最小。如果记

$$S_r = \sum_{i=1}^{n} \varepsilon_i^2 = \sum_{i=1}^{n} (y_i - \beta_0 - \beta_1 x_i)^2 \tag{3-17}$$

则 S_r 称为剩余平方和。最小化 S_r 对应的 β_0 和 β_1 就是一元线性回归模型的最小二乘估计参数。为此，对式（3-17）分别求导数：

$$\left.\begin{aligned}
\frac{\partial S_r}{\partial \beta_0} &= 2 \sum_{i=1}^{n} (y_i - \beta_0 - \beta_1 x_i)(-1) = 0 \\
\frac{\partial S_r}{\partial \beta_1} &= 2 \sum_{i=1}^{n} (y_i - \beta_0 - \beta_1 x_i)(-x_i) = 0
\end{aligned}\right\} \tag{3-18}$$

有

$$\left.\begin{aligned}
-\sum_{i=1}^{n} y_i + \sum_{i=1}^{n} \beta_0 + \sum_{i=1}^{n} \beta_1 x_i &= 0 \\
-\sum_{i=1}^{n} y_i x_i + \sum_{i=1}^{n} \beta_0 x_i + \sum_{i=1}^{n} \beta_1 x_i^2 &= 0
\end{aligned}\right\} \tag{3-19}$$

移项，得

$$\left.\begin{aligned}
n\beta_0 + \beta_1 \sum_{i=1}^{n} x_i &= \sum_{i=1}^{n} y_i \\
\beta_0 \sum_{i=1}^{n} x_i + \beta_1 \sum_{i=1}^{n} x_i^2 &= \sum_{i=1}^{n} x_i y_i
\end{aligned}\right\} \tag{3-20}$$

解式（3-20），有

$$\left.\begin{aligned}
\beta_1 &= \frac{n \sum_{i=1}^{n} x_i y_i - \sum_{i=1}^{n} x_i \sum_{i=1}^{n} y_i}{n \sum_{i=1}^{n} x^2 - \left(\sum_{i=1}^{n} x_i\right)^2} \\
\beta_0 &= \frac{\sum_{i=1}^{n} x_i^2 \sum_{i=1}^{n} y_i - \sum_{i=1}^{n} x_i \sum_{i=1}^{n} x_i y_i}{n \sum_{i=1}^{n} x_i^2 - \left(\sum_{i=1}^{n} x_i\right)^2}
\end{aligned}\right\} \tag{3-21}$$

因

$$\bar{x} = \frac{1}{n} \sum_{i=1}^{n} x_i, \quad \bar{y} = \frac{1}{n} \sum_{i=1}^{n} y_i$$

记

$$S_{xy} = \sum_{i=1}^{n} x_i y_i - n\bar{x}\bar{y} \tag{3-22}$$

$$S_{xx} = \sum_{i=1}^{n} x_i^2 - n\bar{x}^2 \tag{3-23}$$

类似地，有

$$S_{yy} = \sum_{i=1}^{n} y_i^2 - n\bar{y}^2 \tag{3-24}$$

式（3-21）可写为

$$\left. \begin{aligned} \beta_1 &= \frac{S_{xy}}{S_{xx}} \\ \beta_0 &= \bar{y} - \beta_1 \bar{x} \end{aligned} \right\} \tag{3-25}$$

至此，一元线性回归模型的参数根据式（3-25）已经可以计算出来，完成参数估计。

4）相关系数

相关系数是数据对（x，y）间线性相关程度的度量，也称皮尔逊相关系数（Pearson's correlation coefficient），通常用 r 表示相关系数，相关系数是介于±1.0 之间的数（$-1.0 \leqslant r \leqslant 1.0$）。相关系数由下式计算：

$$r = \frac{S_{xy}}{\sqrt{S_{xx}S_{yy}}} \tag{3-26}$$

相关系数可以粗略地表达回归方程中数据对间线性相关强度。相关系数绝对值范围和相关强度一般如下：

（1）0.00 ~ 0.19，不相关；

（2）0.20 ~ 0.39，弱相关；

（3）0.40 ~ 0.59，中等相关；

（4）0.60 ~ 0.79，强相关；

（5）0.80 ~ 1.00，很强相关。

例如，相关系数 $r = -0.42$，是中等的负相关关系。如果线性回归方程用于预测，还得进一步进行方差分析和参数检验。

3.3.2 方差分析与检验

1）方差分析

在方差分析（analysis of variance，ANOVA）中，一般认为，因变量的观测值（y）和预测值（$\hat{y}$）依赖于自变量。观测值之间的差异是由两个因素引起的，即自变量（x）取值的不同和随机因素，包括实验误差的影响。

n 个观测值之间的差异，可以用观测值与其平均值的离差平方和表示，称为总离差平方和，记为 S_t，有

$$S_t = \sum_{i=1}^{n} (y_i - \bar{y})^2 \tag{3-27}$$

对式（3-27）进行分解：

$$S_t = \sum_{i=1}^{n} (y_i - \bar{y})^2 = \sum_{i=1}^{n} \left[(y_i - \hat{y}_i) + (\hat{y}_i - \bar{y}) \right]^2$$

$$= \sum_{i=1}^{n} (y_i - \hat{y}_i)^2 + \sum_{i=1}^{n} (\hat{y}_i - \bar{y})^2 + 2 \sum_{i=1}^{n} (y_i - \hat{y}_i)(\hat{y}_i - \bar{y}) \quad (3\text{-}28)$$

式中，$\hat{y}$ 为一元线性回归模型计算值。

由于式（3-28）中的第三项等于零（韩金炎，1987），该式简化为

$$S_t = \sum_{i=1}^{n} (y_i - \hat{y}_i)^2 + \sum_{i=1}^{n} (\hat{y}_i - \bar{y})^2 \quad (3\text{-}29)$$

即总平方和（S_t）是由回归平方和（S_c）与剩余平方和（S_r）二部分组成的。其中

$$S_c = \sum_{i=1}^{n} (y_i - \bar{y}_i)^2 \quad (3\text{-}30)$$

$$S_r = \sum_{i=1}^{n} (y_i - \hat{y}_i)^2 \quad (3\text{-}31)$$

与式（3-22）~ 式（3-24）对照，有

$$\left. \begin{array}{l} S_t = S_{yy} \\ S_c = S_{xy}^2 / S_{xx} \\ S_r = S_t - S_c \end{array} \right\} \quad (3\text{-}32)$$

2）确定系数与相关系数

确定系数（coefficient of determination）是回归平方和（S_c）占总平方和（S_t）的比例，也称判定系数，通常记为 R^2。

$$R^2 = S_c / S_t = S_{xy}^2 / (S_{xx} S_{yy}) \quad (3\text{-}33)$$

确定系数度量了回归方程对观测数据的拟合程度，说明了回归方程解释了总方差的比例。由式（3-33）和式（3-26）可见，确定系数 R^2 是相关系数 r 的平方。但是确定系数和相关系数的统计学意义是不同的，特别值得注意。相关系数并不能提供回归方程的贡献。例如，确定系数 $R^2 = 0.923$，回归方程解释了总方差的 92%。但相关系数 $r = (0.923)^{1/2} = 0.961$，无法提供回归方程的贡献。再如，相关系数 r 等于 0.7，表明仅解释了总方差的 49%，或者说 51% 的信息并没有在回归方程中得到反映，回归方程损失了一半以上的信息。

图 3-6 显示了相关系数与确定系数的关系。可见，即使是强相关，也只能解释数据总方差的 36%~64%，因而，相关系数只是线性方程相关性的粗略估计，并非好的衡量指标。这也是文献中很多都用确定系数 R^2 的主要原因。

3）相关系数的检验

通过确定系数与相关系数，概略地掌握了自变量和因变量间的线性相关程度。由于方程是根据样本数据的估计得到的，变量 x 和 y 的线性关系是否显著，需要在统计学上对相关系数进行检验。

计算统计量：

$$t = r \sqrt{\frac{n-2}{1-r^2}} \quad (3\text{-}34)$$

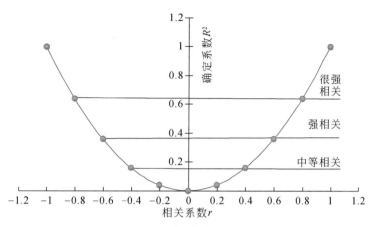

图3-6　相关系数与确定系数

式中，r 为相关系数；n 为样本数；$n-2$ 为自由度。

统计量 t_c 服从一定置信水平（α）下自由度为 $n-2$ 的 t 分布。根据式（3-34）相关系数计算的 t 大于临界值 t_c，表明变量 x 和 y 的线性关系显著。

例如，有 6 个样品，得到 x 和 y 的相关系数是 0.862。那么：

$$t = r\sqrt{\frac{n-2}{1-r^2}} = 0.862\sqrt{\frac{6-2}{1-(0.862)^2}} = 2.945$$

查 $\alpha=0.05$，自由度为 4 的 t 分布表，有 $t_c=2.132$。显然，t 大于临界值 t_c，表明变量 x 和 y 的线性关系具有显著的正相关。

4）回归系数的检验

回归系数的显著性检验是检验 x 与 y 的影响是否显著，即检验一元线性回归模型 $y = \beta_0 + \beta_1 x + \varepsilon$ 的回归系数 β_1 是否等于 0，如果 β_1 等于 0 则 y 不依赖于 x。统计量

$$F = \frac{S_c/1}{S_r/(n-2)} \tag{3-35}$$

服从自由度为 1 和 $n-2$ 的 F 分布。

实际工作中，可以根据式（3-32）先计算出统计量 F 值；在已知自由度（1，$n-2$）和给定显著水平 α 下进行检验。$F_{\alpha(1,n-2)}$ 可以通过查 F 分布表得到。若计算的 F 值大于 $F_{\alpha(1,n-2)}$ 值，则 y 与 x 间存在线性关系，回归方程是显著的。反之，若计算的 F 值小于 $F_{\alpha(1,n-2)}$ 值，则 y 与 x 间不存在线性关系，回归方程不显著。

假设以 18 个样品对（x，y）进行了一元线性回归分析，方差分析结果：$S_{yy}=1866.5$，$S_{xx}=0.43$，$S_{xy}=26.13$。

根据式（3-32）得，$S_t = S_{yy} = 1866.5$，$S_c = S_{xy}^2/S_{xx} = (26.13)^2/0.43 = 1588$，$S_r = S_t - S_c = 278.5$。计算 F 值：

$$F = \frac{S_c/1}{S_r/(n-2)} = \frac{1588}{278.5/(18-2)} = 91.2$$

若给定显著水平 α 为 0.05，查 F 分布表得临界值 $F_{0.05(1,16)} = 4.49$。显然，$F=91.2>$

$F_{0.05(1,16)}$，故所得一元线性回归方程是显著的、有意义的。

应该说明，在一元线性回归中，由于自变量只有一个，相关系数检验和回归系数检验是等价的，但这两种检验的意义是不同的。相关系数检验是检验总体回归关系的显著性，回归系数检验是对回归系数显著性的检验。

3.3.3　回归预测和线性变换

建立回归方程主要用于预测目的。如有机元素分析、色谱定量分析等，通常是根据不同含量的标准物质建立标准曲线，这个标准曲线绝大多数情况下是直线，然后根据实测样品的响应值计算出该物质的实际含量。计算实际含量就是应用标准曲线预测的过程。预测不但对线性方程显著性要求很高，而且经常要给出实际含量、精度及范围。另外需要特别说明的是，预测的范围应该在建立回归方程的实测 x 的范围限度之内。一旦超限，预测值及其精度往往不在预测方程的可控范围之内，预测的结果和精度难以保证。这涉及第 2 章中讨论过的标准差和置信区间。

1）标准差

第 2 章中提到过数据的标准差。在线性回归分析中，标准差的概念没有任何改变，依然是总方差与自由度的商。然而，由于回归方程是考虑自变量和因变量间的线性关系，不仅仅是自变量本身的变化，所以计算标准差时，自由度不再是 $n-1$，自由度中多出的一个自变量的因素必须考虑进去，是对 β_0 和 β_1 的估计，变成了 $n-2$。所以，一元线性回归分析的标准差为

$$\sigma = \sqrt{\frac{S_r}{n-2}} \tag{3-36}$$

2）置信区间

利用回归方程进行预测，存在一个精度的问题。在统计学上相当于区间估计。也就是在一定显著水平下，预测值落在给定的范围内。这个范围依然遵守 3σ 原则（表 2-4）。设 $\hat{y}$ 为 y 的预测值，则在 90% 的置信水平下，$\hat{y}=\beta_0+\beta_1 x\pm1.28\sigma$；在 95% 的置信水平下，$\hat{y}=\beta_0+\beta_1 x\pm1.96\sigma$。在 xOy 二维平面中，线性回归方程的置信区间是以上、下限的形式表现出来的，也称为置信带（图 3-7）。具体 x 对应的预测值往往是一个数值，习惯上给出预测值 ±置信水平下的偏差范围，如 5.22±0.03。

3）线性变换

观测的数据两个变量间并非总存在线性关系。然而，有一些变量间的关系可以通过简单变换为线性关系，这种变换就是线性变换。经过线性变换后，就可以直接利用线性回归模型进行建模和预测。常见的可进行线性变换有以下几种形式（图 3-8）。

对于双曲线型［图 3-8（a）］，$y=\beta_0+\beta_1\frac{1}{v}$，令 $x=1/v$，则 $y=\beta_0+\beta_1 x$。对于幂函数型［图 3-8（b）］，$u=cv^{\beta_1}$，两边取对数，令 $y=\ln(u)$，$x=\ln(v)$，则 $y=\beta_0+\beta_1 x$。其中，$\beta_0=\beta_1\ln(c)$。

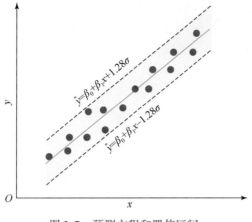

图 3-7　预测方程和置信区间

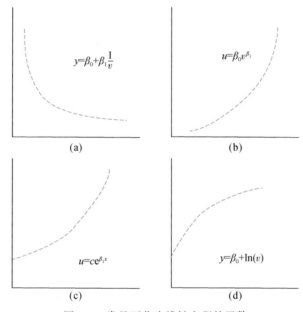

图 3-8　常见可化为线性方程的函数

对于指数型 ［图 3-8 （c）］，$u=ce^{\beta_1 x}$，两边取对数，令 $y=\ln(u)$，$\beta_0=\ln(c)$，有 $y=\beta_0$ $+\beta_1 x$。对于对数型 ［图 3-8 （d）］，$y=\beta_0+\beta_1\ln(v)$，简单令 $x=\dfrac{1}{\beta_1}\ln(v)$，得 $y=\beta_0+\beta_1 x$。

3.3.4　小结

为了便于实际应用，现对一元线性回归分析的计算步骤和主要公式进行小结和凝练。

（1）由原始数据计算均值和方差：

$$\bar{x} = \frac{1}{n}\sum_{i=1}^{n} x_i, \quad \bar{y} = \frac{1}{n}\sum_{i=1}^{n} y_i$$

$$S_{xy} = \sum_{i=1}^{n} x_i y_i - n\bar{x}\bar{y}, \quad S_{xx} = \sum_{i=1}^{n} x_i^2 - n\bar{x}^2$$

（2）计算回归方程 $y = \beta_0 + \beta_1 x$ 参数：

$$\left. \begin{array}{l} \beta_1 = \dfrac{S_{xy}}{S_{xx}} \\[2ex] \beta_0 = \bar{y} - \beta_1 \bar{x} \end{array} \right\}$$

（3）计算相关系数和确定系数，初步判断回归方程的总体拟合效果：

$$R^2 = S_{xy}^2 / (S_{xx} S_{yy}), \quad r = \frac{S_{xy}}{\sqrt{S_{xx} S_{yy}}}$$

（4）进行方差分析和检验：

$$\left. \begin{array}{l} S_t = S_{yy} \\ S_c = S_{xy}^2 / S_{xx} \\ S_r = S_t - S_c \end{array} \right\}, \quad t = r\sqrt{\frac{n-2}{1-r^2}}, \quad F = \frac{S_c / 1}{S_r / (n-2)}$$

（5）预测，用标准差 σ 给出置信区间：

$$\sigma = \sqrt{\frac{S_r}{n-2}}$$

参 考 文 献

韩金炎. 1987. 数学地质. 北京：煤炭工业出版社.

袁海荣. 2009. 线性代数讲义. http://math. ecnu. edu. cn/~hryuan/preprint/la. pdf［2021. 5. 24］.

Boyd S，Vandenberghe L. 2018. Introduction to Applied Linear Algebra：Vectors，Matrices，and Least Squares. Cambrige：Cambridge University Press.

Denton T，Waldron A. 2012. Linear Algebra in Twenty Five Lectures. http://www. math. ucdavis. edu/~linear/ linear. pdf［2021. 5. 24］.

Gentle J E. 2007. Matrix Algebra：Theory，Computations，and Applications in Statistics. New York：Springer.

Golub G H，Van Loan C F. 2013. Matrix Computations. Baltimore：The Johns Hopkins University Press.

Hefferon J. 2020. Linear Algebra. http://joshua. smcvt. edu/linearalgebra［2021. 5. 24］.

Kaw A K. 2020. Introduction to matrix algebra. http://www. eng. usf. edu/~kaw［2021. 5. 24］.

Kuttler K，Farah I，Langlois B，et al. 2020. Matrix Theory and Linear Algebra. http://www. saylor. org/courses/ ma211/［2021. 5. 24］.

Larson R，Falvo D C. 2009. Elementary Linear Algebra. Boston：Houghton Mifflin Harcourt Publishing Company.

Peters K E，Ramos L S，Zumberge J E，et al. 2007. Circum-Arctic petroleum systems identified using decision-tree chemometrics. AAPG Bulletin，91：877-913.

Peters K E，Hostettler F D，Lorenson T D，et al. 2008. Families of Miocene Monterey crude oil，seep，and tarball samples，coastal California. AAPG Bulletin，92（9）：1131-1152.

第4章　油气地球化学计量学的基本方法

本章将介绍油气地球化学计量学中的基本方法，包括经典的主成分分析（PCA）、聚类分析（clustering）和新方法——非负矩阵分解（NMF），以及新引入油气地球化学中的方法——多维标度（MDS）和趋势面分析（TSA）。

这些油气地球化学计量学中的基本方法都是比较成熟的方法。新方法无疑是油气地球化学计量学数据分析的新手段，其方法本身已经十分成熟，在相关领域得到了很好应用和发展。而经典的分析方法至今依然活跃在油气地球化学领域，除了自身的技术方法的进步外，应特别注重参数和指标的选取，决定了其应用成效、结果解释的可靠性。新引进的方法给油气地球化学数据分析注入了新活力，同时这些方法也有了新的用武之地。相信这些基本方法的相互结合、综合应用也会产生不同的效果。因而，了解和掌握油气地球化学计量学基本方法，对其有效运用、综合分析及结果合理解释是有帮助的。本章力争用简明的语言反映这些方法的专业特色、时代特征和历史印记。

4.1　计量统计量

计量学方法大多都以一定的统计量为基础。不同统计模型利用不同的统计量，不同的统计量对应不同的计算方法。也有方法是直接利用原始数据进行分析的，用原始数据进行分析往往也要进行数据规格化预处理和/或降噪处理。

在油气地球化学计量学分析中，按照分析对象基本可分为两大类：对变量或参数相互关系的研究（R 型）和对样本间相互关系的研究（Q 型）。而研究方法大多是通用的，既可用于 R 型分析，也可用于 Q 型分析。由于研究对象不同，所选用的计量统计量有所差别。

4.1.1　相关系数

在统计学中，有三个相关性系数（Pearson、Spearman 和 Kendall）是反映两个变量之间变化以及相关程度的，其值范围为 $[-1, +1]$，正值表示正相关，负值表示负相关，其绝对值越大表示相关性越强，0 表示两个变量不相关。然而，在这三大相关系数中，Spearman 和 Kendall 属于等级相关系数，称为"秩相关系数"，是反映等级相关程度的统计分析指标。

因而，在定量分析中，用于变量间相互关系研究的相关系数，即皮尔逊相关系数，几乎是 R 型分析中的唯一选择。设原始数据矩阵 $[X]_{n\times m}$ 由 n 行（样品）m 列（参数）组成。相关系数的计算是通过方差–协方差矩阵实现的：

$$r_{ij} = \frac{S_{ij}}{\sqrt{S_{ii}S_{jj}}} \qquad (4\text{-}1)$$

式中，i，$j=1$，2，$\cdots$，m，为参数/变量的个数。

如果对原始矩阵按列进行标准化预处理（见 2.4 节），则相关系数矩阵为

$$[R]_{m \times m} = Z^{\mathrm{T}}Z \qquad (4\text{-}2)$$

相关系数矩阵是 $m \times m$ 的方阵，主对角线上的元素为 1，其他元素为 $-1 \sim 1$ 之间的数。也就是说，相关系数是衡量 m 个变量间相关程度的指标，几乎不用于衡量样品间的相互关系。衡量样品间亲疏关系，通常用各种距离来表达。

4.1.2　样本间的距离

距离是在变量空间衡量样本间亲疏、远近的指标。一般规格化为 $0 \sim 1$ 之间的数，有时也称为距离系数。距离越远，意味着差异越大。因而，也称之为不相似性度量（measure of dissimilarity）。衡量样本间距离的指标比较多，常见的距离分述如下。

1）欧氏距离

欧氏距离（Euclidean distance）是最常见的距离，有时也称 L_2-距离。L_2-距离名称来自矩阵的 L_2 范式（L_2-norm），是扩展的勾股定理形式：

$$d_{ij} = \left[\sum_k (x_{ik} - x_{jk})^2 \right]^{1/2} \qquad (4\text{-}3)$$

图 4-1 中，I 点和 J 点的直线距离就是二维平面中的欧氏距离。

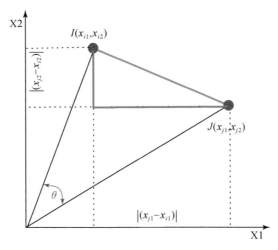

图 4-1　几种距离及其相互关系

2）街区距离

街区距离（city-block distance）也称曼哈顿距离（Manhattan distance）或 L_1-距离。L_1-距离也是根据矩阵的 L_1-范式（L_1-norm）而来。图 4-1 中，两条直角边长之和就是平面中的街区距离。计算公式：

$$d_{ij} = \sum_k \mid x_{ik} - x_{jk} \mid \tag{4-4}$$

3) 切比雪夫距离

切比雪夫距离（Chebyshev distance）是在直角边中选取最大的距离：

$$d_{ij} = \max\{\mid x_{ik} - x_{jk} \mid\} \tag{4-5}$$

图 4-1 中，水平方向的距离明显大于垂直方向的距离，按照切比雪夫距离定义，水平方向的距离就是此二维图中的切比雪夫距离。

4) 布雷–柯蒂斯距离

布雷–柯蒂斯距离（Bray-Curtis distance）是以该统计指标的提出者（J. R. Bray 和 J. T. Curtis）的名字命名的。在生态学、微生物学、基因组学中，用于反映样本间的群落、物种或组成上的差异。公式中的分子相当于街区距离：

$$d_{ij} = \frac{\sum\limits_k \mid x_{ik} - x_{jk} \mid}{\sum\limits_k (x_{ik} + x_{jk})} \tag{4-6}$$

在生态研究中，布雷–柯蒂斯距离更稳健，而欧氏距离等（这里未提及的 Kendall 距离，Gower 距离和卡方距离 Chi-squared）较少成功（Faith et al., 1987）。在聚类分析和机器学习中，Dalatu 和 Midi 注意到欧氏距离的不足，提出了加权欧氏距离方法改善分类效果（Dalatu and Midi，2018）。我们曾对欧氏距离、卡方距离、切比雪夫距离和布雷–柯蒂斯距离作过比较研究，结果显示，生物标志化合物比值的高维空间映射到二维平面上，布雷–柯蒂斯距离较其他几个距离能更好地保持其形态，这意味着布雷–柯蒂斯距离更适合于生物标志化合物的分类和油源对比（Wang et al.，2016）。

5) 相似系数

相似系数（similarity coefficient）或余弦距离（cosine distance），是指两个样本点在 m 维空间的夹角余弦：

$$\cos(\theta) = \frac{\sum\limits_k (x_{ik} x_{jk})}{\sqrt{\sum\limits_k (x_{ik}^2 x_{jk}^2)}} \tag{4-7}$$

理论上，夹角余弦取值范围为 [-1，1]。余弦越大表示两个向量的夹角越小，余弦越小表示两向量的夹角越大。当两个向量的方向重合时余弦取最大值 1，当两个向量的方向完全相反时余弦取最小值 -1。如果数据进行标准化预处理（Auto Scale/Z-Score），夹角余弦与相关系数是相同的。

实践中，夹角余弦主要用于样本间亲疏关系的研究，常常对实测数据进行范围正规化预处理（range scale），因而其夹角余弦都是 [0，1] 之间的数，不会出现负值。夹角余弦也是因子分析所用的标准处理方法。

值得注意的是，以聚类、分类为目的的研究，该指标需要适当进行变换，使其具有数值越大、距离越远、相似程度越低的特点。或者改变分类规则，即相似系数越大越相近，再进行聚类或分类研究。

6) 相关系数距离

相关系数距离（correlation distance）主要用于变量的聚类或分类，是根据相关系数计算而来的距离参数。众所周知，相关系数越大意味着变量间关系越密切，转化为距离则越近。有三个常见相关系数–距离转换公式：

$$d_{ij} = (1 - r_{ij})/2 \tag{4-8}$$

$$d_{ij} = 1 - |r_{ij}| \tag{4-9}$$

$$d_{ij} = 1 - r_{ij}^2 \tag{4-10}$$

式中，r_{ij} 为相关系数。

经转换后，将 $-1 \sim 1$ 之间的相关系数变成 $0 \sim 1$ 之间的距离系数。然而，我们对三个转换公式进行了分析，式（4-8）为线性变换，但是存在严重问题。即不相关（$r=0$）时，转换成距离时，$d=0.5$；而相关系数接近 -1 时，距离为 1。即使改变公式的符号，变成 $d_{ij} = (1 + r_{ij})/2$，问题依然存在，只是相关系数接近 1 时，距离为 1。这是错误的，在此提醒读者，式（4-8）谨慎使用。式（4-9）是线性转换，式（4-10）为非线性转换，这两个转换公式是符合规则的，可以根据需要选用（图4-2）。

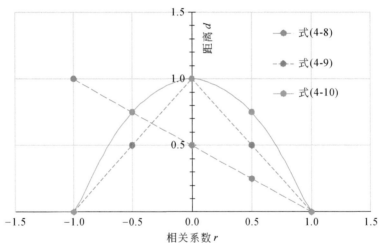

图4-2 相关系数–距离转换图解

4.2 聚 类 分 析

4.2.1 聚类分析的概念

聚类分析（cluster analysis）是多元统计分析中的一种数字分类方法，是将研究对象（样品或指标）按照一定规则和数据特征的亲疏、远近或相似性，把相对同质的对象分为同一群组（cluster），把相似性差、相距远的对象划入其他群组的统计分析方法，最终达到"同组相近、异组相远"的划分结果。简单说来，聚类就是将相似的事物聚集在一起，将不相似的事物划分到不同的类别的过程，是将复杂数据简化为少数类别的一种方法。

聚类分析，又称点群分析、丛分析、簇分析等，最早应用于生物学，也广泛应用于古生物学、沉积学、岩石学和找矿勘查中（韩金炎，1987）。近年来，聚类分析在油气地球化学中也有很多应用。与其他多元统计分析相比，聚类分析的方法还很粗糙，理论还不完善，但因为它能解决许多实际问题，所以很受重视（何晓群，2004）。在机器学习中，聚类分析属于非监督学习的范畴；在数据挖掘领域，聚类又称数据分割（data segmentation）；在数据科学中，聚类分析等同于类发现（class discovery）。

按照研究对象的不同，聚类分析可分为两种：对样品进行分类，称为 Q 型聚类分析；对变量进行分类，称为 R 型聚类分析（韩金炎，1987；赵旭东，1992）。

按簇群的形成过程，分为聚合法和分裂法。聚合法是采用自下而上的聚集方法，在开始聚类时，每个对象看作是独立的一类，然后根据计量统计量将特征最相近对象合并成一类，使类别逐步减少，直到所有研究对象聚集成一类为止。分裂法是一种自上而下的方法，一开始时将所有对象当作一类，然后根据统计量特征逐步分裂为更小的类，直到每个对象单独成一类为止。

按聚类的算法划分：分割算法（partitioning algorithms）、谱系算法（hierarchical algorithms）、基于密度的算法（density-based algorithms）、基于网格的算法（grid-based algorithms）和基于模型的算法（model-based algorithms）。同时，还可简单地分为谱系聚类和非谱系聚类两个大类。

谱系聚类因简单、易于理解，在众多聚类方法中依然是应用最为广泛的方法。

4.2.2 谱系聚类

谱系聚类（hierarchical clustering），也叫系统聚类、层次聚类，是通过计算数据间的计量统计量来创建有层次的谱系图（dendrogram），进而进行分类、洞察其背后的地球化学意义。

谱系聚类是建立在计量统计量之上的聚类方法，在聚类的统计量确定以后，如何形成谱系图就成了谱系聚类的关键。在聚类分析发展过程中，谱系图的形成方法曾经发展出一次形成法、逐步形成法和迭次推算法（韩金炎，1987；陆明德和田时芸，1991）。一次形成法虽然简单，但没有考虑样品或变量间的相关性，分类结果代表性较差。逐步形成法需要对合并后的数据进行重新计算，如合并后的均值为代表，重新计算与其他样品或变量的统计量，显得有些烦琐。迭次推算法只是根据合并结果计算合并后的统计量，计算量大为减少。这些方法都可以归结为群组的链接类型。根据选择的群组的链接类型，来计算群组合并后的计量统计量。

谱系图链接类型较多，各有特点。设有 4 个样品的欧氏距离矩阵：

$$D = \begin{bmatrix} 0 & 2 & 5 & 6 \\ & 0 & 3 & 5 \\ & & 0 & 4 \\ & & & 0 \end{bmatrix}$$

这里，结合该距离矩阵说明常用的链接方式及聚类过程。

1）简单链接（single linkage）方法

简单链接也称最短距离或最近邻链接，也就是取组中与之距离最短/最近邻进行合并，链接计算公式：

$$D(I,J) = \min_{i \in I, j \in J} \{d_{ij}\} \tag{4-11}$$

以上距离矩阵的计算和聚类过程如图4-3所示。简单链接法对异常值敏感。

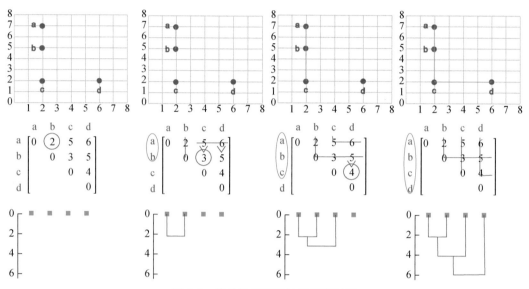

图4-3　简单链接聚类过程示意图解

2）完全链接（complete linkage）方法

完全链接法亦称最长距离法、最远邻法（furthest neighbor），保留与之最远距离，从中选最短距离进行聚类：

$$D(I,J) = \max_{i \in I, j \in J} \{d_{ij}\} \tag{4-12}$$

完全链接对异常值不很敏感。图4-4显示了完全链接的计算和聚类过程。

3）中心链接（centroid linkage）

以每组的均值即组的中心点，计算与其余点的距离进行聚类：

$$D(I,J) = \{\bar{d}_I - \bar{d}_J\} \tag{4-13}$$

聚类过程示于图4-5。中心链接法对异常值的敏感程度介于简单链接和完全链接之间。

4）组均值（group average）链接

组均值链接是取所有与之链接点的均值计算组与组间的距离：

$$D(I,J) = \frac{1}{n_i n_j} \sum_{i,j} \{d_{ij}\} \tag{4-14}$$

假设有 I，J 两个类，I 中有 n_i 个元素，J 中有 n_j 个元素。在 I 与 J 中各取一个元素，可得到它们之间的距离。将 $n_i \times m_j$ 个这样的距离相加，得到的距离和除以 $n_i \times m_j$ 得到 I，J 两

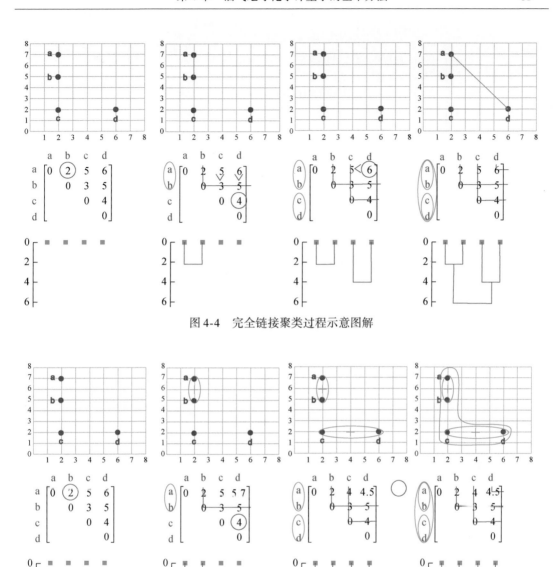

图 4-4　完全链接聚类过程示意图解

图 4-5　中心链接聚类过程示意图解

个类的平均距离。组均值链接具有稳健的抗异常值影响能力，可能是谱系聚类中应用最为广泛的和最受欢迎的链接聚类方式。对于大多数应用而言，组均值链接是最佳的选择。下面以 Veeraiah 和 Vasumathi（2014）的欧氏距离矩阵为例，组均值聚类过程展示于图 4-6。

5）最小方差法（minimum variance）

最小方差法曾经是 20 世纪 90 年代比较流行的聚类链接方法。最小方差法分别计算类 I 和 J 内各点到其重心（均值）的平方欧氏距离和（称为离差平方和），分别记为 W_I 和 W_J；然后将所有点合并为一个类 M，计算其离差平方和 W_M，最后定义类 I 和 J 之间的平

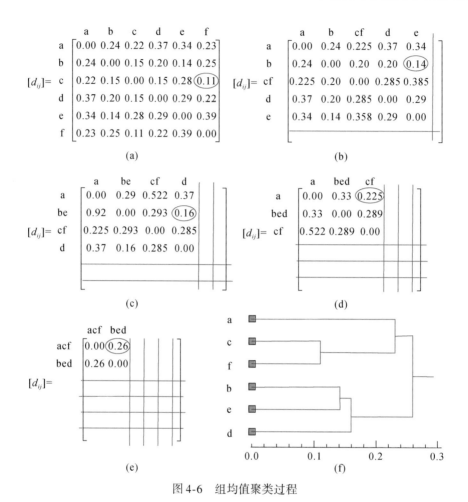

图 4-6　组均值聚类过程

方距离为

$$D(I, J) = W_M - W_I - W_J \tag{4-15}$$

离差平方和法使得两个大的类倾向于有较大的距离，因而不易合并；相反，两个小的类却因倾向于有较小的距离而易于合并。这往往符合我们对聚类的实际要求。

6）均值漂移聚类

均值漂移（mean shift）其实是一种基于密度的、滑动窗口聚类算法。近年来，均值漂移在图像分割、对象轮廓检验、目标跟踪等领域十分流行。其基本思路是：计算某一点 A 与其周围半径 r 内的向量距离的平均值 M，再计算出该点下一步漂移的方向。当该点不再移动时，其与周围点形成一个类簇，计算这个类簇与历史类簇的距离，满足小于阈值即合并为同一个类簇，不满足则自身形成一个类簇。直到所有的数据点选取完毕。

具体步骤：

（1）在未被分类的数据点中随机选择一个点作为中心点。

（2）找出离中心点距离在半径之内的所有点，记作集合 M，认为这些点属于簇 c。

（3）计算从中心点开始到集合 M 中每个元素的向量，将这些向量相加，得到漂移向量。

（4）中心点沿着漂移方向移动，移动距离是偏移向量的模。

（5）重复步骤（2）~（4），直到偏移向量的大小满足设定的阈值要求，记住此时的中心点。

（6）重复（1）~（5）直到所有的点都被归类。

均值漂移的优缺点：

优点是不需要设置簇类的个数；可以处理任意形状的簇类；算法只需设置半径 r 一个参数，r 影响数据集的密度估计；算法结果稳定，不需要进行样本初始化。缺点是聚类结果取决于半径 r 的设置，设置太小，收敛太慢，簇类个数过多，半径设置太大，一些簇类可能会丢失；尽管计算量较大，该方法因不必太多人为干预，比较适合于较大数据集挖掘和研究工作。

4.2.3　谱系聚类的注意事项

聚类分析，特别是谱系聚类，是油气地球化学中常用的化学计量学方法。油气地球化学研究中，有几点值得注意：

（1）聚类指标尽可能全面。用于油-源对比时，选择与生源、环境相关的指标并尽可能包含甾类和萜类的指标。这样才能完整反映生源特征。

（2）聚类指标的选择要充分考虑研究目的。成熟度指标一般不参与油气源对比，但是成熟度指标能反映油气聚集后的地球化学变化，特别是与不同成熟度来源油气相关的地球化学过程，如生物降解、气洗等。研究这类后期变化，可以考虑单独用一些与成熟度相关的指标进行聚类分析。

（3）聚类分析结果固然重要，能够提供一些不易直观看出的信息，然而更重要的是蕴含在结果中的地球化学意义。从这个角度上说，加入一些无关的指标，不但会影响聚类结果的精准地球化学表达，而且对于其地球化学意义的进一步挖掘也有一定影响。

发现隐含在数据中的类/簇/组，是聚类分析的目标。从聚类分析本身看，好的聚类分析应该具备：

（1）聚类过程中，链接的统计量指标是单调递增的。简单链接法有时候会出现收缩现象，不属于好的聚类方法。

（2）具有高的组内/簇内相似性、低的组间相似度。

（3）高质量的聚类结果，取决于所选用的聚类统计量，也与所用的方法有关。

（4）聚类分析主要应用于探索性的研究，属于非监督机器学习方法，其分析的结果可以提供多个可能的解。聚类分析本身不会自动给出一个最佳聚类结果，最终的解需要研究者的专业判断和后续的分析。

（5）聚类分析不会自动给出分类结果。尽管如此，作为粗略估计，建议油气地球化学计量学研究中，组内的相似性指标高于50%作为分类的粗略估计，也意味着组间相似性低于50%。组内相似性低于50%的分类是不可接受的。

以组均值聚类分析为例，最远欧氏距离为0.39 ［图4-7 （a）］，小于0.20的分类结果是不易被接受的 ［图4-7 （b）］。值得注意，距离为不相似指标（与相似性指标刚好相反），其值越小相似性越大，50%界限指示的是组内距离和组间距离的分界线。如果组间差异占不到最大差异的一半，也就是组内差异占比更大的话，分类是不符合逻辑的。以此原则，图4-7 的分类至少应该划分为3 类比较合适。

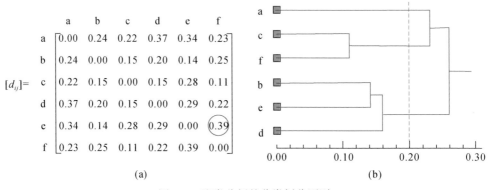

图 4-7　聚类分析的分类划分原则

4.2.4　聚类质量的评价

聚类分析是数据分析中广泛使用的方法之一（冯柳伟等，2017）。随着大数据、机器学习和数据科学研究的发展，聚类分析有向自动化方向发展的趋势。虽然聚类分析自动化仍在路上，但高质量的聚类结果一直是聚类分析追求的目标。

如前述，好的聚类分析能产生组内相似度高、组间相似度低的分类结果。一般来说，评估聚类质量有两个标准，即内部质量评价指标和外部评价指标（Halkidi et al.，2001）。鉴于一些商业软件中很少涉及聚类质量评价，科研人员有必要了解聚类评价方法，以便对研究数据的聚类质量有所掌握。

外部评估是通过已知分类的数据进行评估。用已知数据为参考，考察聚类结果对未知数据的适用性和聚类结果的质量。然而，这种方法也被质疑是否适用于真实数据。

内部评价是利用数据集的属性特征来评价聚类算法的优劣。通过计算总体的相似度，以组间平均相似度或组内平均相似度来评价聚类质量。评价聚类效果的高低通常使用聚类的有效性指标，即通过组间距离和组内距离来衡量。这里主要介绍几种常见的内部评价指标。

1）轮廓系数

轮廓系数（silhouette coefficient）来度量聚类结果的质量。轮廓系数同时兼顾了聚类的凝聚度（cohesion）和分离度（separation），用于评估聚类的效果并且取值范围为 ［-1，1］。轮廓系数越大，表示聚类的效果越好。轮廓系数旨在将某个对象与自己所在组的相似程度和与其他组的相似程度进行比较。轮廓系数最高的簇的数量表示簇的数量的最佳选择。

若记 $a(i)$ 为样本与组内各点平均距离；$b(i)$ 为样本与其他组内各点平均距离，则轮廓系数和平均轮廓系数分别为

$$s(i) = \frac{b(i) - a(i)}{\max\{b(i), a(i)\}} \tag{4-16}$$

$$\bar{s} = \frac{1}{n} \sum_{i=1}^{n} s(i) \tag{4-17}$$

当 $\bar{s} > 0.5$ 时，表明聚类的结果是合适的；

当 $\bar{s} < 0.2$ 时，说明数据不存在聚类特征。

2）组内凝聚度

组内点对的平均距离反映了簇的凝聚度，一般使用组内误差平方和（sum of squared error，SSE）表示：

$$SSE = \sum_{i=1}^{r} \sum_{j=1}^{n_i} (x_{ij} - \bar{x}_i)^2 \tag{4-18}$$

式中，$\bar{x}_i = \dfrac{1}{n_i} \sum_{j=1}^{n_i} x_{ij}$。

3）CH 指数

CH 指数是 Calinski-Harabaz index 的简称。CH 指数主要计算组间距离与组内距离的比值。通过计算组中各点与组中心的距离平方和来度量组内的紧密度，通过计算各组中心点与数据集中心点距离平方和衡量数据集的分离度，分离度与紧密度的比值即 CH 指数。CH 值越大，表明组内越紧密，组间越分散，聚类质量越高。

$$CH(k) = \frac{\mathrm{tr}(B)/(k-1)}{\mathrm{tr}(W)/(K-k)} \tag{4-19}$$

式中，$\mathrm{tr}(B) = \sum_{j=1}^{k} \| z_j - \mu \|^2$ 为组间离差矩阵的迹，μ 为整个数据集的均值；$\mathrm{tr}(W) = \sum_{j=1}^{k} \sum_{x_i \in z_k} \| x_i - \mu_j \|^2$ 为组内距离矩阵的迹，μ_j 为第 j 组的均值；K 为聚类个数；k 为当前的类。

也就是说，聚类结果的组内数据的协方差越小，组间的协方差越大，CH 指数越高。CH 指数小可以理解为组间协方差小、组间界限不分明。

4）戴维-森堡丁指数

戴维-森堡丁指数（Davies-Bouldin index）被认为是分类适确性指标，简记为 DB：

$$DB = \frac{1}{k} \sum_{i=1}^{k} \max_{j \neq i} \left(\frac{\mu_i + \mu_j}{\| w_i - w_j \|^2} \right) \tag{4-20}$$

戴维-森堡丁指数计算两个类别的组内平均距离之和与两个聚类中心距离之比的最大值。DB 越小意味着类内距离越小，同时类间距离越大。

聚类质量的评价指标的建立，有利于聚类类别数的确定和自动聚类算法开发，如冯柳伟等（2017）的工作。

4.3　主成分分析

4.3.1　概念和地球化学意义

主成分分析（principal component analysis，PCA）是多元统计中最为流行的方法之一。PCA 利用正交变换把观测数据转化为少数几个由观测变量组成的线性组合，即主成分（PCs），而不损失或损失少量信息。主成分之间是正交的、互不相关的；主成分的个数通常少于原始变量的个数。

由于主成分的个数小于原始变量的个数，所以主成分分析用于线性降维、发现数据中的基本结构。在数据压缩、消除冗余和数据噪声消除等领域都有广泛的应用。

主成分分析的地球化学意义如下。

1）凝练主因、降噪降维

在地球化学研究中，往往进行大量的实验分析工作，以获得尽可能多的地球化学参数。然而，这些参数有的代表不同的来源，如甾烷和萜烷类；有的反映沉积环境、有些值的高低意义不同，如 Pr/Ph；有些参数的不同组合具有不同的含义。主成分分析能够发现实际数据的结构特征，凝练出几个线性组合作为主成分。

虽然降噪不是主成分分析的主要目的，但主成分分析确实可以用于降噪，如经典的独立成分分析（ICA）中就是用主成分对原始数据进行重构，从而达到"白化"（whiting）、降噪的目的。

降维在很大程度上是为了在低维空间"看到"数据的特征或结构关系。若前几个主成分不能表达原始数据 80%、甚至 90% 以上的信息，说明数据中的线性特征不显著、降维效果不明显。此时，降维不能作为主成分分析的主要目的，而主成分蕴含的成因信息当作为主要目标。

油气地球化学研究中，凝练主因是主成分分析的核心。因而，对几个主成分蕴含的地球化学意义的剖析和解读，应作为主成分分析解决的主要问题和主要方面。

2）分解地球化学过程、指示成因推理方向

在数学地质研究中，利用因子分析（factor analysis）结果帮助分析地质成因和分解叠加的地质过程（陆明德和田时芸，1991；赵旭东，1992），其原理、方法对于主成分分析用于油气地球化学研究依然是有效的。

油气藏中的油气，往往是地质历史时期多源混合和/或多期运聚成藏的结果。现今分析的各种地球化学参数往往包含不同来源、不同期次油气的信息。主成分分析可以提炼出几个互不相关的参数组合，这几个主成分很可能就包含着多源混合和/或多期运聚成藏的信息，对主成分的详细研究，有助于地球化学家解析油气地球化学过程、推断地球化学成因。

4.3.2　PCA 的基本思路

　　主成分分析由霍特林（Hotelling）于 1933 年首先提出（何晓群，2004），用最大方差理论使得投影数据的方差最大化。在实际研究工作中，为了全面、准确反映研究对象的特征和内在规律，人们往往要考虑多个相关的指标、参数或变量。多指标、多参数、多变量一方面丰富了反映研究对象的有用信息，另一方面因这些指标、参数、变量之间多有一定相关性而导致信息重叠和冗余。主成分分析的基本思想是，找出研究对象不同侧面的相互独立、互不相关的几个主成分；主成分由不同变量的线性组合构成，不同变量、参数、指标的重要性在主成分的载荷上得到反映。不同主成分所代表的生成、成因关系对样本的影响程度反映在每个主成分的得分上，从而达到既可以用尽可能多的指标、参数、变量综合表达研究对象，又能消除不同指标间的信息重叠、冗余的目的。

　　这一基本思想可以用矩阵表达为

$$X = TL^{\mathrm{T}} + E \tag{4-21}$$

式中，X 为原始数据矩阵，由 n 行（样本）m 列（变量）组成；T 为 n 行 d 列构成的得分矩阵（$d<p$）；L^{T} 为 $d×p$ 的载荷矩阵；E 为误差项。

　　忽略误差项，PCA 的基本思路示于图 4-8。这是用两个较小的矩阵 T 和 L^{T} 对原始数据进行近似。实际上，这是通过载荷矩阵 L^{T} 将原始数据 X 投影到 d 维（$d<p$）子空间中得到的坐标（即得分矩阵 T），并满足 T 和 L 都是正交的约束。

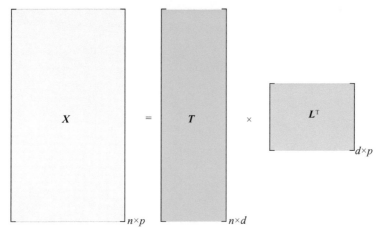

图 4-8　主成分分析的思路图解

　　这是基于投影法的主成分分析图解（Otto，2017），朴素地解释了 PCA 的思想，但其背后的数学原理并不直观。

4.3.3　PCA 的数学模型

　　设矩阵 $[Z]_{n×m}$ 为 n 个样品 m 个变量组成的数据矩阵，已经进行了标准化预处理。根据

式 (4-2)，相关系数矩阵 $\boldsymbol{R} = \boldsymbol{Z}^{\mathrm{T}}\boldsymbol{Z}$。

若记 $\lambda_1 > \lambda_2 > \lambda_3 > \cdots > \lambda_m$ 为 $\boldsymbol{R}$ 的特征值，$\boldsymbol{U}$ 为相关矩阵的特征向量矩阵，则有

$$\boldsymbol{R} = \boldsymbol{U} \begin{bmatrix} \lambda_1 & & & & \\ & \lambda_2 & & 0 & \\ & & \ddots & & \\ & 0 & & \ddots & \\ & & & & \lambda_m \end{bmatrix} \boldsymbol{U}^{\mathrm{T}} = \boldsymbol{Z}^{\mathrm{T}}\boldsymbol{Z} \tag{4-22}$$

式 (4-22) 两端左乘 $\boldsymbol{U}^{\mathrm{T}}$、右乘 $\boldsymbol{U}$，有

$$\boldsymbol{U}^{\mathrm{T}}\boldsymbol{U} \begin{bmatrix} \lambda_1 & & & & \\ & \lambda_2 & & 0 & \\ & & \ddots & & \\ & 0 & & \ddots & \\ & & & & \lambda_m \end{bmatrix} \boldsymbol{U}^{\mathrm{T}}\boldsymbol{U} = \boldsymbol{U}^{\mathrm{T}}\boldsymbol{Z}^{\mathrm{T}}\boldsymbol{Z}\boldsymbol{U}$$

由于特征向量 $\boldsymbol{U}$ 是正交矩阵，$\boldsymbol{U}^{\mathrm{T}}\boldsymbol{U}$ 为单位矩阵，所以：

$$\begin{bmatrix} \lambda_1 & & & & \\ & \lambda_2 & & 0 & \\ & & \ddots & & \\ & 0 & & \ddots & \\ & & & & \lambda_m \end{bmatrix} = \boldsymbol{U}^{\mathrm{T}}\boldsymbol{Z}^{\mathrm{T}}\boldsymbol{Z}\boldsymbol{U}$$

即

$$\boldsymbol{U}^{\mathrm{T}}\boldsymbol{Z}^{\mathrm{T}}\boldsymbol{Z}\boldsymbol{U} = \begin{bmatrix} \lambda_1 & & & & \\ & \lambda_2 & & 0 & \\ & & \ddots & & \\ & 0 & & \ddots & \\ & & & & \lambda_m \end{bmatrix} \tag{4-23}$$

令 $\boldsymbol{F} = \boldsymbol{Z}\boldsymbol{U}$，根据矩阵性质，$\boldsymbol{F}^{\mathrm{T}} = \boldsymbol{U}^{\mathrm{T}}\boldsymbol{Z}^{\mathrm{T}}$，则有

$$\boldsymbol{F}^{\mathrm{T}}\boldsymbol{F} = \begin{bmatrix} \lambda_1 & & & & \\ & \lambda_2 & & 0 & \\ & & \ddots & & \\ & 0 & & \ddots & \\ & & & & \lambda_m \end{bmatrix} \tag{4-24}$$

通常取前 d 个特征值，占全部特征值 80%~90% (陆明德和田时芸，1991) 或 85%~90% (赵旭东，1992) 作为原始数据的近似，用累计贡献率确定主成分的个数 d。

$$80\% \leqslant \frac{\sum\limits_{j=1}^{d} \lambda_j}{\sum\limits_{j=1}^{m} \lambda_j} < 90\%$$

即累计贡献率介于 80%~90% 。所以：

$$F^{\mathrm{T}}F \approx \begin{bmatrix} \lambda_1 & & & \\ & \lambda_2 & & \\ & & \ddots & \\ & & & \lambda_d \end{bmatrix}$$

因 $F=ZU$，所以 $Z=FU^{-1}$。由于 U 为正交矩阵，根据正交矩阵的基本性质（见第 2 章），$Z=FU^{\mathrm{T}}$。若取前 d 个特征值对应的特征向量作为近似，$Z \approx FU^{\mathrm{T}}$。

$$Z = FU^{\mathrm{T}} \approx [F]_{n \times d}[U]_{m \times d}^{\mathrm{T}} \tag{4-25}$$

F 是主成分的得分矩阵，U 为主成分的载荷矩阵。得分矩阵 F 的近似解：

$$F \approx ZU \tag{4-26}$$

4.3.4　PCA 的计算步骤与几何意义

1）PCA 的计算步骤

PCA 的计算步骤概括如下：

（1）选取指标、参数构成原始数据矩阵；

（2）对原始数据矩阵进行标准化预处理；

（3）计算相关系数矩阵；

（4）从相关系数矩阵求得特征值（由大到小排序）和对应的特征向量；

（5）根据累计贡献率选取占 80%~90% 前 d 个特征值对应的特征向量矩阵，得载荷矩阵 U；

（6）用式（4-26）计算得分矩阵 F；

（7）探究载荷矩阵 U 的地球化学特征、意义及解释工作。

2）PCA 的几何意义

主成分分析是在样本空间研究变量之间的相互关系与组合。第一步是选取参与计算的变量、地球化学参数，这些参数或变量之间很多都具有一定的相关性。习惯上，在分析变量的关系时，利用直角坐标系，构成了原始数据矩阵。

由于原始数据中不同变量、参数的单位制和数量级的差异不便于进一步分析，一般都进行数据的正规化预处理。PCA 主要用标准化预处理，使数据都位于 [-1，1] 之间，消除了数量级和单位制的差异，数据成为无量纲数据。油气地球化学的实测数据都是非负的。在几何上，相当于一次坐标平移和比例变换，将坐标原点平移至实测数据的均值位置、数据范围压缩到绝对值不大于 1（图 4-9，参阅图 2-10）。经过这次变换，尽管不改变参数间的相互关系，但使得地球化学数据出现了负值。

在主成分求解过程中，要求主成分为变量的线性组合，主成分之间正交、互不相关，使得原始变量在某主成分上尽可能集中，而在其他主成分上相对离散。在特征空间研究变量线性组合的特征，从样本空间转换到特征空间。这个转换过程中，隐含着一次坐标的旋转（图 4-9）。在特征空间，方向是由特征向量决定的，而特征值决定了特征向量，也就是变量线性组合的重要程度。

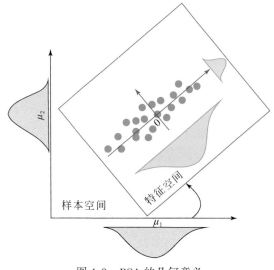

图 4-9　PCA 的几何意义

4.3.5　问题和讨论

本节主要讨论了主成分分析的思路、方法和地球化学意义。实践中，有几个问题值得注意和思考。

1）主成分分析不要求数据来源于正态总体

在主成分的推导和计算中，几乎没有涉及样本分布的要求。与很多多元统计分析方法不同，主成分分析不是要求数据来源于正态总体，而是对数据矩阵结构的分析（何晓群，2004）。这一特征有利于扩大主成分分析的应用范围。

2）选用参数指标尽可能均衡

多指标综合分析是多元统计分析的特长。然而，在地球化学指标选用方面，除了多指标外，指标参数的均衡往往被忽略，其实参数的均衡问题是值得注意的重要问题。比如，油气地球化学指标主要选用甾烷参数，很少或没有萜烷类指标参与，获得的结果主要代表甾烷的生源和环境信息。而缺乏萜烷类的信息是不完整的，代表性比较弱，没有达到真正综合分析的目的。因而，在多指标分析的同时，参数的均衡问题也是油气地球化学研究中值得注意的重要问题之一。

3）主成分的负载荷、负得分问题

主成分的载荷是变量/参数/指标在特征空间该主向量上的投影。载荷的绝对值越大，意味着该参数越重要。负的载荷说明该参数与正载荷参数在起相反的作用。然而，许多实测的地球化学指标或比值都是正数，出现负的载荷的确给地球化学解释带来一定程度的困扰。

第 2 章和 PCA 的几何意义（4.3.4 节）告诉我们，负载荷出现在变量的标准化（图 2-10）和样本空间向特征空间的转换过程（图 4-9）中。恐怕不能简单地加上平均值来解决。用式（4-25）进行逆变换，再进一步还原到原始数据来考察个变量的作用或许会排除部分困扰。

如果条件允许的话，采用独立主成分分析（ICA）和非负 PCA 或许是较好的解决方案。

4）非线性问题

如前述，主成分是变量的线性组合，主要解决的是线性问题。如果前几个，特别是前 3 个主成分的贡献率不及 60%，选择的地化参数很可能反映的是非线性问题。对于非线性问题，主成分分析很可能会将其分段进行逼近，把一个地球化学过程分解为几个主成分来表达。也就是说，主成分分析对叠加的非线性地球化学过程简化、解叠能力有限。如果不能获得线性参数，对参数精选线性变换（第 2 章）、非线性主成分分析方法，则可将主成分分析结果与非线性统计方法结合使用，如聚类分析或多维标度方法，或许有助于解读这些非线性地球化学过程。

5）FA、PCA 和 PCoA

因子分析（factor analysis，FA）、主成分分析（PCA）和主坐标分析（principal coordinates analysis，PCoA）经常能在期刊、杂志论文中见到，三者有什么区别和联系？以下的超短综述可厘清三者关系。

因子分析是德国心理学家斯皮尔曼（C. Spearman）于 1904 年提出来的；1957 年卡伦宾（W. C. Krambein）将其引入地质学，1962 年由英布里和珀迪（J. Imbrie & E. G. Purdy）发展和完善为数学地质中的重要方法（韩金炎，1987）。因子分析分为 R 型分析和 Q 型分析（陆明德和田时芸，1991）。除了研究对象不同、选择的统计量不同外，R 型分析和 Q 型分析的研究思路、方法和过程几乎没有任何区别。

R 型因子分析是研究变量之间相关关系的方法，通过对相关系数矩阵内部结构的研究，找出控制变量的几个主要成分——原变量的线性组合，所以 R 型因子分析也称作主成分分析（陆明德和田时芸，1991；赵旭东，1992）。

Q 型因子分析是研究样本间相互关系的方法，通过对样品的相似性（$\cos\theta$）矩阵内部结构的研究，对样本进行成因分类，找出主要控制因素（赵旭东，1992）、典型样本（赵鹏大等，1983）。

另一种 Q 型因子分析是选择样本的各种距离系数，通过距离矩阵的结构研究，找出变量间距离的线性关系，研究样本间的位置关系和成因分类。从距离矩阵构成了主坐标分析（陆明德和田时芸，1991）。

可见，因子分析是一类线性分析的统称。通过对计量统计量数据结构研究，用特征值和特征向量找出少数几个重要的线性组合作为典型代表，探讨和展示研究对象的相互关系。主成分分析（PCA）相当于 R 型因子分析；当用距离进行 Q 型因子分析时，就是主坐标分析（PCoA）或古典多维标度（Classical MDS）；当用相似系数矩阵对样本进行研究时，则为狭义的因子分析。

4.4 非负矩阵分解

4.4.1 引言

非负矩阵分解（non-negative matrix factorization，NMF）是一种相对较新的矩阵分解方法（Lee and Seung，1999）。经 NMF 分解后的二个低维矩阵中所有分量均为非负值，具有纯加性，同时实现非线性的维数约减。非负、纯加性约束符合局部构成整体的原则。最初，NMF 是基于图像处理提出的，因其非负、局部构成总体的思路以及计算的简洁高效，一经提出就得到了广泛关注，现在已经成为图像分析、文本聚类、数据挖掘、模式识别、计算机视觉、信号分析、机器人控制、生物医学工程、化学工程、环境数据处理以及大数据等方面广受欢迎的工具。相信随着这些应用的开展，将进一步促进 NMF 研究和应用的发展。

有时，非负矩阵分解也称为正矩阵分解（positive matrix factorization，PMF）。与其他多元统计分析方法和利用矩阵分解解决实际问题的分析方法，如 PCA（主成分分析）相比，这些方法都允许解出的特征向量中的元素可正可负，即使输入的初始矩阵元素都是正的，也不能保证解的非负性。因此，探索矩阵的非负分解一直很有意义。4.3 节论及 PCA 的负的载荷问题，出现负的载荷会给地球化学解释带来一定程度的困扰。NMF 算法基于简单迭代将高维的数据矩阵分解为二个非负低维矩阵的积，以达到分解和降维的目的。

油气地球化学中，因生物标志化合物浓度数据具有非负、纯加性特征，NMF 首先被用于原油的混源解析研究（Peters et al.，2008b）。

4.4.2 非负矩阵分解的基础和算法

1）NMF 基础

设非负数据矩阵 $[X]_{m \times n}$，矩阵中每个元素都是非负的，即 $x_{ij} \geq 0$，m 为变量数，n 为样本数。非负矩阵分解计算就是寻找两个非负矩阵 $[W]_{m \times k}$ 和 $[H]_{k \times n}$，使得 $X \approx WH(k < m)$。一般情况下，矩阵 W 被称为基矩阵或特征矩阵；矩阵 H 称为系数矩阵或权重矩阵。也就是说，用两个非负矩阵的积作为原始数据矩阵近似。显然，这种近似的误差 E 越小越好。数学上，可描述为

$$\min_{W,H} E(k) = \frac{1}{2} \| X - WH \|^2 \tag{4-27}$$
$$W \geq 0, H \geq 0$$

对式（4-27）求偏导数有

$$\left. \begin{array}{l} \dfrac{\partial E(k)}{\partial w_{ik}} = -\left[(X - WH) H^{\mathrm{T}} \right]_{ik} \\[3mm] \dfrac{\partial E(k)}{\partial h_{kj}} = -\left[W^{\mathrm{T}} (X - WH) \right]_{kj} \end{array} \right\} \tag{4-28}$$

用梯度下降法迭代，有

$$
\left.\begin{array}{l}
w_{ik} \leftarrow w_{ik} - \mu_{ik}\dfrac{\partial E(k)}{\partial w_{ik}} \\[3mm]
h_{kj} \leftarrow h_{kj} - \eta_{kj}\dfrac{\partial E(k)}{\partial h_{kj}}
\end{array}\right\}
\tag{4-29}
$$

令

$$
\left.\begin{array}{l}
\mu_{ik} = \dfrac{w_{ik}}{\left[\boldsymbol{WHH}^{\mathrm{T}}\right]_{ik}} \\[4mm]
\eta_{kj} = \dfrac{h_{kj}}{\left[\boldsymbol{W}^{\mathrm{T}}\boldsymbol{WH}\right]_{kj}}
\end{array}\right\}
\tag{4-30}
$$

式 (4-29) 变为

$$
\left.\begin{array}{l}
w_{ik} \leftarrow w_{ik}\dfrac{\left[\boldsymbol{XH}\right]_{ik}}{\left[\boldsymbol{WHH}^{\mathrm{T}}\right]_{ik}} \\[4mm]
h_{kj} \leftarrow h_{kj}\dfrac{\left[\boldsymbol{W}^{\mathrm{T}}\boldsymbol{X}\right]_{kj}}{\left[\boldsymbol{W}^{\mathrm{T}}\boldsymbol{WH}\right]_{kj}}
\end{array}\right\}
\tag{4-31}
$$

式 (4-31) 是基于近似值与原始数据间欧氏距离的乘积迭代算法公式 (Lee and Seung, 1999)。

2) NMF 算法

随着 NMF 的发展，有不同的迭代算法被提出，这里给出几个常见算法轮廓。算法中，最高迭代次数为 Max_Iter。

3) MU 算法

MU 算法是乘法更新算法 (multiplicative update algorithm) 的简写。因该方法是 NMF 提出者所用的方法之一，许多后来发展的方法都多与之比较，这里对其算法略加整理如下。

$$
\left[\begin{array}{l}
\left.\begin{array}{l}
^{(0)}\boldsymbol{W} = \mathrm{rand}(m, k) \\[2mm]
^{(0)}\boldsymbol{H} = \mathrm{rand}(k, n)
\end{array}\right\}\text{初始化} \\[4mm]
\text{For}\quad i = 1\quad \text{to}\quad \text{Max\_Iter} \\
^{(i)}\boldsymbol{H} = {}^{(i-1)}\boldsymbol{H}\ \left(^{(i-1)}\boldsymbol{W}^{\mathrm{T}}\boldsymbol{X}\right)\ /\left(^{(i-1)}\boldsymbol{W}^{\mathrm{T}(i-1)}\boldsymbol{W}^{(i-1)}\boldsymbol{H} + \varepsilon\right) \\
^{(i)}\boldsymbol{W} = {}^{(i-1)}\boldsymbol{W}\ \left(\boldsymbol{X}^{(i)}\boldsymbol{H}^{\mathrm{T}}\right)\ /\left(^{(i-1)}\boldsymbol{W}^{(i)}\boldsymbol{H}^{(i)}\boldsymbol{H}^{\mathrm{T}} + \varepsilon\right) \\
\text{End\_For}
\end{array}\right.
$$

每次迭代中，分母加上很小的数 ε (如 10^{-9}) 是为了避免被 0 除。计算过程中，如果 $\boldsymbol{W}$ 或 $\boldsymbol{H}$ 矩阵中元素出现负值，则强制令其为 0。根据式 (4-29)，MU 算法也是梯度下降算法 (gradient descent)，只是 μ_{ik} 和 η_{kj} 的取值比较特别。因而，只要 μ_{ik} 和 η_{kj} 取其他具体数值，就很容易转化为梯度下降算法。

4) 交替最小二乘算法

交替最小二乘 (alternating least squares, ALS) 算法是非负矩阵分解的另一算法。其基本思路是对式 (4-27) 寻优过程中，首先初始化 $\boldsymbol{W}$ (或 $\boldsymbol{H}$) 矩阵，另一矩阵通过计算得到。下面是 ALS 的基础算法，概略展示其计算过程。

$$* * * \quad \text{ALS} \quad \text{Algorithm} \quad * * *$$

————————————————————————————————

$$^{(0)}\boldsymbol{W} = \text{rand}(m, k) \quad \text{初始化 } \boldsymbol{W} \text{ 矩阵}$$

For　$i - 1$　to　Max_Iter

$\quad\quad ^{(i)}\boldsymbol{H} = {}^{(i-1)}\boldsymbol{W}^{-1}\boldsymbol{X}$

$\quad\quad\quad\quad \text{IF } (h_{mk} < 0) \quad\quad \text{THEN } (h_{mk} = 0)$

$\quad\quad ^{(i)}\boldsymbol{W} = \boldsymbol{X}^{(i)}\boldsymbol{H}^{-1}$

$\quad\quad\quad\quad \text{IF } (w_{kn} < 0) \quad\quad \text{THEN } (w_{kn} = 0)$

End_For

数据向量 [X] 是 [W] 的列的线性组合的近似和，[H] 中的元素代表权重。由于使用相对较少的基矢量来表示多个数据矢量，所以只有在数据中基矢量发现潜在的结构时才能实现良好的近似。

5) 止迭判据

NMF 是个迭代运算的过程，通常用最大迭代次数 Max_Iter 和两次迭代间的差 ε（给定的很小的数值）作为停止迭代的判据。ε 判据常见二种形式：

$$\| \boldsymbol{X} - {}^{(i)}\boldsymbol{W}^{(i)}\boldsymbol{H} \| - \| \boldsymbol{X} - {}^{(i-1)}\boldsymbol{W}^{(i-1)}\boldsymbol{H} \| \leqslant \varepsilon$$

$$\| \boldsymbol{X} - \boldsymbol{WH} \|^2 \leqslant \varepsilon$$

显然，如果 Max_Iter 先达到，意味着 ε 未达到足够小。ε 才是是否达到预期的关键判据。在实际工作中，不同迭代过程有的需要补充其他判据。

4.4.3　NMF 的几何解释

非负矩阵分解是个相对较新的方法，与在特征空间的解有较大区别。NMF 的解是局部解，非负性约束会引发稀疏，使计算过程进入部分分解（Lee and Seung，1999）。因为 NMF 约束了非负，基只能相加，不能相减，这意味着基与基是通过加和实现还原的。在 Lee 和 Seung（1999）的人脸识别例子中，NMF 的每个基矩阵（$\boldsymbol{W}$）是脸部的一个部件，如鼻子、眼睛等，源图像表示为基矩阵的加权组合。这种性质在其他方法中没有或至少表现不够突出。

NMF 首先数据是非负的。非负数据决定了数据空间和数据的边际向量的非负性（图 4-10）。与图 4-8 比较，非负约束使得分解后的矩阵积具有纯加性（图 4-11）。

在 NMF 中，边缘向量限定了数据子空间，并不要求边际向量独立或相关（图 4-9），顺其自然。给定的数据范围内，每个 w_i 都是不同的，"部件"可能在"整体"中同时出现，也可能单独出现。

在油气地球化学上，就是不要求地球化学参数相关与否，这点与 PCA 不同。由于 NMF 是在数据子空间对整体进行重建，过小的数组很可能难以得到"整体"的所有"部件"。

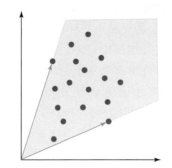

图 4-10　非负数据空间及边际向量

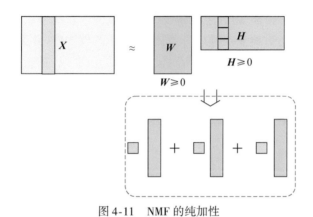

图 4-11　NMF 的纯加性

4.5　多维标度

4.5.1　概述及分类

　　多维标度（multi-dimensional scaling，MDS），有时也叫多维尺度分析，是一种几何降维方法（赵鹏大等，1983；赵旭东，1992），在一个确定维数的空间中估计一组样品/变量的坐标（何晓群，2004），是研究对象数组中数据对的相似或不相似的分析技术（Borg and Groenen，2005）。实际上，多维标度法是一类多元统计分析方法的总称，包括不同的模型和方法，通过各种途径把高维的研究对象投影到低维空间进行定位、分析和归类，同时又保留对象间的原始关系，所以也是一种数据可视化方法（Buja et al.，2008）。

　　多维标度的发展历程与其在不同领域的应用是密不可分的。20 世纪 40 年代是它的萌芽期；50 年代是计量多维标度（metric MDS）的发展时期，应用还主要限于心理学研究领域；60 年代是非计量多维标度（non-metric MDS）的发展时期，已经开始应用于销售和消费领域的研究；70 年代以后，各种方法已经趋于成熟，应用于交通、社会学、生态学以及地质学等领域。

按照所用的求解方法，多维标度分为线性和非线性 MDS；按照所用变量形式分为计量 MDS 和非计量 MDS；按照研究对象是变量还是样本分为 R 型和 Q 型。就所用计量参数而言，一般都在 4.1 节讨论的计量统计量范围之内。

在油气地球化学中，所用地球化学参数主要是定量、半定量和比值数据，但也是可以用非计量 MDS 方法的。至于是作 R 型还是 Q 型 MDS 分析，主要取决于研究目的。当研究变量间的相似性时用 R 型，研究样本间的相似性或相互关系时用 Q 型 MDS 分析。

事实上，随着时代的发展，古典 MDS 也在不断发展，同时也不断有现代理论和方法注入。因此，很难用古典和现代来对多维标度加以区分。大部分生态学家、生物学家和社会学家倾向于使用古典 MDS 中欧氏距离的分析方法，即主坐标分析（PCoA）；地质学家倾向于将非线性映射作为 MDS 开端，这可能与地质学中复杂的地质地球化学过程和数据的非线性有关。实际上，古典 MDS 主要是线性解，很少用非线性求解方法。然而文献中，很多情况下对所用方法是古典 MDS 与否、线性还是非线性 MDS 并无明显标注，需要读者根据所掌握的知识来判断。这很可能与所属研究领域的习惯或惯例有关。

在此，作者倾向于以线性和非线性方法将 MDS 分为两大类，并分别对线性 MDS 和非线性 MDS 进行介绍。

4.5.2　线性 MDS 及算法

线性 MDS 借用了 PCA 和 FA 的思想，数学基础雄厚，成为后续发展的理论基础。MDS 的目标是发现高维空间数据结构特征，保持高维空间的相似性在低维空间中显示，最典型的低维空间是 2D 平面。文献中常见的计量统计量是欧氏距离或者相似系数矩阵，都是对称阵。然而，并非距离都是欧氏的，有时需要构建欧氏型距离矩阵。

1）欧氏型距离矩阵的构建

欧氏型距离矩阵的构建可以从其他距离矩阵构建，也可以根据相似性系数矩阵构建。

设 $[C]_{n\times n}$ 为原始数据矩阵 $[X]_{n\times m}$ 的距离矩阵，令

$$\boldsymbol{A} = \left[a_{ij}\right]_{n\times n}, \quad a_{ij} = -\frac{1}{2}c_{ij}^2 \tag{4-32}$$

$$\boldsymbol{D} = \left[d_{ij}\right]_{n\times n}, \quad d_{ij} = a_{ij} - \bar{a}_{i\cdot} - \bar{a}_{\cdot j} - \bar{a}_{\cdot\cdot} \tag{4-33}$$

式中，$\bar{a}_{i\cdot} = \frac{1}{n}\sum\limits_{j=1}^{n}c_{ij}$；$\bar{a}_{\cdot j} = \frac{1}{n}\sum\limits_{i=1}^{n}c_{ij}$；$\bar{a}_{\cdot\cdot} = \frac{1}{n^2}\sum\limits_{i=1}^{n}\sum\limits_{j=1}^{n}c_{ij}$。

若 $[C]_{n\times n}$ 为原始数据矩阵 $[X]_{n\times m}$ 的系数矩阵，令

$$\boldsymbol{D} = \left[d_{ij}\right]_{n\times n}, \quad d_{ij} = \left(c_{ii} + c_{jj} - 2c_{ij}\right)^{1/2} \tag{4-34}$$

则可直接获得欧氏型距离矩阵 $\boldsymbol{D}$。

2）线性 MDS 计算步骤

通常，原始数据的距离矩阵 $[C]_{n\times n} = \boldsymbol{X}^{\mathrm{T}}\boldsymbol{X}$。这里扩展到 4.1 节所述的常见距离矩阵和相似系数矩阵，不仅限于正规化的原始数据点积矩阵。基于欧氏型距离矩阵 $\boldsymbol{D}$，线性 MDS

的计算变得较简单：

（1）构建欧氏型距离矩阵 D。

（2）对 D 矩阵求特征值和特征向量，特征值由大到小排序。

（3）取前 k 个特征值，对应的特征向量就是线性 MDS 的解。

（4）样本在每个特征向量上的得分即低维空间的坐标值。

可见，线性 MDS 的求解过程几乎与 PCA 一样，只是 MDS 通常是针对样本进行的分析，而 PCA 主要是对变量的研究。如前述，线性 MDS 借用了 PCA 的思想，更详细的计算过程请参阅 4.3 节。

值得注意的是，上述步骤中，通过矩阵内积和构建欧氏型距离方法的就是线性 MDS 的古典解；如果直接用各种距离进行求解，就是线性 MDS 的前卫（leading）解。其实，所谓的前卫 MDS，很多是非计量 MDS，通过代理参数获得与计量 MDS 相似的结果。

3）拟合程度的判据

从高维空间降到低维空间后，无疑会产生一定误差。设 d_{ij} 为高维空间 i，j 两点间的距离，δ_{ij} 为低维空间该两点间的距离。那么，二者的差值，即剩余越小越好，表明在低维空间中能够很好重现两点间的距离。将这一差值标准化到高维空间的距离平方和上，得到标准化剩余误差平方和（standardized residual sum of squares，STRESS）。对式（4-35）开平方，可得到相对大一点的 STRESS 数值（Buja et al.，2008）。值得注意，因距离矩阵是对称的，对角线上为 0，所以只计算距离矩阵的上三角或下三角部分。

$$STRESS = \frac{\sum\limits_{i<j}\sum\limits_{j=1}^{n}(d_{ij}-\delta_{ij})^2}{\sum\limits_{i<j}^{n}d_{ij}^2} \tag{4-35}$$

对于拟合而言，剩余误差平方和 STRESS 自然越小越好。至于 STRESS 小到什么程度好，对已有的划分方案，学界没有共识。作者建议用（1.0-STRESS）×100%，它代表了在低维空间解释高维空间数据的程度，通常用百分比表示。表 4-1 给出了拟合程度 STRESS 的范围及对应的解释程度，划分标准选用文献中相对较高的标准，供参考。

表 4-1　拟合程度参考值

STRESS	拟合程度	1.0-STRESS/%
0.200	较差	80~90
0.100	一般	90~95
0.050	好	95~97
0.025	很好	97~100
0.000	完美	100

线性 MDS 具有良好的数学基础，获得的主坐标，往往对应着典型样品，容易发现其代表的地球化学意义。然而，对于复杂的样本集和非线性地球化学过程，线性 MDS 面临

着一些挑战，非线性 MDS 是可供选择的方法之一。

4.5.3　非线性 MDS 及算法

非线性 MDS，最初称为非线性映射（nonlinear mapping，MLM），用于研究高维空间的数据结构（Sammon，1969），被视为计量 MDS 的一个特例，是第一个非线性流型学习方法（Ghojogh et al.，2020）。该方法主要用于样本的研究，将高维多变量数据映射到低维空间中解析其"数据结构"。地质学家对该方法进行了拓展（Henley，1976；赵鹏大等，1983），使其即可用于样品（Q 型）也可用于变量（R 型）的研究。

1）Q 型非线性 MDS 原理

与线性 MDS 不同，非线性 MDS 方法是个迭代求解过程。

设 X 为正规化后 n 个样品 m 个参数构成的数据矩阵，D 为 m 维空间样品的距离方阵，$D = [d_{ij}]_{n \times n}$。欲将 n 个样品投影到 p 维空间（$p<m$），一般取 $p=2$ 或 3。低维空间 n 个样品的欧氏距离方阵 $\Delta = [\delta_{ij}]_{n \times n}$。显然，两个距离矩阵都是对称矩阵。要求投影后，在低维空间中样品间的距离基本保持"不变"，也就是要求投影前后距离的误差尽可能小。为此，构造误差函数：

$$E = \frac{1}{C} \sum_{i=1}^{j} \sum_{j=1}^{n} w_{ij} (d_{ij} - \delta_{ij})^2 \tag{4-36}$$

式中，C 为常数，是 D 矩阵下三角部分之和，即 $C = \sum_{i=1}^{j} \sum_{j=1}^{n} d_{ij}$；$w_{ij} = \frac{1}{d_{ij}}$ 为权重，取高维空间距离的倒数，以使得距离近的点间误差较小，而距离远的点间可以有略大的误差。

这里，并不要求高维空间的距离 D 一定是欧氏距离，可以是 4.1 节中的其他距离参数。油气地球化学研究中，生物标志化合物比值参数用布雷-柯蒂斯距离，映射到低维空间后，比其他几个常见距离能更好保持高维空间的数据结构特征（Wang et al.，2016）。但低维空间的距离 δ_{ij}，通常是欧氏距离。一旦距离 D 确定，在计算过程中 d_{ij} 就是确定不变的，而低维空间的距离 δ_{ij} 是不断变化的，与低维空间的 y 坐标调整有关，直到误差函数达到要求、找到最优解为止。

2）Q 型非线性 MDS 的计算步骤

（1）对原始数据进行预处理，计算 m 个变量 n 个样本间的距离，获得距离矩阵 $[d_{ij}]_{n \times n}$。

（2）确定低维空间维度 p（一般取 2 或 3）、最高迭代次数 Iter_Max 和迭代误差 E_max。

（3）取随机数作为低维空间初始值：

$$Y = [y_{ij}]_{n \times p}$$

（4）给定/更新低维空间两两样本间的欧氏距离：

$$\delta_{ij}^0 = \Big[\sum_{k=1}^{p} (y_{ik}^0 - y_{jk}^0)^2 \Big]^{1/2} \tag{4-37}$$

（5）将 δ_{ij}^0 代入式（4-36），计算映射误差 E。不妨假设进行了 l 次迭代，误差：

$$E(l) = \frac{1}{C} \sum_{i=1}^{j} \sum_{j=1}^{n} w_{ij} \left(d_{ij} - \delta_{ij}^{l} \right)^2$$

（6）如果 $E(l)<$E_max 或者迭代次数达到 Iter_Max，结束迭代，输出结果，否则进行下一步，修改 $Y = [y_{ij}]_{n \times p}$。

（7）假设修改低维空间的位置为 y_{pq}^{l+1}，有

$$y_{pq}^{l+1} = y_{pq}^{l} - MF \times \Omega_{pq}^{l} \tag{4-38}$$

其中

$$\Omega_{pq}^{l} = \alpha_{pq}^{l} / \beta_{pq}^{l}$$

$$\alpha_{pq}^{l} = \frac{\partial E^{l}}{\partial y_{pq}^{l}} = \frac{-2}{C} \sum_{n} \left[\frac{d_{pj} - \delta_{pj}^{l}}{d_{pj} \times \delta_{pj}^{l}} \right] \left(y_{pq} - y_{jq} \right)$$

$$\beta_{pq}^{l} = \frac{\partial^2 E^{l}}{\partial^2 y_{pq}^{l}} = \frac{-2}{C} \sum_{n} \frac{1}{d_{pj} \times \delta_{pj}^{l}} \times \left[\left(d_{pj} - \delta_{pj}^{l} \right) - \frac{(y_{pq}^{l} - y_{jq}^{l})^2}{d_{pj}} \left(1 + \frac{d_{pj} - \delta_{pj}^{l}}{d_{pj}} \right) \right]$$

（8）返回（4），重新计算低维空间的欧氏距离。直至 E 足够小或达到最高迭代次数。

3）R 型非线性 MDS 及计算步骤

R 型非线性 MDS 主要用于研究变量间的相互关系，通过变量的组合进行地球化学成因解释。R 型非线性 MDS 用相关系数表达变量间的相互关系。计算步骤与 Q 型大体相似。

（1）对原始数据进行预处理，计算 n 个样本 m 个变量间的相关系数，得矩阵 $[r_{ij}]_{m \times m}$。

（2）确定低维空间维度 p（一般取 2 或 3）、最高迭代次数 Iter_Max 和迭代误差 E_max。

（3）给定/更新低维空间坐标 $Y = [y_{ij}]_{n \times p}$。

（4）计算低维空间两两变量间的相关系数：

$$\gamma_{ij}^{0} = \frac{1}{p-1} \sum_{k=1}^{p} y_{ik}^{0} y_{jk}^{0} \tag{4-39}$$

（5）取误差函数：

$$E^{0} = \frac{1}{p(p-1)} \sum_{i<j}^{p} \left(r_{ij} - \gamma_{ij} \right)^2 \tag{4-40}$$

（6）迭代：

$$y_{pq}^{l+1} = y_{pq}^{l} - MF \times \Omega_{pq}^{l} \tag{4-41}$$

其中

$$\Omega_{pq}^{l} = \alpha_{pq}^{l} / \beta_{pq}^{l}$$

$$\alpha_{pq}^{l} = \frac{\partial E^{l}}{\partial y_{pq}^{l}} = 2 \sum_{n} \left[y_{iq}^{l} (r_{ip}^{l} - \gamma_{ip}^{l}) \right]$$

$$\beta_{pq}^{l} = \frac{\partial^2 E^{l}}{\partial^2 y_{pq}^{l}} = 2 \sum_{p} y_{iq}^2$$

（7）回到（4），重新计算低维空间的相关系数。直至 E 足够小或达到最高迭代次数。

R 型非线性 MDS 主要用于研究变量间的相互关系，应用上不及 Q 型普遍。

4.5.4　补充说明与示例

1）补充说明

（1）Q 型和 R 型非线性 MDS 的迭代过程都是采用最速下降法。

（2）计算中，MF 为魔力因子（magic factor），一般取 0.3～0.4 之间的数。

（3）随机给定低维空间的初始值，有时很难达到最低 STRESS，可能并非全局最优解。用前几个主成分/主坐标作为初始值或者随机数作为初始值，多次计算（如 1000 次），选择 STRESS 最低者作为最终结果。

（4）值得注意的是，选用代理参数要得当。如 Q 型 MDS 应选用距离系数，若选用相似系数作参数，计算机程序无法辨识，会给出无意义的结果。

2）示例

这里给出一个非线性 MDS 算例（赵旭东，1992）。该算例对非线性多维标度的了解和编程的检验都是有意义的。

对六维正三角形 Q 型 MDS 分析。原始数据为六维空间的正三角形（表 4-2），由 9 个点组成，均匀分布在三条边上。现要把六维空间的正三角形通过 MDS 计算，映射到二维平面上。

取平面上的正方形作为二维空间的初始值，8 个点分布在四条边上，一个点取正方形的中心 [图 4-12（a）]。经迭代计算，误差 $E = 1.0 \times 10^{-22}$ 时，停止迭代。最终，非线性 MDS 二维坐标列于表 4-2，MDS 平面图显示于图 4-12（b）中。

可见，最终的 MDS 二维图解依然是正三角形。迭代误差很低，几近完美。

表 4-2　六维正三角形数据

序号	六维原始数据						二维投影坐标	
	x_1	x_2	x_3	x_4	x_5	x_6	y_1	y_2
1	0.000	0.000	0.000	0.000	0.000	0.000	0.770	1.542
2	0.370	0.640	−0.429	−0.061	0.466	0.140	−0.067	0.996
3	0.739	1.280	−0.857	−0.122	−0.993	0.280	−0.995	0.450
4	1.109	1.920	−1.286	−0.184	−1.489	0.420	−1.743	−0.095
5	1.172	1.811	−1.225	−0.612	0.687	0.300	−0.852	−0.548
6	1.236	1.701	−1.164	−1.041	−0.116	−0.360	0.040	−1.001
7	1.299	1.591	−1.102	−1.470	0.919	−0.750	0.932	−1.454
8	0.868	1.061	−0.735	−0.980	0.612	−0.500	0.878	−0.455
9	0.433	0.530	−0.367	−0.490	0.306	−0.250	0.824	0.543

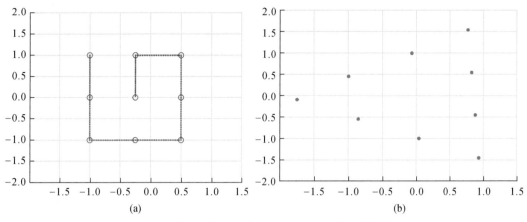

图 4-12 六维正三角初始值示意（a）及最终迭代结果（b）

4.6 趋势面分析

4.6.1 趋势面分析的概念

空间数据在油气地球化学和地球科学中发挥重要作用。例如，钻孔位置不仅仅是地理坐标，而且很可能包含烃源岩/储层高程以及大量油气地球化学分析数据。"趋势面"一词可以追溯至 20 世纪 40 年代（Chorley and Haggett，2013）。术语"地质趋势"引入地质学大约在 50 年代中叶，W. C. Krambein 在地质趋势分析方面做了大量工作（韩金炎，1987）。随着计算机在地质学中的应用，趋势面分析（trend surface analysis，TSA）在地球化学、矿床学、煤田地质学（韩金炎，1987）和石油地质（陆明德和田时芸，1991；赵旭东，1992）等领域得到广泛应用。趋势面被认为是响应面（response surfaces），是各种控制因素强度、平衡等变化的响应，据此可以推断其来源、成因、动力学（dynamics）及形成过程（Chorley and Haggett，2013）。在解析基于地理位置的区域性系统变化时，空间趋势的概念是十分有用的（Şen，2017）。趋势面对变量的响应中，通常由三部分构成：一部分代表了区域性因素；一部分受局部因素制约；一部分受随机因素影响。

区域性控制因素决定了趋势面的总体变化受地质地球化学背景控制，反映的是规律性变化。例如，运移指标的变化趋势受烃源灶的分布以及疏导层与构造的制约。局部因素决定了小范围内的变化，而随机因素的影响被视为"噪声"。若把地质变量看作因变量，地理坐标看作自变量，则地质变量在空间中的响应就可以用一个平面或曲面表示。趋势面分析就是这样一个数学工具（Hota，2014）。用数学模型逼近、拟合该地质变量的区域性变化，发现区域性变化规律；也可以将区域性变化去掉，突出局部变化，更清晰地考察局部异常（韩金炎，1987）。

按照所用的数学函数，趋势面分析可分为调和趋势面分析和多项式趋势面分析。调和趋势面分析以傅里叶级数为基础，主要用于周期性变化的地质变量的趋势研究，目前很少见有文献报道。多项式趋势面分析用多项式拟合地质变量的空间变化趋势，应用较为广泛。按照空间维度划分，趋势面分析可分为一维、二维、三维趋势面分析，以二维趋势面分析为常见。依据多项式的幂次可分为一次、二次、三次多项式趋势面，很少有用四次以上的多项式趋势面分析。

4.6.2　趋势面方程的建立

地质变量在空间上的变化可以用地理位置的函数表达，即 $\hat{z}=f(x,y)$，这里 z 为地质变量，x、y 为地理坐标。有 n 个点就有 n 组这样的数据。对于多项式趋势面分析，地质变量的观测值（z）在特定地理位置是实测值、不变的，而在不同幂次的多项式趋势面方程中，变化的是地理坐标 x、y 的幂次。

1）二维一次多项式趋势面

设坐标点（x_i，y_i）的实测数值为 z_i，二维一次趋势面方程为

$$\hat{z}_i = \beta_0 + \beta_1 x_i + \beta_2 y_i \tag{4-42}$$

式中，β_0、β_1、β_2 为待定系数。

根据最小二乘法，趋势面拟合值与实测值的误差平方和

$$\varepsilon = \sum_{i=1}^{n} (z_i - \hat{z}_i)^2 = \sum (z_i - \beta_0 - \beta_1 x_i - \beta_2 y_i)^2 \tag{4-43}$$

为最小。

为使 ε 达到最小，分别对待定系数求偏导数，并令其等于 0，得

$$\left. \begin{aligned} \frac{\partial \varepsilon}{\partial \beta_0} &= 2 \sum_{i=1}^{n} (z_i - \beta_0 - \beta_1 x_i - \beta_2 y_i)(-1) = 0 \\ \frac{\partial \varepsilon}{\partial \beta_1} &= 2 \sum_{i=1}^{n} (z_i - \beta_0 - \beta_1 x_i - \beta_2 y_i)(-x_i) = 0 \\ \frac{\partial \varepsilon}{\partial \beta_2} &= 2 \sum_{i=1}^{n} (z_i - \beta_0 - \beta_1 x_i - \beta_2 y_i)(-y_i) = 0 \end{aligned} \right\} \tag{4-44}$$

移项、整理得

$$\left. \begin{aligned} \beta_0 n + \beta_1 \sum x_i + \beta_2 \sum y_i &= \sum z_i \\ \beta_0 \sum x_i + \beta_1 \sum x_i^2 + \beta_1 \sum x_i y_i &= \sum z_i x_i \\ \beta_0 \sum y_i + \beta_1 \sum x_i y_i + \beta_2 \sum y_i^2 &= \sum z_i y_i \end{aligned} \right\} \tag{4-45}$$

矩阵形式为

$$\begin{bmatrix} n & \sum x_i & \sum y_i \\ \sum x_i & \sum x_i^2 & \sum x_i y_i \\ \sum y_i & \sum x_i y_i & \sum y_i^2 \end{bmatrix} \begin{bmatrix} \beta_0 \\ \beta_1 \\ \beta_2 \end{bmatrix} = \begin{bmatrix} \sum z_i \\ \sum z_i x_i \\ \sum z_i y_i \end{bmatrix} \tag{4-46}$$

所以待定系数的解为

$$\begin{bmatrix} \beta_0 \\ \beta_1 \\ \beta_2 \end{bmatrix} = \begin{bmatrix} n & \sum x_i & \sum y_i \\ \sum x_i & \sum x_i^2 & \sum x_i y_i \\ \sum y_i & \sum x_i y_i & \sum y_i^2 \end{bmatrix}^{-1} \begin{bmatrix} \sum z_i \\ \sum z_i x_i \\ \sum z_i y_i \end{bmatrix} \tag{4-47}$$

将待定系数的解回代入式（4-42），得二维一次趋势面方程。将 n 个实测点坐标 (x_i, y_i) 代入趋势面方程可得各点的趋势值；若取研究区内任意点坐标可得该点的预测值。

2）二维二次多项式趋势面

二维二次趋势面中，坐标值的最高幂次为 2，含有 6 个待定系数：

$$\hat{z}_i = \beta_0 + \beta_1 x_i + \beta_2 y_i + \beta_3 x_i^2 + \beta_4 x_i y_i + \beta_5 y_i^2 \tag{4-48}$$

误差平方和函数为

$$\varepsilon = \sum_{i=1}^{n} (z_i - \hat{z}_i)^2$$
$$= \sum_{i=1}^{n} (z_i - \beta_0 - \beta_1 x_i - \beta_2 y_i - \beta_3 x_i^2 - \beta_4 x_i y_i - \beta_5 y_i^2)^2 \tag{4-49}$$

对误差平方和函数中的 6 个待定系数求偏导数，并令其等于 0，整理得方程矩阵形式：

$$\begin{bmatrix} n & \sum x_i & \sum y_i & \sum x_i^2 & \sum x_i y_i & \sum y_i^2 \\ \sum x_i & \sum x_i^2 & \sum x_i y_i & \sum x_i^3 & \sum x_i^2 y_i & \sum x_i y_i^3 \\ \sum y_i & \sum x_i y_i & \sum y_i^2 & \sum x_i^2 y_i & \sum x_i y_i^2 & \sum y_i^3 \\ \sum x_i^2 & \sum x_i^3 & \sum x_i^2 y_i & \sum x_i^4 & \sum x_i^3 y_i & \sum x_i^2 y_i^2 \\ \sum x_i y_i & \sum x_i^2 y_i & \sum x_i y_i^2 & \sum x_i^3 y_i & \sum x_i^2 y_i^2 & \sum x_i y_i^3 \\ \sum y_i^2 & \sum x_i y_i^2 & \sum y_i^3 & \sum x_i^2 y_i^2 & \sum x_i y_i^3 & \sum y_i^4 \end{bmatrix} \begin{bmatrix} \beta_0 \\ \beta_1 \\ \beta_2 \\ \beta_3 \\ \beta_4 \\ \beta_5 \end{bmatrix} = \begin{bmatrix} \sum z_i \\ \sum x_i z_i \\ \sum y_i z_i \\ \sum x_i^2 z_i \\ \sum x_i y_i z_i \\ \sum y_i^2 z_i \end{bmatrix} \tag{4-50}$$

最后用逆矩阵求得待定系数的解：

$$\begin{bmatrix} \beta_0 \\ \beta_1 \\ \beta_2 \\ \beta_3 \\ \beta_4 \\ \beta_5 \end{bmatrix} = \begin{bmatrix} n & \sum x_i & \sum y_i & \sum x_i^2 & \sum x_i y_i & \sum y_i^2 \\ \sum x_i & \sum x_i^2 & \sum x_i y_i & \sum x_i^3 & \sum x_i^2 y_i & \sum x_i y_i^3 \\ \sum y_i & \sum x_i y_i & \sum y_i^2 & \sum x_i^2 y_i & \sum x_i y_i^2 & \sum y_i^3 \\ \sum x_i^2 & \sum x_i^3 & \sum x_i^2 y_i & \sum x_i^4 & \sum x_i^3 y_i & \sum x_i^2 y_i^2 \\ \sum x_i y_i & \sum x_i^2 y_i & \sum x_i y_i^2 & \sum x_i^3 y_i & \sum x_i^2 y_i^2 & \sum x_i y_i^3 \\ \sum y_i^2 & \sum x_i y_i^2 & \sum y_i^3 & \sum x_i^2 y_i^2 & \sum x_i y_i^3 & \sum y_i^4 \end{bmatrix}^{-1} \begin{bmatrix} \sum z_i \\ \sum x_i z_i \\ \sum y_i z_i \\ \sum x_i^2 z_i \\ \sum x_i y_i z_i \\ \sum y_i^2 z_i \end{bmatrix} \tag{4-51}$$

待定系数的解回代到趋势面方程式（4-48）计算各实测点的趋势值。还可以用实测值与趋势值的差值绘图，等于去掉了区域性变化，将局部因素突出，考察局部变化特征。不过，这时的局部异常包含随机误差。

类似方法可得三次、四次多项式趋势面方程，不再赘述。

4.6.3　拟合度与显著性检验

趋势面方程实际是多元回归方程的推广，其显著性检验也与回归分析的检验类似。设实测 n 个地质变量，实测值 z 与趋势值 $\hat{z}$ 的总离差平方和（S_t）为

$$S_t = \sum_{i=1}^{n} (z_i - \hat{z}_i)^2 \tag{4-52}$$

总离差平方和（S_t）可以分解成二部分，即

$$S_t = \sum_{i=1}^{n} (\hat{z}_i - \bar{z}) + \sum_{i=1}^{n} (z_i - \hat{z}_i) \tag{4-53}$$

令

$$S_{\text{trend}} = \sum_{i=1}^{n} (\hat{z}_i - \bar{z}) \tag{4-54}$$

$$S_{\text{residual}} = \sum_{i=1}^{n} (z_i - \hat{z}_i) \tag{4-55}$$

式（4-54）为趋势面方程自变量引起的误差，服从自由度为 p（待定系数个数−1）的 F 分布；式（4-55）为剩余离差平方和，代表局部因素和随机因素引起的误差，服从自由度为（$n-p-1$）的 F 分布。

趋势面拟合度（C）的大小，可以用 S_{trend} 占总离差平方和（S_t）的多少来衡量：

$$C = \frac{S_{\text{trend}}}{S_t} \times 100\% = (1.0 - \frac{S_{\text{residual}}}{S_t}) \times 100\% \tag{4-56}$$

拟合度（C）代表趋势面反映原始数据的程度，如 $C=75\%$，意味着原始数据中 75% 的变化在趋势面中得到反映；还有 25% 的变化是局部因素和随机因素引起的，没有在趋势面方程中体现。

判断趋势面方程是否显著，需要进行显著性检验。与回归分析相似，计算统计量

$$F = \frac{S_{\text{trend}}/p}{S_{\text{residual}}/(n-p-1)} \tag{4-57}$$

服从第一自由度为 p 和第二自由度为 $n-p-1$ 的 F 分布。其中，p 为趋势面方程的自变量个数，不包括常数项；n 为实测数据点数。给定显著水平 α 后，若 $F > F_\alpha (p, n-p-1)$，则趋势面方程是显著的。否则，趋势面方程不显著。

尽管趋势面分析与多元回归分析在形式和方程求解、检验等诸多方面有很多相近之处，然而趋势面分析的目的是发现地质变量在区域上的规律及局部异常。因此，对拟合度的要求不是很高。过高的拟合度会使局部因素的影响被压制，局部控制因素不易观察到。然而，拟合度没有统一标准，经检验趋势面方程显著、拟合度达到 70%~80% 即可。

4.6.4　算例和问题讨论

1）地下水潜水面分析

这里给出一个简单的算例，为示意性算例，用于说明趋势面分析的计算方法和步骤。

尼日利亚 Kaduna 尼利亚村用垂直电测深（VES）法进行了地下潜水面调查和趋势面分析（Olaniyan et al.，2013）。表4-3 显示了原始数据及中间计算值。因观测点有6个，只能作一次多项式趋势面分析。

表 4-3　用于趋势面分析的水位数据

位置	坐标/m		水位/m	计算的参数				
	x	y	z	x^2	xy^*	y^2	xz^*	yz^*
VES1	1570	820	7.30	2464900	1287400	672400	11461	5986
VES2	1900	430	4.18	3610000	817000	184900	7942	1979.4
VES3	2120	920	10.43	4494400	1950400	846400	22111.6	9595.6
VES4	1130	870	5.98	1276900	983100	756900	6757.4	5202.6
VES5	680	690	4.16	462400	469200	476100	2828.8	2870.4
VES6	250	930	5.32	62500	232500	864900	1330	4947.6
SUM	7650	4660	37.37	12371100	5739600	3801600	5243.8	30399.6

＊原文为减法，有误。

将原始数据及中间计算值按式（4-46）格式写成矩阵形式，有

$$\begin{bmatrix} 6 & 7650 & 4660 \\ 7650 & 12371100 & 5739600 \\ 4660 & 5739600 & 3801600 \end{bmatrix}\begin{bmatrix} \beta_0 \\ \beta_1 \\ \beta_2 \end{bmatrix}=\begin{bmatrix} 37.37 \\ 52430.8 \\ 30399.6 \end{bmatrix}$$

解上述矩阵方程，得一次趋势面方程系数矩阵为

$$\begin{bmatrix} \beta_0 \\ \beta_1 \\ \beta_2 \end{bmatrix}=\begin{bmatrix} -5.26 \\ 0.0026 \\ 0.0105 \end{bmatrix}$$

即趋势面方程：

$$\hat{z}=-5.26+0.0026x+0.0105y$$

用式（4-56）计算，方程的拟合度 $C=95\%$。

2）问题讨论

从趋势面分析的提出至今，已经有半个多世纪的历史。然而，其在油气地球化学领域的应用依然在发展中，有几个值得注意的问题在这里与大家一起讨论，仅供参考。

（1）趋势面分析是研究地质变量在区域上变化规律的数学工具，自变量是地理坐标，但不局限于地理坐标。

（2）地理坐标一般要作适当平移、变换。用数量级与地质变量大体相当的相对坐标、假设坐标，避免自变量高次幂的数值过大。注意常见的经纬度坐标与笛卡儿坐标的差别。

（3）实测数据点要多于方程待定系数个数（待定系数的 3～5 倍为宜）、实测点在平面上的分布尽可能均匀。局部过密的实测点可以进行适当取舍，过于稀疏部分适当补测或使用少量的非趋势面方法，如距离倒数加权内插。

（4）趋势面方程对实测数据点分布敏感，边界附近，特别是边界以外趋势预测功能尽失。图件绘制和解释时应注意。

（5）尽管高次趋势面方程包含了低次趋势面方程，如二次趋势面方程包含了所有一次方程的系数，但不能用高阶方程中的低阶系数作为低阶方程的系数。在不同阶次方程中，这些系数是不同的。通常是从一次趋势面分析向高阶趋势面逐渐进行的。

（6）前已提及，剩余中包含局部影响因素和随机误差。为了考察局部因素的影响，利用随机误差正态分布、均值为 0 的特点，剔除随机误差。若只关注正剩余，可以用所有正剩余的均值作为随机误差的估计值，从正剩余中扣除作为局部因素的影响，反之亦然。

（7）地质变量不限于单一变量，综合参数，如主成分、变量的差值等，作为地质变量进行趋势面分析在近年来已经成为一种潮流。

参 考 文 献

冯柳伟，常冬霞，邓勇，等. 2017. 最近最远得分的聚类性能评价指标. 智能系统学报，12（1）：67-74.

韩金炎. 1987. 数学地质. 北京：煤炭工业出版社.

何晓群. 2004. 多元统计分析. 北京：中国人民大学出版社.

陆明德，田时芸. 1991. 石油天然气数学地质. 武汉：中国地质大学出版社.

赵鹏大，胡旺亮，李紫金. 1983. 矿床统计预测. 北京：地质出版社.

赵旭东. 1992. 石油数学地质概论. 北京：石油工业出版社.

Borg I，Groenen P J F. 2005. Modern Multidimensional Scaling：Theory and Applications. New York：Springer.

Buja A，Swayne D F，Littman M L，et al. 2008. Data visualization with multidimensional scaling. Journal of Computational and Graphical Statistics，17（2）：444-472.

Chorley R J，Haggett P. 1965. Trend-Surface mapping in geographical research. Transactions of the Institute of British Geographers，（37）：47-67.

Dalatu P I，Midi H. 2018. Statistical estimators as an alternative to standard deviation in weighted euclidean distance cluster analysis. Pertanika Journal of Science and Technology，26（4）：1823-1836.

Faith D P，Minchin P R，Belbin L. 1987. Compositional dissimilarity as a robust measure of ecological distance. Vegetation，69：57-68.

Ghojogh B，Ghodsi A，Karray F，et al. 2020. Multidimensional scaling，sammon mapping，and isomap：tutorial and survey. https://www. zhuanzhi. ai/paper/7e0f7ea4d8bf1682228b686b31416dd5［2021.5.24］.

Halkidi M，Batistakis Y，Vazirgiannis M. 2001. On clustering validation techniques. Journal of Intelligent Information Systems，17（2-3）：107-145.

Hao F，Zhou X，Zhu Y，et al. 2009. Mechanisms for oil depletion and enrichment on the Shijiutuo uplift，Bohai Bay Basin，China. AAPG Bulletin，93（8）：1015-1037.

Henley S. 1976. An r-mode nonlinear mapping technique. Computers and Geosciences，1：247-254.

Hota R N. 2014. Trend surface analysis of spatial data. Gondwana Geological Magazine，29（1-2）：39-44.

Lee D D, Seung H S. 1999. Learning the parts of objects by non-negative matrix factorization. Nature, 401 (6755): 788-791.

Olaniyan I O, Okedayo T G, Olorunaiye E S. 2013. Geophysical appraisal and trend surface analysis of groundwater potential for irrigation at Nariya Area, Kaduna, Nigeria. Science and Technology, 3 (3): 93-98.

Otto M. 2017. Chemometrics: Statistics and Computer Application in Analytical Chemistry. New York: John Wiley & Sons.

Peters K E, Ramos L S, Zumberge J E, et al. 2007. Circum-Arctic petroleum systems identified using decision-tree chemometrics. AAPG Bulletin, 91: 877-913.

Peters K E, Hostettler F D, Lorenson T D, et al. 2008a. Families of Miocene Monterey crude oil, seep, and tarball samples, coastal California. AAPG Bulletin, 92 (9): 1131-1152.

Peters K E, Ramos L S, Zumberge J E, et al. 2008b. De-convoluting mixed crude oil in Prudhoe Bay Field, North Slope, Alaska. Organic Geochemistry, 39: 623-645.

Sammon J W. 1969. A nonlinear mapping for data structure analysis. IEEE Transactions on Computers, 18 (5): 401-409.

Şen Z. 2017. Innovative Trend Methodologies in Science and Engineering. New York: Springer.

Veeraiah D, Vasumathi D. 2014. A link concerning various clusters using hierarchical clustering techniques. International Journal of Engineering Research & Technology, 3 (2): 1053-1057.

Wang Y P, Zhang F, Zou Y R, et al. 2016. Chemometrics reveals oil sources in the Fangzheng Fault Depression, NE China. Organic Geochemistry, 102: 1-13.

Zhan Z W, Zou Y R, Shi J T, et al. 2016a. Unmixing of mixed oil using chemometrics. Organic Geochemistry, 92: 1-15.

Zhan Z W, Tian Y, Zou Y R, et al. 2016b. De-convoluting crude oil mixtures from palaeozoic reservoirs in the Tabei Uplift, Tarim Basin, China. Organic Geochemistry, 97: 78-94.

Zhan Z W, Zou Y R, Pan C, et al. 2017. Origin, charging, and mixing of crude oils in the Tahe oilfield, Tarim Basin, China. Organic Geochemistry, 108: 18-29.

Zhan Z W, Lin X H, Zou Y R, et al. 2020. Chemometric identification of crude oil families and de-convolution of mixtures in the surrounding Niuzhuang sag, Bohai Bay Basin, China. AAPG Bulletin, 104 (4): 863-885.

中篇
原油的对比
与混源解析

第5章 方正断陷的油-油和油-源对比研究

方正断陷地处我国东北部，位于依舒地堑的北段，受两条西北向深大断裂控制。方正断陷的北部是依兰断隆和汤原断陷，南面是尚志断隆和胜利断陷（胡少华等，2010）。图5-1（a）和图5-1（b）分别为方正断陷的地理位置（128°15′E～129°15E；45°25′N～46°10′N）和研究区井位分布。

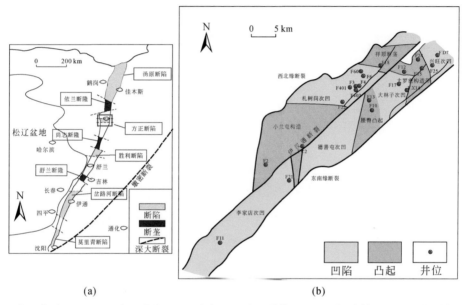

(a)　　　　　　　　　　(b)

图5-1　方正断陷（a）和研究区井位（b）分布图（李成博等，2015；柳波等，2015；魏文静，2010）

方正断陷的面积约为1460km²（刘群等，2014），其在古生代变质基底上主要发育有白垩系、古近系、新近系和第四系四套沉积序列（付广等，2014；邵墅一等，2013），从底到顶依次为穆林组（K_2m）、乌云组（E_1w）、新安村组（E_2x）、达连河组（E_2d）、宝泉岭组（E_3b）和富锦组（N_1f），最大沉积深度超过5000m（图5-2）。此外，由于新安村组和乌云组在研究区域内不易区分，所以通常将它们合起来称为新安村+乌云组。

方正断陷是我国东北部区域一个重要的含油气凹陷，近年来该区域备受关注。目前，该区域的油气勘探井已超过20口，其中在新安村+乌云组、穆林组和基底等层位已经发现有5口商业油流井、2口商业气井和5口低产油流井（付广等，2014）。然而，目前仅有少量文献报道了方正断陷原油的来源，且还存在一定的争议（何星等，2011；张晓畅，2012），这无疑不利于进一步的油气勘探。

因此，本书综合应用了主成分分析（PCA）和多维标度（multidimension scaling，MDS）两种化学计量学方法来判别研究区域原油和烃源岩之间的亲缘关系，其中的MDS是首次应用。MDS这一方法已经在许多学科中用于分析数据（Hollemeyer et al., 2012；

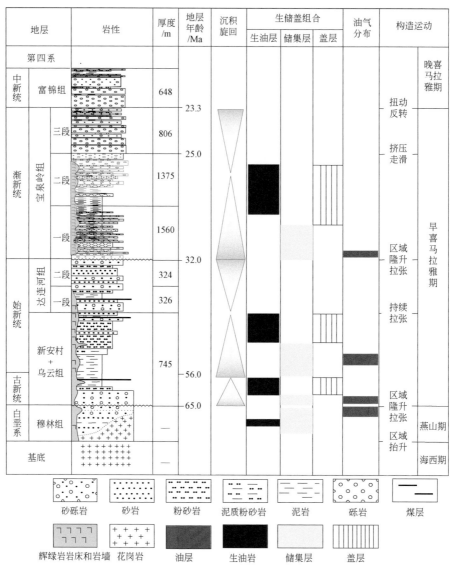

图 5-2　方正断陷综合柱状图（Chen et al.，2015；付广等，2014）

Lenz and Foran，2010；Shi et al.，2000），其中就包括常用于油–油和油–源对比的生物标志化合物数据（Revill et al.，1992；Zhou et al.，2015）。

　　传统的 MDS 通常采用欧式距离来度量高维空间中两点间的距离，但是这不意味着它适合生物标志化合物数据，因为采用何种距离处理数据集与研究对象有关（Mcgee，1968）。因此，本书将对四种常用于度量高维空间两点间距离进行检验，并找出最适合生物标志化合物数据的距离，然后选取烃源岩和原油中合适的生物标志化合物参数作为 MDS 对比的参数，最后通过 MDS 对比图来判别方正断陷原油的来源。

5.1　样品与方法

5.1.1　样品和 GC-MS 分析

本章共采集 125 个样品，其中泥岩岩心样 113 个（包括 103 个新安村+乌云组烃源岩样品和 10 个穆林组烃源岩样品），原油样品 12 个。泥岩和原油样品分别采集自 17 口和 8 口不同的钻井，其中原油的储集层位包括新安村+乌云组和穆林组。岩心样先用小刀去除表面杂质，随后用蒸馏水冲洗干净并置于 60℃烘箱内烘干，最后研磨成粉末备用。使用索氏抽提法提取粉末样品中的可溶沥青，抽提时间为 72h，最后将获得的可溶沥青与原油一并通过柱色谱法分离出饱和烃、芳烃、非烃和沥青质四个组分。

使用 GC-MS 分析原油和烃源岩中的饱和烃组分。GC-MS 分析使用的是美国 Thermo Fisher Trace GC Ultra 气相色谱和 DSQ Ⅱ质谱仪，色谱柱为安捷伦 HP-5MS（60m×0.25mm×0.25μm）。GC 的载气为氦气。GC 升温程序为：初温 60℃，保持 1min，以 8℃/min 升至 220℃，再以 2℃/min 升至 300℃，恒温 25min。

质谱仪中的离子源温度为 230℃，电离能为 70eV。采用选择性离子监测（SIM）与全扫描检测相结合的模式进行分析，扫描范围为 50~550Da。

5.1.2　多维标度方法介绍

PCA 是石油地球化学中常用的油-油和油-源对比方法，而 MDS 在地球化学对比上的应用还未作说明，因此下文将对 MDS 做简要的介绍。

MDS 是一种统计分析方法，它通过相似性（相异性）来表示高维空间中两点间的距离（Borg and Groenen，2005）。具体来讲，MDS 是基于多维研究对象之间的某种亲近关系（如相似系数或距离）的基础上，把多维研究对象简化到一个较低维的空间内，并通过迭代的方式寻找到一个最佳的空间维数和空间位置（通常为二维或三维），以便尽可能揭示原始研究对象间的真实结构关系（任雪松和于秀林，2011）。MDS 通过调整低维空间来描绘高维空间中的距离，并检查低维空间中对象之间的拟合优度。剩余平方和（STRESS）是拟合优度的度量，表示为

$$STRESS = \sqrt{\sum (d_{ij} - d_{ij}^*)^2 / \sum d_{ij}^2}$$

这里的 d_{ij} 是高维空间中对象 i 和 j 之间的距离，d_{ij}^* 是低维空间中对象 i 和 j 之间的距离。STRESS 在 0 和 1 之间变化，值越接近 0 表示拟合优度越好。Kruskal（1964）提出了评价 MDS 计算结果好坏的 STRESS 经验值（表 5-1），并且现在仍然被广泛使用（Storti，2016）。

表 5-1　MDS 的剩余平方和与拟合优度（Kruskal, 1964; Storti, 2016）

拟合的质量	剩余平方和
差	>0.20
一般	0.10
好	0.05
极好	0.025
完美	0

根据数据的尺度水平不同，还可以将 MDS 分为计量多维标度和非计量多维标度，其中前一种主要针对的是定量数据，后一种则主要针对的是定性数据。计量多维标度的求解主要包括距离阵和相似系数阵两种类型的古典解求法，其中油–油和油–源对比中采用的是计量多维标度的距离阵古典解求法；而非度量多维标度法求解模型以 Shepard-kruskal 算法为主（Kruskal, 1964; Shepard, 1962）。计量多维标度的距离阵古典解求法步骤如下（任雪松和于秀林，2011）：

（1）由距离阵 $\boldsymbol{D} = (d_{ij})_{n \times n}$ 构造 $\boldsymbol{A} = (a_{ij})_{n \times n} = \left(-\dfrac{1}{2}d_{ij}^2\right)$；

（2）构造 $\boldsymbol{B} = (b_{ij})_{n \times n}$，其中 $b_{ij} = a_{ij} - \bar{a}_{ij} - \bar{a}_{i \cdot} - \bar{a}_{\cdot j} + \bar{a}_{\cdot \cdot}$；$\bar{a}_{i \cdot}$ 代表 $\boldsymbol{A}$ 矩阵中第 i 行元素相加得到的平均值，同理 $\bar{a}_{\cdot j}$ 代表 $\boldsymbol{A}$ 矩阵中第 j 列相加得到的平均值。

$$\bar{a}_{\cdot \cdot} = \frac{1}{n}\sum_{i=1}^{n} \bar{a}_{i \cdot} = \frac{1}{n}\sum_{i=1}^{n} \bar{a}_{\cdot j}$$

（3）求解构造矩阵 $\boldsymbol{B}$ 的特征根 $\lambda_1 \geqslant \lambda_2 \geqslant \cdots \geqslant \lambda_n$，令

$$a_{1,k} = \sum_{i=1}^{k} \lambda_i \Big/ \sum_{i=1}^{n} |\lambda_i|$$

$$a_{2,k} = \sum_{i=1}^{k} \lambda_i^2 \Big/ \sum_{i=1}^{n} \lambda_i^2$$

这里的 $a_{1,k}$ 和 $a_{2,k}$ 相当于主成分分析的累计贡献率，在 k 尽量小的情况下（一般 k 取 2 或 3），使得 $a_{1,k}$ 和 $a_{2,k}$ 取值最大，当 k 确定后，用 $\hat{X}_{(1)}$，$\hat{X}_{(2)}$，$\cdots$，$\hat{X}_{(k)}$ 代表矩阵 $\boldsymbol{B}$ 对应于 λ_1，λ_2，$\cdots$，λ_k 的正交化特征向量，使得

$$\hat{x}'_{(i)}\hat{x}_{(i)} = \lambda, \quad i = 1, 2, \cdots, k(\lambda_k \geqslant 0)$$

（4）将所求的特征向量按照顺序排成 $n \times k$ 的矩阵 $\hat{\boldsymbol{X}} = \{\hat{X}_{(1)}, [\hat{X}_{(2)}, \cdots, (\hat{X}_{(k)})]\}$，则 $\hat{\boldsymbol{X}}$ 的行向量 X_1，X_2，$\cdots$，X_n 即欲求的古典解。

5.2　度量高维空间两点间距离的选择

化学计量学的原理可以简单理解为假设有 n 个样品，每个样品测得了 p 项指标，那么我们可以得到一个 $p \times n$ 的原始资料阵：

$$X = \begin{bmatrix} x_{11} & x_{12} & \cdots & x_{1p} \\ x_{21} & x_{22} & \cdots & x_{2p} \\ \vdots & \vdots & & \vdots \\ x_{n1} & x_{n2} & \cdots & x_{np} \end{bmatrix}$$

如果把这 n 个样品看成是 p 维空间中的 n 个点，那么两两样品之间的相似程度就可以用高维空间中两点间的距离来度量，然后通过线性或非线性映射的方法降维到我们熟悉的二维或三维。

虽然有些文献已经报道有使用 PCA 来处理生物标志化合物比值数据（Peters et al., 2007），但是关于基于生物标志化合物比值数据的 MDS 计算还很少。由于无法从文献资料中获得 MDS 计算生物标志化合物比值数据的距离，我们会在下文开展相应的检验测试。

距离可作为研究的样品/对象之间相似性/相异性的度量。在计算之前，为了使每个生物标志化合物参数提供相同的权重，首先使用最小值–最大值标准化方法 $X' = (X - X_{min}) / (X_{max} - X_{min})$ 对生物标志化合物比值数据进行数据预处理。在选用何种距离度量生物标志化合物比值数据这一问题上，我们引用了 Zhan 等（2016）中的数据用于本章的测试。Zhan 等（2016）的数据是由实验室等浓度混合的三端元混合油（共计 64 个样本，其中包括三个端原油），所以不论在高维空间还是降维后的二维平面图，其数据的整体形态均是等边三角形。为了找到最适合生物标志化合物比值数据度量高维空间两点间的距离，我们选择四种常用的距离作为测试，它们分别为欧氏距离、切比雪夫距离、卡方距离和布雷–柯蒂斯距离（表5-2）。

表 5-2　两个对象/样本（j 和 k）之间的 MDS 相似性/相异性度量

编号	相异性的度量距离	公式
1	欧氏距离	$\left[\sum_i (X_{ij} - X_{ik})^2 \right]^{1/2}$
2	切比雪夫距离	$\max_i \left(\lvert X_{ij} - X_{ik} \rvert \right)$
3	卡方距离	$\left\{ \sum_i \left(\dfrac{1}{\sum_i X_{ij}} \right) \left[X_{ij} / \left(\sum_i X_{ij} \right) - X_{ik} / \left(\sum_i X_{ik} \right) \right]^2 \right\}^{1/2}$
4	布雷–柯蒂斯距离	$\left(\sum_i \lvert X_{ij} - X_{ik} \rvert \right) / \left[\sum_i (X_{ij} + X_{ik}) \right]$

欧氏距离是 MDS 和 PCA 最为常用的一种距离，然而当把它应用在解析三端元混合油中的生物标志化合物比值数据时，其结果并不是太理想 [图 5-3（a）]。此外，切比雪夫距离的剩余平方和值最大，呈现的等边三角形形态也最差 [图 5-3（b）]；而图 5-3（d）中的布雷–柯蒂斯距离的剩余平方和最小，也最接近等边三角形的形态。这可能与布雷–柯蒂斯距离在分析生物相关数据时的鲁棒性较好有关，因为 Faith 等（1987）在研究生态距离时，发现布雷–柯蒂斯距离的鲁棒性较好，而卡方距离和欧氏距离的鲁棒性均较差，也就是说布雷–柯蒂斯距离在反映烃源岩和原油中的生物标志化合物比值数据时要优于其他距离。

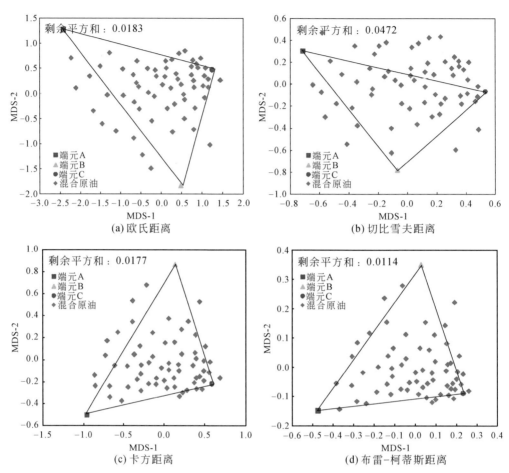

图 5-3　64 个端元混合油的四种常用的度量高维空间两点间距离的多维标度方法的因子得分图

5.3　MDS 方法的可靠性检验

在使用 MDS 之前，我们有必要检验其在油-油和油-源对比研究的可靠性。因此，我们选取了 2 个已知研究区域对 MDS 方法进行检验。

Peters 等（2007）认为，阿拉斯加北坡巴罗拱门（Barrow Arch，North Slope，Alaska）主要存在四组原油：211 组、212 组、222 组和 2321 组。222 组原油来源于三叠系的 Shublik 组；212 组原油来源于白垩系的 Hue GRZ 页岩；211 组原油来源于 Shublik 组和 Hue GRZ 页岩的混合；2321 组原油来源于基底的（Hettangian Aalenien）Kingak 页岩烃源岩（Peters et al.，2008）。这四组原油共计 74 个样品，我们选择样品中的 19 个与生源或年龄相关的地球化学参数以及布雷-柯蒂斯距离来验证 MDS 的可靠性。

基于 2D-MDS 的阿拉斯加北坡巴罗拱门原油的对比结果如图 5-4 所示，显然可以将原油分为 211 组、212 组、222 组和 2321 组四组，并且 211 组混合原油（212 组与 222 组原油的混合）与 212 组原油更为接近，这可能表明 212 组原油的生油母质对 211 组原油的贡献更大，此结果与 Peters 等（2007，2008）的结果是一致的。

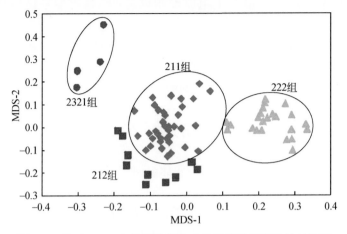

图 5-4　基于 2D-MDS 的阿拉斯加北坡巴罗拱门原油的对比图

数据来源于 Peters 等（2008）。MDS 计算使用了 17 个生物标志化合物比值和 2 个稳定碳同位素比值：C_{19}/C_{23}；C_{22}/C_{21}；C_{24}/C_{23}；C_{26}/C_{25} 三环萜烷；C_{24} 四环萜烷/C_{23} 三环萜烷（Tet/C_{23}）；C_{27} 四环萜烷/C_{27} 三环萜烷 [C_{27}T/(Ts+Tm)]；28，30-双降藿烷/藿烷（C_{28}/H）；C_{29} 30-降藿烷/藿烷（C_{29}/H）；C_{30} 重排藿烷/藿烷（X/H）；奥利烷/藿烷（Ol/H）；C_{31} 升藿烷/藿烷（C_{31}R/H）；伽马蜡烷/C_{31} 升藿烷 22R（GA/C_{31}R）；C_{35} 升藿烷 22S/C_{34} 升藿烷 22S（C_{35}S/C_{34}S）；C_{26} 三环萜烷/三降新藿烷（C_{26}T/Ts）；甾烷/藿烷（S/H）；C_{27}/C_{29} 规则甾烷；C_{28}/C_{29} 规则甾烷；$\delta^{13}C_{饱和烃}$；$\delta^{13}C_{芳烃}$

在伊朗的波斯湾油田主要存在 I 和 II 两组原油，并且 I 组原油来源于白垩系 Sarvak 组的 Ahmadi 段烃源岩，而 II 组原油则可能与侏罗系烃源岩有关（Mashhadi and Rabbani，2015）。通过 MDS，我们分析了文中报道的 30 个烃源岩和原油中的 13 个与生源或年龄相关的生物标志化合物比值数据，其计算结果如图 5-5 所示。从图中可知，伊朗波斯湾油田

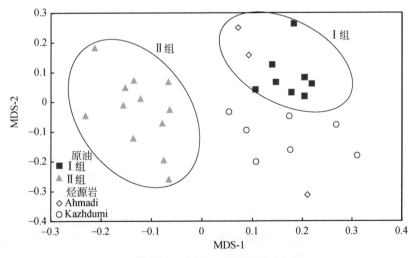

图 5-5　伊朗波斯湾油田基于 MDS 的油–源对比图

数据来源于 Mashhadi 和 Rabbani（2015）。MDS 计算使用了 13 个生物标志化合物比值：% $C_{27}\alpha\alpha\alpha R$ 甾烷；% $C_{28}\alpha\alpha\alpha R$ 甾烷；% $C_{29}\alpha\alpha\alpha R$ 甾烷；C_{29}/C_{30} 藿烷；C_{30} 重排藿烷/C_{30} 藿烷；C_{19}/C_{23} 三环萜烷；C_{25}/C_{26} 三环萜烷；伽马蜡烷/C_{31} 藿烷；C_{35}/C_{34} 藿烷；C_{24}/C_{23} 三环萜烷；C_{22}/C_{21} 三环萜烷；C_{28}28，30 二降藿烷/C_{30} 藿烷；C_{24} 四环萜烷/C_{23} 三环萜烷

的原油明显可以分为 Ⅰ 和 Ⅱ 两组，其中的 Ⅰ 组原油与 Ahmadi 段的 2 个烃源岩样品相关性较好，而还有 1 个 Ahmadi 段样品与 Ⅰ 组原油相离甚远，这可能是该样品成熟度较低造成的。

以上验证结果表明 MDS 是一种有效的油-油和油-源对比方法，在二维 MDS 对比图中可以很容易鉴别出原油与原油之间和潜在烃源岩与原油之间的亲缘关系，因此在下一节中将应用 MDS 来揭示我国研究实例——方正断陷原油的来源问题。

5.4　烃源岩的地球化学特征

方正断陷主要发育有新安村+乌云组和穆林组两套烃源岩，研究区内烃源岩分布和评价可参考何星等（2011），李秀琴和刘红敏（2011），张晓畅（2012）的研究成果。研究区内新安村+乌云组烃源岩层段的分布十分广泛，而穆林组烃源岩的分布相对局限。新安村+乌云组泥岩中的总有机碳（TOC）含量介于 0.19%~10.36%，均值为 1.42%；穆林组泥岩中的 TOC 含量相对较高，介于 0.53%~10.43%，均值为 2.26%。新安村+乌云组烃源岩的热成熟度处于低成熟—成熟阶段，而穆林组的烃源岩基本上已经成熟。

由于本次研究的烃源岩样品较多，不利于对传统生物标志化合物图解的探讨，所以我们从 103 个样品中随机挑选了 25 个烃源岩样品用于探讨方正断陷烃源岩的分子标志物特征，其中包括新安村+乌云组烃源岩 18 个，穆林组 7 个（表 5-3）。

新安村+乌云组和穆林组烃源岩中的正构烷烃系列均呈单峰型分布，短链以 nC_{15}~nC_{20} 为主，长链介于 nC_{20}~nC_{25}（图 5-6）。Pr/Ph 值通常用来指示有机质的来源及沉积环境（Didyk et al.，1978），极高 Pr/Ph 值（>3）代表的是氧化环境下陆源有机质的输入（Powell and Mckirdy，1973），极低 Pr/Ph 值代表的是高盐或碳酸盐沉积环境（Peters et al.，2005）。新安村+乌云组烃源岩中的 Pr/Ph 值介于 0.43~5.4，均值为 2.3，反映还原至氧化的沉积环境下以陆源有机质输入为主的特征；穆林组烃源岩中的 Pr/Ph 值介于 0.41~3.24，均值为 1.68，同样表明还原至氧化的沉积环境下以陆源有机质输入为主的特征（表 5-3，图 5-7）。

方正断陷烃源岩中的甾烷（m/z 217）分布特征相似，均表现为以 C_{29} 规则甾烷优势（图 5-6）。新安村+乌云组烃源岩中的 C_{27}、C_{28} 和 C_{29} 规则甾烷相对丰度分别介于 17%~43%（均值为 32%）、19%~30%（均值为 23%）和 30%~64%（均值为 45%）；而穆林组烃源岩中的 C_{27}、C_{28} 和 C_{29} 规则甾烷相对丰度分别介于 25%~39%（均值为 35%）、18%~22%（均值为 20%）和 42%~57%（均值为 45%），这表明方正断陷烃源岩中的有机质是以陆源有机质为主（图 5-8）。

研究区烃源岩中的藿烷（m/z 191）分布主要以高峰度的 C_{30} 藿烷为特征（图 5-6）。新安村+乌云组烃源岩中的 C_{35}/C_{34} 值介于 0.22~0.46（均值为 0.46），反映氧化的沉积环境。此外，两套烃源岩中的伽马蜡烷指数均较低，介于 0.01~0.09，这表明烃源岩在沉积时不存在分层水体。因此，可以认为新安村+乌云组烃源岩氧化沉积环境下以陆源有机质输入为主。类似地，穆林组也主要来源于在正常盐度水体下的陆源有机质输入。

表 5-3 方正断陷烃源岩和原油中的生物标志化合物比值

计算编号	层位	实验室编号	井位	深度/m	R1#	R2	R3	R4#	R5#	R6#	R7#	R8#	R9	R10	R11#	R12	R13#	R14#	R15	R16	R17	MDS-1	MDS-2
1	XW	XW-1	F3	2962	1.49	1.3	0.72	0.09	0.04	0.53	0.25	0.07	0.53	0.35	0.15	0.28	0.29	0.45	0.17	0.26	0.58	-0.071	-0.197
2	XW	XW-2	F3	2969	0.95	1.65	0.96	0.1	0.04	0.52	0.29	0.08	0.53	0.37	0.15	0.29	0.32	0.46	0.18	0.26	0.56	-0.106	-0.215
3	XW	XW-3	F4	2874	0.8	1.58	4.62	0.06	0.06	0.52	0.2	0.02	0.09	0.17	0.07	0.15	0.26	0.24	0.17	0.16	0.67	0.208	-0.264
4	XW	XW-4	F4	2886	0.86	0.36	0.32	0.12	0.05	0.48	0.26	0.08	0.47	0.27	0.15	0.23	0.67	0.49	0.31	0.23	0.46	-0.112	-0.185
5	XW	XW-5	F4	2900	1.26	1.32	0.63	0.04	2.11	1.09	0.12	0.03	0.06	0.19	0.13	0.15	0.68	0.3	0.35	0.15	0.5	0.283	-0.15
6	XW	XW-6	F4	2928	1.39	0.93	0.52	0.05	2.26	1.03	0.14	0.01	0.16	0.18	0.18	0.24	0.55	0.3	0.3	0.16	0.54	0.303	-0.198
7	XW	XW-7	F4	2986	1.14	0.76	0.52	0.33	0.08	0.44	0.46	0.04	0.5	0.39	0.21	0.38	1.03	0.69	0.38	0.25	0.37	-0.185	-0.08
8	XW	XW-8*	F4	3006	0.79	0.31	0.32	0.43	0.08	0.45	0.46	0.09	0.49	0.46	0.27	0.52	1.31	0.94	0.4	0.29	0.31	-0.28	-0.031
9	XW	XW-9	F4	3058	1.14	1.02	2.32	0.46	0.09	0.19	0.43	0.06	0.58	0.37	0.35	0.36	1.2	0.76	0.41	0.26	0.34	-0.265	-0.048
10	XW	XW-10*	F4	3094	0.43	0.42	0.31	0.25	0.09	0.55	0.35	0.04	0.51	0.41	0.2	0.42	1.09	0.71	0.39	0.25	0.36	-0.188	-0.139
11	XW	XW-11	F4	3110	2.5	1.74	0.4	0.08	0.13	0.74	0.14	0.01	0.38	0.19	0.11	0.28	0.63	0.48	0.3	0.23	0.47	0.152	-0.076
12	XW	XW-12	F4	3126	1.97	0.87	0.36	0.05	0.08	0.66	0.18	0.04	0.27	0.23	0.06	0.33	0.56	0.36	0.31	0.16	0.54	0.075	-0.074
13	XW	XW-13	F4	3129	0.77	1.15	3.73	0.11	0.07	0.62	0.26	0.02	0.48	0.27	0.1	0.34	0.85	0.66	0.34	0.26	0.4	-0.028	-0.234
14	XW	XW-14	F4	3140	3.75	1.68	0.31	0.08	0.13	0.69	0.21	0.02	0.31	0.21	0.07	0.37	0.5	0.35	0.27	0.19	0.54	0.147	-0.014
15	XW	XW-15	F4	3150	0.8	1.25	4.86	0.1	0.12	0.72	0.18	0.02	0.18	0.2	0.07	0.33	0.6	0.33	0.31	0.17	0.52	0.116	-0.19
16	XW	XW-16	F4	3160	2.77	1.22	0.31	0.18	0.2	0.62	0.21	0.04	0.27	0.23	0.09	0.31	0.63	0.47	0.3	0.22	0.48	0.005	-0.045
17	XW	XW-17	F4	3169	2.45	1.11	0.24	0.13	0.25	0.75	0.24	0.02	0.17	0.22	0.08	0.32	0.6	0.36	0.31	0.18	0.51	0.101	-0.064
18	XW	XW-18	F4	3175	2.36	0.95	0.36	0.22	0.14	0.62	0.25	0.04	0.43	0.32	0.1	0.38	0.54	0.53	0.36	0.23	0.41	-0.023	-0.044
19	XW	XW-19	F4	3176	2.87	1.53	0.51	0.11	0.21	0.92	0.16	0.02	0.18	0.24	0.05	0.38	0.41	0.33	0.23	0.19	0.58	0.175	-0.023
20	XW	XW-20	F4	3182	1.93	0.97	0.56	0.1	0.23	0.87	0.26	0.02	0.3	0.21	0.04	0.37	0.32	0.32	0.2	0.2	0.61	0.207	-0.081
21	XW	XW-21	F4	3189	2.83	1.11	0.31	0.12	0.15	0.68	0.2	0.03	0.27	0.23	0.06	0.36	0.61	0.37	0.31	0.19	0.5	0.083	-0.033
22	XW	XW-22	F4	3190	3.65	2.09	0.42	0.18	0.15	0.67	0.32	0.01	0.38	0.3	0.09	0.39	0.77	0.46	0.34	0.21	0.45	0.087	0.011

（烃源岩）

续表

计算编号	层位	实验室编号	井位	深度/m	R1#	R2	R3	R4#	R5#	R6#	R7#	R8#	R9	R10	R11#	R12	R13#	R14#	R15	R16	R17	MDS-1	MDS-2
23		XW-23	F4	3192	3.06	0.87	0.25	0.22	0.09	0.82	0	0.03	0.18	0.25	0.04	0.41	0.68	0.33	0.34	0.16	0.5	0.11	0.139
24		XW-24	F4	3198	2.84	0.97	0.29	0.11	0.08	0.75	0.18	0.03	0.12	0.25	0.05	0.39	0.7	0.34	0.34	0.17	0.49	0.108	-0.042
25		XW-25*	F4	3205	3.49	2.48	0.48	0.33	0.1	0.59	0.37	0.01	0.49	0.41	0.24	0.53	1.51	0.81	0.46	0.24	0.3	-0.162	0.1
26		XW-26	F4	3205	2	1.04	0.49	0.08	3.51	0.68	0.23	0.03	0.25	0.2	0.08	0.38	0.55	0.38	0.29	0.2	0.52	0.233	-0.035
27		XW-27*	F4	3217	1.56	0.28	0.18	0.55	0.24	0.5	0.28	0.03	0.51	0.52	0.16	0.52	0.47	0.38	0.26	0.2	0.54	-0.073	0.004
28		XW-28*	F4	3221	1.91	0.92	0.33	0.42	0.1	0.51	0.43	0.07	0.55	0.44	0.26	0.55	1.37	0.98	0.41	0.29	0.3	-0.233	0.004
29	烃源岩	XW-29*	F4	3226	1.76	0.38	0.2	0.52	0.23	0.5	0.26	0.06	0.55	0.51	0.17	0.48	0.55	0.38	0.29	0.2	0.52	-0.107	-0.003
30		XW-30*	F4	3229	1.8	1.03	0.38	0.43	0.09	0.51	0.46	0.08	0.56	0.42	0.28	0.56	1.47	0.98	0.43	0.28	0.29	-0.25	0.007
31		XW-31*	F4	3235	1.47	0.27	0.18	0.52	0.23	0.49	0.28	0.04	0.51	0.51	0.15	0.48	0.48	0.38	0.26	0.2	0.54	-0.083	-0.005
32		XW-32*	F6	2760	0.62	0.5	0.78	0.38	0.06	0.55	0.43	0.04	0.52	0.44	0.99	0.48	1.05	0.86	0.36	0.3	0.34	-0.278	-0.13
33		XW-33	F6	2860	1.71	1.68	0.43	0.16	0.05	0.77	0.21	0.02	0.42	0.26	0.07	0.37	0.6	0.51	0.28	0.24	0.47	0.052	-0.131
34		XW-34	F10	3208	2.49	0.74	0.09	0.22	0.19	0.67	0.33	0.02	0.3	0.32	0.17	0.36	0.31	0.31	0.19	0.19	0.61	0.094	0.033
35		XW-35*	F10	3216	3.71	0.88	0.15	0.27	0.06	0.82	0.29	0.08	0.44	0.41	0.04	0.52	0.81	0.5	0.35	0.22	0.43	-0.058	0.05
36		XW-36*	F10	3217	4.41	0.84	0.14	0.29	0.06	0.71	0.32	0.04	0.37	0.47	0.05	0.59	0.62	0.42	0.31	0.2	0.49	0.009	0.043
37		XW-37*	F10	3225	2.07	0.74	0.27	0.38	0.07	0.55	0.28	0.07	0.5	0.44	0.18	0.49	1.19	0.78	0.4	0.26	0.34	-0.186	-0.022
38		XW-38*	F10	3233	2.15	1.05	0.28	0.41	0.08	0.57	0.29	0.09	0.52	0.43	0.19	0.45	1.02	0.69	0.38	0.26	0.37	-0.184	-0.007
39		XW-39	F11	4294	2.81	1.45	0.38	0.19	0.07	0.9	0.23	0.04	0.43	0.29	0.05	0.44	0.72	0.38	0.34	0.18	0.48	0.042	-0.029
40		XW-40	F11	4295	2.65	1.37	0.42	0.22	0.06	0.79	0.15	0.04	0.25	0.28	0.06	0.45	0.8	0.44	0.36	0.2	0.45	0.01	-0.031
41		XW-41	F11	4296	2.9	1.57	0.39	0.2	0.05	0.81	0.16	0.07	0.24	0.29	0.06	0.45	0.87	0.44	0.38	0.19	0.43	-0.015	-0.003
42		XW-42	F11	4296	0.79	0.98	1.16	0.28	0.07	0.64	0.4	0.01	0.51	0.33	0.15	0.3	0.69	0.49	0.32	0.23	0.46	-0.055	-0.191
43		XW-43	F11	4296	2.91	1.62	0.41	0.21	0.06	0.79	0.17	0.05	0.24	0.28	0.06	0.43	0.84	0.36	0.38	0.16	0.45	0.024	-0.009
44		XW-44	F11	4297	2.69	1.77	0.47	0.21	0.06	0.84	0.16	0.04	0.23	0.29	0.06	0.45	0.84	0.42	0.37	0.19	0.44	0.016	-0.022

续表

计算编号	层位	实验室编号		井位	深度/m	R1#	R2	R3	R4#	R5#	R6#	R7#	R8#	R9	R10	R11#	R12	R13#	R14#	R15	R16	R17	MDS-1	MDS-2
45		XW	XW-45	F11	4298	3.14	1.84	0.41	0.18	0.05	0.84	0.16	0.04	0.24	0.29	0.06	0.46	0.86	0.41	0.38	0.18	0.44	0.039	0.001
46		XW	XW-46	F11	4299	0.64	1.55	4.19	0.16	0.06	0.83	0.19	0.03	0.23	0.28	0.06	0.44	0.73	0.34	0.35	0.17	0.48	0.019	-0.182
47		XW	XW-47	F11	4299	3.14	2.11	0.5	0.17	0.07	0.89	0.3	0.04	0.23	0.28	0.07	0.46	0.78	0.41	0.36	0.19	0.46	0.046	-0.006
48		XW	XW-48	F11	4300	2.71	2.12	0.54	0.19	0.08	0.84	0.14	0.04	0.28	0.3	0.07	0.46	0.77	0.38	0.36	0.18	0.46	0.052	-0.026
49		XW	XW-49	F11	4301	2.79	1.96	0.48	0.2	0.08	0.81	0.16	0.04	0.24	0.28	0.06	0.45	0.76	0.4	0.35	0.18	0.46	0.026	-0.026
50		XW	XW-50	F11	4301	2.74	1.92	0.51	0.24	0.07	0.78	0.17	0.05	0.23	0.28	0.07	0.43	0.79	0.38	0.36	0.17	0.46	0.002	-0.024
51		XW	XW-51	F11	4301	1.23	1.03	0.61	0.35	0.13	0.65	0.3	0.02	0.48	0.36	0.12	0.4	0.71	0.46	0.33	0.21	0.46	-0.034	-0.108
52		XW	XW-52	F11	4531	6	2.76	0.27	0.4	0.23	0.56	0.25	0.05	0.34	0.41	0.09	0.45	0.58	0.34	0.3	0.18	0.52	-0.013	0.094
53		XW	XW-53	F12	1815	4.06	0.87	0.17	0.08	0.02	1.34	0.35	0.01	0.43	0.21	0.02	0.46	0.94	0.49	0.39	0.2	0.41	0.23	0.063
54	烃源岩	XW	XW-54*	F12	1828	5.4	0.83	0.11	0.22	0.12	0.57	0.35	0.02	0.51	0.43	0.1	0.46	0.27	0.29	0.17	0.18	0.64	0.109	0.098
55		XW	XW-55	F12	1882	1.2	1.5	1.14	0.1	0.04	0.44	0.32	0.02	0.25	0.25	0.1	0.29	0.5	0.36	0.27	0.19	0.54	0.068	-0.205
56		XW	XW-56	F12	1956	1.39	1.28	1.01	0.16	0.04	0.46	0.3	0.01	0.31	0.28	0.12	0.3	0.63	0.41	0.31	0.2	0.49	0.031	-0.21
57		XW	XW-57	F13	3160	1.31	0.92	0.72	0.14	0.03	0.59	0.16	0.01	0.32	0.23	0.1	0.3	0.71	0.41	0.33	0.19	0.47	0.059	-0.227
58		XW	XW-58	F13	3210	1.71	0.95	0.43	0.14	0.04	0.63	0.22	0.01	0.25	0.19	0.08	0.34	0.55	0.32	0.29	0.17	0.54	0.14	-0.157
59		XW	XW-59	F13	3241	1.21	0.91	0.55	0.16	0.04	0.69	0.24	0.01	0.28	0.22	0.09	0.38	0.63	0.34	0.32	0.17	0.51	0.101	-0.193
60		XW	XW-60	F13	3340	2.21	1.18	0.51	0.16	0.05	0.72	0.19	0.01	0.26	0.22	0.07	0.4	0.56	0.33	0.29	0.18	0.53	0.152	-0.11
61		XW	XW-61	F13	3386	1.74	1.69	0.56	0.11	0.06	0.81	0.21	0.02	0.27	0.2	0.08	0.41	0.49	0.3	0.27	0.17	0.56	0.137	-0.13
62		XW	XW-62	F13	3410	2.15	1.45	0.57	0.12	0.04	0.71	0.23	0.01	0.25	0.22	0.08	0.37	0.52	0.32	0.28	0.17	0.54	0.145	-0.115
63		XW	XW-63	F13	3510	1.59	0.89	0.53	0.19	0.06	0.77	0.23	0.01	0.28	0.25	0.08	0.42	0.54	0.32	0.29	0.17	0.54	0.101	-0.127
64		XW	XW-64	F13	3630	1.37	0.64	0.5	0.18	0.06	0.83	0.24	0.01	0.26	0.23	0.07	0.46	0.44	0.29	0.26	0.17	0.58	0.162	-0.162
65		XW	XW-65	F13	3796	0.82	1.15	0.45	0.22	0.09	0.88	0.24	0.02	0.34	0.31	0.08	0.48	0.59	0.34	0.31	0.17	0.52	0.055	-0.172
66		XW	XW-66*	F13	3831	1.54	1.12	0.36	0.57	0.22	0.47	0.29	0.03	0.39	0.51	0.14	0.51	0.67	0.53	0.3	0.24	0.46	-0.108	-0.027

续表

计算编号	层位		实验室编号	井位	深度/m	R1#	R2	R3	R4#	R5#	R6#	R7#	R8#	R9	R10	R11#	R12	R13#	R14#	R15	R16	R17	MDS 结果	
																							MDS-1	MDS-2
67	烃源岩	XW	XW-67*	F15	1839	3.06	0.61	0.15	0.19	0.11	0	0.31	0.03	0.38	0.44	0.15	0.4	0.27	0.29	0.17	0.19	0.64	0.037	0.206
68		XW	XW-68	F15	1854	1.22	1.5	0.96	0.11	0.05	0.51	0.27	0.02	0.17	0.17	0.11	0.23	0.57	0.41	0.29	0.21	0.5	0.028	-0.16
69		XW	XW-69	F15	1926	0.35	0.75	0.54	0.12	0.06	0.78	0.23	0.02	0.2	0.18	0.07	0.24	0.47	0.34	0.26	0.19	0.55	0.106	-0.234
70		XW	XW-70	F15	2020	1.5	1.18	0.4	0.14	0.08	0.5	0.25	0.02	0.22	0.21	0.09	0.24	0.35	0.38	0.2	0.22	0.58	0.066	-0.12
71		XW	XW-71	F15	2064	1.61	1.29	0.8	0.14	0.07	0.38	0.27	0.03	0.17	0.23	0.1	0.23	0.38	0.39	0.22	0.22	0.57	0.034	-0.116
72		XW	XW-72	F15	2096	1.35	1.47	0.73	0.22	0.09	0.86	0.2	0.03	0.34	0.31	0.08	0.47	0.61	0.34	0.31	0.17	0.51	0.036	-0.099
73		XW	XW-73	F15	2143	3.45	1.11	0.25	0.17	0.22	0	0.28	0.02	0.21	0.28	0.28	0.37	0.45	0.32	0.25	0.18	0.56	0.077	0.203
74		XW	XW-74	F15	2190	2.67	0.53	0.12	0.15	0.07	0.61	0.19	0.02	0.25	0.25	0.1	0.27	0.38	0.34	0.22	0.2	0.58	0.122	-0.051
75		XW	XW-75	F15	2273	2.28	1.15	0.37	0.1	0.08	0.53	0.24	0.02	0.16	0.19	0.1	0.26	0.42	0.36	0.23	0.2	0.56	0.118	-0.087
76		XW	XW-76	F15	2460	3.97	1.86	0.28	0.12	0.1	0.89	0.29	0.04	0.31	0.2	0.12	0.39	0.27	0.29	0.17	0.19	0.64	0.108	0.071
77		XW	XW-77	F15	2505	4.06	1.31	0.24	0.14	0.09	0.88	0.31	0.01	0.36	0.23	0.12	0.38	0.22	0.33	0.14	0.21	0.64	0.171	0.038
78		XW	XW-78	F15	2677	3.65	2.03	0.27	0.06	0.12	1.33	0.19	0.04	0.24	0.27	0.07	0.43	0.09	0.23	0.07	0.17	0.76	0.2	0.155
79		XW	XW-79	F15	2712	3.12	2.34	0.31	0.04	0.1	1.25	0.22	0.04	0.26	0.3	0.08	0.44	0.11	0.21	0.09	0.16	0.76	0.225	0.13
80		XW	XW-80	F16	2578	1.72	0.4	0.14	0.19	0.04	0.71	0.71	0.02	0.37	0.26	0.09	0.34	0.48	0.33	0.26	0.18	0.55	0.098	-0.153
81		XW	XW-81	F17	2444	1.16	1.24	0.62	0.18	0.04	0.74	0.27	0.02	0.19	0.25	0.07	0.41	0.71	0.29	0.35	0.15	0.5	0.07	-0.158
82		XW	XW-82	F17	2560	1.78	1.21	0.44	0.21	0.04	0.68	0.28	0.02	0.14	0.29	0.07	0.36	0.6	0.32	0.31	0.16	0.52	0.067	-0.099
83		XW	XW-83	F18	2324	0.73	1.39	0.85	0.11	0.06	0.39	0.28	0.01	0.2	0.3	0.14	0.24	0.54	0.33	0.29	0.17	0.53	0.054	-0.272
84		XW	XW-84	F18	2402	0.47	2	0.83	0.06	0.03	0.74	0.21	0.02	0.13	0.21	0.09	0.27	0.71	0.3	0.35	0.15	0.5	0.111	-0.269
85		XW	XW-85	F18	2421	1.09	1.46	0.63	0.06	0.02	0.76	0.2	0.01	0.12	0.19	0.08	0.31	0.7	0.31	0.35	0.15	0.5	0.153	-0.221
86		XW	XW-86	F18	3210	0.89	0.5	0.52	0.4	0.08	0.53	0.34	0.05	0.3	0.19	0.26	0.11	0.32	0.35	0.19	0.21	0.6	-0.148	-0.065
87		XW	XW-87	F21	3430	1.21	1.22	1	0.26	0.15	0.66	0.26	0.05	0.34	0.21	0.25	0.22	0.34	0.38	0.2	0.22	0.58	-0.058	-0.065
88		XW	XW-88	F21	3510	1.37	1.22	0.86	0.16	0.11	0.66	0.21	0.03	0.22	0.16	0.27	0.2	0.29	0.26	0.18	0.17	0.65	0.172	-0.071

续表

计算编号	层位		实验室编号	井位	深度/m	R1#	R2	R3	R4#	R5#	R6#	R7#	R8#	R9	R10	R11#	R12	R13#	R14#	R15	R16	R17	MDS 结果	
																							MDS-1	MDS-2
89	烃源岩	XW	XW-89	F21	3740	1. 26	0. 94	0. 9	0. 38	0. 04	0. 63	0. 17	0. 05	0. 32	0. 24	0. 04	0. 36	0. 73	0. 39	0. 34	0. 18	0. 47	-0. 065	-0. 109
90		XW	XW-90	F21	3786	1. 43	1. 32	2. 06	0. 37	0. 06	0. 63	0. 21	0. 06	0. 27	0. 23	0. 08	0. 31	0. 73	0. 51	0. 33	0. 23	0. 45	-0. 092	-0. 09
91		XW	XW-91	F21	3816	1. 11	0. 36	0. 38	0. 33	0. 06	0. 61	0. 19	0. 07	0. 26	0. 19	0. 06	0. 33	0. 69	0. 42	0. 33	0. 2	0. 47	-0. 092	-0. 121
92		XW	XW-92	F21	3850	1. 2	0. 46	0. 47	0. 36	0. 05	0. 62	0. 2	0. 06	0. 27	0. 24	0. 07	0. 34	0. 82	0. 53	0. 35	0. 23	0. 43	-0. 104	-0. 103
93		XW	XW-93	F21	3925	0. 71	0. 21	0. 22	0. 35	0. 06	0. 8	0. 19	0. 06	0. 28	0. 24	0. 06	0. 37	0. 65	0. 45	0. 31	0. 21	0. 48	-0. 092	-0. 143
94		XW	XW-94	F21	3972	0. 83	0. 32	0. 34	0. 39	0. 05	0. 72	0. 23	0. 05	0. 3	0. 25	0. 06	0. 36	0. 62	0. 46	0. 3	0. 22	0. 48	-0. 08	-0. 125
95		XW	XW-95	F21	4022	1. 03	0. 34	0. 28	0. 31	0. 06	0. 7	0. 22	0. 05	0. 28	0. 22	0. 05	0. 36	0. 66	0. 39	0. 32	0. 19	0. 49	-0. 048	-0. 115
96		XW	XW-96	F21	4126	0. 91	0. 37	0. 36	0. 5	0. 06	0. 7	0. 25	0. 07	0. 38	0. 35	0. 09	0. 4	0. 73	0. 54	0. 32	0. 24	0. 44	-0. 142	-0. 104
97		XW	XW-97	F21	4158	1	0. 68	0. 85	0. 55	0. 06	0. 65	0. 28	0. 08	0. 41	0. 37	0. 09	0. 38	0. 65	0. 61	0. 29	0. 27	0. 44	-0. 166	-0. 105
98		XW	XW-98	F22	3086	1. 58	0. 87	0. 44	0. 1	0. 14	0. 76	0. 11	0. 04	0. 23	0. 23	0. 08	0. 19	0. 61	0. 5	0. 29	0. 24	0. 47	0	-0. 139
99		XW	XW-99	FD7	1466	5. 29	4. 22	0. 36	0. 15	0. 07	0. 87	0. 31	0. 01	0. 35	0. 31	0. 14	0. 43	0. 61	0. 38	0. 3	0. 19	0. 5	0. 15	0. 028
100		XW	XW-100	FD7	1472	4. 73	2. 51	0. 28	0. 04	0. 03	1. 3	0. 25	0. 04	0. 21	0. 21	0. 06	0. 43	0. 22	0. 19	0. 15	0. 13	0. 71	0. 198	0. 184
101		XW	XW-101	FX14	3442	5	3. 27	0. 33	0. 12	0. 1	0. 67	0. 29	0. 01	0. 5	0. 64	0. 06	0. 6	0. 21	0. 23	0. 15	0. 16	0. 69	0. 278	0. 048
102		XW	XW-102 *	FX14	3442	3. 19	0. 87	0. 16	0. 27	0. 11	0. 6	0. 42	0. 03	0. 36	0. 65	0. 07	0. 66	0. 58	0. 37	0. 3	0. 19	0. 51	0. 027	0. 027
103		XW	XW-103 *	F402	3286	2. 13	0. 4	0. 09	0. 51	0. 13	0. 5	0. 22	0. 05	0. 53	0. 44	0. 19	0. 46	0. 97	0. 51	0. 39	0. 21	0. 4	-0. 132	-0. 012
104		ML	ML-1	FC2	3036	0. 68	0. 36	0. 35	0. 3	0. 15	0. 4	0. 71	0. 01	0. 24	0. 18	0. 49	0. 16	0. 79	0. 68	0. 32	0. 28	0. 4	-0. 218	-0. 24
105		ML	ML-2 *	F4	3273	3. 24	1. 72	0. 38	0. 17	0. 14	0. 7	0. 32	0. 08	0. 45	0. 3	0. 11	0. 39	0. 82	0. 53	0. 35	0. 22	0. 43	-0. 051	0. 014
106		ML	ML-3 *	F4	3295	2. 88	1. 23	0. 32	0. 15	0. 15	0. 73	0. 26	0. 01	0. 47	0. 32	0. 09	0. 42	0. 84	0. 4	0. 37	0. 18	0. 45	0. 114	-0. 029
107		ML	ML-4	F402	3349	0. 88	0. 13	0. 11	0. 42	0. 15	0. 51	0. 46	0. 04	0. 41	0. 32	0. 19	0. 21	2. 08	0. 75	0. 54	0. 2	0. 26	-0. 241	-0. 065
108		ML	ML-5 *	F402	3367	0. 41	0. 35	0. 09	0. 51	0. 13	0. 5	0. 41	0. 07	0. 53	0. 44	0. 19	0. 45	0. 96	0. 51	0. 39	0. 21	0. 4	-0. 216	-0. 081
109		ML	ML-6 *	F601	2788	1. 8	0. 44	0. 19	0. 63	0. 18	0. 39	0. 65	0. 04	0. 61	0. 53	0. 13	0. 51	0. 44	0. 33	0. 25	0. 19	0. 57	-0. 114	0. 094
110		ML	ML-7 *	F16	3211	1. 31	0. 28	0. 23	0. 59	0. 13	0. 53	0. 26	0. 02	0. 43	0. 44	0. 12	0. 47	0. 78	0. 48	0. 34	0. 21	0. 44	-0. 09	-0. 076

续表

计算编号	层位	实验室编号	井位	深度/m	R1#	R2	R3	R4#	R5#	R6#	R7#	R8#	R9	R10	R11#	R12	R13#	R14#	R15	R16	R17	MDS-1	MDS-2
111	烃源岩 ML	ML-8*	F16	3227	1.67	0.45	0.13	0.5	0.09	0.54	0.43	0.03	0.44	0.31	0.12	0.39	0.91	0.43	0.39	0.18	0.43	-0.095	-0.04
112	ML	ML-9	F10	3460	3.79	0.24	0.06	0.8	0.29	0.58	0.33	0.04	0.32	0.22	0.13	0.25	0.85	0.52	0.36	0.22	0.42	-0.107	0.079
113	ML	ML-10*	F17	3068	0.42	1.02	0.45	0.26	0.05	0.64	0.32	0.04	0.45	0.33	0.12	0.36	0.87	0.52	0.36	0.22	0.42	-0.119	-0.151
114	ML	ML-354	F6	3012	2.17	0.44	0.17	0.5	0.2	0.48	0.32	0.05	0.61	0.5	0.14	0.44	0.48	0.49	0.24	0.25	0.51	-0.103	0.014
115	ML	ML-427	F16	3211	2.67	0.3	0.12	0.59	0.13	0.51	0.28	0.07	0.49	0.5	0.16	0.53	0.65	0.45	0.31	0.22	0.47	-0.124	0.017
116	ML	ML-176	F12	1975	5.39	0.67	0.11	0.35	0.11	0.55	0.44	0.04	0.53	0.5	0.17	0.46	0.37	0.35	0.21	0.21	0.58	-0.021	0.111
117	ML	ML-198	F12	1975	3.87	0.59	0.17	0.32	0.13	0.65	0.26	0.04	0.56	0.55	0.2	0.46	0.34	0.37	0.2	0.22	0.59	0.003	0.068
118	ML	ML-389	F12	1975	4.16	0.64	0.15	0.24	0.14	0.59	0.27	0.03	0.46	0.53	0.12	0.4	0.24	0.26	0.16	0.17	0.67	0.069	0.1
119	原油 XW	XW-916	F4	3214	2.5	0.37	0.15	0.55	0.23	0.51	0.26	0.03	0.51	0.51	0.16	0.5	0.51	0.37	0.27	0.19	0.53	-0.051	0.034
120	XW	XW-917	F4	3220	2.23	0.37	0.16	0.52	0.2	0.48	0.26	0.03	0.54	0.68	0.18	0.53	0.68	0.54	0.49	0.2	0.3	-0.167	0.038
121	XW	XW-1175	F6	2995	4.06	0.47	0.11	0.49	0.19	0.43	0.4	0.03	0.56	0.49	0.16	0.41	0.58	0.43	0.29	0.21	0.5	-0.062	0.077
122	XW	XW-157	F6	2995	2.06	0.34	0.16	0.79	0.18	0.47	0.32	0.04	0.52	0.53	0.13	0.46	0.55	0.41	0.28	0.21	0.51	-0.096	0.045
123	XW	XW-211	F402	3276	2.52	0.42	0.18	0.59	0.31	1.97	0.36	0.04	0.49	0.5	0.22	0.5	0.42	0.36	0.24	0.2	0.56	-0.072	0.128
124	XW	XW-212	F403	3328	1.44	0.18	0.13	0.48	0.11	0.63	0.43	0.06	0.57	0.49	0.21	0.46	0.62	0.45	0.3	0.22	0.48	-0.134	-0.043
125	XW	XW-390	F602	3129	2.27	0.37	0.16	0.38	0.23	0.54	0.3	0.04	0.38	0.45	0.1	0.33	0.19	0.4	0.12	0.25	0.63	-0.035	0.065

注：XW-新安村+乌云组，ML-穆林组；*标记的样品指的是在常规对比中随机挑选使用的样品；#标记的参数代表使用了的参数；标记的参数代表的是 MDS 计算使用的样品；$R1 = Pr/Ph$；$R2 = Pr/n\text{-}C_{17}$；$R3 = Ph/n\text{-}C_{18}$；$R4 = Ts/(Tm+Ts)$；$R5 = Ol/C_{30}$；$R6 = H29/H30$；$R7 = C_{35}/C_{34}$；$R8 = Ga/C_{31}R$；$R9 = C_{29}\beta\beta/(\alpha\alpha+\beta\beta)$；$R10 = St/H$；$R11 = C_{32}22S/(22S+22R)$；$R12 = C_{29}20S/(20R+20S)$；$R13 = C_{27}/C_{29}$；$R14 = C_{28}/C_{29}$；$R15 = \%C_{27}$；$R16 = \%C_{28}$；$R17 = \%C_{29}$。$Pr =$ 姥鲛烷；$Ph =$ 植烷；$Ts = 18\alpha(H)\text{-}22, 29, 30$-三降藿烷；$Tm = 17\alpha(H), 21\beta(H)\text{-}22, 29, 30$-三降藿烷；$H29 = 17\alpha(H), 21\beta(H)$-藿烷；$H30 = 17\alpha(H), 21\beta(H)\text{-}30$-降藿烷；$C_{31}R = 22R\text{-}17\alpha(H), 21\beta(H)\text{-}30$-升藿烷；$C_{32} = 17\alpha(H), 21\beta(H)\text{-}30, 31$-二升藿烷；$C_{34} = 17\alpha(H), 21\beta(H)\text{-}30, 31, 32, 33$-四升藿烷；$C_{29}\beta\beta = C_{29}\beta\beta$ 规则甾烷；$C_{29} = C_{29}5\alpha(H), 14\alpha(H), 17\alpha(H)$-胆甾烷；$14\beta(H), 17\beta(H)$-胆甾烷；$St/H =$ 甾烷总和/藿烷总和；C_{27}、C_{28} 和 C_{29} 规则甾烷 C_{27}、C_{28} 和 C_{29} 规则甾烷的总和；$R13 = C_{27}$ 规则甾烷/C_{29} 规则甾烷；$R14 = C_{28}$ 规则甾烷/C_{29} 规则甾烷 C_{27}、C_{28} 和 C_{29} 规则甾烷；$R15 = C_{27}$ 规则甾烷/C_{27}、C_{28} 和 C_{29} 规则甾烷的总和；$R16 = C_{28}$ 规则甾烷/C_{27}、C_{28} 和 C_{29} 规则甾烷的总和；$R17 = C_{29}$ 规则甾烷/C_{27}、C_{28} 和 C_{29} 规则甾烷的总和。

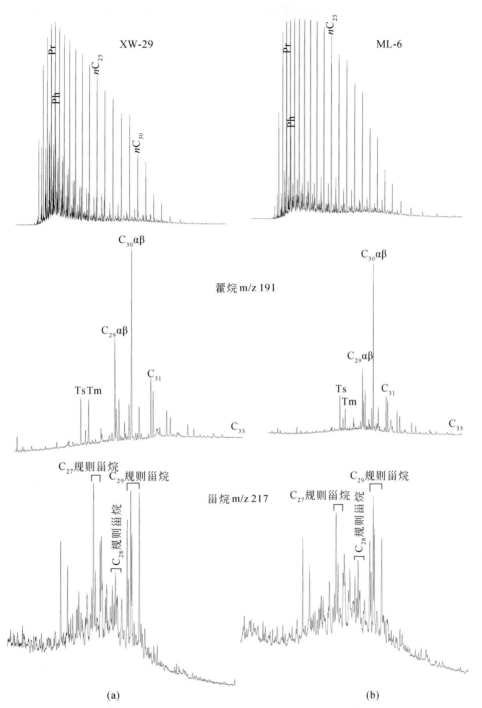

图 5-6　方正断陷烃源岩总离子流色谱图（TIC）、甾烷（m/z 217）和藿烷（m/z 191）分布特征

（a）新安村+乌云组；（b）穆林组

　　本章主要通过生物标志化合物参数来评价烃源岩样品的热成熟度。另外，前人的研究表明，新安村+乌云组和穆林组的生烃门限深度分别为 2000m 和 1716m（何星等，2011；张晓畅，2012）。从讨论的 25 个烃源岩的深度来看（表 5-3），它们均已成熟。新安村+乌云组烃源岩中的 C_{32}22S/(22S+22R) 分布在 0.55~0.61 之间，穆林组烃源岩中 C_{32}22S/(22S+22R) 分布在 0.54~0.58 之间，表明新安村+乌云组和穆林组烃源岩均已进入生油窗（Seifert and Moldowan，1980）。新安村+乌云组烃源岩中的 C_{29}20S/(20R+20S) 和 C_{29}ββ/(αα+ββ) 分别介于 0.38~0.66 和 0.35~0.65，穆林组烃源岩中的 C_{29}20S/(20R+20S) 和 C_{29}ββ/(αα+ββ) 分别介于 0.36~0.51 和 0.30~0.61，同样表明了这些样品已经成熟（Peters et al.，2005）。

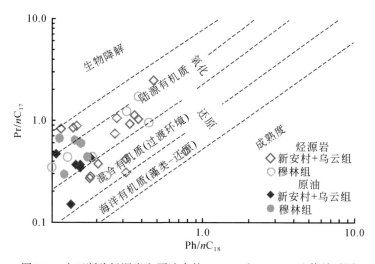

图 5-7　方正断陷烃源岩和原油中的 Pr/nC$_{17}$和 Ph/nC$_{18}$比值关系图

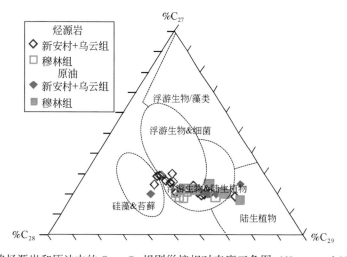

图 5-8　方正断陷烃源岩和原油中的 C_{27}~C_{29}规则甾烷相对丰度三角图（Huang and Meinschein，1979）

5.5　原油的地球化学特征

图 5-9 所示的是方正断陷代表性原油饱和烃馏分的气相色谱图，相关的地球化学参数见表5-3。方正断陷原油中含有完整的正构烷烃系列和类戊二烯烷烃，表明原油未遭受生物降解作用的影响，正构烷烃系列呈单峰型分布，主峰碳大多数介于 $nC_{17} \sim nC_{19}$。此外，原油中较低的 Pr/nC_{17} 和 Ph/nC_{18} 值也表明它们没有遭受生物降解作用。如前所述，Pr/Ph 值是一个有效的指示氧化还原环境的指标。方正断陷原油中的 Pr/Ph 值介于 $1.4 \sim 5.3$，反映氧化环境下以陆源有机质输入为主的特征。

C_{27}、C_{28} 和 C_{29} 规则甾烷相对丰度三角图可用来鉴别不同来源有机质的输入、氧化还原环境以及油-油和油-源对比。与 C_{27}（$12\% \sim 31\%$）和 C_{28}（$17\% \sim 25\%$）规则甾烷相比，方正断陷原油中存在明显的 C_{29} 规则甾烷（$47\% \sim 63\%$）优势，这可能说明原油母质以陆源有机质输入为主的特征。低甾烷/藿烷比值（$0.1 \sim 0.22$）也支持了以陆源有机质输入或微生物改造有机质为主的特征。

方正断陷原油饱和烃馏分中的藿烷（m/z 191）分布特征与烃源岩类似，即均以高丰度的 $C_{30\alpha\beta}$ 藿烷为特征（图 5-9）。原油中的 C_{35}/C_{34} 值介于 $0.27 \sim 0.43$，表明氧化的沉积环境，这与 Pr/Ph 值是一致的。如前所述，高伽马蜡烷指数通常与高盐度和还原环境有关。方正断陷原油中的伽马蜡烷指数介于 $0.03 \sim 0.07$，这与烃源岩的淡水至微咸水的沉积环境是一致的。根据生物标志化合物（包括正构烷烃和类异戊二烯烷烃、萜烷和甾烷类化合物）的分析可知，研究的方正断陷原油具有高 Pr/Ph 值、高丰度的 C_{29} 规则甾烷和低甾烷/藿烷值的特征，这反映了原油母质沉积于氧化条件下以陆源有机质输入为主的特征。

生物标志化合物参数 $C_{32}22S/(22S+22R)$ 藿烷对于指示未成熟到生油早期阶段的烃源岩或原油具有很强的专属性（Peters et al.，2005），方正断陷原油中的 $C_{32}22S/(22S+22R)$ 值介于 $0.51 \sim 0.62$，表明原油样品已经达到平衡（Seifert and Moldowan，1980），$C_{29}20S/(20R+20S)$ 和 $C_{29}\beta\beta/(\alpha\alpha+\beta\beta)$ 分别介于 $0.33 \sim 0.50$ 和 $0.45 \sim 0.68$，反映了原油处于早期成熟到生油窗高峰期阶段（Peters et al.，2005）。

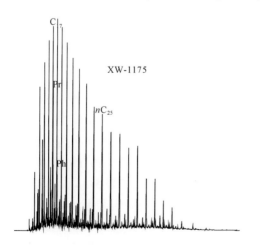
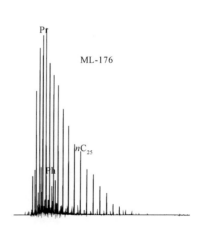

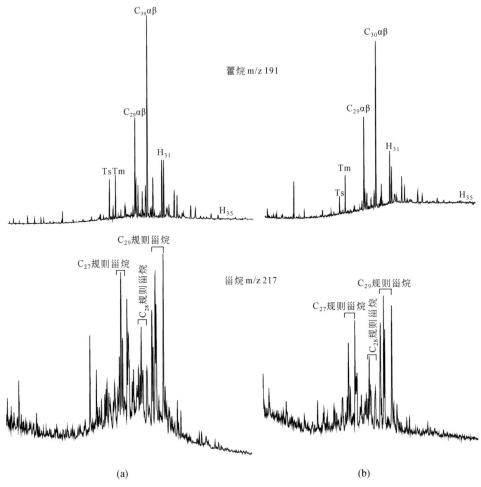

图 5-9　方正断陷烃源岩的 TIC、甾烷（m/z 217）和藿烷（m/z 191）分布特征
(a) 新安村+乌云组；(b) 穆林组

5.6　基于化学计量学的油–油和油–源对比

PCA 是常用的鉴别大批量烃源岩和原油之间亲缘关系的有效工具，并且常常把烃源岩和原油中与生源或年龄相关的生物标志化合物参数作为化学计量学的油–源对比的参数（Peters et al.，2007，2013）。由于方正断陷烃源岩和原油中的五环三萜烷丰度较高，而三环萜烷丰度极低（图 5-6，图 5-9），本节选取了以五环三萜烷为主的 9 个与生源或年龄相关生物标志化合物比值作为 PCA 和 MDS 对比的参数，它们分别是 Pr/Ph、Ts/（Ts+Tm）、Ol/C_{30}、H29/H30、C_{35}/C_{34}、Ga/C_{31} R、S/H、C_{27}/C_{29} 和 C_{28}/C_{29}（表 5-3）。

在开展 PCA 计算前，我们使用 Pirouette 4.5 商业软件对烃源岩和原油中的生物标志化合物比值数据作最小值–最大值预处理。PCA 的结果表明，研究区的原油样品可以分为 A 和 B 两组（图 5-10）。A 组原油（116～118）与新安村+乌云组烃源岩相关性较好，而 B

组原油（114，115，119~125）与新安村+乌云组和穆林组两套烃源岩均有较好的对应关系（图5-10），但是两组原油整体上还是以新安村+乌云组烃源岩为主。

111

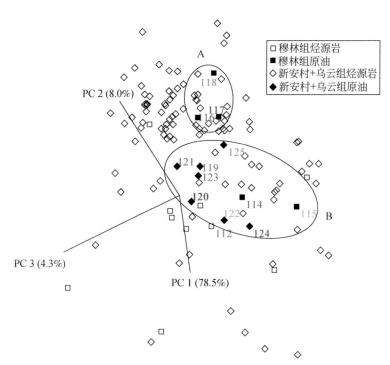

图5-10　方正断陷三维主成分分析的油–油和油–源对比图

　　此外，我们还将实验室自主编写的 MDS 程序用于开展方正断陷的油–油和油–源对比研究。2D-MDS 的 Stress 值在经过 1000 次迭代后的值为 0.0545，表明计算结果的拟合优度为好至极好之间（表5-1）。2D-MDS 的拟合优度（94.5%）要略优于 3D-PCA，因为 3D-PCA 反映的是 90.8%（PC1+PC2+PC3）原始数据集的信息。图 5-11 所示的是基于方正断陷烃源岩和原油的非线性 MDS 双标图（Greenacre and Primicero，2013），其中图 5-11（a）中箭头指示的方向为成熟度变化的方向，而图 5-11（b）中箭头指示的方向代表的是相对氧化的沉积环境。

　　图 5-12 所示的是方正断陷烃源岩和原油中的多个生物标志化合物 MDS 油–油和油–源对比图，新安村+乌云组烃源岩在图中的分布较广，而穆林组烃源岩主要分布在左上方且与新安村+乌云组烃源岩有部分的重合，表明这两套烃源岩具有相似的地球化学特征和沉积环境。在该图中，所有的原油样品均落在成熟烃源岩区域，穆林组（116~118）储层原油中的 Pr/Ph 值相对较高，且与新安村组+乌云组烃源岩相关，沉积条件相对氧化；其他原油表现为与新安村+乌云组和穆林组烃源岩两套烃源岩均有关，这与 PCA 中的 B 组原油一致。

　　由上文可知，PCA 和 MDS 结果均表明方正断陷的原油可分为两组，且原油主要来源于新安村+乌云组的烃源岩，这可能与新安村+乌云组烃源岩厚度大、分布较广有关。

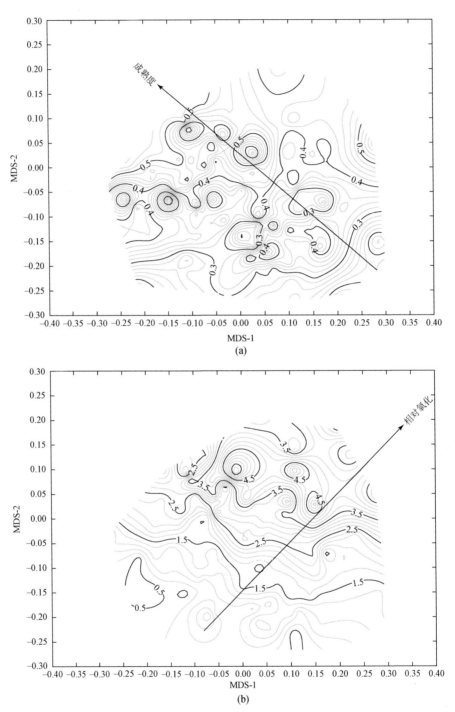

图 5-11　基于方正断陷烃源岩和原油的非线性 MDS 双标图

（a）$C_{29}20S/(20S+20R)$ 值等值线图；（b）Pr/Ph 值等值线图

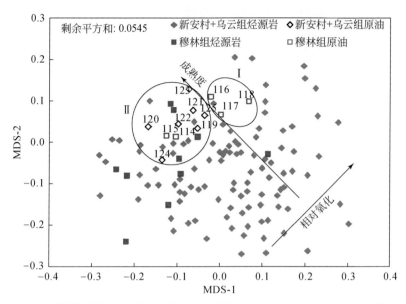

图 5-12　方正断陷烃源岩和原油中的多个生物标志化合物 MDS 油–油和油–源对比图
箭头指示成熟度与相对氧化的方向

参 考 文 献

付广，刘桐沙，史集建，等.2014. 方正断陷源盖空间匹配关系及控藏作用. 岩性油气藏，26（5）：9-14.

何星，李映雁，冯子辉.2011　方正断陷烃源岩评价与油源对比. 内江科技，32（1）：138-139.

何星，杨建国，李映雁.2008. 依–舒地堑方正断陷古近系构造演化与沉积相带展布特征. 中国地质，35：902-910.

胡少华，郭波，林东城，等.2010. 方正断陷方 3 井区三维地震资料构造精细解释及储层预测. 石油地球物理勘探，45（6）：909-913.

李成博，郭巍，于健.2015. 方正断陷大罗密–兴旺地区古近系沉积相研究. 吉林地质，34（3）：18-22.

李秀琴，刘红敏.2011. 方正断陷下第三系——白垩系烃源岩分析. 内蒙古石油化工，37（8）：311-312.

刘群，郭巍，金珍花.2014. 方正断陷方 4 井区宝泉岭组二段沉积相研究. 地质与资源，（6）：567-573.

柳波，陆军，吕延防，等.2015. 方正断陷不同成因天然气地球化学特征及成藏模式. 石油与天然气地质，36（3）：370-377.

任雪松，于秀林.2011. 多元统计分析（第二版）. 北京：中国统计出版社.

邵矍一，杨建国，王洪伟，等.2013. 黑龙江省东部方正断陷内部格局的新认识及沉积–构造演化. 古地理学报，15（3）：339-350.

魏文静.2010. 方正断陷下第三系地化特征及油气运移方向研究. 大庆：大庆石油学院硕士学位论文.

张晓畅.2012. 方正断陷方 15 井烃源岩评价及油源对比. 内蒙古石油化工，（14）：127-128.

Borg I，Groenen P J F. 2005. Modern Multidimensional Scaling：Theory and Applications. New York：Springer.

Chen D，Zhang F，Chen H，et al. 2015. Structural architecture and tectonic evolution of the Fangzheng sedimentary basin（NE China），and implications for the kinematics of the Tan-Lu fault zone. Journal of Asian Earth Sciences，106：34-48.

Didyk B M, Simoneit B R T, Brassell S C, et al. 1978. Organic geochemical indicators of palaeoenvironmental conditions of sedimentation. Nature, 272: 216-222.

Faith D P, Minchin P R, Belbin L. 1987. Compositional dissimilarity as a robust measure of ecological distance. Vegetation, 69: 57-68.

Greenacre M, Primicero R. 2013. Multidimensional scaling biplot, multivariate analysis of ecological data. Spain: BBVA Foundation.

Hollemeyer K, Altmeyer W, Heinzle E, et al. 2012. Matrix-assisted laser desorption/ionization time-of-flight mass spectrometry combined with multidimensional scaling, binary hierarchical cluster tree and selected diagnostic masses improves species identification of Neolithic keratin sequences from furs of the Tyrolean Iceman Oetzi. Rapid Communications in Mass Spectrometry, 26: 1735-1745.

Huang W Y, Meinschein W G. 1979. Sterols as ecological indicators. Geochimica et Cosmochimica Acta, 43: 739-745.

Kruskal J B. 1964. Multidimensional scaling by optimizing goodness of fit to a nonmetric hypothesis. Psychometrika, 29: 1-27.

Lenz E J, Foran D R. 2010. Bacterial profiling of soil using genus-specific markers and multidimensional scaling. Journal of Forensic Sciences, 55: 1437-1442.

Mashhadi Z S, Rabbani A R. 2015. Organic geochemistry of crude oils and cretaceous source rocks in the Iranian sector of the Persian Gulf: an oil-oil and oil-source rock correlation study. International Journal of Coal Geology, 146: 118-144.

Mcgee V E. 1968. Multidimensional scaling of n sets of similarity measures: a nonmetric individual differences approach. Multivariate Behavioral Research, 3: 233-248.

Peters K E, Walters C C, Moldowan J M. 2005. The Biomarker Guide: Biomarkers and Isotopes in Petroleum Exploration and Earth History. Cambridge: Cambridge University Press.

Peters K E, Ramos L S, Zumberge J E, et al. 2007. Circum-Arctic petroleum systems identified using decision-tree chemometrics. American Association of Petroleum Geologists Bulletin, 91: 877-913.

Peters K E, Ramos L S, Zumberge J E, et al. 2008. De-convoluting mixed crude oil in Prudhoe Bay Field, North Slope, Alaska. Organic Geochemistry, 39: 623-645.

Peters K E, Coutrot D, Nouvelle X, et al. 2013. Chemometric differentiation of crude oil families in the San Joaquin Basin, California. American Association of Petroleum Geologists Bulletin, 97: 103-143.

Powell T G, Mckirdy D M. 1973. Relationship between ratio of pristane to phytane, crude oil composition and geological environment in Australia. Nature Physical Science, 243: 37-39.

Revill A T, Carr M R, Rowland S J. 1992. Use of oxidative degradation followed by capillary gas chromatography-mass spectrometry and multi-dimensional scaling analysis to fingerprint unresolved complex mixtures of hydrocarbons. Journal of Chromatography A, 589: 281-286.

Seifert W K, Moldowan J M. 1980. The effect of thermal stress on source-rock quality as measured by hopane stereochemistry. Physics and Chemistry of the Earth, 12: 229-237.

Shepard R N. 1962. The analysis of proximities: Multidimensional scaling with an unknown distance function II. Psychometrika, 27: 219-246.

Shi L M, Fan Y, Lee J K, et al. 2000. Mining and visualizing large anticancer drug discovery databases. Journal of Chemical Information and Computer Sciences, 40: 367-379.

Storti D. 2016. Goodness-of-fit. http://www.unesco.org/%20webworld/%20idams/%20advguide/%20Chapt 8_1_1%EF%BC%8E%20htm/[2021-1-25].

Zhan Z W, Zou Y R, Shi J T, et al. 2016. Unmixing of mixed oil using chemometrics. Organic Geochemistry, 92: 1-15.

Zhou P, Chen C, Ye J, et al. 2015. Combining molecular fingerprints with multidimensional scaling analyses to identify the source of spilled oil from highly similar suspected oils. Marine Pollution Bulletin, 93: 121-129.

第6章　南海涠西南凹陷油−油和油−源对比研究

统计学和数理方法是分析化学中分析数据和模式识别的重要工具（Frank et al., 1981；Ferreira et al., 2018；Kumar et al., 2014）。自20世纪70年代以来，随着微型计算机的发展，一些复杂的数学算法被分析化学家广泛应用。由此诞生了一个新的跨学科领域——化学计量学。化学计量学方法是以多元统计分析方法为基础，它们可以同时处理所测得的多项参数或技术指标作为分析的变量。因此，该类方法仅仅通过几十年的发展就已经在多个学科领域得到了广泛应用（Bevilacqua et al., 2017；Chabukdhara and Nema, 2012；Madsen et al., 2010；Wang et al., 2020）；而其在油气地球化学领域的应用始于20世纪80年代（Øygard et al., 1984；Kvalheim et al., 1985；Peters et al., 1986；Zumberge, 1987；Telnaes and Dahl, 1986）。其中尤以分级聚类分析和主成分分析这两种方法最为常用（Eneogwe and Ekundayo, 2003；Hao et al., 2010；Farrimond et al., 2015；Peters et al., 2016），它们常被用于分析油−油和油−源对比问题（Peters et al., 2005）。

此外，油−油和油−源对比研究中使用的化学计量学方法还包括R-Q型因子分析（Sofer, 1984；Zumberge, 1987；Engel et al., 1988；Chakhmakhchev et al., 1996；Scotchman et al., 1998）、雷达图（Justwan et al., 2006；Mashhadi and Rabbani, 2015）、K-最近邻算法（Peters et al., 2000, 2007, 2008）、多维标度（Wang et al., 2016, 2018a）、判别分析以及 T 分布随机邻域嵌入（Tao et al., 2020）。

涠西南凹陷是北部湾盆地主要的富油凹陷之一，油气资源十分丰富，已探明的油气资源量约为 $11.63 \times 10^8 \mathrm{t}$（徐新德等，2012；严德天等，2019）。数十年以来，前人对该区域油气形成机理做了大量的研究工作，包括烃源岩和储集岩的评价、油源对比、油气运移、油气成藏期次和油气成藏模式，认为该区域的油气藏主要为流沙港组（包括流一段、流二段和流三段）烃源岩多期成藏的产物（胡忠良，2000；Liu et al., 2008；Huang et al., 2017；谢瑞永等，2014；Gao et al., 2019）。对油源的认识、研究是油气成藏研究的基础。不同的烃源岩具有不同的生排烃期和成藏期，传统的研究依照地层层序剖面把涠西南凹陷流沙港组划分为流一段、流二段和流三段，并且认为整个流二段，甚至整个流沙港组均是主力烃源岩（徐建永等，2011；方勇等，2013；杨海长等，2009；刘宏宇等，2013）。然而，傅宁（2018）、傅宁和刘建升（2018）则认为涠西南凹陷流二段底部油页岩才是最主要的烃源岩。类似的有关主力烃源岩的报道，还有研究认为，流一段下部、流三段上部均是研究凹陷内的优质烃源岩层段（徐新德等，2012；金秋月，2020）。虽然原油似乎与流沙港组各层段的烃源岩均存一定的关系，但其具体是来自流沙港组哪一层段烃源岩，目前还不是十分明确。因此，有必要对涠渭西南凹陷原油和烃源岩进行成因类型分类。此外，涠西南凹陷用于油−油和油−源对比研究的地球化学参数还比较混乱，前人的研究中均是基于不同的地球化学指标开展地球化学对比研究（徐新德等，2012；Huang et al., 2017；杨希冰等, 2019；周雯雯, 1993；范蕊等, 2014；Huang et al., 2011）。因此, 需要建立系统性的具有广泛参照意义的生物标志化合物指标体系来划分原油类型和确定烃源岩层段。为了明确烃源岩和原油之间的关系, 我们应用化学计量学方法开展了南海北部湾盆地涠西南凹陷的油–源对比研究, 并以已发表的涠西南凹陷涠洲-12 油田的烃源岩和原油中的生物标志化合物比值参数为例。此外, 我们还通过化学计量学方法筛选出了划分涠西南凹陷烃源岩和原油的特征地球化学参数, 为获得更加全面、精确的油源对比结果提供参考。本研究所采用的方法可能还可以用于其他类似的沉积盆地。

6.1　涠西南凹陷地质背景

北部湾盆地是南海北部大陆架地区四大含油气盆地之一, 面积约 40000km^2（Huang et al., 2011）。它主要包括涠西南、乌石、迈陈、海中、福山、雷东、海头北、昌化和乐民等凹陷。其中的乌石凹陷和涠西南凹陷是经钻井证实的富油气凹陷, 也是北部湾盆地油气勘探的主要凹陷, 具有良好的勘探潜力。历经 30 多年的油气勘探结果显示, 盆地内已发现 10 多个工业油田和少量含油构造, 石油资源量超过 3.0×10^{8}t（Huang et al., 2013）。

涠西南凹陷属于北部湾盆地北部拗陷的一个二级构造单元, 西部为万山隆起, 南部为企西隆起, 受三大断裂带控制 [图 6-1 中 b、c]。根据凹陷基底埋深和沉积盖层厚度, 将涠西南凹陷划分为 A、B、C 三个次凹（郭飞飞等, 2009；Zhou et al., 2019）。其中的涠洲-12 油田靠近 B 次凹。涠西南凹陷沉积地层以新生代沉积为主, 从底到顶依次沉积了古生系长流组、流沙港组、涠洲组, 新近系下洋组、角尾组、灯楼角组、望楼港组、第四系,

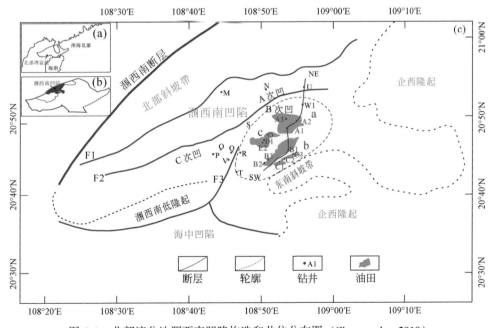

图 6-1　北部湾盆地涠西南凹陷构造和井位分布图（Zhou et al., 2019）

最大沉积厚度可达7000m（金秋月，2020）。流沙港组以湖相、三角洲沉积为主，自上而下可分为流沙港组一段、流沙港组二段和流沙港组三段，即流一段、流二段和流三段（傅宁等，2017）。流沙港组的主要烃源岩岩性为半深湖相泥岩、页岩和油页岩。研究区的地质背景及含油气系统可参考 Huang 等（2017）和 Zhou 等（2019）。

6.2　样品与数据分析方法

本研究应用了已发表的涠西南凹陷涠洲-12油田流一段、流二段和流三段18个烃源岩以及18个原油样品（Zhou et al.，2019）。我们选用了两种化学计量学方法来解决研究区的油–油和油–源岩对比问题，包括主成分分析（PCA）和近期最新引入的多维标度（MDS）（Wang et al.，2016，2018a）。其中，PCA 使用的是 Past 3X 软件，而 MDS 为自主编写的计算程序。化学计量学的计算应用了14个烃源岩和原油中的生物标志化合物比值参数，它们是 Pr/Ph、$C_{27}\%$、$C_{28}\%$、$C_{29}\%$、4MSI、Ol/H、C_{23}TT/H、Ga/H、C_{27}Dia/C_{27}S、ETR、C_{19}/C_{23}TT、C_{24}Tet/C_{26}TT、C_{24}/C_{23}TT 和 C_{22}/C_{21}TT。这些选取的参数受生物降解作用、热成熟度和运移等次生作用的影响较小（Wang et al.，2018b），并与先前的研究相类似（Peters et al.，2013；Wang et al.，2016）。因此，成熟度较高或遭受了严重生物降解的原油样品应排除在数据集中（Peters et al.，2016）。

6.3　基于化学计量学的烃源岩分类

根据 MDS 的结果，流沙港组的烃源岩可划分为 I 和 II 两组。如图6-2所示的是流一段（El$_1$）、流二段（El$_2$）和流三段（El$_3$）烃源岩的分类结果。在图6-2（a）和图6-2（b）中，MDS 分别使用了不同数量的参数来评估参数个数对结果的影响，显然9个或14个参数对分类结果没有显著的影响。

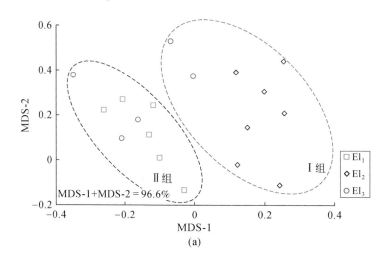

(a)

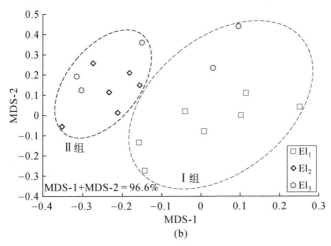

(b)

图 6-2　基于 MDS 方法的涠西南凹陷涠洲-12 油田烃源岩的分类结果

评价了参数个数对结果的影响。MDS 前两个主成分的因子得分之和为 96.6%，它反映了原始数据集的绝大部分信息。
(a) 中使用的生物标志化合物比值参数包括 Pr/Ph、4MSI、Ol/H、C_{23}TT/H、Ga/H、C_{27}Dia/C_{27}S、ETR、C_{19}/C_{23}TT 和 C_{24}Tet/C_{26}TT，这与油-源对比研究使用的参数是一致的，而 (b) 中使用的参数包括 Pr/Ph、C_{27}%、C_{28}%、C_{29}%、4MSI、Ol/H、C_{23}TT/H、Ga/H、C_{27}Dia/C_{27}S、ETR、C_{19}/C_{23}TT、C_{24}Tet/C_{26}TT、C_{24}/C_{23}TT 和 C_{22}/C_{21}TT

I 组包括流一段和部分流三段烃源岩，II 组为流二段和部分流三段烃源岩的组合。研究的流三段烃源岩产出于 U、R、V 和 B_1 井。流三段 U 和 V 井的 2 个烃源岩样品划分为 I 组，而 R 和 B_1 井的 3 个烃源岩被划分在 II 组中（表 6-1）。根据 B_1、P、R 的单井剖面及样品深度可知，II 组中的 3 个流三段烃源岩样品主要分布于流三段的上部，而 I 组中包括的 2 个流三组烃源岩样品主要分布在流三段的下部（Zhou et al., 2019）。因此，I 组烃源岩为流一段和流三段下部的组合，而 II 组烃源岩为流二段和流三段上部的组合。

I 组烃源岩较 II 组烃源岩具有较高的 Pr/Ph 平均值（分别约为 1.98 和 1.50），这表明 I 组烃源岩可能形成于更加氧化的沉积环境（Didyk et al., 1978；Peters et al., 2005）。此外，I 组烃源岩的热成熟度要低于 II 组烃源岩。例如，I 组烃源岩较 II 组烃源岩具有较低的 C_{29}S/(S+R) 和 C_{29}ββ/(αα+ββ) 平均值。其中，II 组烃源岩的 C_{29}S/(S+R) 和 C_{29}ββ/(αα+ββ) 平均值分别为 ~0.44 和 ~0.45。

在淡水条件沉积的湖相沉积物中，4-甲基 C_{30} 甾烷主要来源于沟鞭藻，并且其丰度与沉积物中的藻类含量成正比（Brassell et al., 1986；Goodwin et al., 1988；Peters et al., 2005；Ji et al., 2011）。II 组烃源岩中的 4-甲基 C_{30} 甾烷/C_{29}ααα 甾烷的平均含量较 I 组烃源岩高，分别为 2.40 和 1.43，表明 II 组烃源岩较 I 组烃源岩具有更多的藻类输入。与此同时，II 组烃源岩中的奥利烷浓度相对较低，其 Ol/H 值介于 0.04 ~ 0.28 之间。这一结果可能表明，II 组烃源岩的有机质中被子植物输入较少，因为奥利烷来源于被子植物（Rullkötter et al., 1994）。此外，II 组烃源岩较 I 组烃源岩中的大部分样品显示出具有较低 C_{19}/C_{23}TT 和 C_{24}Tet/C_{26}TT 值的特征，它们分别介于 0.12 ~ 0.70 和 2.13 ~ 3.90、0.1 ~ 1.34 和 1.14 ~ 6.17，这可能表明 II 组烃源岩的陆源有机质输入相对较少，因为 C_{19} 三环萜

表 6-1　涠西南凹陷涠洲-12 油田原油和烃源岩提取物中的分子标志化合物

样品	钻井	深度/m	TOC/%	EOM/%	Sat/%	层位	分类结果	A1	A2	A3	A4	A5	A6	A7	A8	A9	A10	A11	A12	A13	A14	A15	A16
SR	M	2622	3.24	0.26	26.9	El_1	I	1.57	42.1	12	45.9	2.3	0.05	0.004	0.05	5.05	0.35	0.17	1.14	0.87	0.03	0.12	0.35
SR	N	2103	3.58	0.44	23.1	El_1	I	1.26	41.5	12.2	46.3	2.18	0.04	0.007	0.05	1.85	0.28	0.1	3.23	0.95	0.09	0.09	0.33
SR	O	2196.6	1.68	0.68	59.8	El_1	I	1.67	41.2	16.2	42.6	1.03	0.09	0.017	0.07	1.33	0.14	0.27	3.29	0.85	0.17	0.24	0.28
SR	O	2203.3	2.53	0.33	45.4	El_1	I	2.1	38.8	15.2	46	1.23	0.15	0.009	0.06	2.04	0.19	0.3	5.44	0.62	0.08	0.23	0.34
SR	P	2127	1.66	0.13	23.3	El_1	I	1.58	37.8	14.8	47.4	1.56	0.11	0.008	0.06	2.98	0.22	0.19	3.62	0.68	0.06	0.16	0.32
SR	Q	2274	1.79	0.3	25.2	El_1	I	2.16	42.5	17.6	39.9	0.58	0.19	0.007	0.08	1.95	0.14	0.45	6.17	0.56	0.07	0.28	0.32
SR	R	2505.1	1.6	0.18	42.9	El_1	II	2.55	40.1	16.7	43.2	1.08	0.18	0.012	0.11	3.13	0.18	0.61	3.9	0.62	0.1	0.4	0.37
SR	S	3344	5.63	0.85	54.8	El_2	II	1.56	39.3	13.7	46.9	1.79	0.23	0.263	0.13	0.66	0.22	0.53	2.18	0.95	0.18	0.37	0.52
SR	S	3326	4.63	0.31	54.4	El_2	II	1.23	28.4	15.8	55.9	1.77	0.27	0.193	0.2	1.21	0.23	0.47	2.13	0.95	0.19	0.37	0.4
SR	T	3152	3.4	0.51	35.1	El_2	II	1.74	38.6	14.1	47.3	3.31	0.28	0.18	0.15	1.14	0.26	0.7	3.16	0.79	0.19	0.4	0.47
SR	U	2705.5	7.26	0.7	37.7	El_2	II	1.38	32.4	11.1	56.5	3.72	0.04	0.022	0.05	0.87	0.18	0.12	2.76	0.79	0.13	0.42	0.52
SR	B1	2813	6.11	1.26	54.8	El_2	II	1.59	42.7	14.5	42.8	3.91	0.07	0.082	0.06	0.5	0.25	0.34	2.65	0.77	0.19	0.59	0.57
SR	P	2807	5.16	0.89	53.4	El_2	II	1.3	35.3	15.4	49.3	2.7	0.13	0.12	0.09	0.77	0.23	0.39	2.42	0.88	0.21	0.38	0.25
SR	U	3001	1.95	0.29	22.8	El_3	I	2.9	33.8	12.5	53.7	1.07	0.3	0.038	0.07	1.46		0.53	2.5	0.55	0.12	0.55	0.49
SR	R	2901.3	0.88	0.02	7.6	El_3	II	0.9	36.4	18.9	44.7	0.34	0.24	0.3	0.07	1.21	0.29	0.29	2.35	0.67	0.23	0.48	0.49
SR	V	2580.1	1.82	0.22	43.7	El_3	I	2.57	15.7	34.6	49.7	1.5	1	0.037	0.03	1.04	0.28	1.34	2.8	0.59	0.12	0.33	0.42
SR	B1	2879	4.07	0.86	50.7	El_3	II	1.42	31.9	14.4	53.7	2.66	0.11	0.176	0.11	1.05	0.36	0.36	2.44	0.77	0.22	0.51	0.47
SR	B1	2894	5.79	1.25	53	El_3	II	1.37	24.9	15.5	59.6	2.69	0.14	0.198	0.13		0.22	0.48	2.91	0.77	0.21	0.51	0.43
CO	A1	3132.5				Ew_3	A	1.6				1.41	0.07	0.04	0.07	0.91	0.27	0.34	1.59				
CO	A1	3051.5				Ew_3	A	1.55				1.68	0.06	0.05	0.06	0.74	0.33	0.26	1.06				

续表

样品	钻井	深度/m	TOC/%	EOM/%	Sat/%	层位	分类结果	A1	A2	A3	A4	A5	A6	A7	A8	A9	A10	A11	A12	A13	A14	A15	A16
CO	A2	2695				Ew$_3$	A	1.7				1.91	0.05	0.06	0.05	0.73	0.31	0.27	0.91				
CO	A2	2828.5				El$_1$	A	1.59				1.35	0.05	0.04	0.06	0.74	0.24	0.34	1.57				
CO	A3	2459				Ew$_2$	A	1.64				1.22	0.06	0.03	0.07	0.8	0.25	0.36	1.66				
CO	A3	2888				Ew$_3$	A	1.58				1.54	0.06	0.04	0.06	0.79	0.25	0.28	2.36				
CO	B1	2613.5				El$_2$	A	1.73				2.61	0.07	0.07	0.05	0.63	0.31	0.25	0.98				
CO	B1	2681.5				El$_2$	A	1.64				2.71	0.08	0.07	0.06	0.7	0.27	0.28	1.21				
CO	B1	2725.2				El$_2$	A	1.75				2.59	0.07	0.06	0.05	0.73	0.24	0.29	1.12				
CO	B2	2773.3				El$_2$	A	1.87				2.3	0.09	0.05	0.05	0.85	0.33	0.25	2.1				
CO	B3	2740				El$_2$	A	2.12				2.27	0.09	0.05	0.06	0.85	0.29	0.28	1.13				
CO	B3	2964.5				El$_3$	A	1.83				3.42	0.11	0.1	0.08	0.9	0.33	0.32	2.16				
CO	C1	2053.5				El$_2$	A	1.89				2.91	0.09	0.07	0.06	0.72	0.34	0.28	2.04				
CO	C2	2151.5				El$_2$	A	1.64				3.07	0.09	0.08	0.06	0.72	0.35	0.28	1.98				
CO	C3	2189.5				El$_2$	A	2.06				2.62	0.07	0.04	0.06	0.99	0.27	0.24	2.27				
CO	D	2974				Ew$_3$	B	1.79				1.03	0.1	0.02	0.08	1.04	0.15	0.62	3.21				
CO	D	3475.3				El1	B	1.67				1.37	0.16	0.03	0.09	1.2	0.26	0.5	3.05				
CO	E	3120.5				El1	B	1.9				0.8	0.11	0.03	0.07	0.94	0.14	0.66	3.48				

注：SR 为烃源岩；CO 为原油；TOC 为总有机碳；EOM 为提取有机质；Sat 为饱和烃；A1 = Pr/Ph = 姥鲛烷/植烷；A2 = C$_{27}$% = C$_{27}$/（C$_{27}$ + C$_{28}$ + C$_{29}$）规则甾烷；A3 = C$_{28}$% = C$_{28}$/（C$_{27}$ + C$_{28}$ + C$_{29}$）规则甾烷；A4 = C$_{29}$% = C$_{29}$/（C$_{27}$ + C$_{28}$ + C$_{29}$）规则甾烷；A5 = 4MSI = 4-甲基甾烷指数（4-甲基 C$_{30}$ 甾烷/C$_{29}$ ααα 甾烷）；A6 = OI/H = 奥利烷/C$_{30}$ 藿烷；A7 = C$_{23}$ TT/H = C$_{23}$ 三环萜烷/C$_{30}$ 藿烷；A8 = Ga/H = 伽马蜡烷/C$_{30}$ 藿烷；A9 = C$_{27}$ DiaS/C$_{27}$ S = C$_{27}$ βα（20R + 20S）重排甾烷/C$_{27}$ αββ（20R + 20S）留；A10 = ETR = （C$_{28}$ + C$_{29}$）/（C$_{28}$ + C$_{29}$ + Ts）；A11 = C$_{19}$/C$_{23}$ TT = C$_{19}$/C$_{23}$ 三环萜烷；A12 = C$_{24}$ Tet/C$_{26}$ TT = C$_{24}$ 四环萜烷/C$_{26}$ 三环萜烷；A13 = C$_{24}$/C$_{23}$ TT = C$_{24}$/C$_{23}$ 三环萜烷；A14 = C$_{22}$/C$_{21}$ TT = C$_{22}$/C$_{21}$ 三环萜烷；A15 = C$_{29}$ S/（S + R）甾烷；A16 = C$_{29}$ βββ/（αα+βββ）甾烷。

烷和 C_{24} 四环萜烷通常与陆源有机质输入有关（Noble et al., 1985；Philp and Gilbert, 1986）。与生源相关的生物标志化合物比值参数表明，Ⅱ组烃源岩以藻类输入为主，其次是陆源有机质。相比之下，Ⅰ组烃源岩中的4MSI、C_{19}/C_{23} TT 和 C_{24} Tet/C_{26} TT 值相对较低，且部分样品中具有较高的 Ol/H 值，表明它可能有相对更多的陆源有机质输入。

MDS 的分类结果与 Zhou 等（2019）的结果有所不同。Zhou 等（2019）认为流二段和

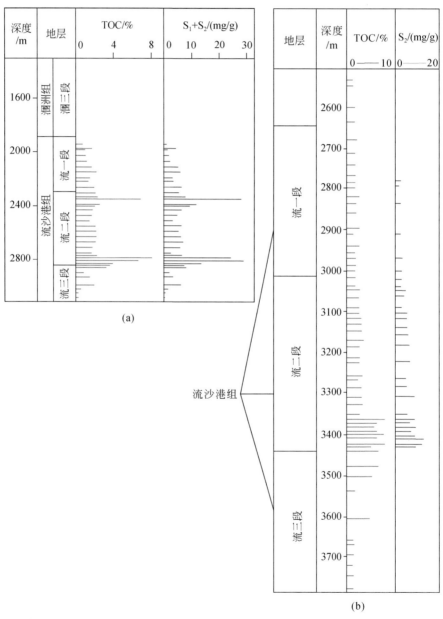

图 6-3　涠西南凹陷 WZ11-4N-a（a）和 WZ12-2-B（b）井的地球化学剖面显示了流沙港组各层段烃源岩的生烃潜力变化（谢瑞永等，2014；傅宁和刘建升，2018）

TOC 为总有机碳，S_1 和 S_2 为 Rock-Eval 岩石热解参数

流三段烃源岩具有相同的有机相，而与流一段烃源岩相差较大。然而，根据地震资料和沉积演化信息，可知流三段可以划分为上下两个亚段（Wang et al.，2012）。因此，应分别讨论流三段的上、下两部分。流沙港组各层段烃源岩的生烃潜力也支持了这一观点（图6-3），即流三段的上部和下部存在较大差异。流二段和流三段的上部烃源岩具有较好的生烃潜力，而流一段和流三段的下部烃源岩的生烃潜力相对较差（Huang et al.，2017；谢瑞永等，2014）。流沙港组各层段烃源岩呈现出差异化的特征可能与湖相沉积环境有关，因为古近系湖相泥岩是南海北部湾和珠江口盆地的主要烃源岩（Robison et al.，1998；Huang et al.，2003，2013）。此外，流沙港组受深湖相或半深湖相影响的层段为流一段、流二段和流三段的上部（Wang et al.，2012）。两组烃源岩的有机质输入来源也证实了 MDS 的结果，即 I 组烃源岩与 II 烃源岩相比具有更多的陆源有机质输入的特征。

6.4　基于化学计量学的油−油和油−源对比

根据原油中的生物标志化合物比值参数，例如 ETR、$C_{24}Tet/C_{26}TT$ 和 C_{23}/H，Zhou 等（2019）认为涠西南凹陷涠洲-12 油田仅有一类原油，并且该类原油主要与具有相同沉积相的流二段和流三段烃源岩有关。然而，本书基于化学计量学方法的油−油和油−源对比研究，发现涠洲-12 油田的原油可划分为 A 组和 B 组两类。A 组原油中的 4MSI 较高，介于1.22~3.42 之间，但 $C_{19}/C_{23}TT$ 和 $C_{24}Tet/C_{26}TT$ 较低，分别介于 0.24~0.36 和 0.91~2.36之间；而 B 组原油中的 $C_{19}/C_{23}TT$ 和 $C_{24}Tet/C_{26}TT$ 相对较高，分别介于 0.5~0.66 和 3.05~3.48 之间，但 4MSI 相对较低，介于 0.8~1.37 之间（表6-1）。这些数据表明，A 组原油的生油母质比 B 组原油可能具有更多的陆源有机质输入。此外，由主成分分析和多维标度分析结果可知，A 组原油与 II 组烃源岩具有良好的对应关系，而 B 组原油则与 I 组烃源岩有关（图6-4，图6-5）。与 Zhou 等（2019）的研究不同的是，本书在应用化学计量学

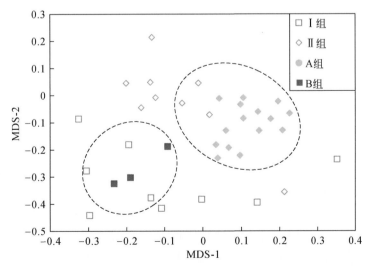

图6-4　基于 MDS 方法的涠西南凹陷涠洲-12 油田油−油和油−源对比结果

MDS 前两个主成分的因子得分之和为96.1%，它反映了原始数据集的绝大部分信息。其中使用的生物标志化合物比值参数包括 Pr/Ph、4MSI、Ol/H、C_{23}/H、Ga/H、$C_{27}Dia/C_{27}S$、ETR、$C_{19}/C_{23}TT$ 和 $C_{24}Tet/C_{26}TT$

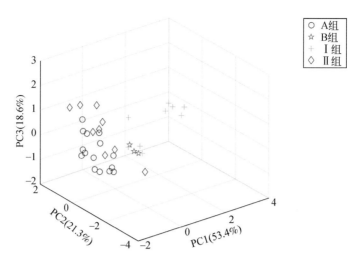

图 6-5　基于三维主成分分析（3D-PCA）方法的涠西南凹陷涠洲-12 油田油–油和油–源对比结果

PCA 前三个主成分的因子得分之和为 93.3%，它反映了原始数据集的绝大部分信息。其中使用的生物标志化合物比值参数包括 Pr/Ph、4MSI、Ol/H、C_{23} TT/H、Ga/H、C_{27} Dia/C_{27} S、ETR、C_{19}/C_{23} TT 和 C_{24} Tet/C_{26} TT

方法的基础上同时综合考虑了 9 个与生源或年龄相关的生物标志化合物比值，它们包括 Pr/Ph、4MSI、Ol/H、C_{23} TT/H、Ga/H、C_{27} Dia/C_{27} S、ETR、C_{19}/C_{23} TT 和 C_{24} Tet/C_{26} TT，采用了数值矩阵运算的化学计量学可以同时分析三个以上的变量，大大提高了分析地球化学数据的精度和能力（Peters et al.，2005；Wang et al.，2018b），这也可能是本书同时解析 9 个变量获得的地球化学对比结果与前人不一致的原因。此外，就原油和烃源岩中的生源母质来看，A 组和 B 组原油分别与 Ⅱ 组和 Ⅰ 组烃源岩具有良好的对应关系，即前者以藻类为主，而后者则主要来源于陆源有机质。

6.5　基于特征生物标志化合物比值的油–油和油–源对比

表 6-2 所示的是选取的 9 个生物标志化合物比值参数对主成分分析前三个主成分（PC1、PC2 和 PC3）的相对贡献率，也可以称为载荷。通常载荷的绝对值较大的参数代表了该主成分的主要信息（Wang et al.，2018a，2019）。PC1 上的载荷主要与 C_{24} Tet/C_{26} TT 值呈正相关性；PC2 上的载荷主要与 C_{27} Dia/C_{27} S 值呈负相关性，而与 C_{24} Tet/C_{26} TT 值呈正相关性。PC2 可能主要受 C_{27} Dia/C_{27} S 值控制，因为 C_{24} Tet/C_{26} TT 值在 PC1 上的载荷值要明显大于 PC2 上的载荷值。类似地，PC3 上的载荷主要与 4MSI 呈正相关性。C_{27} Dia/C_{27} S 值常用来甄别碳酸盐岩或碎屑岩生成的原油，但同时也受热成熟度和生物降解作用的影响（Mello et al.，1988；Seifert and Moldowan，1978，1979）。如图 6-6 所示，C_{27} Dia/C_{27} S 值与 C_{29} ββ/（αα+ββ）甾烷比值无明显相关性，说明该指标受热成熟度影响较小。此外，研究的烃源岩和原油样品中没有明显的遭受了生物降解的迹象（Zhou et al.，2019）。因此，本研究样品中的 C_{27} Dia/C_{27} S 值主要与烃源岩岩性有关。C_{24} Tet/C_{26} TT 值通常用来反映高等植物的输入（Philp and Gilbert，1986），而 4MSI 通常与藻类有机质的输入有关（Peters et al.，

2005)。因此，PC1 可能代表较高的陆源有机质的输入；PC2 代表碳酸盐岩的沉积环境；PC3 代表藻类有机质的输入。

表 6-2　选取的 9 个参数对 PC1、PC2 和 PC3 的相对贡献率

变量	PC1	PC2	PC3
Pr/Ph	0.10	−0.01	−0.03
4MSI	−0.44	0.47	0.76
Ol/H	0.03	0.01	−0.03
$C_{23}TT/H$	−0.01	0.01	−0.01
Ga/H	0.00	0.01	0.00
$C_{27}Dia/C_{27}S$	0.38	−0.67	0.63
ETR	−0.03	−0.02	0.02
$C_{19}/C_{23}TT$	0.05	0.03	−0.08
$C_{24}Tet/C_{26}TT$	0.81	0.57	0.12

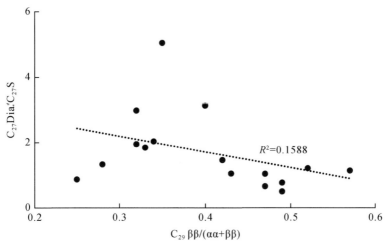

图 6-6　$C_{27}Dia/C_{27}S$ 和 $C_{29}\beta\beta/(\alpha\alpha+\beta\beta)$ 甾烷比值的相关性

$C_{27}Dia/C_{27}S = C_{27}\beta\alpha$（20R+20S）重排甾烷/$C_{27}\alpha\beta\beta$（20R+20S）

如图 6-7 所示的是基于主成分分析选取的特征参数的三维对比图，显然涠洲-12 油田的烃源岩和原油均可以分为两类。A 组原油来源于 II 组烃源岩，而 B 组原油与 I 组烃源岩具有良好的对应关系。这一地球化学对比结果与前面的化学计量学结果是相吻合的。因此，我们认为 4MSI、$C_{27}Dia/C_{27}S$ 和 $C_{24}Tet/C_{26}TT$ 值可以作为划分涠西南凹陷涠洲-12 油田的特征地球化学参数。

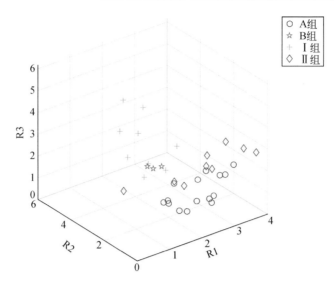

图 6-7　基于 4MSI、$C_{27}Dia/C_{27}S$ 和 $C_{24}Tet/C_{26}TT$ 值的三维对比图

揭示了涠西南凹陷涠洲-12 油田烃源岩和原油的油–油与油–源之间的关系。R1、R2 和 R3 分别代表 4MSI、

$C_{27}Dia/C_{27}S$ 和 $C_{24}Tet/C_{26}TT$ 值

参 考 文 献

范蕊，李水福，何生，等 . 2014. 涠西南凹陷烃源岩地球化学特征及油源对比 . 石油实验地质，36（2）：
　　238-244.

方勇，张树林，胡林，等 . 2013. 涠西南凹陷流一段两种岩性圈闭成因模式分析 . 中国海上油气，
　　25（5）：16-20.

傅宁 . 2018. 论 4-甲基 C30 甾烷丰度与烃源岩质量的关系——基于北部湾盆地勘探实践 . 中国海上油气，
　　30（5）：11-20.

傅宁，刘建升 . 2018. 北部湾盆地流二段 3 类烃源岩的生烃成藏特征 . 天然气地球科学，29（7）：
　　932-941.

傅宁，林青，王柯 . 2017. 北部湾盆地主要凹陷流沙港组二段主力烃源岩再评价 . 中国海上油气，
　　29（5）：12-21.

郭飞飞，土韶华，孙建峰，等 . 2009. 北部湾盆地涠西南凹陷油气成藏条件分析 . 海洋地质与第四纪地
　　质，29（3）：93-98.

胡忠良 . 2000. 北部湾盆地涠西南凹陷超压系统与油气运移 . 地学前缘，7（3）：73-80.

金秋月 . 2020. 北部湾盆地涠西南凹陷东南斜坡原油成因类型及成藏特征 . 岩性油气藏，（1）：11-18.

刘宏宇，陈平，陈伟，等 . 2013. 北部湾盆地迈陈凹陷油气成藏地质特点及油气藏类型 . 海洋石油，
　　33（3）：18-22.

谢瑞永，黄保家，李旭红，等 . 2014. 北部湾盆地涠西南凹陷流沙港组烃源岩生烃潜力评价 . 地质学刊，
　　38（4）：670-675.

徐建永，张功成，梁建设，等 . 2011. 北部湾盆地古近纪幕式断陷活动规律及其与油气的关系 . 中国海上
　　油气，23（6）：362-368.

徐新德，王碧维，李旭红，等 . 2012. 北部湾盆地涠西南凹陷流沙港组隐蔽油气藏油源及成藏特征 . 天然
　　气地球科学，23（1）：92-98.

严德天, 陆江, 魏小松, 等. 2019. 断陷湖盆富有机质页岩形成环境及主控机制浅析——以涠西南凹陷流沙港组二段为例. 中国海上油气, 31 (5): 21-29.

杨海长, 赵志刚, 李建红, 等. 2009. 乌石凹陷油气地质特征与潜在勘探领域分析. 中国海上油气, 21 (4): 227-231.

杨希冰, 金秋月, 胡林, 等. 2019. 北部湾盆地涠西南凹陷原油成因类型及分布特征. 西南石油大学学报 (自然科学版), 41 (3): 51-60.

周雯雯. 1993. 涠西南凹陷原油地球化学特征及油源对比. 中国海上油气, 7 (3): 15-24.

Bevilacqua M, Bro R, Marini F, et al. 2017. Recent chemometrics advances for foodomics. Trac Trends in Analytical Chemistry, 96: 42-51.

Brassell S C, Eglinton G, Mo F J. 1986. Biological marker compounds as indicators of the depositions history of the Maoming oil shale. Organic Geochemistry, 10 (4): 927-941.

Chabukdhara M, Nema A K. 2012. Assessment of heavy metal contamination in Hindon River sediments: a chemometric and geochemical approach. Chemosphere, 87 (8): 945-953.

Chakhmakhchev A, Suzuki N, Suzuki M, et al. 1996. Biomarker distributions in oils from the Akita and Niigata Basins, Japan. Chemical Geology, 133 (1-4): 1-14.

Didyk B M, Simoneit B R T, Brassell S C, et al. 1978. Organic geochemical indicators of palaeoenvironmental conditions of sedimentation. Nature, 272 (5650): 216-222.

Eneogwe C, Ekundayo O. 2003. Geochemical correlation of crude oils in the NW Niger Delta, Nigeria. Journal of Petroleum Geology, 26 (1): 95-103.

Engel M H, Imbus S W, Zumberge J E. 1988. Organic geochemical correlation of Oklahoma crude oils using R- and Q-mode factor analysis. Organic Geochemistry, 12 (2): 157-170.

Farrimond P, Naidu B, Burley S D, et al. 2015. Geochemical characterization of oils and their source rocks in the Barmer Basin, Rajasthan, India. Petroleum Geoscience, 21 (4): 301-321.

Ferreira S L C, Lemos V A, de Carvalho V S, et al. 2018. Multivariate optimization techniques in analytical chemistry - an overview. Microchemical Journal, 140: 176-182.

Frank I E, Pungor E, Veress G E. 1981. Statistical decision theory applied to analytical chemistry: Part 1. The statistical decision model and its relation to branches of mathematical statistics. Analytica Chimica Acta, 133 (3): 433-441.

Gao Z, Yang X, Hu C, et al. 2019. Characterizing the pore structure of low permeability Eocene Liushagang Formation reservoir rocks from Beibuwan Basin in northern South China Sea. Marine and Petroleum Geology, 99: 107-121.

Goodwin N S, Mann A L, Patience R L. 1988. Structure and significance of C_{30} 4-methyl steranes in lacustrine shales and oils. Organic Geochemistry, 12 (5): 495-506.

Hao F, Zhou X, Zhu Y, et al. 2010. Charging of oil fields surrounding the Shaleitian uplift from multiple source rock intervals and generative kitchens, Bohai Bay basin, China. Marine and Petroleum Geology, 27 (9): 1910-1926.

Huang B, Xiao X, Zhang M. 2003. Geochemistry, grouping and origins of crude oils in the Western Pearl River Mouth Basin, offshore South China Sea. Organic Geochemistry, 34 (7): 993-1008.

Huang B, Xiao X, Cai D, et al. 2011. Oil families and their source rocks in the Weixinan Subbasin, Beibuwan Basin, South China Sea. Organic Geochemistry, 42 (2): 134-145.

Huang B, Tian H, Wilkins R W T, et al. 2013. Geochemical characteristics, palaeoenvironment and formation model of Eocene organic-rich shales in the Beibuwan Basin, South China Sea. Marine and Petroleum Geology, 48: 77-89.

Huang B, Zhu W, Tian H, et al. 2017. Characterization of Eocene lacustrine source rocks and their oils in the Beibuwan Basin, offshore South China Sea. AAPG Bulletin, 101 (9): 1395-1423.

Ji L, Meng F, Yan K, et al. 2011. The dinoflagellate cyst Subtilisphaera from the Eocene of the Qaidam Basin, northwest China, and its implications for hydrocarbon exploration. Review of Palaeobotany and Palynology, 167 (1): 40-50.

Justwan H, Dahl B, Isaksen G H. 2006. Geochemical characterisation and genetic origin of oils and condensates in the South Viking Graben, Norway. Marine and Petroleum Geology, 23 (2): 213-239.

Kumar N, Bansal A, Sarma G S, et al. 2014. Chemometrics tools used in analytical chemistry: an overview. Talanta, 123: 186-199.

Kvalheim O M, Aksnes D W, Brekke T, et al. 1985. Crude oil characterization and correlation by principal component analysis of ^{13}C nuclear magnetic resonance spectra. Analytical Chemistry, 57 (14): 2858-2864.

Liu P, Xia B, Tang Z-q, et al. 2008. Fluid inclusions in reservoirs of Weixinan Sag, Beibuwan Basin. Petroleum Exploration & Development, 35 (2): 164-200.

Madsen R, Lundstedt T, Trygg J. 2010. Chemometrics in metabolomics—a review in human disease diagnosis. Analytica Chimica Acta, 659 (1): 23-33.

Mashhadi Z S, Rabbani A R. 2015. Organic geochemistry of crude oils and cretaceous source rocks in the Iranian sector of the Persian Gulf: an oil-oil and oil-source rock correlation study. International Journal of Coal Geology, 146: 118-144.

Mello M R, Telnaes N, Gaglianone P C, et al. 1988. Organic geochemical characterisation of depositional palaeo-environments of source rocks and oils in Brazilian marginal basins. Organic Geochemistry, 13 (1): 31-45.

Noble R A, Alexander R, Kagi R I, et al. 1985. Tetracyclic diterpenoid hydrocarbons in some Australian coals, sediments and crude oils. Geochimica Et Cosmochimica Acta, 49 (10): 2141-2147.

Øygard K, Grahl-Nielsen O, Ulvøen S. 1984. Oil/oil correlation by aid of chemometrics. Organic Geochemistry, 6 (84): 561-567.

Peters K E, Moldowan J M, Schoell M, et al. 1986. Petroleum isotopic and biomarker composition related to source rock organic matter and depositional environment. Organic Geochemistry, 10 (1-3): 17-27.

Peters K E, Snedden J W, Sulaeman A, et al. 2000. A new geochemical-sequence stratigraphic model for the Mahakam delta and Makassar slope, Kalimantan, Indonesia. Aapg Bulletin-American Association of Petroleum Geologists, 84 (1): 12-44.

Peters K E, Walters C C, Moldowan J M. 2005. The Biomarker Guide: Biomarkers and Isotopes in Petroleum Exploration and Earth History. Cambridge: Cambridge University Press.

Peters K E, Ramos L S, Zumberge J E, et al. 2007. Circum-Arctic petroleum systems identified using decision-tree chemometrics. American Association of Petroleum Geologists Bulletin, 91 (6): 877-913.

Peters K E, Hostettler F D, Lorenson T D, et al. 2008. Families of Miocene Monterey crude oil, seep, and tarball samples, coastal California. American Association of Petroleum Geologists Bulletin, 92 (9): 1131-1152.

Peters K E, Coutrot D, Nouvelle X, et al. 2013. Chemometric differentiation of crude oil families in the San Joaquin Basin, California. American Association of Petroleum Geologists Bulletin, 97 (1): 103-143.

Peters K E, Wright T L, Ramos L S, et al. 2016. Chemometric recognition of genetically distinct oil families in the Los Angeles basin, California. American Association of Petroleum Geologists Bulletin, 100 (1): 115-135.

Philp R P, Gilbert T D. 1986. Biomarker distributions in Australian oils predominantly derived from terrigenous source material. Organic Geochemistry, 10 (1): 73-84.

Robison C R, Elrod L W, Bissada K K. 1998. Petroleum generation, migration, and entrapment in the Zhu 1 depression, Pearl River Mouth basin, South China Sea. International Journal of Coal Geology, 37 (1): 155-178.

Rullkötter J, Peakman T M, Haven H L T. 1994. Early diagenesis of terrigenous triterpenoids and its implications for petroleum geochemistry. Organic Geochemistry, 21 (3): 215-233.

Scotchman I C, Griffith C E, Holmes A J, et al. 1998. The Jurassic petroleum system north and west of Britain: a geochemical oil-source correlation study. Organic Geochemistry, 29 (1-3): 671-700.

Seifert W K, Moldowan J M. 1978. Applications of steranes, terpanes and monoaromatics to the maturation, migration and source of crude oils. Geochimica Et Cosmochimica Acta, 42 (1): 77-95.

Seifert W K, Moldowan J M. 1979. The effect of biodegradation on steranes and terpanes in crude oils. Geochimica Et Cosmochimica Acta, 43 (1): 111-126.

Sofer Z. 1984. Stable carbon isotope compositions of crude oils: application to source depositional environments and petroleum alteration. American Association of Petroleum Geologists Bulletin, 68 (1): 31-49.

Tao K, Cao J, Wang Y, et al. 2020. Chemometric classification of crude oils in complex petroleum systems using t-distributed stochastic neighbor embedding machine learning algorithm. Energy & Fuels, 34 (5): 5884-5899.

Telnaes N, Dahl B. 1986. Oil-oil correlation using multivariate techniques. Organic Geochemistry, 10 (1-3): 425-432.

Wang J, Cao Y, Li J. 2012. Sequence structure and non-structural traps of the Paleogene in the Weixi'nan Sag, Beibuwan Basin. Petroleum Exploration and Development, 39 (3): 325-334.

Wang Y P, Zhang F, Zou Y R, et al. 2016. Chemometrics reveals oil sources in the Fangzheng Fault Depression, NE China. Organic Geochemistry, 102: 1-13.

Wang Y P, Zhang F, Zou Y R, et al. 2018a. Oil source and charge in the Wuerxun Depression, Hailar Basin, northeast China: a chemometric study. Marine and Petroleum Geology, 89 (3): 665-686.

Wang Y P, Zou Y R, Shi J T, et al. 2018b. Review of the chemometrics application in oil-oil and oil-source rock correlations. Journal of Natural Gas Geoscience, 3 (4): 217-232.

Wang Y P, Zhan X, Zou Y R, et al. 2019. Chemometric methods as a tool to reveal genetic types of natural gases—a case study from the Turpan-Hami Basin, Northwestern China. Petroleum Science and Technology, 37 (3): 310-316.

Wang Y, Cao J, Tao K, et al. 2020. Multivariate statistical analysis reveals the heterogeneity of lacustrine tight oil accumulation in the Middle Permian Jimusar Sag, Junggar Basin, NW China. Geofluids, (5): 1-14.

Zhou X, Gao G, Lü X, et al. 2019. Petroleum source and accumulation of WZ12 oils in the Weixi'nan sag, south China sea, China. Journal of Petroleum Science and Engineering, 177: 681-698.

Zumberge J E. 1987. Prediction of source rock characteristics based on terpane biomarkers in crude oils: a multivariate statistical approach. Geochimica Et Cosmochimica Acta, 51 (6): 1625-1637.

第7章 呼和湖凹陷的油-油和油-源对比

海拉尔盆地（Hailar Basin）是我国大庆勘探区内第二大的陆相含油气盆地，它是在古生代的褶皱基底上发育而成（王培俊等，2009）。目前，已在海拉尔盆地东南部的呼和湖凹陷（Huhehu Sag）发现了8口油气显示井和3口低产油气井（陈鸿平，2014）。此外，呼和湖凹陷由于具有优质的烃源岩和巨大的煤层气潜力而备受关注（崔军平等，2007；杨子荣等，2008；张帆，2014）。

虽然，前人的研究已经证实了呼和湖凹陷存在三套烃源岩：K_1d_1（大磨拐河组一段）、K_1n_2（南屯组二段）和 K_1n_1（南屯组一段）（李松等，2009；鹿坤等，2010；吴海波和李军辉，2012），但是对于原油的来源方面的研究还比较少，并且仍然存在争议（陈鸿平，2014；鹿坤等，2010）。例如，鹿坤等（2010）发现呼和湖凹陷的原油与 K_1n_2 泥岩和煤均具有良好的相关性，而陈鸿平（2014）则认为呼和湖的原油主要来源于 K_1n_2 的煤和 K_1n_1 的泥岩烃源岩。前人对南屯组烃源岩的生物标志化合物特征（曹瑞成等，2010；鹿坤等，2010）、有机质丰度和干酪根类型（董立等，2011；吴海波和李军辉，2012）等方面，已经做了较为详细的研究，但有关大磨拐河组烃源岩地球化学特征的研究还很少。因此，本研究旨在从有机质丰度、干酪根类型和生物标志化合物特征等方面来综合评价呼和湖凹陷各层段烃源岩（包括 K_1d_1，K_1n_2 和 K_1n_1）的生烃潜力、沉积环境和热成熟度。此外，还通过化学计量学方法详细地开展了研究区内油-油和油-源对比研究，所使用的化学计量学方法为谱系聚类分析（HCA）和主成分分析（PCA），这两种方法已经被广泛应用于环境科学（Amiri et al., 2017；Brito et al., 2017）和油气地球化学（Brito et al., 2017；Chakhmakhchev et al., 1996；Hao et al., 2009, 2010, 2011；He et al., 2012；Peters et al., 2007, 2013, 2016；Telnæs and Cooper, 1991；Wang et al., 2016, 2018；Zumberge et al., 2005）等领域。

7.1 呼和湖凹陷的地质背景

海拉尔盆地位于我国东北部黑龙江省大兴安岭西部的呼伦贝尔草原上，与蒙古国的塔姆萨克盆地相连，总面积为 70480km²，沉积深度可达 6000m（李松等，2009）。

呼和湖凹陷属于海拉尔盆地的二级构造单元 [图 7-1（a）]，位于盆地的东南部，整体呈北东向展布，是该盆地内的 16 个凹陷中较为重要的一个含油气凹陷（吴海波和李军辉，2012）。呼和湖凹陷分别以东面的锡林贝尔凸起、西面的巴彦山隆起、北面的伊敏凹陷以及北部的塔姆萨克盆地为界（李军辉等，2010）。依照构造带的发育还可将呼和湖凹陷进一步划分为"三坡两洼一凸"六个带 [图 7-1（b）]：东南陡坡带（Ⅰ）、北部斜坡带（Ⅴ）、西北缓坡带（Ⅵ）、南部洼槽带（Ⅱ）、北部挖槽带（Ⅳ）及中央凸起带（Ⅲ）（陈学海等，2011）。

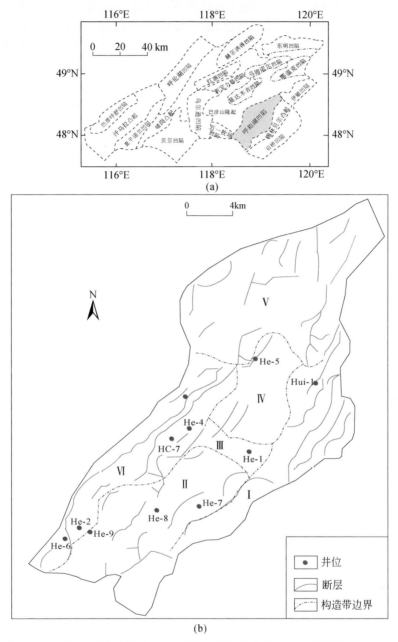

图 7-1　呼和湖凹陷构造位置（a）研究区井位分布图（b）（陈学海等，2011）
Ⅰ-东南陡坡带；Ⅱ-南部洼槽带；Ⅲ-中央凸起带；Ⅳ-北部挖槽带；Ⅴ-北部斜坡带；Ⅵ-西北缓坡带

　　呼和湖凹陷两头窄、中间宽，长为 90～100km，宽为 20～40km，面积约为 2500km²，
最大沉积深度可达 4600m（李军辉等，2010）。呼和湖凹陷在地质历史时期经历了三个阶
段的构造演化（图 7-2），即早期的伸展断陷阶段、中期的裂后热沉降拗陷阶段及后期的
反转抬升阶段（曹瑞成等，2010；侯艳平等，2008）。呼和湖凹陷主要为一套白垩纪沉积
序列，从下至上依次为：铜钵庙组（K_1t）、南屯组（K_1n）、大磨拐河组（K_1d）、伊敏组

（K_1y）和青元岗组（K_2q）。青元岗组主要由泥岩与砂质砾岩夹层组成，该沉积序列不整合地覆盖在伊敏组上。伊敏组下部岩性以砂质砾岩与砂岩和泥岩互层为特征，而上部则是砂岩和煤岩与泥岩互层（包括 K_1y_3 和 K_1y_2）。伊敏组整合接触于下伏的大磨拐河组。大磨

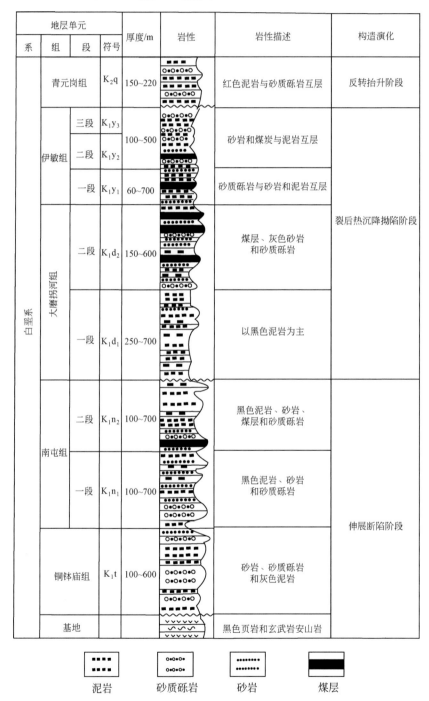

地层单元				厚度/m	岩性	岩性描述	构造演化
系	组	段	符号				
白垩系	青元岗组		K_2q	150~220		红色泥岩与砂质砾岩互层	反转抬升阶段
	伊敏组	三段	K_1y_3	100~500		砂岩和煤炭与泥岩互层	裂后热沉降拗陷阶段
		二段	K_1y_2				
		一段	K_1y_1	60~700		砂质砾岩与砂岩和泥岩互层	
	大磨拐河组	二段	K_1d_2	150~600		煤层、灰色砂岩和砂质砾岩	
		一段	K_1d_1	250~700		以黑色泥岩为主	
	南屯组	二段	K_1n_2	100~700		黑色泥岩、砂岩、煤层和砂质砾岩	伸展断陷阶段
		一段	K_1n_1	100~700		黑色泥岩、砂岩和砂质砾岩	
	铜钵庙组		K_1t	100~600		砂岩、砂质砾岩和灰色泥岩	
	基地					黑色页岩和玄武岩安山岩	

泥岩　　　砂质砾岩　　　砂岩　　　煤层

图 7-2　呼和湖凹陷综合柱状图（吴海波和李军辉，2012）

拐河组上部由煤层、灰色砂岩和砂质砾岩组成，而下部以黑色泥岩为主。大磨拐河组与下伏地层南屯组呈不整合接触，它由黑色泥岩、砂岩和砂质砾岩组成，且以泥岩为主。南屯组整合接触于下伏的铜钵庙组。铜钵庙组由砂岩、砂质砾岩和灰色泥岩组成。

7.2　样品与方法

7.2.1　样品

为了评价研究区内潜在烃源岩的生烃潜力，本节共选取 155 个泥岩样品和 17 个煤样品开展 Rock-Eval 岩石热解分析。这些样品分别来自 9 个不同的钻孔，基本上覆盖了整个凹陷，其中 K_1d_1 样品 45 个、K_1n_2 样品 62 个以及 K_1n_1 样品 65 个。此外，为了研究呼和湖凹陷原油的地球化学特征和来源，我们使用气相色谱–质谱（GC-MS）分析了 15 个来自 He-2、He-6 和 He-9 的样品。

7.2.2　方法

在开展 Rock-Eval 热解分析和可溶沥青提取之前，先使用蒸馏水清洗所有岩屑样品，随后将样品置于 60℃烘箱内干燥并粉碎成粉末。使用 IFP Rock-Eval 6 分析粉末样品获得总有机碳（TOC）、氢指数（HI）和烃生成潜力（S_1+S_2）等地球化学参数。Rock-Eval 的升温程序如下：首先将粉末样品以 3℃/min 速率加热至 300℃，得到代表游离烃的 Rock-Eval S_1 峰值，然后以 25℃/min 的速率加热至 650℃，获得代表干酪根裂解产生烃类 Rock-Eval S_2 峰值。S_2 峰值相对应的温度为 T_{max}。随后的热解是在 IFP Rock-Eval 6 的氧化炉中，以 20℃/min 的速率将样品从 300℃加热至 850℃，以获得残留的有机和无机碳含量。通过索氏抽提法和有机溶剂从岩石中抽提出可溶有机质，其中有机溶剂为二氯甲烷和甲醇的混合（93∶7）。将获得的可溶有机质和原油一并通过柱色谱法分离成饱和烃、芳烃、非烃和沥青质四个组分。

原油和烃源岩抽提物的饱和烃组分的 GC-MS 分析使用的是美国 Thermo Fisher Trace GC Ultra 气相色谱和 DSQ Ⅱ质谱仪，色谱柱为 HP-5MS（60m×0.25mm×0.25μm）。GC 的载气为氦气。GC 升温程序为：初始温度为 60℃，保持 1min，以 8℃/min 升至 220℃，再以 2℃/min 升至 300℃，恒温 25min。

质谱仪中的离子源温度为 230℃，电离能为 70eV。采用选择性离子监测（SIM）与全扫描检测相结合的模式进行分析，扫描范围为 50～550Da。

在本研究中，使用了 HCA 和 PCA 两种化学计量学方法开展呼和湖凹陷的油–油和油–源对比研究。HCA 和 PCA 是最为常用的两种化学统计勘察分析方法（exploratory data analysis，EDA）（Peters et al.，2005）。HCA 和 PCA 的分析通常选用原油和烃源岩中与生源或年龄相关的生物标志化合物参数，如三环萜类，五环萜类和规则甾烷等（Peters et al.，2007，2013）。在本研究中选择了 10 个与生源或年龄相关的生物标志化合物比值参数用于化学计量学的计算，主要包括五环三萜烷和甾烷，三环萜烷由于丰度均较低而参与计算，使用的参数具体如下：Pr/Ph、Ts/（Ts+Tm）、H29/H30、C_{35}/C_{34}、$C_{31}22R/C_{30}$、Ga/C_{31}R、S/H、%C_{27}、%C_{28}和%C_{29}。这些选择的参数均不容易受生物降解、热成熟度和迁移等次生作用的影响（Seifert and Michael Moldowan，1978），这与前人的研究是相一致的（Peters et al.，2007，2013；Wang et al.，2016，2018）。化学计量学的计算使用的是商业软件，该软件是由美国 Infometrix 公司出品，软件版本为 Pirouette 4.5。HCA 的计算条件为：Preprocessing＝Range scale，Distance Metric＝Euclidean；Linkage Method＝Incremental；PCA 的计算条件为：Preprocessing＝Range scale，Maximum factor＝10，Validation Method＝None。

7.3　烃源岩的地球化学特征

7.3.1　有机质的丰度及类型

呼和湖凹陷各层段烃源岩岩性主要为泥岩和煤，它们的岩石热解结果如表 7-1 ~ 表 7-3。大磨拐河组一段（K_1d_1）、南屯组一段（K_1n_1）和南屯组二段（K_1n_2）的泥岩有机碳含量（TOC）分别介于 1.46% ~ 4.27%（均值为 2.22%），0.16% ~ 9.80%（均值为 1.71%），和 0.65% ~ 9.08%（均值为 2.82%）。南屯组一段和南屯组二段煤样的 TOC 含量分别介于 12.11% ~ 40.57%（均值为 28.72%）和 23.00% ~ 73.30%（均值为 49.99%）。大多数 K_1d_1 和 K_1n_2 泥岩样品的 TOC 含量均大于 2%，而 K_1n_1 泥岩样品的 TOC 含量主要介于 1% ~ 2% 之间。类似地，K_1d_1 和 K_1n_2 泥岩样品的生烃潜力（S_1+S_2）大部分介于 2 ~ 6mg/g，而 K_1n_1 泥岩样品的生烃潜力（S_1+S_2）基本上都在 2mg/g 以下。值得注意的是，呼和湖凹陷是一个富煤凹陷，其中的大磨拐河组和南屯组烃源岩层段为典型的煤系地层（陈鸿平，2014；张帆，2014），因此在评价烃源岩生烃潜力方面应该依照煤系地层生油定量评价标准（陈建平等，1998；黄第藩和熊传武，1996；王春江，1998）。本研究煤和泥岩生烃潜力评价采用的是陈建平等（1998）的标准，该研究成果依照的是我国西北地区煤系地层中 2300 个岩样而得，并已被广泛应用（Jiang et al.，2014；孟元林等，2014；宋换新等，2015；张明峰等，2016）。呼和湖凹陷各层段泥岩烃源岩的 TOC 和生烃潜力值表明，K_1d_1 和 K_1n_2 泥岩样品是中等—好烃源岩，而 K_1n_1 泥岩是差等烃源岩 ［图 7-3（a）~ 图 7-3（c）］。

表 7-1　大磨拐河组一段烃源岩 Rock-Eval 热解参数

井号	深度/m	层位	岩性	TOC	S_1	S_1/TOC	S_2	S_1+S_2	HI	OI	T_{max}
He-1	1258	K_1d_1	泥岩	3.90	0.10	0.03	3.68	3.78	94.29	23.32	434
He-1	1261.3	K_1d_1	泥岩	3.81	0.08	0.02	2.81	2.89	73.79	29.41	436
He-1	1263.5	K_1d_1	泥岩	3.63	0.11	0.03	3.42	3.53	94.24	31.41	435
He-1	1265.6	K_1d_1	泥岩	4.27	0.10	0.02	4.13	4.23	96.65	36.51	430

续表

井号	深度/m	层位	岩性	TOC	S_1	S_1/TOC	S_2	S_1+S_2	HI	OI	T_{max}
He-1	1635.3	K_1d_1	泥岩	2.67	0.31	0.12	7.20	7.51	269.87	10.49	431
He-1	1637.7	K_1d_1	泥岩	2.43	0.47	0.19	11.47	11.94	472.99	11.55	434
He-1	1640.3	K_1d_1	泥岩	2.88	0.29	0.10	10.16	10.45	352.78	10.42	435
He-1	1736	K_1d_1	泥岩	1.96	0.21	0.11	5.95	6.16	303.57	87.24	440
He-1	1739.8	K_1d_1	泥岩	2.36	0.28	0.12	7.04	7.33	298.05	46.99	439
He-6	1357.4	K_1d_1	泥岩	2.88	0.17	0.06	3.06	3.23	106.15	1520.67	442
He-6	1349.1	K_1d_1	泥岩	1.79	0.07	0.04	1.84	1.91	102.91	827.42	439
He-6	1350.1	K_1d_1	泥岩	1.53	0.05	0.03	1.49	1.54	97.20	118.36	440
He-6	1352.4	K_1d_1	泥岩	1.67	0.06	0.04	1.22	1.28	72.97	225.99	448
He-6	1353.1	K_1d_1	泥岩	1.91	0.07	0.04	1.90	1.97	99.69	8.69	436
He-6	1354.3	K_1d_1	泥岩	1.48	0.08	0.05	1.84	1.92	123.99	8.20	441
He-6	1355.1	K_1d_1	泥岩	1.77	0.06	0.03	1.54	1.60	86.91	2193.58	442
He-X1	2083.8	K_1d_1	泥岩	1.89	0.28	0.15	4.21	4.49	222.56	1092.27	447
He-X1	2084.3	K_1d_1	泥岩	2.18	0.33	0.15	5.58	5.91	255.55	602.94	446
He-X1	2084.8	K_1d_1	泥岩	1.81	0.26	0.14	4.86	5.12	268.28	613.99	446
He-X1	2085.3	K_1d_1	泥岩	1.73	0.26	0.15	3.55	3.81	204.73	1200.78	442
He-X1	2085.7	K_1d_1	泥岩	1.61	0.23	0.14	3.37	3.60	209.36	1262.23	445
He-X1	2086.2	K_1d_1	泥岩	2.18	0.34	0.16	5.70	6.04	261.54	2331.94	445
He-X1	2086.7	K_1d_1	泥岩	2.29	0.36	0.16	7.02	7.38	305.90	289.09	447
He-X1	2087.2	K_1d_1	泥岩	1.46	0.18	0.12	2.59	2.77	176.91	2842.32	439
He-X1	2087.6	K_1d_1	泥岩	1.69	0.24	0.14	3.74	3.98	221.26	2296.84	446
He-X1	2088	K_1d_1	泥岩	2.26	0.35	0.15	6.80	7.14	301.09	531.84	446
He-X1	2088.4	K_1d_1	泥岩	1.69	0.23	0.14	4.19	4.41	246.96	209.90	446
He-X1	2089.2	K_1d_1	泥岩	1.99	0.28	0.14	5.62	5.90	281.89	11.97	447
He-X1	2090.2	K_1d_1	泥岩	2.20	0.33	0.15	6.56	6.89	298.44	779.19	446
He-X1	2090.4	K_1d_1	泥岩	1.61	0.21	0.13	4.07	4.28	252.11	842.11	447
He-X1	2090.9	K_1d_1	泥岩	1.81	0.22	0.12	4.78	5.00	264.16	281.72	448
He-X1	2091.2	K_1d_1	泥岩	1.88	0.22	0.12	4.75	4.97	252.00	12.38	447
He-X1	2091.5	K_1d_1	泥岩	1.82	0.21	0.12	4.72	4.93	259.42	126.98	447
Hui-1	1170	K_1d_1	泥岩	2.11	0.09	0.04	1.37	1.46	64.93	433.63	418
Hui-1	1230	K_1d_1	泥岩	2.61	0.11	0.04	1.85	1.96	70.77	15.91	420
Hui-1	1340	K_1d_1	泥岩	1.73	0.11	0.06	2.53	2.64	146.50	144.58	416
He-10	1752	K_1d_1	泥岩	1.96	0.08	0.04	3.02	3.09	154.16	10.99	438

井号	深度/m	层位	岩性	TOC	S_1	S_1/TOC	S_2	S_1+S_2	HI	OI	T_{max}
He-10	1816	K_1d_1	泥岩	2.62	0.11	0.04	3.27	3.38	124.86	8.33	439
He-12	1868.5	K_1d_1	泥岩	2.01	0.24	0.12	5.07	5.31	252.14	201.82	440
He-12	1871.4	K_1d_1	泥岩	2.03	0.23	0.11	4.59	4.82	226.49	11.95	440
He-12	1872.8	K_1d_1	泥岩	2.53	0.42	0.17	8.13	8.55	321.23	8.60	440
He-12	1875.2	K_1d_1	泥岩	3.17	0.36	0.11	10.19	10.56	321.20	7.97	441
He-15	1920	K_1d_1	泥岩	1.73	0.10	0.06	2.60	2.71	150.72	158.29	445
He-15	1940	K_1d_1	泥岩	1.84	0.01	0.01	2.52	2.52	136.91	624.33	442
He-15	1960	K_1d_1	泥岩	2.44	0.08	0.03	3.34	3.42	136.80	211.35	437

注：Rock-Eval 各热解参数的单位是 TOC:%；T_{max}:℃；S_1: mg/g，烃/岩石；S_1/TOC: mg/g，烃/岩石；S_2: mg/g，烃/岩石；S_1+S_2: mg/g，烃/岩石；HI: mg/g，烃/岩石；OI: mg/g，烃/岩石。

表 7-2 南屯组二段烃源岩 Rock-Eval 热解参数

井号	深度/m	层位	岩性	TOC	S_1	S_1/TOC	S_2	S_1+S_2	HI	OI	T_{max}
He-1	1785.7	K_1n_2	泥岩	2.46	0.28	0.11	4.30	4.58	174.65	0.00	432
He-1	1827.3	K_1n_2	泥岩	2.69	0.41	0.15	8.37	8.78	310.92	7.80	435
He-1	1829.3	K_1n_2	泥岩	2.39	0.30	0.13	5.55	5.85	232.70	17.19	436
He-1	1831.4	K_1n_2	泥岩	2.45	0.36	0.15	6.57	6.93	268.16	1.22	440
He-1	1938	K_1n_2	泥岩	3.27	0.51	0.16	5.99	6.50	183.29	0.00	442
He-1	2024	K_1n_2	泥岩	6.95	3.15	0.45	18.82	21.97	270.99	0.00	437
He-9	1895	K_1n_2	泥岩	2.16	0.03	0.01	0.18	0.21	8.34	1058.38	472
He-9	1900	K_1n_2	泥岩	3.97	0.10	0.03	2.46	2.56	62.04	1642.40	437
He-9	1905	K_1n_2	泥岩	2.69	0.11	0.04	2.08	2.19	77.27	337.30	440
He-9	1910	K_1n_2	泥岩	2.51	0.33	0.13	3.35	3.67	133.57	1151.28	444
He-9	1915	K_1n_2	泥岩	1.43	0.25	0.17	2.18	2.43	152.45	967.99	446
He-9	1920	K_1n_2	泥岩	1.19	0.02	0.02	0.23	0.26	19.38	1539.65	450
He-9	1925	K_1n_2	泥岩	1.08	0.07	0.06	1.13	1.20	104.63	19.16	442
He-9	1930	K_1n_2	泥岩	1.71	0.04	0.02	0.66	0.69	38.60	409.36	439
He-9	1935	K_1n_2	泥岩	7.29	0.25	0.03	10.02	10.27	137.39	6.39	442
He-9	1940	K_1n_2	泥岩	1.35	0.19	0.14	1.78	1.98	131.95	24.12	446
He-9	1945	K_1n_2	泥岩	0.65	0.07	0.11	0.72	0.79	110.68	4.16	448
He-9	1950	K_1n_2	泥岩	1.71	0.12	0.07	2.31	2.42	135.01	0.50	449
He-9	1955	K_1n_2	泥岩	1.48	0.17	0.11	2.20	2.37	149.15	4.19	449
He-9	1965	K_1n_2	泥岩	2.31	0.33	0.14	4.10	4.43	177.41	1279.30	449
He-9	1970	K_1n_2	泥岩	2.22	0.10	0.05	2.05	2.15	92.51	1032.03	444

续表

井号	深度/m	层位	岩性	TOC	S_1	S_1/TOC	S_2	S_1+S_2	HI	OI	T_{max}
He-9	1975	K_1n_2	泥岩	0.78	0.05	0.06	0.67	0.72	86.34	1342.87	449
He-9	1980	K_1n_2	泥岩	1.61	0.23	0.14	2.75	2.98	170.60	110.05	449
He-9	1985	K_1n_2	泥岩	1.49	0.20	0.13	1.89	2.09	126.51	96.50	443
He-9	1990	K_1n_2	泥岩	1.69	0.23	0.14	2.42	2.65	143.20	146.59	449
He-10	1857	K_1n_2	泥岩	2.00	0.08	0.04	2.38	2.45	118.76	144.44	436
He-10	1873	K_1n_2	泥岩	2.05	0.06	0.03	2.52	2.58	123.11	122.81	439
He-10	1889	K_1n_2	泥岩	5.88	1.02	0.17	11.50	12.51	195.51	26.88	436
He-10	1905	K_1n_2	泥岩	2.27	0.14	0.06	2.27	2.41	99.82	1871.76	439
He-10	2050	K_1n_2	泥岩	2.84	0.36	0.13	4.07	4.43	143.16	1631.05	441
He-10	2065	K_1n_2	泥岩	2.60	0.42	0.16	4.18	4.60	160.89	688.49	447
He-10	2109	K_1n_2	泥岩	4.18	0.68	0.16	6.89	7.57	164.99	543.73	447
He-10	2308	K_1n_2	泥岩	3.21	0.42	0.13	4.58	5.00	142.90	3.31	451
He-10	2328	K_1n_2	泥岩	9.08	1.94	0.21	18.45	20.39	203.24	325.40	461
He-10	2348	K_1n_2	泥岩	5.47	0.48	0.09	7.59	8.07	138.71	685.92	443
He-15	2312	K_1n_2	泥岩	4.11	0.90	0.22	4.39	5.29	106.65	1122.42	463
He-15	2312.2	K_1n_2	泥岩	6.03	1.73	0.29	8.60	10.33	142.67	1163.77	464
He-15	2312.6	K_1n_2	泥岩	0.83	0.05	0.06	0.37	0.42	44.58	1532.13	479
He-15	2416	K_1n_2	泥岩	4.42	2.05	0.46	5.47	7.52	123.59	1837.28	468
He-X1	2295.2	K_1n_2	泥岩	2.45	0.44	0.18	4.05	4.49	165.01	11.99	449
He-X1	2295.7	K_1n_2	泥岩	2.32	0.39	0.17	3.86	4.25	166.11	18.44	450
He-X1	2296.2	K_1n_2	泥岩	2.64	0.48	0.18	4.56	5.04	172.75	14.46	450
He-X1	2296.6	K_1n_2	泥岩	2.37	0.45	0.19	3.58	4.03	151.33	27.60	450
He-X1	2297	K_1n_2	泥岩	2.26	0.46	0.20	3.18	3.64	140.56	51.96	448
He-X1	2297.6	K_1n_2	泥岩	2.18	0.39	0.18	3.99	4.38	182.74	28.97	450
He-X1	2298	K_1n_2	泥岩	2.18	0.38	0.17	4.20	4.58	192.51	19.42	449
He-X1	2298.5	K_1n_2	泥岩	2.28	0.41	0.18	3.69	4.10	161.84	259.04	450
He-X1	2299	K_1n_2	泥岩	2.25	0.46	0.20	3.03	3.49	135.14	59.20	445
He-X1	2299.9	K_1n_2	泥岩	2.55	0.50	0.20	4.06	4.56	159.47	37.00	450
He-1	1833.7	K_1n_2	煤	64.15	31.92	0.50	239.46	271.38	373.28	3.97	430
He-1	1835.3	K_1n_2	煤	55.06	8.07	0.15	92.85	100.92	168.63	2.86	435
He-6	1485.9	K_1n_2	煤	34.69	4.05	0.12	89.63	93.68	258.37	2.35	417
He-6	1489.3	K_1n_2	煤	72.57	9.58	0.13	141.41	150.99	194.86	8.79	420
He-6	1491.6	K_1n_2	煤	60.61	7.00	0.12	97.80	104.80	161.36	9.40	440

续表

井号	深度/m	层位	岩性	TOC	S_1	S_1/TOC	S_2	S_1+S_2	HI	OI	T_{max}
He-6	1492.4	K_1n_2	煤	53.70	5.32	0.10	127.02	132.34	236.54	11.47	431
He-6	1492.7	K_1n_2	煤	32.72	4.76	0.15	98.12	102.88	299.84	9.39	427
He-6	1492.7	K_1n_2	煤	32.72	4.76	0.15	98.12	102.88	299.84	10.11	427
He-8	2524.8	K_1n_2	煤	32.82	7.55	0.23	60.75	68.30	185.10	10.11	460
He-9	1632.9	K_1n_2	煤	49.54	21.72	0.44	186.09	207.81	375.64	4.91	427
He-9	1635.8	K_1n_2	煤	23.00	2.98	0.13	54.35	57.33	236.30	4.43	426
He-X1	2275	K_1n_2	煤	64.98	13.07	0.20	152.42	165.49	234.57	2.10	437
He-X1	2283	K_1n_2	煤	73.30	16.53	0.23	228.49	245.02	311.71	9.93	440

注：Rock-Eval 各热解参数的单位是 TOC：%；T_{max}：℃；S_1：mg/g，烃/岩石；S_1/TOC：mg/g，烃/岩石；S_2：mg/g，烃/岩石；S_1+S_2：mg/g，烃/岩石；HI：mg/g，烃/岩石；OI：mg/g，烃/岩石。

表 7-3　南屯组一段烃源岩 Rock-Eval 热解参数

井号	深度/m	层位	岩性	TOC	S_1	S_1/TOC	S_2	S_1+S_2	HI	OI	T_{max}
He-10	2368	K_1n_1	泥岩	2.99	0.32	0.11	3.24	3.56	108.43	41.83	450
He-10	2388	K_1n_1	泥岩	1.09	0.10	0.09	1.32	1.42	120.77	46.66	456
He-10	2409	K_1n_1	泥岩	1.39	0.18	0.13	1.52	1.69	109.35	620.14	461
He-10	2428	K_1n_1	泥岩	5.20	0.67	0.13	8.16	8.84	156.92	16.54	452
He-10	2448	K_1n_1	泥岩	2.81	0.33	0.12	3.98	4.30	141.74	18.16	456
He-10	2472	K_1n_1	泥岩	3.92	0.68	0.17	6.16	6.83	156.98	16.06	453
He-10	2492	K_1n_1	泥岩	1.12	0.06	0.05	0.94	1.00	84.15	49.24	456
He-10	2512	K_1n_1	泥岩	1.94	0.34	0.18	2.52	2.85	130.10	81.05	441
He-10	2553	K_1n_1	泥岩	3.58	0.70	0.20	6.26	6.96	175.01	14.54	454
He-10	2572	K_1n_1	泥岩	1.43	0.34	0.24	2.04	2.38	142.56	29.35	458
He-8	3353	K_1n_1	泥岩	0.62	0.01	0.02	0.16	0.17	25.88	82.48	498
He-8	3373	K_1n_1	泥岩	9.33	0.31	0.03	4.07	4.38	43.62	14.36	502
He-8	3391	K_1n_1	泥岩	9.80	0.90	0.09	8.03	8.93	81.92	7.35	486
He-8	3414	K_1n_1	泥岩	1.08	0.04	0.04	0.35	0.39	32.32	93.26	480
He-8	3425	K_1n_1	泥岩	0.45	0.01	0.02	0.19	0.20	42.44	808.58	461
He-8	3445	K_1n_1	泥岩	4.53	0.35	0.08	4.48	4.83	99.01	303.87	447
He-8	3458	K_1n_1	泥岩	1.42	0.09	0.06	1.09	1.18	76.76	452.82	449
He-9	2047	K_1n_1	泥岩	3.02	0.16	0.05	2.58	2.73	85.37	65.52	447
He-9	2048	K_1n_1	泥岩	0.98	0.06	0.06	0.83	0.89	84.55	113.07	445
He-9	2050	K_1n_1	泥岩	2.22	0.20	0.09	2.88	3.09	129.91	56.38	448
He-9	2052	K_1n_1	泥岩	1.89	0.21	0.11	2.37	2.58	125.33	615.55	449
He-9	2054	K_1n_1	泥岩	1.19	0.13	0.11	1.16	1.28	97.73	131.42	450
He-9	2056	K_1n_1	泥岩	2.41	0.18	0.07	2.23	2.40	92.61	696.43	447

井号	深度/m	层位	岩性	TOC	S_1	S_1/TOC	S_2	S_1+S_2	HI	OI	T_{max}
He-9	2058	K_1n_1	泥岩	1.14	0.11	0.10	1.34	1.45	117.13	86.54	449
He-9	2060	K_1n_1	泥岩	0.53	0.06	0.11	0.59	0.66	110.69	724.20	446
He-9	2062	K_1n_1	泥岩	2.79	0.29	0.10	3.23	3.52	115.90	76.43	448
He-9	2064	K_1n_1	泥岩	1.29	0.13	0.10	1.73	1.86	134.42	102.56	449
He-9	2066	K_1n_1	泥岩	1.35	0.13	0.10	1.72	1.86	127.50	3575.98	444
He-9	2068	K_1n_1	泥岩	2.73	0.30	0.11	3.37	3.67	123.44	1369.96	443
He-9	2070	K_1n_1	泥岩	1.45	0.19	0.13	2.20	2.39	151.31	756.53	451
He-9	2072	K_1n_1	泥岩	1.52	0.08	0.05	1.67	1.75	109.65	1192.38	441
He-9	2074	K_1n_1	泥岩	0.73	0.04	0.05	0.71	0.75	97.80	154.27	448
He-9	2076	K_1n_1	泥岩	1.43	0.19	0.13	1.97	2.16	137.86	548.64	447
He-9	2078	K_1n_1	泥岩	0.50	0.06	0.12	0.53	0.60	105.01	828.21	450
He-9	2080	K_1n_1	泥岩	1.27	0.12	0.09	1.42	1.54	111.72	567.27	446
He-9	2082	K_1n_1	泥岩	0.64	0.10	0.16	0.60	0.70	93.72	745.08	450
He-9	2084	K_1n_1	泥岩	1.57	0.38	0.24	2.62	3.00	167.09	47.83	449
He-9	2086	K_1n_1	泥岩	1.33	0.22	0.17	1.72	1.94	129.23	174.31	448
He-9	2088	K_1n_1	泥岩	1.24	0.31	0.25	2.44	2.75	196.30	67.58	450
He-9	2090	K_1n_1	泥岩	0.81	0.12	0.15	1.03	1.15	126.72	182.09	451
He-9	2092	K_1n_1	泥岩	1.60	0.18	0.11	1.91	2.09	119.67	904.76	447
He-9	2094	K_1n_1	泥岩	0.73	0.12	0.16	0.71	0.83	97.72	8867.33	452
He-9	2096	K_1n_1	泥岩	2.14	0.33	0.15	2.39	2.73	111.94	705.39	449
He-9	2098	K_1n_1	泥岩	1.51	0.26	0.17	2.24	2.50	148.05	1308.00	449
He-9	2100	K_1n_1	泥岩	0.82	0.08	0.10	0.90	0.98	110.06	2151.16	448
He-9	2102	K_1n_1	泥岩	1.04	0.08	0.08	1.16	1.24	111.11	2192.53	444
He-9	2104	K_1n_1	泥岩	1.82	0.21	0.12	2.22	2.43	121.78	414.70	440
He-X1	3063.8	K_1n_1	泥岩	0.57	0.02	0.04	0.14	0.16	25.12	26.88	502
He-X1	3064.4	K_1n_1	泥岩	0.43	0.01	0.02	0.11	0.12	26.28	26.97	499
He-X1	3065	K_1n_1	泥岩	0.85	0.04	0.05	0.25	0.28	29.10	17.32	501
He-X1	3065.4	K_1n_1	泥岩	0.30	0.00	0.00	0.06	0.06	18.64	57.24	498
He-X1	3065.9	K_1n_1	泥岩	0.17	0.00	0.00	0.02	0.02	12.08	130.43	495
He-X1	3066.4	K_1n_1	泥岩	0.16	0.00	0.00	0.02	0.02	10.32	130.46	495
He-X1	3067.3	K_1n_1	泥岩	0.81	0.03	0.04	0.22	0.25	26.88	23.55	500
He-X1	3128.2	K_1n_1	泥岩	0.39	0.01	0.03	0.07	0.07	16.81	53.54	500
He-X1	3129.1	K_1n_1	泥岩	0.58	0.03	0.05	0.13	0.16	21.98	30.28	504

井号	深度/m	层位	岩性	TOC	S_1	S_1/TOC	S_2	S_1+S_2	HI	OI	T_{max}
He-X1	3129.5	K_1n_1	泥岩	0.19	0.00	0.00	0.03	0.03	14.56	95.68	502
He-X1	3130.4	K_1n_1	泥岩	0.28	0.01	0.04	0.04	0.04	13.78	67.11	502
He-X1	3130.8	K_1n_1	泥岩	0.78	0.05	0.06	0.14	0.19	17.74	23.48	500
He-X1	3131.1	K_1n_1	泥岩	0.86	0.04	0.05	0.15	0.19	17.64	20.31	501
He-X1	3131.6	K_1n_1	泥岩	1.32	0.13	0.10	0.39	0.52	29.29	11.02	500
He-10	2532	K_1n_1	煤	12.11	1.60	0.13	21.96	23.56	181.34	4.74	457
He-X1	3070	K_1n_1	煤	40.57	4.59	0.11	51.67	56.26	127.37	5.62	442
He-X1	3080	K_1n_1	煤	23.36	1.02	0.04	11.88	12.90	50.83	0.00	445
He-X1	3160	K_1n_1	煤	38.83	8.50	0.22	72.58	81.08	186.91	9.54	455

注：Rock-Eval 各热解参数的单位是 TOC：%；T_{max}：℃；S_1：mg/g，烃/岩石；S_1/TOC：mg/g，烃/岩石；S_2：mg/g，烃/岩石；S_1+S_2：mg/g，烃/岩石；HI：mg/g，烃/岩石；OI：mg/g，烃/岩石。

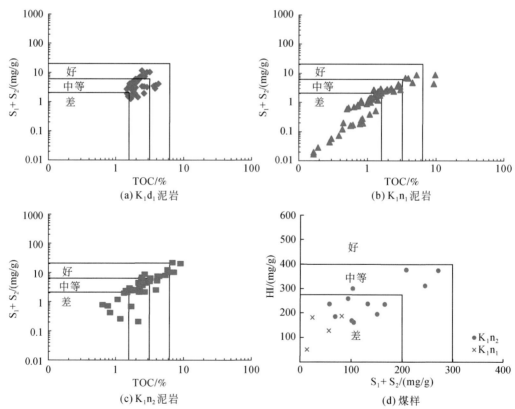

图 7-3　呼和湖凹陷 K_1d_1、K_1n_2 和 K_1n_1 泥岩样品中的 TOC 与 S_1+S_2 相关（a）～（c）及
K_1n_2 和 K_1n_1 煤样 S_1+S_2 与 HI 相关（d）

陈建平等（1998）的研究表明，岩石热解参数氢指数（HI）与生烃潜力（S_1+S_2）关系图能较好地反映煤岩的生烃潜力，这点与泥岩有所不同。K_1n_1 和 K_1n_2 煤的生烃潜力分别

介于 12. 90 ~81. 08mg/g（均值为 43. 45mg/g）和 57. 33 ~271. 38mg/g（均值为 138. 76mg/ g），与之相对应的 HI 分别为 50. 83 ~186. 91mg/g（均值为 136. 61mg/g）和 161. 36 ~ 375. 64mg/g（256. 62mg/g）。这些值表明，K_1n_1 煤的生烃潜力较差，而 K_1n_2 煤的生烃潜力则相对较好［图 7-3（d）］。此外，HI 与 T_{max} 的关系图［图 7-4（d）］表明，呼和湖烃源岩主要为 II_2 型干酪根，部分样品落入了 II_1 和 III 型干酪根区域。

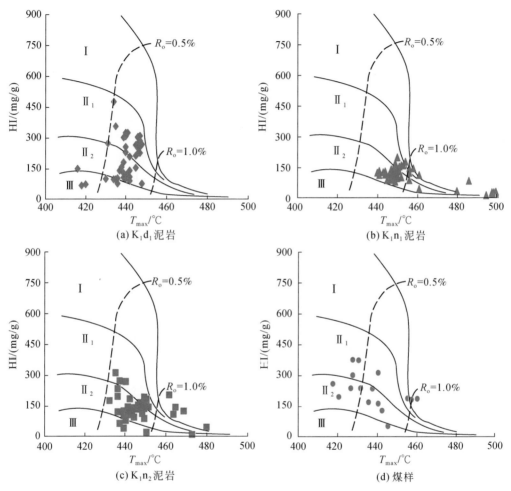

图 7-4　呼和湖凹陷各层段烃源岩 HI 与 T_{max} 相关图

R_o 为镜质组反射率

岩石热解参数 S_1 和 TOC 常用于鉴别研究的烃源岩样品是否存在运移油的污染（Hunt，1996）。一般认为，当 S_1/TOC（迁移指数）<1. 5 时就可以排除运移油的污染（Mashhadi et al.，2015）。从研究的烃源岩样品中的运移指数来看，呼和湖样品没有遭受迁移烃类的污染（表 7-1 ~ 表 7-3）。

7.3.2　有机质成熟度

为了评估烃源岩的热成熟度，本节使用了两种成熟度指标，包括 Rock-Eval 热解参数

T_{max}和生物标志化合物参数。Rock-Eval 热解参数 T_{max} 是评估烃源岩热成熟度的可靠指标（Tissot and Welte，1984），且尤为适合 II/III 型有机质（Tissot et al.，1987）。根据各层段烃源岩的 T_{max} 值可知，K_1d_1 泥岩处于未成熟到成熟阶段，其 T_{max} 值介于 416~448℃ 之间；K_1n_2 泥岩处于早期成熟到晚期成熟阶段，相应的 T_{max} 变化范围为 432~479℃ 之间（Peters，1986）。值得注意的是，K_1n_2 泥岩的成熟度最高，而来自 K_1n_1 和 K_1n_2 的煤样主要处于未成熟至早期成熟阶段（Peters，1986）。根据以上的分析，各层段烃源岩的热成熟度大致有如下规律：$K_1d_1 < K_1n_2 < K_1n_1$。

由于存在于沉积物、岩石和原油中的三种标志化合物比值：$C_{32}22S/(22S+22R)$，$C_{29}20S/(20R+20S)$ 和 $C_{29}\beta\beta/(\alpha\alpha+\beta\beta)$ 会随着成熟的增加而分别从 0 增加至接近 0.6、0.5、0.7（Seifert and Moldowan，1980，1986），因此它们是示踪烃源岩和原油热成熟度的有效指标。研究的呼和湖凹陷烃源岩的 $C_{32}22S/(22S+22R)$ 值介于 0.57~0.61 之间（表7-4），这表明绝大部分的烃源岩已经达到或超过了生油窗。呼和湖凹陷各层段烃源岩中的 $C_{29}\beta\beta/(\alpha\alpha+\beta\beta)$ 和 $C_{29}20S/(20R+20S)$ 值分别为 0.20~0.55 和 0.30~0.53（K_1d_1）、0.29~0.62 和 0.41~0.50（K_1n_2）及 0.40~0.55 和 0.44~0.49（K_1n_1）（表7-4），同样说明了大多数研究的样品已经成熟。

7.3.3 生物标志化合物特征

呼和湖凹陷烃源岩中的正构烷烃系列均呈前峰、单峰型分布，富含低分子量碳数的化合物，一般介于 nC_{17}~nC_{23} 之间（图7-5，图7-6）。除了煤样以外，没有观察到明显的奇偶优势，这同样表明研究的样品大部分已经成熟。Pr/Ph 值常用来示踪沉积环境，较低的 Pr/Ph（<1）值表示缺氧环境，而较高的 Pr/Ph（>1）值代表氧化的沉积环境（Didyk et al.，1978）。此外，极高的 Pr/Ph 值（>3）代表与氧化环境下的陆源有机质输入有关（Peters et al.，2005）。呼和湖凹陷 K_1d_1、K_1n_1 和 K_1n_2 泥岩的 Pr/Ph 值分别介于 1.25~2.39（均值为 1.77）、2.24~3.24（均值为 2.74）和 1.43~4.07（均值为 2.49），反映了氧化的沉积环境。

呼和湖凹陷烃源岩中的 C_{27}、C_{28} 和 C_{29} 规则甾烷相对丰度含量分别介于 12.27%~41.51%、8.16%~24.56% 和 41.98%~74.11%，这可能表明了以陆源有机质输入为主的特征（Huang and Meinschein，1979）（图7-7）。此外，较低的甾烷/藿烷值，介于 0.07~0.54 之间，也同样说明了陆源或微生物改造的有机质输入的特点（Tissot and Welte，1984）。

呼和湖凹陷烃源岩中的五环三萜烷含量较高，而三环萜烷含量较低，这一特征与我国西北部的煤系烃源岩是相吻合的（陈建平等，1998）。C_{35}/C_{34} 升藿烷值为 0.19~0.39，表明氧化的沉积环境（Peters and Moldowan，1991）。$Ga/C_{31}R$ 值为 0.01~0.23，反映烃源岩沉积环境中没有水体分层（Fu et al.，1986；Sinninghe Damsté et al.，1995）。

表 7-4　呼和湖凹陷原油和烃源岩中选取的生物标志化合物比值

样品编号	层位	岩性	井位	深度/m	R1#	R2	R3	R4#	R5#	R6	R7#	R8#	R9#	R10#	R11#	R12#	R13#	R14	R15
1	K_1d_1	泥岩	He-1	1736	1.38	0.52	0.22	0.25	0.8	0.59	0.27	0.21	0.04	0.18	39.55	12.54	47.91	0.22	0.35
2	K_1d_1	泥岩	X1	2083	1.91	0.29	0.11	0.64	0.41	0.58	0.19	0.32	0.15	0.07	33.77	12.1	54.14	0.54	0.53
3	K_1d_1	泥岩	X1	2084.3	1.99	0.31	0.13	0.63	0.4	0.58	0.18	0.32	0.09	0.07	34.9	11.56	53.54	0.53	0.52
4	K_1d_1	泥岩	X1	2086.2	2.12	0.35	0.13	0.66	0.41	0.58	0.18	0.33	0.09	0.08	31.64	12.58	55.78	0.52	0.51
5	K_1d_1	泥岩	X1	2088.4	1.92	0.31	0.12	0.61	0.42	0.58	0.2	0.25	0.06	0.12	32.58	13.35	54.07	0.53	0.5
6	K_1d_1	泥岩	X1	2090.4	2.18	0.32	0.11	0.62	0.44	0.58	0.19	0.3	0.1	0.08	35.28	11.76	52.96	0.54	0.51
7	K_1d_1	泥岩	X1	2091.5	2.04	0.3	0.12	0.61	0.44	0.58	0.21	0.28	0.07	0.08	35.25	11.31	53.44	0.53	0.52
8	K_1d_1	泥岩	He-5	1707.1	1.75	0.54	0.17	0.9	0.78	0.57	0.47	0.22	0.01	0.17	26.09	14.42	59.49	0.2	0.3
9	K_1d_1	泥岩	He-5	1708.7	1.83	0.59	0.18	0.89	0.79	0.57	0.45	0.2	0.04	0.16	27.19	14.36	58.45	0.2	0.31
10	K_1d_1	泥岩	He-5	1894	2.39	0.7	0.18	0.25	0.58	0.58	0.26	0.37	0.01	0.22	33.46	24.56	41.98	0.35	0.39
11	K_1d_1	泥岩	He-5	1920	1.73	0.33	0.12	0.11	0.79	0.58	0.37	0.33	0.05	0.2	31.17	13.97	54.86	0.29	0.45
12	K_1d_1	泥岩	He-5	1966	1.68	0.46	0.16	0.35	0.64	0.6	0.27	0.33	0.04	0.14	33.46	12.93	53.61	0.37	0.46
13	K_1d_1	泥岩	He-8	2126.7	1.35	0.34	0.15	0.16	0.62	0.61	0.28	0.26	0.04	0.19	35.18	13.36	51.46	0.55	0.48
14	K_1d_1	泥岩	He-8	2127.6	1.43	0.32	0.09	0.25	0.59	0.6	0.27	0.31	0.06	0.21	38.03	14.1	47.87	0.53	0.5
15	K_1d_1	泥岩	He-8	2131.1	1.41	0.29	0.14	0.38	0.5	0.6	0.24	0.33	0.06	0.2	39.4	14.08	46.52	0.53	0.49
16	K_1d_1	泥岩	He-8	2135.2	1.25	0.23	0.11	0.42	0.47	0.6	0.23	0.32	0.05	0.2	41.51	13.67	44.82	0.55	0.5
17	K_1n_2	泥岩	X1	2295.2	2.82	0.42	0.11	0.51	0.35	0.58	0.2	0.29	0.09	0.19	33.02	14.37	52.61	0.51	0.46
18	K_1n_2	泥岩	X1	2297	2.81	0.41	0.11	0.48	0.35	0.58	0.19	0.26	0.07	0.17	29.74	15.07	55.19	0.55	0.49
19	K_1n_2	泥岩	X1	2299	2.74	0.47	0.12	0.42	0.36	0.59	0.21	0.28	0.1	0.19	30.99	15.29	53.72	0.54	0.48
20	K_1n_2	泥岩	X1	2309.4	2.08	0.79	0.26	0.39	0.46	0.59	0.18	0.3	0.05	0.3	28.95	13.32	57.73	0.56	0.48
21	K_1n_2	泥岩	X1	2319.5	2.88	0.47	0.12	0.44	0.39	0.59	0.21	0.28	0.08	0.22	25.45	16.97	57.58	0.53	0.49
22	K_1n_2	泥岩	He-5	2104	1.53	0.87	0.4	0.22	0.88	0.59	0.29	0.27	0.12	0.3	25.49	15.4	59.1	0.49	0.47
23	K_1n_2	泥岩	He-5	2016	1.81	1.55	0.32	0.07	1.22	0.6	0.38	0.28	0.08	0.16	21.41	13.02	65.57	0.44	0.46
24	K_1n_2	泥岩	He-7	2040.9	2.65	0.45	0.13	0.12	0.99	0.59	0.3	0.29	0.11	0.09	24.75	15.09	60.15	0.39	0.48
25	K_1n_2	泥岩	He-7	2042.1	2.86	0.87	0.16	0.05	1.01	0.6	0.32	0.29	0.04	0.13	25.51	11.54	62.95	0.38	0.49
26	K_1n_2	泥岩	He-9	1589.4	2.6	0.98	0.22	0.08	1.22	0.57	0.41	0.32	0.02	0.14	24.45	12.94	62.61	0.29	0.41

续表

样品编号	组	层位	岩性	井位	深度/m	R1#	R2	R3	R4#	R5#	R6	R7#	R8#	R9#	R10#	R11#	R12#	R13#	R14	R15
27		K_1n_2	泥岩	He-9	2014.1	4.07	0.44	0.07	0.28	0.45	0.59	0.3	0.39	0.05	0.21	22.78	13.76	63.46	0.55	0.5
28		K_1n_2	泥岩	He-9	2017.1	1.43	0.58	0.14	0.35	0.43	0.58	0.25	0.33	0.1	0.27	29.24	16.04	54.72	0.62	0.5
29		K_1n_2	泥岩	He-9	2017.6	2.07	1.14	0.17	0.37	0.41	0.59	0.22	0.26	0.07	0.34	23.65	15.53	60.82	0.61	0.5
30		K_1n_1	泥岩	He-2	1679.5	3.24	0.99	0.2	0.35	0.5	0.6	0.17	0.26	0.08	0.14	33.95	16.22	49.83	0.55	0.49
31		K_1n_1	泥岩	He-5	2306	2.24	0.82	0.2	0.24	0.62	0.59	0.28	0.33	0.23	0.24	24.38	18.18	57.45	0.4	0.44
32		K_1n_2	煤	He-5	2240.7	3.93	2.52	0.3	0.3	0.46	0.6	0.28	0.29	0.08	0.34	15.08	14.11	70.82	0.35	0.34
33		K_1n_2	煤	He-5	2243.7	3.45	1.96	0.26	0.86	0.47	0.6	0.25	0.28	0.07	0.3	16.07	15.93	68	0.34	0.34
34		K_1n_2	煤	He-9	1632.8	5.17	0.66	0.1	0.95	0.88	0.61	0.45	0.19	0.08	0.25	28.19	13.72	58.09	0.29	0.27
35		K_1n_1	煤	He-5	2237.5	2.46	3.47	0.3	0.26	0.56	0.6	0.3	0.29	0.13	0.45	12.27	13.63	74.11	0.44	0.37
36	A组	K_1n_1	原油	He-2	1669.00~1649.80	2.04	0.31	0.14	0.56	0.45	0.57	0.17	0.44	0.1	0.34	22.07	16.2	61.73	0.46	0.49
37		K_1n_1	原油	He-2	1669.00~1841.80	2.17	0.22	0.11	0.65	0.48	0.59	0.2	0.3	0.1	0.31	27.93	15.96	56.11	0.44	0.53
38		K_1n_2	原油	He-9	1604.3	2.9	0.35	0.12	0.23	0.72	0.59	0.32	0.36	0.08	0.25	22.92	13.8	63.28	0.45	0.45
39		K_1n_1	原油	He-2	1652.7	3.13	0.43	0.1	0.43	0.47	0.6	0.23	0.44	0.06	0.25	25.97	16.73	57.3	0.47	0.48
40	B组	K_1n_2	原油	He-2	1550.3	1.67	0.56	0.16	0.85	1.17	0.56	0.38	0.1	0.03	0.15	25.6	24.34	50.06	0.43	0.48
41		K_1n_2	原油	He-2	1550.3	2.02	0.61	0.16	0.85	1.23	0.54	0.37	0.05	0.03	0.11	20.66	27.94	51.4	0.43	0.44
42		K_1n_2	原油	He-2	1550.3	1.78	0.54	0.16	0.83	1.23	0.55	0.4	0.45	0.04	0.13	25.38	23.14	51.48	0.4	0.49
43		K_1n_2	原油	He-2	1550.3	1.57	0.44	0.14	0.85	1.14	0.55	0.37	0.2	0.06	0.11	24.68	21.84	53.48	0.35	0.43
44	C组	K_1n_2	原油	He-6	1492.6	4.12	2.15	0.29	0.9	0.91	0.56	0.53	0.42	0.04	0.17	13.15	17.14	69.71	0.37	0.4
45		K_1n_2	原油	He-6	1492.6	3.24	2.08	0.31	0.87	0.86	0.5	0.42	0.24	0.04	0.17	11	13.78	75.22	0.32	0.34
46		K_1n_2	原油	He-6	1492.6	4.53	2.24	0.32	0.82	0.91	0.5	0.52	0.12	0.03	0.19	12.69	21.77	65.54	0.36	0.32
47		K_1n_2	原油	He-6	1492.6	3.71	2.19	0.32	0.84	0.88	0.5	0.41	0.42	0.05	0.17	12.49	21.69	65.83	0.34	0.36
48		K_1n_2	原油	He-6	1492.6	3.91	1.85	0.28	0.84	0.85	0.55	0.39	0.17	0.03	0.14	15.61	20.91	63.48	0.33	0.33
49		K_1n_2	原油	He-6	1492.6	3.37	1.73	0.28	0.85	0.87	0.52	0.37	0.07	0.06	0.13	17	16.45	66.55	0.34	0.4
50		K_1n_2	原油	He-6	1492.6	3.93	2.36	0.34	0.86	0.84	0.56	0.36	0.33	0.05	0.15	16.58	21	62.41	0.4	0.42

注: #标记的参数代表参与了化学计量学的计算,其中 $R1 = Pr/Ph$; $R2 = Pr/n\text{-}C_{17}$; $R3 = Ph/n\text{-}C_{18}$; $R4 = Ts/(Ts+Tm)$; $R5 = C_{29}$ 藿烷/C_{30} 藿烷; $R6 = C_{32}$ 22S/(22S+22R) 升藿烷; $R7 = C_{31}$ 22R/C_{30} 藿烷; $R8 = C_{35}/C_{34}$ 藿烷; $R9 = Ga/C_{31}$ R(伽马蜡烷/C_{31} 22R 升藿烷); $R10 = $ 甾烷/藿烷; $R11 = \% C_{27}$,如 $\% C_{27} = \% C_{27}/(\% C_{27} - \% C_{29})$; $R12 = \% C_{28}$; $R13 = \% C_{29}$; $R14 = C_{29}$ ββ/(αα+ββ); $R15 = C_{29}$ 20S/(20R+20S)。这些参数的详细介绍可参考 Peters 等(2005)。

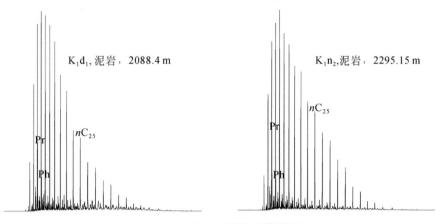

(a) K_1d_1 和 K_1n_2 泥岩的代表性TIC

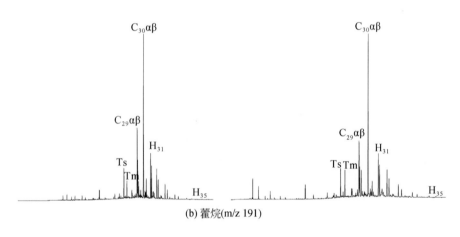

(b) 藿烷(m/z 191)

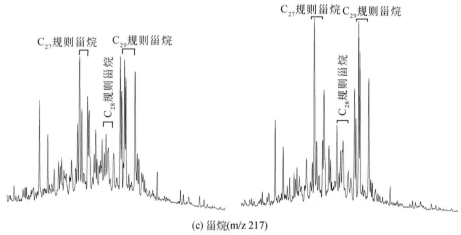

(c) 甾烷(m/z 217)

图 7-5 呼和湖凹陷 K_1d_1 和 K_1n_2 泥岩的代表性 TIC、
藿烷（m/z 191）和甾烷（m/z 217）色谱图

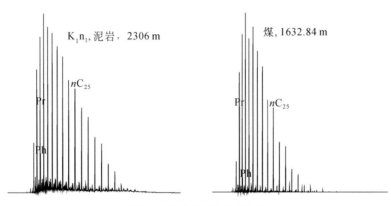

(a) K_1n_1 泥岩和煤样的代表性TIC

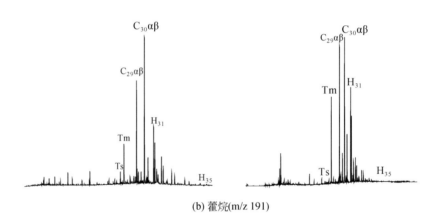

(b) 藿烷(m/z 191)

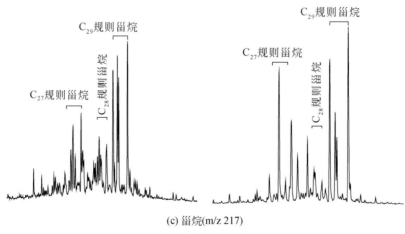

(c) 甾烷(m/z 217)

图 7-6　呼和湖凹陷 K_1n_1 泥岩和煤样的代表性 TIC、藿烷（m/z 191）和甾烷（m/z 217）色谱图

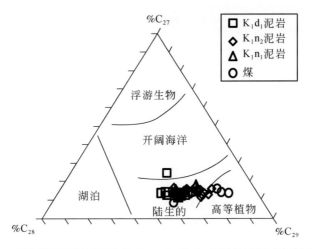

图 7-7　呼和湖凹陷烃源岩中的 C_{27}、C_{28} 和 C_{29} 规则甾烷相对丰度三角图

7.4　油–油对比

当将相似性虚线置于相关系数为 0.6 左右的位置时，我们可以从 HCA 对比图中发现呼和湖凹陷原油可以分为 A、B 和 C 三组（图 7-8），并且这一结果与 PCA 对比的结果是相一致的（图 7-9）。

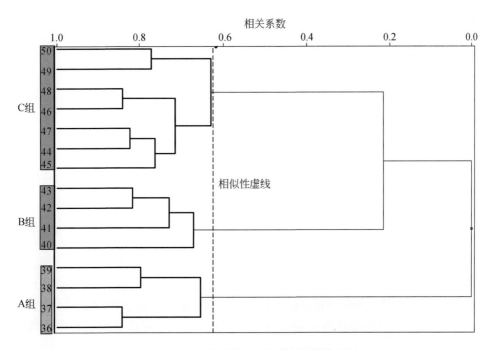

图 7-8　呼和湖凹陷原油的谱系聚类分析图

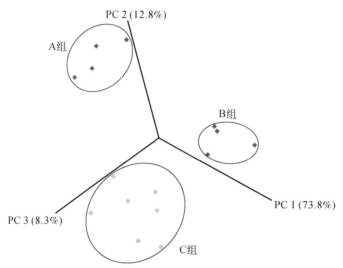

图 7-9   基于 10 个与生源或年龄相关的生物标志化合物比值的主成分分析将呼和
湖凹陷原油分为了三组

7.4.1   原油物理性质

呼和湖凹陷原油为轻质低蜡原油，密度为 $0.80g/cm^3$，黏度为 $1.93mPa \cdot s$，含蜡量为 5%，凝固点为 19℃ （鹿坤等，2010）。

7.4.2   原油的生物标志化合物特征

呼和湖凹陷全油气相色谱图显示正构烷烃系列分布完整 （$nC_{14} \sim nC_{35}$），主峰碳大多为 $nC_{19} \sim nC_{21}$，显示原油未遭受生物降解作用的影响。较低含量的 Pr/nC_{17} 和 Ph/nC_{18} 值也说明了研究的样品没有受到生物降解作用的影响 （表 7-4），并且根据这两个参数也可以将原油分为三组 （图 7-10）。呼和湖凹陷原油均有明显的姥鲛烷优势，Pr/Ph 值分布在 $1.57 \sim 4.53$，平均值为 2.94，可能指示了原油的烃源岩形成于氧化的沉积环境。此外，A 组原油具有中等 Pr/Ph 值 （$2.04 \sim 3.13$）；B 组原油的 Pr/Ph 值相对较低 （$1.57 \sim 2.02$）；而 C 组原油的 Pr/Ph 值是三组原油最高的 （$3.24 \sim 4.53$）。这反映了 C 组原油的母质可能形成于更偏氧化的沉积环境。

呼和湖凹陷各组原油甾烷分布 （m/z 217） 特征较为相似 （图 7-11），普遍以 C_{29} 规则甾烷为主，可能指示了原油形成母质以陆源有机质输入为主的特征 （图 7-12），这与较低含量的藿烷/甾烷比值的结果是相吻合的 （Tissot and Welte，1984）。另外，与 A 组和 B 组原油相比，C 组原油具有更高丰度的 C_{29} 规则甾烷，可能反映了更多陆源有机质的输入。

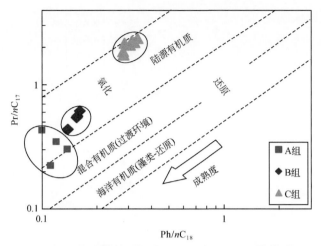

图 7-10　呼和湖凹陷原油的 Pr/nC_{17} 和 Ph/nC_{18} 值关系图

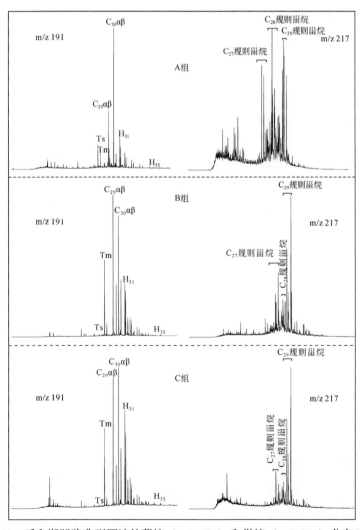

图 7-11　呼和湖凹陷典型原油的藿烷（m/z 191）和甾烷（m/z 217）分布对比图

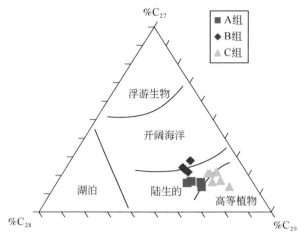

图 7-12 呼和湖凹陷原油中的 C_{27}、C_{28} 和 C_{29} 规则甾烷相对丰度三角图

呼和湖凹陷代表性原油的藿烷分布（m/z 191）如图 7-11 所示，与五环三萜烷相比，原油中的三环萜烷的丰度很低。原油中的 C_{35}/C_{34} 值分布范围是 0.05 ~ 0.45，表明原油母质形成于氧化的沉积环境（Peters and Moldowan，1991）。此外，低含量的伽马蜡烷指数反映了原油的母质在形成的过程中不存在水体分层。

7.4.3 原油的热成熟度

呼和湖凹陷原油中的 C_{32}22S/(22S+22R) 值介于 0.5 ~ 0.6，表明该生物标志化合物比值参数已经趋于平衡（Seifert and Moldowan，1980）。A 组原油中的 C_{29}20S/(20R+20S) 和 C_{29}ββ/(αα+ββ) 值相对较高，分别介于 0.45 ~ 0.53 和 0.44 ~ 0.47，表明 A 组原油已经处于成熟阶段；与 A 组原油相比，C 组原油中 C_{29}20S/(20R+20S) 和 C_{29}ββ/(αα+ββ) 相对较低，分别介于 0.32 ~ 0.42 和 0.32 ~ 0.40；B 组原油中的 C_{29}20S/(20R+20S) 和 C_{29}ββ/(αα+ββ) 值处于 A 和 C 组原油之间。因此，各组原油的热成熟度有以下关系：A>B>C（图 7-13）。

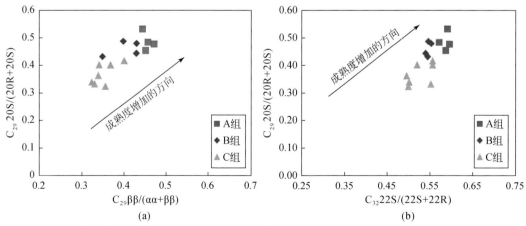

图 7-13 呼和湖凹陷原油中的 C_{29}20S/(20R+20S) 与 C_{29}ββ/(αα+ββ)（a）和 C_{29}20S/(20R+20S) 与 C_{32}22S/(22S+22R)（b）关系图

7.5　油–源对比

本书通过三维 PCA 确定了呼和湖凹陷原油的烃源岩来源层段。PCA 的前三个主成分的因子得分占原始数据集的 90%，基本上可以代表原始样本的信息。如图 7-14（a）所示，PCA 将呼和湖凹陷的原油分为 A、B 和 C 三组，其中 A 组原油与 K_1n_2 和 K_1n_1 泥岩有较好的对应关系，而 B 组和 C 组原油分别与 K_1d_1 泥岩和 K_1n_2 煤相关。图7-14（b）所示的是选取的 10 个生物标志化合物参数对主成分分析的三个主成分 PC1、PC2 和 PC3 的因子载荷。由于 PC1 主要与 Ts/（Ts+Tm）和 C_{35}/C_{34} 升藿烷呈正相关关系，所以 PC1 所指示的方向可能代表的是一个更为还原的沉积环境，因为 Ts/（Ts+Tm）参数在成熟度较低时主要受生源控制（Wang et al.，2018a），而 C_{35}/C_{34} 升藿烷值通常反映的是沉积环境的变化（Peters and Moldowan，1991）。PC2 主要以 C_{29} 藿烷/C_{30} 藿烷和 C_{31}22R/C_{30} 藿烷呈正相关，而与 C_{27} 规则甾烷呈负相关，说明 PC2 指示的更多是海相有机质输入的方向（Huang and Meinschein，1979；Peters et al.，2005）。PC3 的载荷显示主要与 Pr/Ph 和 C_{29} 规则甾烷呈正相关，而与 C_{27} 规则甾烷呈负相关。因此，PC3 可能代表的是更为氧化的沉积环境（Didyk et al.，1978）和陆源有机质输入的方向（Huang and Meinschein，1979）。

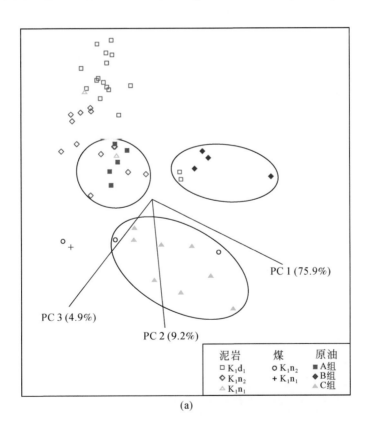

(a)

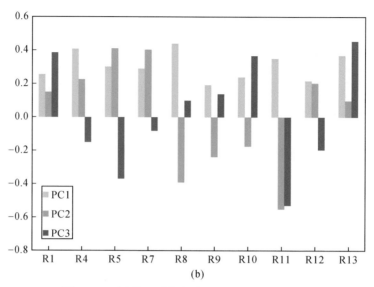

图 7-14　呼和湖凹陷烃源岩和原油的主成分分析

（a）因子得分　（b）因子载荷。R1 = Pr/Ph；R4 = Ts/(Ts+Tm)；R5 = C_{29} 藿烷/C_{30} 藿烷；R7 = C_{31} 22R/C_{30} 藿烷；R8 = C_{35}/C_{34} 升藿烷；R9 = 伽马蜡烷/C_{31} 22R 升藿烷；R10 = 甾烷/藿烷；R11 = % C_{27} 规则甾烷，如 % C_{27} = % C_{27}/(% C_{27} – % C_{29})；

R12 = % C_{28} 规则甾烷；R13 = % C_{29} 规则甾烷

　　呼和湖凹陷的地质证据同样支持了 PCA 的对比结果。例如，目前已发现的原油主要分布在 He-2 和 He-6 井，而这两个钻井中煤层的分布深度分别介于 570 ~ 1600m 和 570 ~ 1550m（曲国娜，2005）。这也就解释了采自煤层下部的 A 组原油（储层深度大于 1600m）只与南屯组的泥岩有良好的相关性，而位于煤层分布范围内的 C 组原油（储层深度 1492.6m）与 K_1n_2 煤样存在较好的对应关系。

　　正如前文已经论述的 K_1d_1 和 K_1n_2 泥岩烃源岩具有中等—好的生烃潜力，而 K_1n_1 泥岩和 K_1n_2 煤样烃源岩的生烃潜力相对差一些，分别为差—好和差—中等的生烃潜力。K_1n_2 的煤具有一定的生烃潜力，但是 K_1n_1 的煤生烃潜力较差，这一结果与前人的研究成果是相一致的（刘海英，2010）。因此，呼和湖凹陷烃源岩的生烃潜力很好地支持了 PCA 的对比结果。从本书的地球化学对比结果可知，南屯组和大磨拐河组 ·段都具有较好的勘探前景。

参 考 文 献

曹瑞成，王伟明，尚教辉，等 . 2010. 应用层序地层地球化学方法研究呼和湖凹陷烃源岩 . 大庆石油学院学报，34：18-22.

陈鸿平 . 2014. 呼和湖南屯组煤系源岩地化特征及油源对比 . 西部探矿工程，（1）：50-57.

陈建平，赵长毅，王兆云，等 . 1998. 西北地区侏罗纪煤系烃源岩和油气地球化学特征 . 地质论评，（2）：149-159.

陈学海，卢双舫，薛海涛，等 . 2011. 海拉尔盆地呼和湖凹陷白垩系地震相 . 石油勘探与开发，38：321-327.

崔军平，任战利，苏勇，等 . 2007. 海拉尔盆地现今地温场与油气的关系 . 石油勘探与开发，34：445-450.

董立，王伟明，余学兵，等.2011.海拉尔盆地呼和湖凹陷南屯组油气成藏期次研究.油气地质与采收率，18：20-23.

侯艳平，朱德丰，任延广，等.2008.贝尔凹陷构造演化及其对沉积和油气的控制作用.大地构造与成矿学，32：300-307.

黄第藩，熊传武.1996.含煤地层中石油的生成、运移和生油潜力评价.勘探家：石油与天然气，（2）：6-11.

李军辉，卢双舫，蒙启安，等.2010.海拉尔盆地呼和湖凹陷南屯组典型砂体的特征分析.地质学报，84：1495-1501.

李松，毛小平，汤达祯，等.2009.海拉尔盆地呼和湖凹陷煤成气资源潜力评价.中国地质，36：1350-1358.

刘海英.2010.呼和湖凹陷烃源岩评价.大庆：大庆石油学院硕士学位论文.

鹿坤，侯读杰，洪海峰，等.2010.呼和湖凹陷原油地球化学特征及油源对比.桂林理工大学学报，30：28-32.

孟元林，杜虹宝，许丞，等.2014.西宁盆地下侏罗统烃源岩有机地球化学特征.天然气地球科学，25：588-594.

曲国娜.2005.海拉尔盆地呼和湖凹陷煤层气有利目标评价研究.阜新：辽宁工程技术大学硕士学位论文.

宋换新，文志刚，包建平.2015.祁连山木里地区煤岩有机地球化学特征及生烃潜力.天然气地球科学，26：1803-1813.

王春江.1998.煤的生烃潜力的折扇法评价.地球化学，27：483-492.

王培俊，钟建华，牛永斌.2009.海拉尔盆地呼和湖凹陷构造特征与演化.特种油气藏，16：25-27.

吴海波，李军辉.2012.层序地层地球化学在海拉尔盆地呼和湖凹陷烃源岩评价中的应用.地质学报，86：661-670.

杨子荣，张艳飞，姚远.2008.海拉尔盆地呼和湖凹陷煤层气资源潜力分析.煤田地质与勘探，36：15-18.

张帆.2014.呼和湖凹陷中低煤阶煤系烃源岩地球化学特征及生烃潜力评价.天然气勘探与开发，（7）：16-21.

张明峰，熊德明，吴陈君，等.2016.准噶尔盆地东部地区侏罗系烃源岩及其低熟气形成条件.天然气地球科学，27：261-267.

Amiri V，Nakhaei M，Lak R.2017.Using radon-222 and radium-226 isotopes to deduce the functioning of a coastal aquifer adjacent to a hypersaline lake in NW Iran.Journal of Asian Earth Sciences，147：128-147.

Brito M，Rodrigues R，Baptista R，et al.2017.Geochemical characterization of oils and their correlation with Jurassic source rocks from the Lusitanian Basin（Portugal）.Marine and Petroleum Geology，85：151-176.

Chakhmakhchev A，Suzuki N，Suzuki M，et al.1996.Biomarker distributions in oils from the Akita and Niigata Basins，Japan.Chemical Geology，133：1-14.

Didyk B M，Simoneit B R T，Brassell S C，et al.1978.Organic geochemical indicators of palaeoenvironmental conditions of sedimentation.Nature，272：216-222.

Fu J，Sheng G Y，Peng P，et al.1986.Peculiarities of salt lake sediments as potential source rocks in China.Organic Geochemistry，10：119-126.

Hao F，Zhou X，Zhu Y，et al.2009.Charging of the Neogene Penglai 19-3 field，Bohai Bay Basin，China：oil accumulation in a young trap in an active fault zone.American Association of Petroleum Geologists Bulletin，93：155-179.

Hao F, Zhou X, Zhu Y, et al. 2010. Charging of oil fields surrounding the Shaleitian uplift from multiple source rock intervals and generative kitchens, Bohai Bay basin, China. Marine and Petroleum Geology, 27: 1910-1926.

Hao F, Zhang Z, Zou H, et al. 2011. Origin and mechanism of the formation of the low-oil-saturation Moxizhuang field, Junggar Basin, China: implication for petroleum exploration in basins having complex histories. American Association of Petroleum Geologists Bulletin, 95: 983-1008.

He M, Moldowan J M, Nemchenko-Rovenskaya A, et al. 2012. Oil families and their inferred source rocks in the Barents Sea and northern Timan-Pechora Basin, Russia. American Association of Petroleum Geologists Bulletin, 96: 1121-1146.

Huang W Y, Meinschein W G. 1979. Sterols as ecological indicators. Geochimica et Cosmochimica Acta, 43: 739-745.

Hunt J M. 1996. Petroleum Geochemistry and Geology. New York: W. H. Freeman and Company.

Jiang Z, Qiu H, Huang Y, et al. 2014. Jurassic lacustrine source rock characteristics and its petroleum geological significance in the Southeast Depression of Tarim Basin, China. Arabian Journal of Geosciences, 7: 5093-5106.

Lu K, Hou D, Hong H, et al. 2010. Geochemical characteristics of crude oil and correlation of oil source in Huhehu Sag. Journal of Guilin University of Technology, 30: 28-32.

Mashhadi Z S, Rabbani A R, Kamali M R. 2015. Geochemical characteristics and hydrocarbon generation modeling of the Kazhdumi (Early Cretaceous), Gurpi (Late Cretaceous) and Pabdeh (Paleogene) formations, Iranian sector of the Persian Gulf. Marine and Petroleum Geology, 66: 978-997.

Peters K E. 1986. Guidelines for evaluating petroleum source rock using programmed prolysis. American Association of Petroleum Geologists Bulletin, 70: 318-329.

Peters K E, Moldowan J M. 1991. Effects of source, thermal maturity, and biodegradation on the distribution and isomerization of homohopanes in petroleum. Organic Geochemistry, 17: 47-61.

Peters K E, Walters C C, Moldowan J M. 2005. The Biomarker Guide: Biomarkers and Isotopes in Petroleum Exploration and Earth History. Cambridge: Cambridge University Press.

Peters K E, Ramos L S, Zumberge J E, et al. 2007. Circum-Arctic petroleum systems identified using decision-tree chemometrics. American Association of Petroleum Geologists Bulletin, 91: 877-913.

Peters K E, Coutrot D, Nouvelle X, et al. 2013. Chemometric differentiation of crude oil families in the San Joaquin Basin, California. American Association of Petroleum Geologists Bulletin, 97: 103-143.

Peters K E, Wright T L, Ramos L S, et al. 2016. Chemometric recognition of genetically distinct oil families in the Los Angeles basin, California. American Association of Petroleum Geologists Bulletin, 100: 115-135.

Seifert W K, Moldowan J M. 1978. Applications of steranes, terpanes and monoaromatics to the maturation, migration and source of crude oils. Geochimica et Cosmochimica Acta, 42: 77-95.

Seifert W K, Moldowan J M. 1980. The effect of thermal stress on source-rock quality as measured by hopane stereochemistry. Physics and Chemistry of the Earth, 12: 229-237.

Seifert W K, Moldowan J M. 1986. Use of biological markers in petroleum exploration. Methods in Geochemistry & Geophysics, 24: 261-290.

Sinninghe Damsté J S, Kenig F, et al. 1995. Evidence for gammacerane as an indicator of water column stratification. Geochimica et Cosmochimica Acta, 59: 1895-1900.

Telnæs N, Cooper B S. 1991. Oil-source rock correlation using biological markers, Norwegian continental shelf. Marine and Petroleum Geology, 8: 302-310.

Tissot B P, Welte D H. 1984. Petroleum Formation and Occurrence. Berlin: Springer.

Tissot B P, Pelet R, Ungerer P. 1987. Thermal history of sedimentary basins, maturation indices and kinetics of oil and gas generation. American Association of Petroleum Geologists Bulletin, 71: 1445-1466.

Wang Y P, Zhang F, Zou Y R, et al. 2016. Chemometrics reveals oil sources in the Fangzheng Fault Depression, NE China. Organic Geochemistry, 102: 1-13.

Wang Y P, Zhang F, Zou Y R, et al. 2018. Oil source and charge in the Wuerxun Depression, Hailar Basin, northeast China: a chemometric study. Marine and Petroleum Geology, 89: 665-686.

Zumberge J E, Russell J A, Reid S A. 2005. Charging of Elk Hills reservoirs as determined by oil geochemistry. American Association of Petroleum Geologists Bulletin, 89: 1347-1371.

第8章 乌尔逊凹陷的油-油和油-源对比研究

海拉尔盆地是目前大庆勘探区内重要的含油气盆地（李松等，2009），位于我国东北部的内蒙古自治区。从现有的勘探资料可知，海拉尔盆地已发现商业油流井64口，累计已探明的石油地质储量1.05亿t，乌尔逊凹陷和贝尔凹陷是目前该盆地内主要的两大富油凹陷（曹天军等，2011；张元玉等，2007）。乌尔逊凹陷属于海拉尔盆地的二级构造单元 [图8-1（a）]，面积约为2166km²（宫广胜和庞雄奇，2007）。根据沉积结构和构造发育特征（刘新颖等，2009；孙文峰，2012），前人还将乌尔逊凹陷进一步划分为乌尔逊凹陷

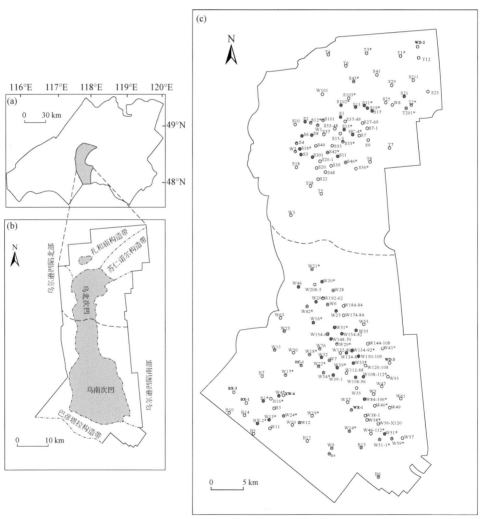

图8-1 海拉尔盆地（a）、乌尔逊凹陷构造分区（b）和
研究区井位分布（c）图（李占东等，2016b）

北部和乌尔逊凹陷南部［图 8-1（b）］，因此本章也将分开讨论乌尔逊凹陷北部和乌尔逊凹陷南部的烃源岩和原油特征及油-油和油-源对比。图 8-1（c）所示的是乌尔逊凹陷井位分布。

乌尔逊凹陷在古生界变质基地上主要发育了 6 套沉积序列（杜春国等，2004；马中振等，2007），从底到顶依次为兴安岭群组（J_2x）、铜钵庙组（K_1t）、南屯组（K_1n）、大磨拐河组（K_1d）、伊敏组（K_1y）和青元岗组（K_2q）（图 8-2）。从已发现原油的分布层位来看，乌尔逊凹陷北部的含油层位主要集中在南屯组二段（K_1n_2）［图 8-3（a）］，而乌尔逊凹陷南部的含油层位则分布相对较广［图 8-3（b）］。

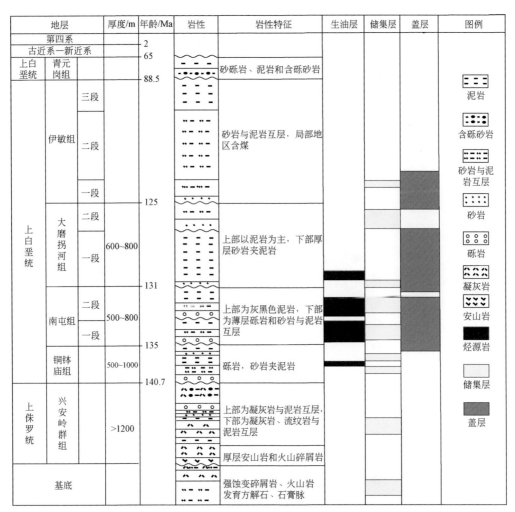

图 8-2　海拉尔盆地乌尔逊凹陷综合柱状图（崔军平和任战利，2011；
李占东等，2016a；刘志宏等，2006；马中振等，2007）

前人的研究表明，乌尔逊凹陷主要发育有 4 套烃源岩，即大磨拐河组一段（K_1d_1）、南屯组二段（K_1n_2）、南屯组一段（K_1n_1）和铜钵庙组（K_1t）（刘新颖等，2009；杨伟红

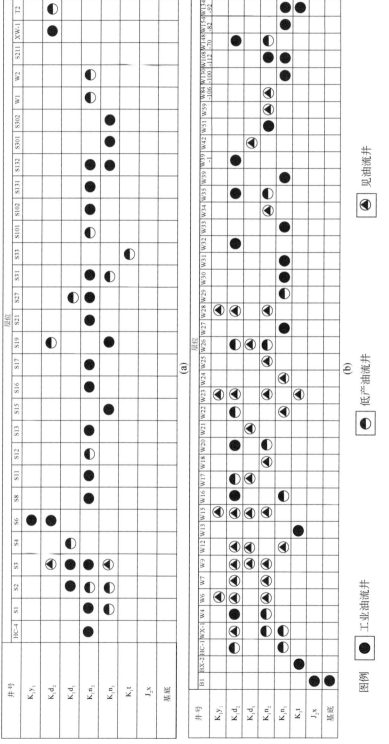

图8-3 乌尔逊凹陷北部（a）和南部（b）的含油气层位分布（马中振等, 2007；孙国昕等, 2011）

图例 ● 工业油流井   ◐ 低产油流井   ◑ 见油流井

等，2010；张文宾等，2004）。烃源岩的岩性以暗色泥岩为主（贾芳芳，2010；杨伟红等，2010）。K_1d 组烃源岩的成熟度相对较低，以 III 型有机质为主；K_1n 组烃源岩的成熟度相对较高，以 II 型有机质为主；K_1t 组烃源岩已经进入成熟至过成熟阶段，以 II 型有机质为主（杨伟红等，2010）。凹陷中部烃源岩的有机质丰度相对较高，而其余的大部分区域有机碳丰度均小于 1%（姜福杰等，2008）。乌尔逊凹陷烃源岩和原油之间的成因关系仍然存在争议（董焕忠，2011；侯启军等，2004；贾芳芳，2010；揭异新等，2007；杨伟红等，2010），这可能是前人研究样品相对较少以及研究区内的几套烃源岩的地球化学特征较为相似造成的，因此本章将采集大量覆盖整个研究区域的样品来探究原油的来源问题。

本研究通过化学计量学方法揭示了乌尔逊凹陷烃源岩和原油的亲缘关系。化学计量学方法可同时对大量样品中的多个变量（生物标志化合物比值参数）进行处理和分析，并通过图形化的形式来展示所有数据的结果，非常适合开展区域性和精细化的油–油和油–源对比研究（Christie，1992；Christie et al.，1984；Peters et al.，2005）。PCA 就是一种常用的开展油–油和油–源对比研究的化学计量学方法（Mashhadi and Rabbani，2015；Peters et al.，2007，2013，2016）。此外，最近的一项研究表明，多维标度也是一种有效的地球化学对比方法，尤其是准对油源关系较为复杂的研究区域，如研究区内具有多套地球化学性质相似的烃源岩的油–源对比问题（Wang et al.，2016）。PCA 对比图可视化地显示数据集中不同样本组之间的关系；然而通过结合非线性多维标度双标图（Greenacre and Primicero，2013），MDS 还可以提供研究的烃源岩和原油样品成熟度与沉积环境的变化信息（Wang et al.，2016）。PCA 和 MDS 的原理均是以降维的方法将多个变量（生物标志化合物比值参数）的相关信息集中到几个新的独立变量（主成分），这些新的独立变量可以最好地反映原数据集的结构。PCA 是一种较为经典的线性降维方法，而 MDS 属于非线性降维方法（Sumithra and Surendran，2015）。因此，似乎 MDS 更适合用于地球化学对比的生物标志化合物比值数据，而不是 PCA，因为生物标志化合物比值数据是呈非线性变化的（Chen et al.，2007；Zhan et al.，2016）。

8.1　样品与实验方法

化学计量学分析中使用有 154 个样品，其中包括乌尔逊凹陷北部的 28 个泥岩岩心样品和 18 个油样；乌尔逊凹陷南部的 71 个泥岩岩心样品和 37 个油样，其中的油样包括原油和油砂两种类型。潜在烃源岩样品（包括 K_1d_1、K_1n_2、K_1n_1 和 K_1t）采集自 37 口钻井，油样（包括 K_1d、K_1n 和 K_1t 储层）采集自 39 口钻井，基本上覆盖了整个研究区域已发现原油的钻井。

岩心样品首先会用蒸馏水清洗表面污渍，然后在 60℃烘箱内干燥，最后研磨成粉末。岩石粉末样品（表 8-1）先进行 Rock-Eval 热解分析，以获得总有机碳（TOC）、氢指数（HI）和生烃潜力（S_1+S_2）等地球化学参数，随后选取其中的 99 个样品（表 8-2）抽提 72h，抽提的有机试剂为二氯甲烷与甲醇的混合溶液，混合比例为 93 : 7，最后将所得的烃源岩抽提物和原油一并通过柱色谱法分离成饱和烃、芳烃、非烃和沥青质四个组分。

表 8-1　乌尔逊凹陷岩石的 Rock-Eval 热解数据

位置	岩性	层位	深度/m	井号	TOC	T_{max}	S_1	S_2	S_1+S_2	S_3	HI	OI	PI
	泥岩	K_1d_1	1270.00	T3	2.50	430.00	0.13	3.66	3.79	0.00	146.17	0.00	0.034
	泥岩	K_1d_1	1273.64	T3	3.22	436.00	0.21	7.16	7.37	0.00	222.64	0.00	0.028
	泥岩	K_1d_1	1536.88	S33	2.13	428.00	0.22	2.99	3.21	47.82	140.71	2250.35	0.069
	泥岩	K_1d_1	1733.06	S42	1.91	437.00	0.17	4.42	4.58	16.05	230.83	838.35	0.036
	泥岩	K_1d_1	1267.64	S132	2.48	435.00	0.24	3.64	3.88	0.47	147.01	18.98	0.062
	泥岩	K_1n_2	1308.12~1316.56	S12	2.52	437.00	0.27	5.09	5.36	1.84	202.39	73.16	0.050
	泥岩	K_1n_2	1316.56~1334.57	S12	3.30	437.00	0.35	7.23	7.58	2.10	219.42	63.73	0.046
	泥岩	K_1n_2	1539.60	S33	3.37	437.00	0.12	4.92	5.04	31.21	146.04	926.39	0.024
	泥岩	K_1n_2	1541.08	S33	1.82	436.00	0.06	3.13	3.19	27.18	172.26	1495.87	0.019
	泥岩	K_1n_2	1543.68	S33	2.31	437.00	0.04	2.67	2.71	14.74	115.68	638.65	0.015
乌尔逊凹陷北部	泥岩	K_1n_2	1544.68	S33	1.96	439.00	0.07	4.57	4.64	24.53	232.93	1250.25	0.015
	泥岩	K_1n_2	1657.00	S33	2.12	442.00	0.10	4.57	4.67	40.53	215.87	1914.50	0.021
	泥岩	K_1n_2	1658.40	S33	2.58	437.00	0.19	5.67	5.86	27.16	219.85	1053.12	0.032
	泥岩	K_1n_2	1660.60	S33	1.90	439.00	0.07	4.18	4.25	14.64	219.88	770.12	0.016
	泥岩	K_1n_2	1662.60	S33	2.83	434.00	0.22	5.47	5.69	29.00	193.29	1024.73	0.039
	泥岩	K_1n_2	1715.90	S33	4.72	436.00	0.96	18.48	19.44	0.42	391.44	8.90	0.049
	泥岩	K_1n_2	1717.22	S33	3.85	437.00	0.24	3.83	4.07	28.49	99.61	740.96	0.059
	泥岩	K_1n_2	1519.50	S33-2	2.13	432.00	0.22	3.25	3.46	42.68	152.11	2000.09	0.062
	泥岩	K_1n_2	1522.10	S33-2	3.17	426.00	0.21	2.01	2.22	47.22	63.47	1489.46	0.095
	泥岩	K_1n_2	1523.20	S33-2	2.02	440.00	0.08	4.38	4.46	8.64	216.62	427.10	0.017
	泥岩	K_1n_2	1524.90	S33-2	2.57	440.00	0.16	4.79	4.95	14.90	186.50	579.92	0.032
	泥岩	K_1n_2	1526.40	S33-2	3.09	440.00	0.65	12.44	13.09	0.37	402.46	12.03	0.049

续表

位置	岩性	层位	深度/m	井号	TOC	T_{max}	S_1	S_2	S_1+S_2	S_3	HI	OI	PI
	泥岩	K_1n_2	1776.08	S33-2	2.63	441.00	0.64	10.81	11.44	0.32	410.37	12.23	0.056
	泥岩	K_1n_2	1777.68	S33-2	3.76	441.00	1.00	14.30	15.30	0.30	380.02	8.00	0.065
	泥岩	K_1n_2	1779.58	S33-2	2.10	442.00	0.67	8.09	8.76	0.20	384.73	9.61	0.076
	泥岩	K_1n_2	1781.48	S33-2	3.56	442.00	0.83	15.31	16.14	0.25	430.02	7.10	0.051
	泥岩	K_1n_2	1784.28	S33-2	1.86	436.00	0.56	4.53	5.10	0.82	243.76	43.92	0.110
	泥岩	K_1n_2	1962.54	S42	2.24	442.00	0.45	7.79	8.24	0.47	348.72	20.85	0.054
	泥岩	K_1n_2	1968.19	S42	2.78	444.00	0.68	9.64	10.32	0.49	346.41	17.42	0.066
	泥岩	K_1n_2	1498.21	S43	4.78	425.00	0.39	15.62	16.01	22.04	326.85	461.18	0.024
	泥岩	K_1n_2	1896.40	S43	1.90	444.00	0.26	5.88	6.14	6.49	309.96	342.12	0.042
	泥岩	K_1n_2	1897.80	S-3	2.17	444.00	0.32	7.83	8.15	0.53	361.16	24.45	0.039
乌尔逊凹陷北部	泥岩	K_1n_2	1899.50	S43	3.04	442.00	0.50	11.31	11.81	0.60	372.41	19.76	0.042
	泥岩	K_1n_2	1664.62	S46	2.39	435.00	0.50	4.74	5.24	19.90	198.20	831.38	0.095
	泥岩	K_1n_2	1407.95	S47	3.20	442.00	0.39	15.71	16.10	0.33	490.75	10.40	0.024
	泥岩	K_1n_2	1416.05	S47	2.63	442.00	0.31	11.89	12.20	0.26	452.67	9.94	0.025
	泥岩	K_1n_2	1421.82	S47	2.86	443.00	0.41	12.88	13.29	0.28	450.93	9.70	0.031
	泥岩	K_1n_2	1424.32	S47	1.78	443.00	0.26	5.74	6.00	0.41	323.00	23.17	0.043
	泥岩	K_1n_2	1500.65	S103	3.41	429.00	0.24	14.56	14.80	0.35	426.72	10.11	0.016
	泥岩	K_1n_2	1838.30	S103	4.80	447.00	1.05	23.83	24.88	12.35	496.77	257.45	0.042
	泥岩	K_1n_2	1937.90	S103	3.26	450.00	0.92	23.82	24.74	1.95	731.80	59.91	0.037
	泥岩	K_1n_2	1949.14	S103	7.88	439.00	2.00	27.70	29.70	0.39	351.38	4.94	0.067
	泥岩	K_1n_2	1429.31~1446.49	S132	2.47	434.00	0.26	4.27	4.53	0.46	172.66	18.60	0.057
	泥岩	K_1n_2	1446.49~1464.67	S132	2.70	436.00	0.29	6.89	7.18	0.50	255.09	18.51	0.040

位置	岩性	层位	深度/m	井号	TOC	T_{max}	S_1	S_2	S_1+S_2	S_3	HI	OI	PI
乌尔逊凹陷北部	泥岩	K_1n_2	1464.67~1480.78	S132	3.06	429.00	0.31	8.76	9.07	0.41	286.56	13.41	0.034
	泥岩	K_1n_2	1882.38	S132	3.66	441.00	0.59	9.28	9.87	1.04	253.41	28.40	0.060
	泥岩	K_1n_1	1953.13	S27-2	0.55	446.00	0.11	1.09	1.20	0.42	199.27	76.78	0.092
	泥岩	K_1n_1	1953.63	S27-2	0.80	443.00	0.20	1.88	2.08	0.96	235.88	120.45	0.096
	泥岩	K_1n_1	1954.13	S27-2	0.87	448.00	0.23	2.06	2.29	1.18	237.33	135.94	0.100
	泥岩	K_1n_1	1956.63	S27-2	1.06	443.00	0.57	3.59	4.16	0.95	337.41	89.29	0.137
	泥岩	K_1n_1	1957.13	S27-2	1.85	446.00	0.88	6.74	7.62	0.78	364.13	42.14	0.115
	泥岩	K_1n_1	2181.64	S33	2.71	446.00	0.48	7.24	7.72	0.32	266.86	11.80	0.062
	泥岩	K_1n_1	2183.84	S33	2.82	444.00	0.77	7.38	8.15	0.53	261.89	18.81	0.094
	泥岩	K_1n_1	2185.84	S33	1.79	444.00	0.77	7.38	8.15	0.53	412.29	29.61	0.094
	泥岩	K_1n_1	2187.20	S33	1.96	439.00	0.98	5.43	6.41	0.74	277.32	37.79	0.153
	泥岩	K_1n_1	2141.38	S42	2.81	444.00	1.03	14.29	15.32	0.40	508.91	14.32	0.067
	泥岩	K_1n_1	2173.92	S43	2.25	445.00	0.78	7.76	8.54	0.84	344.28	37.27	0.091
	泥岩	K_1n_1	2177.07	S43	2.09	447.00	0.44	7.13	7.57	0.62	341.80	29.72	0.058
	泥岩	K_1n_1	2178.77	S43	1.70	440.00	1.10	5.70	6.80	1.09	335.89	64.23	0.162
	泥岩	K_1n_1	2179.47	S43	1.63	442.00	0.92	5.55	6.47	0.69	341.33	42.44	0.142
	泥岩	K_1n_1	2179.77	S43	2.20	443.00	0.57	7.46	8.03	0.80	338.94	36.35	0.071
	泥岩	K_1n_1	1744.49	S47	2.65	440.00	0.54	5.73	6.27	0.62	216.44	23.32	0.086
	泥岩	K_1n_1	1754.93	S47	1.89	445.00	0.49	6.01	6.50	0.54	318.43	28.76	0.075
	泥岩	K_1n_1	1600.00	S56	3.30	437.00	0.07	8.01	8.08	0.61	242.65	18.46	0.009
	泥岩	K_1n_1	1610.00	S56	4.26	437.00	0.19	14.57	14.75	0.57	341.66	13.32	0.013
	泥岩	K_1n_1	1620.00	S56	6.08	435.00	0.19	17.48	17.67	0.86	287.48	14.06	0.011

续表

位置	岩性	层位	深度/m	井号	TOC	T_{max}	S_1	S_2	S_1+S_2	S_3	HI	OI	PI
乌尔逊凹陷北部	泥岩	K_1n_1	1630.00	S55	2.90	438.00	0.11	8.01	8.12	0.76	275.95	26.22	0.013
	泥岩	K_1n_1	1640.00	S55	2.51	438.00	0.10	9.39	9.48	0.97	373.90	38.61	0.010
	泥岩	K_1n_1	1650.00	S55	2.14	438.00	0.08	7.54	7.61	0.76	351.54	35.63	0.010
	泥岩	K_1d_1	2192.86	W14	1.46	470.00	0.17	0.62	0.79	17.18	42.52	1178.33	0.215
	泥岩	K_1d_1	2195.06	W14	1.57	467.00	0.16	0.68	0.84	16.42	43.31	1045.86	0.190
	泥岩	K_1d_1	2198.36	W14	1.88	469.00	0.21	1.11	1.32	19.44	58.98	1032.94	0.159
	泥岩	K_1d_1	2702.94	W19	1.79	470.00	1.68	2.74	4.42	13.47	152.73	750.84	0.380
	泥岩	K_1d_1	2704.64	W19	2.97	473.00	0.38	2.73	3.11	8.60	91.89	289.46	0.122
	泥岩	K_1d_1	2706.24	W19	2.00	463.00	0.81	2.75	3.56	0.11	137.78	5.51	0.228
	泥岩	K_1d_1	2031.05	W42	1.62	443.00	0.17	2.47	2.65	37.04	153.00	2290.79	0.065
	泥岩	K_1d_1	2033.45	W42	2.42	441.00	0.25	4.50	4.75	23.71	186.11	980.12	0.053
	泥岩	K_1d_1	2034.35	W42	2.38	443.00	0.25	4.44	4.68	22.24	186.62	935.80	0.053
	泥岩	K_1d_1	2035.15	W42	3.10	438.00	0.74	6.65	7.39	0.53	214.21	17.17	0.100
	泥岩	K_1d_1	2036.25	W42	2.56	444.00	0.36	4.33	4.69	34.23	169.19	1338.12	0.077
	泥岩	K_1d_1	2037.05	W42	1.95	448.00	0.23	3.11	3.34	34.12	159.61	1753.39	0.070
乌尔逊凹陷南部	泥岩	K_1d_1	2038.15	W42	2.82	443.00	0.39	5.14	5.53	28.33	182.41	1004.47	0.070
	泥岩	K_1d_1	2039.35	W42	2.51	441.00	0.24	4.73	4.97	20.99	188.57	836.29	0.048
	泥岩	K_1d_1	2040.25	W42	1.83	441.00	0.18	2.72	2.90	21.29	148.52	1163.44	0.063
	泥岩	K_1n_2	2062.90	W13	1.95	443.00	0.05	1.75	1.80	1.52	89.93	78.11	0.028
	泥岩	K_1n_2	1841.30	W21	2.90	438.00	0.15	7.71	7.86	2.64	265.86	91.03	0.019
	泥岩	K_1n_2	1973.52	W21	3.82	438.00	0.70	4.87	5.57	0.97	127.65	25.43	0.126
	泥岩	K_1n_2	2386.50	W22	2.20	443.00	0.29	4.55	4.84	4.02	206.91	182.81	0.060

续表

位置	岩性	层位	深度/m	井号	TOC	T_{max}	S_1	S_2	S_1+S_2	S_3	HI	OI	PI
乌尔逊凹陷南部	泥岩	K_1n_2	2460.01	W22	1.57	450.00	0.22	2.72	2.94	20.00	173.47	1275.51	0.075
	泥岩	K_1n_2	2478.58	W22	2.68	443.00	1.02	7.55	8.57	6.17	281.82	230.31	0.119
	泥岩	K_1n_2	2691.17	W22	2.51	448.00	0.60	8.47	9.07	0.28	337.58	11.16	0.066
	泥岩	K_1n_2	2694.67	W22	3.30	450.00	0.64	10.44	11.08	0.17	316.46	5.15	0.058
	泥岩	K_1n_2	2696.40	W22	2.62	452.00	0.54	7.52	8.06	0.17	287.46	6.50	0.067
	泥岩	K_1n_2	2702.50	W22	2.23	453.00	0.59	6.80	7.39	0.17	304.66	7.62	0.080
	泥岩	K_1n_2	2358.20	W33	1.15	438.00	0.15	2.21	2.36	1.30	191.84	112.85	0.064
	泥岩	K_1n_2	2363.10	W33	0.61	429.00	0.05	0.73	0.78	0.92	120.07	151.32	0.064
	泥岩	K_1n_2	2371.81	W33	0.59	435.00	0.03	0.70	0.73	0.91	119.25	155.03	0.041
	泥岩	K_1n_2	2373.31	W33	0.71	436.00	0.08	0.96	1.04	1.16	134.83	162.92	0.077
	泥岩	K_1n_2	2375.51	W33	1.31	440.00	0.33	4.92	5.25	1.45	374.71	110.43	0.063
	泥岩	K_1n_2	2382.21	W33	0.71	437.00	0.07	0.98	1.05	0.92	138.81	130.31	0.067
	泥岩	K_1n_2	2389.61	W33	0.50	430.00	0.04	0.46	0.50	0.99	91.63	197.21	0.080
	泥岩	K_1n_2	2391.71	W33	0.47	429.00	0.04	0.39	0.43	1.11	83.51	237.69	0.093
	泥岩	K_1n_2	2566.53	W34	2.04	446.00	0.38	4.15	4.53	0.50	203.73	24.55	0.084
	泥岩	K_1n_2	2568.53	W34	2.55	448.00	0.61	6.10	6.71	0.56	239.31	21.97	0.091
	泥岩	K_1n_2	2570.53	W34	2.77	447.00	0.68	6.36	7.04	0.63	230.02	22.78	0.097
	泥岩	K_1n_2	2634.80	W34	1.90	448.00	0.64	4.64	5.28	0.72	244.60	37.95	0.121
	泥岩	K_1n_2	2636.80	W34	1.64	441.00	0.46	2.53	2.99	43.12	153.89	2622.87	0.154
	泥岩	K_1n_2	2639.30	W34	1.53	449.00	0.46	2.17	2.63	52.97	141.92	3464.36	0.175
	泥岩	K_1n_2	2641.30	W34	1.71	449.00	0.51	3.38	3.89	5.23	197.55	305.67	0.131
	泥岩	K_1n_2	2642.80	W34	1.85	449.00	0.36	3.44	3.80	0.69	186.35	37.38	0.095

续表

位置	岩性	层位	深度/m	井号	TOC	T_{max}	S_1	S_2	S_1+S_2	S_3	HI	OI	PI
	泥岩	K_1n_2	1949.90	W58	1.45	444.00	0.16	4.25	4.41	0.68	294.12	47.06	0.036
	泥岩	K_1n_2	1953.10	W58	1.52	444.00	0.14	4.47	4.61	0.63	294.66	41.53	0.030
	泥岩	K_1n_2	1956.00	W58	1.68	440.00	0.26	5.89	6.15	0.54	351.43	32.22	0.042
	泥岩	K_1n_2	2495.10	W59	1.72	445.00	0.27	2.71	2.98	7.74	158.02	451.31	0.091
	泥岩	K_1n_2	1284.26	W59	1.05	437.00	0.03	2.31	2.34	0.72	219.58	68.44	0.013
	泥岩	K_1n_2	1284.76	W59	1.40	438.00	0.06	4.23	4.29	0.76	302.14	54.29	0.014
	泥岩	K_1n_2	1285.26	W59	1.70	438.00	0.11	7.06	7.17	0.69	415.54	40.61	0.015
	泥岩	K_1n_2	1285.76	W59	1.75	436.00	0.10	6.88	6.98	0.74	394.04	42.38	0.014
	泥岩	K_1n_2	1286.26	W59	1.95	438.00	0.17	9.43	9.60	0.80	482.60	40.94	0.018
乌尔逊凹陷南部	泥岩	K_1n_2	1286.76	W59	2.33	440.00	0.20	11.98	12.18	0.87	514.38	37.36	0.016
	泥岩	K_1n_2	1287.26	W59	2.35	437.00	0.17	12.03	12.20	1.01	513.01	43.07	0.014
	泥岩	K_1n_2	1287.76	W59	0.99	439.00	0.04	2.92	2.96	0.92	294.06	92.65	0.014
	泥岩	K_1n_2	2225.10	W84-106	2.08	441.00	1.04	6.41	7.45	1.65	308.62	79.44	0.140
	泥岩	K_1n_2	2227.80	W84-106	1.74	439.00	1.41	5.35	6.76	1.19	307.65	68.43	0.209
	泥岩	K_1n_2	2176.03	W134-92	1.16	440.00	0.10	2.17	2.27	1.40	187.88	121.21	0.044
	泥岩	K_1n_2	2181.45	W134-92	1.12	443.00	0.09	3.41	3.50	0.93	303.38	82.74	0.026
	泥岩	K_1n_2	2268.43	W134-92	1.46	441.00	0.36	5.26	5.62	0.83	361.26	57.01	0.064
	泥岩	K_1n_2	2345.50	W134-92	1.77	443.00	0.53	7.51	8.04	0.77	425.50	43.63	0.066
	泥岩	K_1n_2	2348.60	W134-92	1.41	444.00	0.26	4.94	5.20	0.91	350.35	64.54	0.050
	泥岩	K_1n_1	1711.58	B1	1.68	438.00	0.09	5.03	5.12	2.44	299.05	145.07	0.018
	泥岩	K_1n_1	1712.58	B1	1.64	438.00	0.06	4.77	4.83	2.38	290.68	145.03	0.012
	泥岩	K_1n_1	2155.45	B16	1.49	443.00	0.75	4.88	5.63	3.62	326.64	242.30	0.133

续表

位置	岩性	层位	深度/m	井号	TOC	T_{max}	S_1	S_2	S_1+S_2	S_3	HI	OI	PI
	泥岩	K_1n_1	2158.15	B16	0.97	443.00	0.41	3.24	3.65	0.17	334.37	17.54	0.112
	泥岩	K_1n_1	2270.69	W24	2.64	441.00	1.07	13.58	14.65	0.46	514.78	17.44	0.073
	泥岩	K_1n_1	2274.69	W24	2.02	441.00	1.07	10.84	11.91	0.73	536.90	36.16	0.090
	泥岩	K_1n_1	2275.09	W24	2.37	441.00	0.70	9.45	10.15	0.82	398.73	34.60	0.069
	泥岩	K_1n_1	2439.80	W24	1.35	445.00	0.51	3.70	4.21	0.38	274.68	28.21	0.121
	泥岩	K_1n_1	2297.15	W31	1.76	444.00	0.92	8.24	9.16	0.07	468.71	3.98	0.100
	泥岩	K_1n_1	2299.05	W31	1.02	442.00	0.19	3.54	3.73	0.00	347.40	0.00	0.051
	泥岩	K_1n_1	2163.05	W38	1.15	441.00	0.58	5.73	6.31	0.57	496.96	49.44	0.092
	泥岩	K_1n_1	1847.26	W38-5	0.61	439.00	0.01	0.86	0.87	0.13	141.05	22.00	0.007
	泥岩	K_1n_1	1847.86	W38-5	1.53	444.00	0.14	9.19	9.33	0.15	600.85	9.67	0.015
乌尔逊凹陷南部	泥岩	K_1n_1	1848.56	W38-5	1.72	442.00	0.18	11.30	11.48	0.07	656.98	4.30	0.015
	泥岩	K_1n_1	1849.06	W38-5	1.09	444.00	0.06	6.16	6.22	0.11	564.34	9.81	0.010
	泥岩	K_1n_1	1849.86	W38-5	0.78	444.00	0.03	3.97	4.00	0.10	509.10	12.95	0.008
	泥岩	K_1n_1	2682.10	W39	0.74	444.00	0.20	1.18	1.38	1.18	159.24	159.24	0.145
	泥岩	K_1n_1	2766.70	W39	0.76	450.00	0.06	0.53	0.59	0.46	70.11	60.85	0.102
	泥岩	K_1n_1	2780.50	W39	1.69	452.00	0.20	3.11	3.31	0.58	184.35	34.38	0.060
	泥岩	K_1n_1	2784.10	W39	1.19	448.00	0.14	1.09	1.23	0.76	91.98	64.14	0.114
	泥岩	K_1n_1	2687.20	W39	3.28	448.00	1.15	9.40	10.55	0.59	287.02	18.02	0.109
	泥岩	K_1n_1	1825.81	W45	1.78	443.00	0.25	20.33	20.58	1.02	1145.35	57.46	0.012
	泥岩	K_1n_1	1826.41	W45	4.19	444.00	2.85	74.72	77.57	1.84	1781.59	43.87	0.037
	泥岩	K_1n_1	2268.10	W108-112	1.27	441.00	0.43	6.62	7.05	0.08	520.85	6.29	0.061
	泥岩	K_1n_1	2271.70	W108-112	1.30	441.00	0.21	6.08	6.29	0.24	467.33	18.45	0.033

续表

位置	岩性	层位	深度/m	井号	TOC	T_{max}	S_1	S_2	S_1+S_2	S_3	HI	OI	PI
	泥岩	K_1n_1	2306.60	W122-95	0.62	446.00	0.07	1.96	2.03	0.36	317.67	58.35	0.034
	泥岩	K_1n_1	2307.60	W122-95	0.58	445.00	0.06	1.21	1.27	0.34	207.19	58.22	0.047
	泥岩	K_1n_1	2308.60	W122-95	0.55	443.00	0.06	1.24	1.30	0.35	224.64	63.41	0.046
	泥岩	K_1n_1	2328.89	W122-95	1.24	442.00	0.43	4.36	4.79	0.74	352.18	59.77	0.090
	泥岩	K_1n_1	2329.89	W122-95	1.47	443.00	0.61	5.21	5.82	0.86	354.42	58.50	0.105
	泥岩	K_1n_1	2330.92	W122-95	1.25	444.00	0.40	4.45	4.85	0.69	354.86	55.02	0.082
	泥岩	K_1n_1	2331.42	W122-95	1.99	443.00	0.95	8.09	9.04	0.55	407.15	27.68	0.105
	泥岩	K_1n_1	2332.42	W122-95	1.71	441.00	1.36	7.74	9.10	0.63	451.84	36.78	0.149
	泥岩	K_1n_1	2333.42	W122-95	1.92	440.00	1.43	8.91	10.34	0.95	464.06	49.48	0.138
乌尔逊凹陷南部	泥岩	K_1n_1	2334.42	W122-95	1.44	440.00	0.84	5.70	6.54	1.02	395.83	70.83	0.128
	泥岩	K_1n_1	2335.42	W122-95	1.18	443.00	0.61	4.79	5.40	0.87	406.28	73.79	0.113
	泥岩	K_1n_1	2337.42	W122-95	0.89	443.00	0.43	5.10	5.53	0.72	575.62	81.26	0.078
	泥岩	K_1n_1	2338.42	W122-95	2.21	445.00	1.61	11.64	13.25	0.85	527.89	38.55	0.122
	泥岩	K_1n_1	2339.42	W122-95	2.26	443.00	1.72	12.61	14.33	0.72	557.47	31.83	0.120
	泥岩	K_1n_1	2357.10	W122-95	1.04	443.00	0.51	4.77	5.28	0.59	460.87	57.00	0.097
	泥岩	K_1n_1	2358.30	W122-95	1.19	440.00	0.50	4.39	4.89	0.80	368.60	67.17	0.102
	泥岩	K_1n_1	2512.00	W132-80	1.20	442.00	0.20	1.94	2.14	1.68	162.34	140.59	0.093
	泥岩	K_1n_1	2542.00	W132-80	0.50	442.00	0.04	0.45	0.49	0.47	89.46	93.44	0.082
	泥岩	K_1n_1	2547.90	W132-80	0.90	445.00	0.13	1.28	1.41	0.43	142.22	47.78	0.092
	泥岩	K_1t	2082.00	B1	0.51	437.00	0.08	1.52	1.60	0.47	300.99	93.07	0.050
	泥岩	K_1t	2153.35	B16	2.91	446.00	3.08	26.41	29.49	0.00	908.18	0.00	0.104
	泥岩	K_1t	2154.35	B16	2.91	443.00	2.20	31.18	33.38	1.74	1072.21	59.83	0.066

续表

位置	岩性	层位	深度/m	井号	TOC	T_{max}	S_1	S_2	S_1+S_2	S_3	HI	OI	PI
	泥岩	K_1t	2155.85	B16	1.86	441.00	0.80	11.02	11.82	1.79	592.47	96.24	0.068
	泥岩	K_1t	2345.30	W38	0.56	448.00	0.11	2.37	2.48	0.39	427.03	70.27	0.044
	泥岩	K_1t	2352.05	W38	1.01	446.00	0.34	4.22	4.56	0.66	418.24	65.41	0.075
	泥岩	K_1t	1988.80	W40	0.58	440.00	0.12	0.82	0.94	2.29	141.59	397.40	0.130
	泥岩	K_1t	1989.30	W40	0.63	441.00	0.15	1.09	1.24	2.29	174.40	367.04	0.124
	泥岩	K_1t	2207.16	W40	2.52	444.00	0.63	17.15	17.77	0.62	681.48	24.48	0.035
	泥岩	K_1t	2207.66	W40	2.56	444.00	0.68	16.96	17.64	0.66	663.17	25.88	0.038
	泥岩	K_1t	2309.70	W40	1.66	446.00	1.63	8.71	10.34	0.66	523.63	39.63	0.158
乌尔逊凹陷南部	泥岩	K_1t	2310.20	W40	1.76	448.00	1.68	10.57	12.25	0.76	599.60	42.99	0.137
	泥岩	K_1t	2310.70	W40	2.51	445.00	1.44	17.13	18.58	0.71	683.17	28.23	0.078
	泥岩	K_1t	2311.20	W40	1.98	445.00	1.19	7.33	8.51	0.53	369.76	26.80	0.139
	泥岩	K_1t	2311.70	W40	2.00	444.00	2.01	13.39	15.40	0.48	670.46	24.24	0.131
	泥岩	K_1t	2312.20	W40	1.37	445.00	1.19	7.33	8.51	0.53	535.45	38.82	0.139
	泥岩	K_1t	2313.70	W40	2.12	445.00	1.87	15.12	16.99	0.65	712.73	30.69	0.110
	泥岩	K_1t	2265.00	W46-112	1.03	451.00	0.33	3.27	3.60	0.34	318.09	33.07	0.092
	泥岩	K_1t	2279.64	W46-112	0.54	450.00	0.37	1.43	1.80	0.24	265.80	44.61	0.206
	泥岩	K_1t	1933.08	W59	0.61	435.00	0.12	2.36	2.48	0.63	386.89	103.28	0.048
	泥岩	K_1t	1725.96	W65	0.65	445.00	0.03	2.07	2.10	0.46	319.60	71.30	0.013
	泥岩	K_1t	1726.36	W65	0.93	445.00	0.03	2.61	2.63	0.78	280.02	83.67	0.009

注: PI 为产率指数。Rock-Eval 各热解参数的单位是 TOC:%; T_{max}:℃; S_1: mg/g, 烃/岩石; S_2: mg/g, 烃/岩石; S_1+S_2: mg/g, 烃/岩石; S_3: mg/g, 烃/岩石; HI: mg/g, 烃/岩石; OI: mg/g, 烃/岩石。

表 8-2　乌尔逊凹陷原油和烃源岩中选用的生物标志物参数

位置	岩性	层位	深度/m	井号	编号	R1#	R2	R3	R4#	R5#	R6#	R7#	R8#	R9#	R10#	R11#	R12	R13	R14	R15	R16	R17	R18
乌尔逊凹陷北部	泥岩	K_1d_1	1397.00	S19	WB-1	1.59	0.72	0.31	0.08	0.55	0.39	0.02	0.40	0.21	0.76	0.28	37.32	13.86	48.82	0.54	0.28	0.28	0.52
	泥岩	K_1d_1	1538.18	S33	WB-2	1.46	1.01	0.45	0.12	0.54	0.31	0.03	0.33	0.21	0.69	0.24	35.70	12.59	51.70	0.57	0.25	0.33	0.57
	泥岩	K_1d_1	1273.34	T3	WB-3	1.65	0.54	0.31	0.09	0.62	0.36	0.03	0.33	0.15	0.86	0.31	39.49	14.46	46.04	0.58	0.25	0.33	0.57
	泥岩	K_1n_2	1731.98	HC-4	WB-4	1.62	0.45	0.27	0.37	0.56	0.46	0.04	0.24	0.19	0.90	0.33	40.47	14.63	44.90	0.59	0.41	0.46	0.75
	泥岩	K_1n_2	1840.80	S103	WB-5	1.47	0.48	0.26	0.49	0.48	0.40	0.28	0.28	0.23	0.80	0.26	38.76	12.74	48.50	0.58	0.38	0.48	0.78
	泥岩	K_1n_2	1949.14	S103	WB-6	1.09	0.35	0.30	0.47	0.38	0.48	0.08	0.17	0.16	1.03	0.48	40.91	19.26	39.83	0.57	0.47	0.45	0.73
	泥岩	K_1n_2	1308.12~1316.56	S12	WB-7	0.86	0.21	0.17	0.53	0.45	0.39	0.07	0.16	0.46	0.77	0.36	36.16	16.80	47.04	0.60	0.42	0.42	0.68
	泥岩	K_1n_2	1316.56~1334.57	S12	WB-8	0.77	0.15	0.12	0.55	0.47	0.41	0.07	0.17	0.53	0.81	0.36	37.34	16.63	46.04	0.60	0.43	0.43	0.70
	泥岩	K_1n_2	1429.31~1446.49	S132	WB-9	0.96	0.25	0.21	0.56	0.44	0.43	0.07	0.15	0.43	0.79	0.34	37.11	16.04	46.84	0.60	0.48	0.47	0.76
	泥岩	K_1n_2	1446.49~1464.67	S132	WB-10	1.26	0.68	0.39	0.14	0.64	0.52	0.03	0.28	0.37	1.23	0.47	45.53	17.49	36.98	0.60	0.27	0.28	0.52
	泥岩	K_1n_2	1464.67~1480.78	S132	WB-11	1.23	0.78	0.46	0.16	0.85	0.43	0.05	0.30	0.63	1.17	0.47	44.27	17.81	37.92	0.58	0.27	0.26	0.50
	泥岩	K_1n_2	1658.99	S33	WB-12	1.39	3.53	0.23	0.15	0.68	0.56	0.04	0.32	0.20	0.92	0.30	41.34	13.63	45.02	0.59	0.30	0.41	0.67
	泥岩	K_1n_2	1776.08	S33-2	WB-13	1.72	0.52	0.24	0.33	0.55	0.39	0.06	0.25	0.24	0.92	0.34	40.63	15.21	44.15	0.59	0.38	0.46	0.75
	泥岩	K_1n_2	1896.40	S43	WB-14	1.68	0.30	0.15	0.43	0.42	0.66	0.09	0.25	0.22	1.09	0.42	43.55	16.63	39.82	0.58	0.42	0.49	0.80
	泥岩	K_1n_2	1664.62	S46	WB-15	1.39	0.67	0.35	0.16	0.56	0.73	0.04	0.34	0.36	0.93	0.37	40.45	16.16	43.39	0.57	0.29	0.30	0.54
	泥岩	K_1n_1	1407.95	S47	WB-16	1.73	1.00	0.31	0.33	0.78	0.33	0.06	0.24	0.33	0.90	0.34	40.14	15.19	44.67	0.60	0.30	0.43	0.70
	泥岩	K_1n_1	1421.82	S47	WB-17	1.09	0.88	0.29	0.28	0.75	0.33	0.05	0.25	0.39	0.95	0.33	41.76	14.48	43.77	0.60	0.30	0.43	0.70
	泥岩	K_1n_1	1846.19	HC-4	WB-18	1.63	0.38	0.20	0.35	0.45	0.37	0.07	0.25	0.15	0.90	0.36	39.85	16.00	44.08	0.59	0.49	0.48	0.78
	泥岩	K_1n_1	1799.82	S19	WB-19	1.68	0.25	0.09	0.61	0.36	0.46	0.07	0.23	0.18	0.67	0.27	34.50	14.05	51.45	0.58	0.50	0.49	0.80
	泥岩	K_1n_1	1953.63	S27-2	WB-20	1.14	0.15	0.11	0.50	0.41	0.50	0.18	0.17	0.38	0.73	0.53	32.23	23.34	44.43	0.51	0.26	0.24	0.48
	泥岩	K_1n_1	2185.04	S33	WB-21	1.02	0.11	0.07	0.74	0.31	0.48	0.16	0.25	0.29	0.71	0.32	35.03	15.69	49.28	0.56	0.53	0.50	0.82
	泥岩	K_1n_1	2141.38	S42	WB-22	1.27	0.17	0.09	0.62	0.30	0.46	0.11	0.25	0.22	0.87	0.38	38.59	16.81	44.60	0.56	0.53	0.47	0.76

续表

位置	岩性	层位	深度/m	井号	编号	R1#	R2	R3	R4#	R5#	R6#	R7#	R8#	R9#	R10#	R11#	R12	R13	R14	R15	R16	R17	R18
	泥岩	K_1n_1	2173.92	S43	WB-23	1.18	0.19	0.11	0.74	0.26	0.42	0.14	0.24	0.35	0.97	0.37	41.53	15.72	42.75	0.57	0.54	0.50	0.82
	泥岩	K_1n_1	2178.77	S43	WB-24	1.32	0.15	0.07	0.68	0.28	0.57	0.17	0.24	0.34	0.96	0.37	41.07	16.01	42.92	0.56	0.53	0.49	0.80
	泥岩	K_1n_1	1744.49	S47	WB-25	0.70	0.23	0.11	0.63	0.42	0.40	0.09	0.15	0.17	0.94	0.37	40.73	16.03	43.24	0.57	0.47	0.49	0.80
	泥岩	K_1n_1	1754.93	S47	WB-26	0.97	0.20	0.10	0.63	0.42	0.36	0.09	0.16	0.18	0.86	0.35	38.74	15.97	45.29	0.57	0.49	0.50	0.82
	泥岩	K_1n_1	1620.00	S56	WB-27	1.62	1.27	0.61	0.06	0.66	0.35	0.01	0.41	0.24	0.79	0.43	35.66	19.26	45.08	0.53	0.21	0.22	0.47
	泥岩	K_1n_1	1500.59	T3	WB-28	0.62	0.45	0.25	0.17	0.70	0.67	0.05	0.33	0.13	0.88	0.37	39.18	16.44	44.38	0.58	0.37	0.45	0.73
乌尔逊凹陷北部	原油	K_1d_2	940.50~1004.00	T2	WB-29	0.94	0.26	0.20	0.57	0.50	0.17	0.13	0.19	0.31	0.99	0.41	41.31	17.08	41.60	0.59	0.43	0.47	0.76
	原油	K_1n_2	1787.20~1809.00	S16	WB-30	1.09	0.23	0.18	0.54	0.54	0.88	0.06	0.18	0.37	0.85	0.36	38.57	16.11	45.32	0.59	0.49	0.48	0.78
	原油	K_1n_2	1736.00~1742.00	S27	WB-31	0.70	0.29	0.37	0.63	0.37	0.47	0.07	0.16	0.11	1.39	0.69	47.46	23.94	28.60	0.60	0.49	0.57	0.98
	原油	K_1n_2	1461.00~1472.40	S29-45	WB-32	0.75	0.18	0.21	0.52	0.50	0.41	0.07	0.16	0.32	0.87	0.30	40.05	13.73	46.22	0.57	0.44	0.50	0.82
	原油	K_1n_2	1542.00~1548.00	S31	WB-33	0.97	0.32	0.22	0.41	0.55	0.56	0.10	0.19	0.34	0.74	0.33	35.70	15.99	48.31	0.58	0.33	0.45	0.73
	油砂	K_1n_2	1963.24	S42	WB-34	1.17	0.26	0.19	0.62	0.38	0.40	0.06	0.20	0.14	0.66	0.28	33.94	14.51	51.55	0.58	0.53	0.49	0.80
	油砂	K_1n_2	1660.22	S46	WB-35	1.03	0.25	0.21	0.47	0.44	0.53	0.05	0.21	0.24	0.60	0.29	31.59	15.35	53.07	0.57	0.47	0.47	0.76
	原油	K_1n_2	1446.60~1463.00	S102	WB-36	0.75	0.17	0.20	0.52	0.48	0.41	0.07	0.15	0.39	0.88	0.33	39.71	15.09	45.21	0.59	0.48	0.50	0.82
	原油	K_1n_2	1336.00~1339.00	T1	WB-37	0.78	0.21	0.22	0.54	0.51	0.35	0.08	0.15	0.25	0.92	0.43	39.17	18.16	42.67	0.60	0.45	0.53	0.88
	原油	K_1n_2	1007.00~1013.00	T201	WB-38	1.15	0.27	0.17	0.51	0.50	0.13	0.08	0.19	0.36	1.00	0.42	41.45	17.20	41.36	0.59	0.44	0.47	0.76
	原油	K_1n_1	2271.00~2280.00	S15	WB-39	0.89	0.13	0.13	0.67	0.42	0.10	0.00	0.21	0.70	1.11	0.55	41.84	20.56	37.59	0.50	0.54	0.49	0.80
	原油	K_1n_1	2367.00~2373.00	S15-1	WB-40	0.68	0.12	0.14	0.72	0.36	0.07	0.06	0.18	0.78	0.96	0.42	40.30	17.66	42.03	0.53	0.50	0.56	0.95
	油砂	K_1n_1	2142.78	S42	WB-41	1.27	0.18	0.11	0.63	0.29	0.51	0.09	0.26	0.17	0.75	0.32	36.33	15.54	48.13	0.57	0.52	0.48	0.78
	油砂	K_1n_1	2176.57	S43	WB-42	1.79	0.27	0.11	0.66	0.29	0.44	0.13	0.23	0.30	0.89	0.38	39.22	16.63	44.15	0.59	0.54	0.50	0.82
	油砂	K_1n_1	1748.69	S47	WB-43	1.18	0.22	0.11	0.69	0.30	0.29	0.00	0.18	0.36	1.29	0.47	46.74	16.91	36.34	0.58	0.51	0.45	0.73
	原油	K_1t	1852.20~1859.00	S29-45	WB-44	0.95	0.18	0.16	0.68	0.48	0.06	0.00	0.20	0.40	0.96	0.50	38.95	20.43	40.62	0.58	0.52	0.50	0.82

续表

位置	岩性	层位	深度/m	井号	编号	R1#	R2	R3	R4#	R5#	R6#	R7#	R8#	R9#	R10#	R11#	R12	R13	R14	R15	R16	R17	R18
乌尔逊凹陷北部	油砂	K_1t	2205.54	S33-2	WB-45	1.17	0.21	0.17	0.63	0.34	0.48	0.07	0.21	0.44	0.70	0.33	34.58	16.19	49.23	0.57	0.51	0.49	0.80
	油砂	K_1t	2214.31	S33-2	WB-46	1.08	0.24	0.18	0.69	0.36	0.49	0.08	0.22	0.44	0.71	0.35	34.63	16.78	48.59	0.56	0.49	0.49	0.80
	泥岩	K_1d_1	2192.86	W14	WN-1	0.96	0.36	0.10	0.10	0.53	0.29	0.02	0.28	0.18	0.30	0.29	19.05	18.34	62.61	0.59	0.42	0.47	0.76
	泥岩	K_1d_1	2195.06	W14	WN-2	0.83	0.37	0.11	0.11	0.56	0.35	0.06	0.29	0.18	0.34	0.31	20.84	18.76	60.41	0.59	0.44	0.52	0.86
	泥岩	K_1d_1	2198.36	W14	WN-3	0.91	0.44	0.12	0.19	0.59	0.37	0.10	0.30	0.19	0.37	0.32	21.68	19.09	59.22	0.60	0.44	0.51	0.84
	泥岩	K_1d_1	2702.94	W19	WN-4	1.05	0.12	0.08	0.44	0.55	0.43	0.06	0.30	0.25	0.88	0.39	38.80	17.06	44.13	0.59	0.38	0.42	0.68
	泥岩	K_1d_1	2451.60	W22	WN-5	1.58	0.30	0.12	0.46	0.44	0.36	0.06	0.24	0.07	0.72	0.29	35.82	14.44	49.74	0.59	0.46	0.50	0.82
	泥岩	K_1d_1	2120.18	W29	WN-6	1.64	0.52	0.19	0.44	0.49	0.37	0.06	0.21	0.09	0.72	0.27	36.07	13.77	50.15	0.60	0.39	0.48	0.78
	泥岩	K_1d_1	2031.05	W42	WN-7	1.83	0.65	0.28	0.40	0.47	0.65	0.08	0.25	0.13	0.94	0.35	41.09	15.24	43.67	0.58	0.35	0.45	0.73
	泥岩	K_1d_1	2035.15	W42	WN-8	1.19	0.19	0.12	0.58	0.40	0.66	0.08	0.22	0.17	0.69	0.34	34.02	16.83	49.15	0.57	0.47	0.44	0.72
	泥岩	K_1d_1	2040.25	W42	WN-9	1.68	0.61	0.29	0.35	0.46	0.67	0.08	0.26	0.17	0.90	0.36	39.82	15.96	44.22	0.58	0.37	0.44	0.72
乌尔逊凹陷南部	砂岩	K_1n_2	2176.03	W134-92	WN-10	1.07	0.32	0.23	0.60	0.47	0.26	0.08	0.20	0.13	0.69	0.25	35.56	12.91	51.53	0.59	0.36	0.46	0.75
	泥岩	K_1n_2	2181.45	W134-92	WN-11	1.43	0.45	0.25	0.60	0.44	0.26	0.01	0.19	0.13	0.68	0.30	34.35	15.07	50.58	0.58	0.34	0.45	0.73
	泥岩	K_1n_2	2268.43	W134-92	WN-12	0.97	0.42	0.33	0.67	0.43	0.37	0.08	0.21	0.13	0.74	0.27	36.86	13.55	49.58	0.58	0.47	0.49	0.80
	泥岩	K_1n_2	2345.50	W134-92	WN-13	0.89	0.33	0.30	0.75	0.29	0.33	0.12	0.21	0.11	0.83	0.30	38.96	14.24	46.79	0.57	0.53	0.51	0.84
	泥岩	K_1n_2	2348.60	W134-92	WN-14	1.12	0.27	0.20	0.73	0.30	0.34	0.09	0.22	0.16	0.87	0.38	38.74	16.93	44.32	0.57	0.52	0.50	0.82
	泥岩	K_1n_2	2060.00	W18	WN-15	0.42	0.52	0.38	0.06	0.88	0.38	0.02	0.48	0.24	0.21	0.16	15.02	11.79	73.19	0.52	0.28	0.29	0.53
	泥岩	K_1n_2	1841.70	W21	WN-16	1.72	0.51	0.15	0.04	0.72	0.28	0.03	0.43	0.10	0.69	0.31	34.61	15.42	49.97	0.57	0.21	0.29	0.53
	泥岩	K_1n_2	2479.28	W22	WN-17	1.16	0.08	0.07	0.57	0.37	0.41	0.09	0.29	0.12	0.57	0.26	31.20	14.01	54.79	0.57	0.48	0.50	0.82
	泥岩	K_1n_2	2207.94	W29	WN-18	1.93	0.26	0.10	0.52	0.40	0.33	0.09	0.23	0.08	0.66	0.26	34.22	13.68	52.10	0.58	0.46	0.50	0.82
	泥岩	K_1n_2	2358.20	W33	WN-19	1.13	0.60	0.39	0.74	0.28	0.37	0.08	0.22	0.14	0.74	0.33	35.68	15.97	48.35	0.59	0.50	0.49	0.80

续表

位置	岩性	层位	深度/m	井号	编号	R1#	R2	R3	R4#	R5#	R6#	R7#	R8#	R9#	R10#	R11#	R12	R13	R14	R15	R16	R17	R18
乌尔逊凹陷南部	泥岩	K_1n_2	2373.31	W33	WN-20	0.96	0.30	0.23	0.60	0.34	0.34	0.08	0.24	0.18	0.64	0.36	31.98	17.92	50.11	0.59	0.47	0.49	0.80
	泥岩	K_1n_2	2389.61	W33	WN-21	0.89	0.48	0.27	0.49	0.43	0.36	0.10	0.23	0.13	0.60	0.41	29.81	20.57	49.62	0.57	0.46	0.50	0.82
	泥岩	K_1n_2	2566.53	W34	WN-22	1.52	0.13	0.08	0.66	0.34	0.36	0.11	0.22	0.13	0.67	0.29	34.28	14.65	51.07	0.58	0.52	0.51	0.84
	泥岩	K_1n_2	2568.53	W34	WN-23	1.47	0.13	0.09	0.68	0.35	0.30	0.10	0.22	0.09	0.73	0.29	36.00	14.44	49.56	0.59	0.52	0.51	0.84
	泥岩	K_1n_2	2570.53	W34	WN-24	1.36	0.20	0.16	0.75	0.32	0.32	0.12	0.20	0.08	0.88	0.31	40.28	14.16	45.56	0.59	0.51	0.53	0.88
	泥岩	K_1n_2	2634.80	W34	WN-25	1.58	0.28	0.14	0.79	0.26	0.34	0.16	0.20	0.16	0.72	0.28	35.96	13.93	50.11	0.57	0.56	0.51	0.84
	泥岩	K_1n_2	2636.80	W34	WN-26	1.65	0.19	0.12	0.77	0.26	0.29	0.15	0.20	0.13	0.72	0.29	35.64	14.58	49.79	0.57	0.57	0.50	0.82
	泥岩	K_1n_2	2639.30	W34	WN-27	2.25	0.42	0.15	0.77	0.24	0.37	0.13	0.19	0.17	0.69	0.29	34.89	14.63	50.48	0.57	0.59	0.49	0.80
	泥岩	K_1n_2	2641.30	W34	WN-28	2.09	0.40	0.14	0.80	0.23	0.42	0.08	0.20	0.14	0.88	0.35	39.41	15.81	44.77	0.54	0.58	0.51	0.84
	泥岩	K_1n_2	2642.80	W34	WN-29	1.90	0.38	0.16	0.79	0.24	0.33	0.14	0.20	0.21	0.77	0.29	37.35	14.16	48.49	0.57	0.57	0.49	0.80
	泥岩	K_1n_2	1949.90	W38	WN-30	1.86	0.90	0.35	0.47	0.42	0.66	0.09	0.22	0.23	0.83	0.29	39.24	13.50	47.27	0.57	0.32	0.42	0.68
	泥岩	K_1n_2	1953.10	W38	WN-31	1.86	0.44	0.14	0.42	0.54	0.88	0.09	0.20	0.30	0.83	0.28	39.18	13.39	47.43	0.60	0.32	0.44	0.72
	泥岩	K_1n_2	1956.00	W38	WN-32	1.76	1.07	0.39	0.50	0.41	0.70	0.08	0.22	0.08	0.82	0.23	39.91	11.25	48.84	0.57	0.33	0.45	0.73
	泥岩	K_1n_2	2495.10	W39	WN-33	1.20	0.37	0.18	0.65	0.33	0.44	0.16	0.17	0.16	0.67	0.34	33.31	17.00	49.68	0.58	0.55	0.51	0.84
	泥岩	K_1n_2	1286.26	W59	WN-34	1.30	0.39	0.31	0.32	0.48	0.50	0.06	0.25	0.16	0.54	0.28	29.87	15.24	54.88	0.46	0.24	0.20	0.45
	泥岩	K_1n_2	2225.10	W84-106	WN-35	1.05	0.24	0.17	0.61	0.37	0.45	0.14	0.22	0.18	0.66	0.29	33.93	14.82	51.25	0.57	0.54	0.51	0.84
	泥岩	K_1n_2	2227.80	W84-106	WN-36	0.71	0.26	0.23	0.65	0.35	0.46	0.10	0.21	0.12	0.75	0.32	36.28	15.41	48.31	0.57	0.55	0.53	0.88
	泥岩	K_1n_1	1711.58	B1	WN-37	0.64	0.54	0.38	0.29	0.58	0.37	0.06	0.29	0.19	0.56	0.35	29.34	18.21	52.46	0.47	0.14	0.17	0.43
	泥岩	K_1n_1	1712.58	B1	WN-38	0.53	0.27	0.44	0.30	0.55	0.31	0.05	0.30	0.19	0.52	0.31	28.45	16.89	54.66	0.47	0.19	0.13	0.40
	泥岩	K_1n_1	2268.10	W108-112	WN-39	0.47	0.28	0.31	0.41	0.55	0.33	0.07	0.21	0.20	0.47	0.32	26.40	17.83	55.77	0.58	0.44	0.49	0.80
	泥岩	K_1n_1	2271.70	W108-112	WN-40	0.33	0.28	0.41	0.42	0.31	0.55	0.13	0.18	0.33	0.49	0.30	27.40	16.89	55.72	0.57	0.49	0.49	0.80
	泥岩	K_1n_1	2308.60	W122-95	WN-41	1.26	0.12	0.07	0.48	0.39	0.34	0.12	0.23	0.21	0.85	0.44	37.21	19.06	43.73	0.51	0.26	0.21	0.46
	泥岩	K_1n_1	2330.92	W122-95	WN-42	0.84	0.18	0.23	0.66	0.35	0.39	0.11	0.24	0.22	0.65	0.30	33.43	15.23	51.34	0.55	0.45	0.44	0.72
	泥岩	K_1n_1	2333.42	W122-95	WN-43	0.60	0.28	0.34	0.70	0.36	0.38	0.12	0.20	0.13	0.65	0.39	31.93	19.15	48.92	0.57	0.46	0.42	0.68

续表

位置	岩性	层位	深度/m	井号	编号	R1#	F2	R3	R4#	R5#	R6#	R7#	R8#	R9#	R10#	R11#	R12	R13	R14	R15	R16	R17	R18
	泥岩	K_1n_1	2339.42	W122-95	WN-44	0.50	0.25	0.37	0.56	0.35	0.43	0.11	0.25	0.15	0.63	0.35	31.91	17.66	50.43	0.56	0.40	0.44	0.72
	泥岩	K_1n_1	2358.30	W122-95	WN-45	0.81	0.24	0.21	0.68	0.31	0.39	0.17	0.22	0.17	0.60	0.36	30.68	18.31	51.01	0.56	0.48	0.46	0.75
	泥岩	K_1n_1	2524.00	W132-80	WN-46	0.59	0.28	0.26	0.76	0.28	0.36	0.04	0.24	0.42	0.75	0.38	35.05	17.96	46.99	0.55	0.56	0.49	0.80
	泥岩	K_1n_1	2547.00	W132-80	WN-47	1.19	0.47	0.18	0.67	0.36	0.43	0.16	0.25	0.33	0.62	0.34	31.57	17.21	51.22	0.56	0.54	0.48	0.78
	泥岩	K_1n_1	2270.69	W24	WN-48	1.06	0.29	0.17	0.60	0.45	0.31	0.09	0.20	0.13	0.74	0.28	36.71	13.67	49.62	0.58	0.45	0.47	0.76
	泥岩	K_1n_1	2275.09	W24	WN-49	0.91	0.24	0.18	0.55	0.44	0.36	0.08	0.22	0.25	0.86	0.31	39.70	14.12	46.19	0.58	0.48	0.49	0.80
	泥岩	K_1n_1	2439.80	W24	WN-50	0.99	0.21	0.16	0.69	0.40	0.34	0.10	0.19	0.11	0.67	0.30	34.18	15.17	50.65	0.56	0.52	0.52	0.86
	泥岩	K_1n_1	2372.11	W29	WN-51	1.36	0.12	0.08	0.75	0.26	0.39	0.16	0.24	0.11	0.76	0.35	36.05	16.49	47.46	0.56	0.56	0.52	0.86
乌尔逊凹陷南部	泥岩	K_1n_1	2209.05	W31	WN-52	1.46	0.17	0.08	0.68	0.35	0.38	0.09	0.21	0.13	0.62	0.33	31.70	16.82	51.49	0.58	0.41	0.52	0.86
	泥岩	K_1n_1	2297.15	W31	WN-53	1.02	0.21	0.17	0.76	0.28	0.40	0.12	0.19	0.08	0.85	0.35	38.52	15.92	45.56	0.57	0.47	0.51	0.84
	泥岩	K_1n_1	2560.06	W31	WN-54	0.40	0.17	0.25	0.54	0.40	0.54	0.12	0.18	0.09	0.81	0.55	34.39	23.33	42.28	0.57	0.22	0.43	0.70
	泥岩	K_1n_1	2478.50	W33	WN-55	0.33	0.36	0.42	0.48	0.36	0.61	0.05	0.22	0.26	0.64	0.42	31.02	20.54	48.44	0.56	0.42	0.42	0.68
	泥岩	K_1n_1	2165.60	W38	WN-56	0.82	0.21	0.17	0.40	0.43	0.66	0.13	0.23	0.34	0.97	0.44	40.11	18.39	41.50	0.60	0.49	0.50	0.82
	泥岩	K_1n_1	2345.30	W38	WN-57	0.79	0.31	0.29	0.67	0.44	0.49	0.22	0.26	0.74	0.63	0.97	24.20	37.25	38.56	0.57	0.26	0.60	1.07
	泥岩	K_1n_1	1846.91	W38-5	WN-58	0.37	0.35	0.44	0.32	0.44	0.64	0.02	0.17	1.07	0.49	0.34	26.78	18.52	54.70	0.51	0.25	0.24	0.48
	泥岩	K_1n_1	1847.86	W38-5	WN-59	0.51	0.30	0.46	0.32	0.43	0.92	0.02	0.16	1.17	0.50	0.35	27.05	19.05	53.91	0.51	0.24	0.24	0.48
	泥岩	K_1n_1	1825.81	W45	WN-60	0.43	0.34	0.54	0.39	0.47	0.61	0.04	0.19	0.81	0.53	0.29	29.24	16.07	54.69	0.55	0.28	0.28	0.52
	泥岩	K_1n_1	1826.41	W45	WN-61	0.28	0.52	0.81	0.38	0.28	0.60	0.01	0.12	0.84	0.40	0.35	22.67	20.14	57.19	0.54	0.26	0.28	0.52
	泥岩	K_1t	2154.35	B16	WN-62	0.59	0.19	0.23	0.45	0.52	0.42	0.05	0.21	0.09	0.68	0.38	32.85	18.54	48.62	0.57	0.33	0.45	0.73
	泥岩	K_1t	2155.85	B16	WN-63	0.79	0.18	0.19	0.51	0.51	0.39	0.08	0.23	0.10	0.55	0.29	29.77	15.75	54.48	0.58	0.36	0.43	0.70
	泥岩	K_1t	2693.40	W22	WN-64	1.56	0.38	0.13	0.75	0.24	0.43	0.14	0.21	0.32	1.13	0.47	43.31	18.21	38.48	0.56	0.56	0.50	0.82
	泥岩	K_1t	2457.05	W29	WN-65	1.18	0.22	0.13	0.65	0.33	0.50	0.11	0.26	0.17	0.76	0.38	35.70	17.63	46.67	0.57	0.49	0.48	0.78
	泥岩	K_1t	1989.30	W40	WN-66	1.21	0.49	0.31	0.34	0.58	0.28	0.05	0.24	0.21	0.46	0.25	27.06	14.69	58.25	0.57	0.25	0.39	0.64
	泥岩	K_1t	2207.66	W40	WN-67	0.75	0.18	0.16	0.61	0.44	0.59	0.12	0.19	0.18	0.65	0.34	32.76	16.93	50.31	0.58	0.50	0.51	0.84

续表

位置		岩性	层位	深度/m	井号	编号	R1#	R2	R3	R4#	R5#	R6#	R7#	R8#	R9#	R10#	R11#	R12	R13	R14	R15	R16	R17	R18
		泥岩	K_1t	2310.20	W40	WN-68	0.53	0.15	0.20	0.62	0.30	0.49	0.17	0.17	0.29	0.53	0.37	28.10	19.31	52.59	0.58	0.57	0.50	0.82
		泥岩	K_1t	2312.20	W40	WN-69	0.57	0.20	0.24	0.65	0.26	0.57	0.16	0.15	0.23	0.47	0.41	25.09	21.77	53.14	0.60	0.56	0.52	0.86
		泥岩	K_1t	2279.64	W46-112	WN-70	1.19	0.15	0.09	0.76	0.33	0.34	0.09	0.20	0.24	0.91	0.39	39.42	17.02	43.55	0.58	0.45	0.53	0.88
		泥岩	K_1t	1726.36	W65	WN-71	0.80	0.33	0.33	0.54	0.45	0.52	0.06	0.15	0.09	0.41	0.24	24.98	14.51	60.51	0.59	0.42	0.48	0.78
乌尔逊凹陷南部	I组	原油	K_1d_2	1302.80~1305.20	W20	WN-72	1.07	0.21	0.17	0.65	0.38	0.36	0.10	0.20	0.27	0.73	0.35	35.09	16.86	48.05	0.57	0.50	0.50	0.82
		原油	K_1d_2	1470.00~1476.00	W16	WN-73	1.03	0.19	0.16	0.67	0.37	0.39	0.07	0.20	0.26	0.75	0.33	35.84	16.08	48.08	0.57	0.53	0.48	0.78
		原油	K_1d_2	1507.40~1509.80	W22	WN-74	1.16	0.25	0.20	0.55	0.46	0.41	0.11	0.20	0.22	0.64	0.32	32.77	16.36	50.87	0.57	0.45	0.50	0.82
		油砂	K_1d_1	2032.59	W42	WN-75	1.13	0.20	0.12	0.55	0.42	0.45	0.13	0.23	0.16	0.76	0.32	36.61	15.50	47.89	0.60	0.49	0.44	0.72
		原油	K_1n_2	2061.0~2067.0	W20	WN-76	1.04	0.28	0.19	0.68	0.38	0.33	0.10	0.20	0.26	1.01	0.36	42.74	15.11	42.15	0.59	0.54	0.51	0.84
		油砂	K_1n_2	2669.99	W34	WN-77	1.57	0.25	0.12	0.75	0.34	0.36	0.11	0.22	0.27	0.75	0.36	35.45	17.06	47.49	0.56	0.54	0.51	0.84
		原油	K_1n_1	2822.00~2823.00	W18	WN-78	1.10	0.22	0.14	0.64	0.45	0.63	0.13	0.22	0.27	0.93	0.40	39.79	17.29	42.92	0.60	0.50	0.48	0.78
		油砂	K_1n_1	1672.66	W30	WN-79	1.62	0.22	0.11	0.61	0.36	0.45	0.13	0.21	0.15	0.70	0.30	34.90	14.96	50.15	0.56	0.48	0.47	0.76
		油砂	K_1n_1	1673.07	W30	WN-80	2.13	0.16	0.07	0.58	0.38	0.51	0.09	0.22	0.15	0.72	0.32	35.35	15.58	49.07	0.58	0.46	0.50	0.82
		油砂	K_1n_1	1674.74	W30	WN-81	1.32	0.19	0.12	0.60	0.36	0.40	0.11	0.21	0.15	0.69	0.29	34.68	14.85	50.47	0.57	0.48	0.47	0.76
		原油	K_1n_1	1671.0~1675.0	W30	WN-82	1.23	0.31	0.18	0.57	0.42	0.39	0.09	0.19	0.17	0.90	0.34	39.79	17.29	42.92	0.59	0.50	0.48	0.78
		油砂	K_1t	2064.26	W51-1	WN-83	1.02	0.34	0.17	0.57	0.37	0.40	0.05	0.15	0.15	0.70	0.47	32.19	21.56	46.25	0.57	0.39	0.48	0.78
	II组	原油	K_1d_2	1807.00~1832.00	W17	WN-84	0.66	0.32	0.31	0.46	0.53	0.36	0.06	0.22	0.19	0.67	0.26	34.77	13.58	51.65	0.58	0.36	0.42	0.68
		原油	K_1n_2	1588.40~1821.60	W4	WN-85	0.79	0.10	0.12	0.33	0.52	0.27	0.02	0.13	0.25	0.66	0.36	32.67	17.98	49.35	0.57	0.30	0.41	0.67
		原油	K_1n_2	1706.40~1711.40	W4	WN-86	0.40	0.17	0.37	0.33	0.53	0.21	0.08	0.15	0.25	0.66	0.36	32.71	17.77	49.52	0.57	0.32	0.42	0.68
		油砂	K_1n_2	2365.05	W33	WN-87	0.62	0.38	0.47	0.58	0.37	0.54	0.05	0.21	0.26	0.50	0.36	26.94	19.37	53.69	0.56	0.49	0.44	0.72
		油砂	K_1n_2	2376.31	W33	WN-88	0.72	0.28	0.30	0.59	0.37	0.59	0.10	0.23	0.32	0.53	0.42	27.31	21.45	51.25	0.57	0.49	0.48	0.78
		油砂	K_1n_2	1752.80	W38-3	WN-89	0.47	0.31	0.54	0.31	0.54	0.59	0.02	0.17	0.30	0.52	0.39	27.16	20.52	52.32	0.56	0.36	0.45	0.73
		油砂	K_1n_2	1755.80	W38-3	WN-90	0.40	0.32	0.56	0.27	0.62	0.60	0.03	0.16	0.35	0.53	0.42	27.10	21.59	51.30	0.56	0.35	0.45	0.73
		油砂	K_1n_2	1283.16	W59	WN-91	0.84	0.45	0.50	0.37	0.45	0.47	0.12	0.15	0.12	0.46	0.34	25.71	18.92	55.37	0.56	0.28	0.34	0.58

续表

位置	岩性	层位	深度/m	井号	编号	R1#	R2	R3	R4#	R5#	R6#	R7#	R8#	R9#	R10#	R11#	R12	R13	R14	R15	R16	R17	R18
	原油	K_1n_2	1471.00~1474.00	W51	WN-92	0.93	0.29	0.36	0.42	0.49	0.36	0.07	0.16	0.23	0.54	0.34	28.74	18.21	53.05	0.55	0.29	0.37	0.62
	原油	K_1n_2	1471.00~1474.00	W51	WN-93	0.87	0.28	0.36	0.41	0.49	0.41	0.05	0.17	0.22	0.50	0.34	27.09	18.55	54.36	0.55	0.29	0.37	0.62
	油砂	K_1n_2	2223.19	W84-106	WN-94	0.97	0.28	0.17	0.50	0.38	0.47	0.07	0.20	0.17	0.80	0.42	35.86	19.11	45.03	0.57	0.49	0.53	0.88
	油砂	K_1n_2	2342.77	W134-92	WN-95	0.85	0.51	0.47	0.64	0.41	0.33	0.01	0.18	0.12	0.65	0.32	32.87	16.38	50.74	0.58	0.50	0.53	0.88
	原油	K_1n_1	1792.00~1826.00	B1	WN-96	0.34	0.29	0.58	0.31	0.45	0.40	0.01	0.16	0.24	0.52	0.36	27.47	19.26	53.27	0.57	0.26	0.37	0.62
乌尔逊凹陷南部 II 组	油砂	K_1n_1	2476.79	W24	WN-97	0.80	0.24	0.25	0.68	0.41	0.42	0.02	0.20	0.12	0.57	0.30	30.55	16.11	53.34	0.57	0.54	0.51	0.84
	油砂	K_1n_1	2480.88	W24	WN-98	0.52	0.24	0.26	0.66	0.41	0.43	0.02	0.20	0.13	0.63	0.33	32.14	16.75	51.11	0.57	0.53	0.52	0.86
	原油	K_1n_1	2493.0~2572.0	W29	WN-99	0.61	0.21	0.22	0.63	0.37	0.41	0.09	0.21	0.48	0.68	0.46	31.83	21.35	46.83	0.56	0.51	0.49	0.80
	油砂	K_1n_1	2287.23	W31	WN-100	0.64	0.13	0.17	0.67	0.35	0.44	0.08	0.18	0.39	0.44	0.45	23.21	23.82	52.97	0.54	0.45	0.49	0.80
	油砂	K_1n_1	2293.72	W31	WN-101	0.71	0.19	0.23	0.67	0.35	0.67	0.09	0.18	0.37	0.46	0.43	24.25	22.81	52.94	0.54	0.41	0.51	0.84
	油砂	K_1n_1	2302.05	W31	WN-102	0.62	0.13	0.17	0.68	0.34	0.87	0.07	0.19	0.30	0.46	0.41	24.57	22.05	53.38	0.56	0.46	0.49	0.80
	油砂	K_1n_1	2010.65	W38-3	WN-103	0.48	0.43	0.69	0.36	0.29	0.70	0.03	0.12	0.44	0.46	0.33	25.78	18.50	55.72	0.58	0.44	0.48	0.78
	油砂	K_1n_1	2188.16	W108-112	WN-104	0.41	0.25	0.38	0.47	0.42	0.40	0.08	0.17	0.39	0.55	0.38	28.42	19.74	51.84	0.58	0.46	0.49	0.80
	油砂	K_1n_1	2266.40	W108-112	WN-105	0.42	0.36	0.49	0.47	0.28	0.49	0.02	0.13	0.35	0.46	0.37	25.05	20.24	54.71	0.59	0.49	0.50	0.82
	油砂	K_1n_1	2336.12	W122-95	WN-106	0.40	0.27	0.62	0.31	0.41	0.61	0.01	0.14	0.62	0.50	0.48	25.35	24.28	50.36	0.59	0.46	0.46	0.75
	原油	K_1t	1848.80~1853.00	W13	WN-107	0.80	0.52	0.34	0.53	0.39	0.44	0.01	0.15	0.07	0.46	0.36	25.12	19.99	54.89	0.57	0.43	0.51	0.84
	原油	K_1t	1835.00~1939.80	BX-2	WN-108	0.60	0.24	0.29	0.52	0.43	0.41	0.07	0.18	0.22	0.58	0.30	30.76	16.18	53.06	0.57	0.38	0.46	0.75

注：#标记的参数为参与 MDS 计算的参数；R1 = Pr/Ph；R2 = Pr/n-C$_{17}$；R3 = Ph/n-C$_{18}$；R4 = Ts/（Tm + Ts）；R5 = H29/H30；R6 = C$_{35}$/C$_{34}$；R7 = Ga/C$_{31}$R；R8 = C$_{31}$ 22R/C$_{30}$藿烷；R9 = St/H；R10 = C$_{27}$/C$_{29}$；R11 = C$_{28}$/C$_{29}$；R12 = %C$_{27}$；R13 = %C$_{28}$；R14 = %C$_{29}$；R15 = C$_{32}$22S/（22S+22R）；R16 = C$_{29}$ ββ/（αα + ββ）；R17 = C$_{29}$20S/(20R+20S)；R18 = %R_o（vitrinite reflectance），%R_o 值基于以下方程式得出：%R_o = 0.49×（C$_{29}$ 20S/20R）+0.33（Gürgey，2003）。Pr = 姥鲛烷；Ph = 植烷；Ts = 18α（H）- 21β（H）-22，29，30-三降藿烷；Tm = 17α（H）-22，29，30-三降藿烷；H30 = 17α（H），21β（H）- 藿烷；H29 = 17α（H），21β（H）-30-降藿烷；C$_{35}$ = 17α（H），21β（H）-30，31，32，33，34-五升藿烷；C$_{34}$ = 17α（H）-30，31，32，33-四升藿烷；C$_{31}$R = 22R-17α（H），21β（H）-30-升藿烷；Ga = 伽马蜡烷；C$_{31}$ = 17α（H），21β（H）-30，31-二升藿烷；R10 = C$_{27}$规则甾烷/C$_{29}$规则甾烷；C$_{29}$ = C$_{29}$ 5α（H）- 14α（H），17α（H）-甾烷；C$_{29}$ββ = C$_{29}$ 5α（H），14β（H），17β（H）-胆甾烷；R11 = C$_{28}$规则甾烷/C$_{27}$~C$_{29}$规则甾烷；R12 = C$_{27}$规则甾烷/C$_{27}$~C$_{29}$规则甾烷；R13 = C$_{28}$规则甾烷/C$_{27}$~C$_{29}$规则甾烷的总和；R14 = C$_{29}$规则甾烷/C$_{27}$~C$_{29}$规则甾烷的总和。

使用 GC-MS 分析原油和烃源岩中的饱和烃组分。GC-MS 分析中使用的是美国 Thermo Fisher Trace GC Ultra 气相色谱和 DSQ Ⅱ 质谱仪，色谱柱为安捷伦 HP-5MS（60m×0.25mm×0.25μm）。GC 的载气为氦气。GC 升温程序为：初温 60℃，保持 1min，以 8℃/min 升至 220℃，再以 2℃/min 升至 300℃，恒温 25min。质谱仪中的离子源温度为 230℃，电离能为 70eV。采用选择性离子监测（SIM）与全扫描检测相结合的模式进行分析，扫描范围为 50～550Da。

原油中的饱和烃和芳烃馏分进行稳定碳同位素分析使用的仪器为 Thermo Finnigan-Delta plus XL IRMS。所得同位素的结果为 Pee Dee Belemnite（PDB）标准后的值。每个样品至少分析两次，偏差不超过 0.3‰。

本书采用 PCA 和 MDS 两种化学计量学方法来探索乌尔逊凹陷原油的来源，选取了 9 个与生源或年龄相关的生物标志化合物比值参数作为化学计量学的计算参数（表 8-2 中以 # 标记）。PCA 的计算是在商业软件 Pirouette 4.5 下完成，其计算条件为：Preprocessing=Range scale，Maximum factor=9，Validation Method=None；而 MDS 的计算是在作者编写的计算程序下完成，计算条件与 Wang 等（2016）是一致的，相关的化学计量学结果如表 8-3 所示。

表 8-3　主成分分析和多维标度的计算结果

位置	岩性	层位	深度/m	井号	编号	PCA 结果		MDS 结果	
						PC1	PC2	MDS-1	MDS-2
	泥岩	K_1d_1	1397.00	S19	WB-1	1.028	0.966	/	/
	泥岩	K_1d_1	1538.18	S33	WB-2	0.874	0.737	/	/
	泥岩	K_1d_1	1273.34	T3	WB-3	1.061	0.879	/	/
	泥岩	K_1n_2	1731.98	HC-4	WB-4	1.241	0.405	/	/
	泥岩	K_1n_2	1840.80	S103	WB-5	1.279	0.212	/	/
	泥岩	K_1n_2	1949.14	S103	WB-6	1.183	−0.202	/	/
	泥岩	K_1n_2	1308.12～1316.56	S12	WB-7	1.058	−0.335	/	/
	泥岩	K_1n_2	1316.56～1334.57	S12	WB-8	1.111	−0.366	/	/
乌尔逊凹陷北部	泥岩	K_1n_2	1429.31～1446.49	S132	WB-9	1.103	−0.334	/	/
	泥岩	K_1n_2	1446.49～1464.67	S132	WB-10	1.309	0.537	/	/
	泥岩	K_1n_2	1464.67～1480.78	S132	WB-11	1.505	0.590	/	/
	泥岩	K_1n_2	1658.99	S33	WB-12	1.177	0.758	/	/
	泥岩	K_1n_2	1776.08	S33-2	WB-13	1.252	0.464	/	/
	泥岩	K_1n_2	1896.40	S43	WB-14	1.560	0.231	/	/
	泥岩	K_1n_2	1664.62	S46	WB-15	1.321	0.680	/	/
	泥岩	K_1n_2	1407.95	S47	WB-16	1.394	0.545	/	/
	泥岩	K_1n_2	1421.82	S47	WB-17	1.152	0.360	/	/
	泥岩	K_1n_1	1846.19	HC-4	WB-18	1.203	0.324	/	/
	泥岩	K_1n_1	1799.82	S19	WB-19	1.257	0.058	/	/

续表

位置	岩性	层位	深度/m	井号	编号	PCA 结果		MDS 结果	
						PC1	PC2	MDS-1	MDS-2
乌尔逊凹陷北部	泥岩	K_1n_1	1953.63	S27-2	WB-20	1.420	-0.367	/	/
	泥岩	K_1n_1	2185.04	S33	WB-21	1.379	-0.435	/	/
	泥岩	K_1n_1	2141.38	S42	WB-22	1.341	-0.192	/	/
	泥岩	K_1n_1	2173.92	S43	WB-23	1.487	-0.444	/	/
	泥岩	K_1n_1	2178.77	S43	WB-24	1.614	-0.345	/	/
	泥岩	K_1n_1	1744.49	S47	WB-25	1.058	-0.486	/	/
	泥岩	K_1n_1	1754.93	S47	WB-26	1.103	-0.371	/	/
	泥岩	K_1n_1	1620.00	S56	WB-27	1.156	1.045	/	/
	泥岩	K_1n_1	1500.59	T3	WB-28	1.013	0.497	/	/
	原油	K_1d_2	940.50~1004.00	T2	WB-29	1.239	-0.346	/	/
	原油	K_1n_2	1787.20~1809.00	S16	WB-30	1.400	-0.070	/	/
	原油	K_1n_2	1736.00~1742.00	S27	WB-31	1.275	-0.485	/	/
	原油	K_1n_2	1461.00~1472.40	S29-45	WB-32	1.001	-0.288	/	/
	原油	K_1n_2	1542.00~1548.00	S31	WB-33	1.143	-0.052	/	/
	油砂	K_1n_2	1963.24	S42	WB-34	1.014	-0.165	/	/
	油砂	K_1n_2	1660.22	S46	WB-35	0.955	-0.021	/	/
	原油	K_1n_2	1446.60~1463.00	S102	WB-36	1.028	-0.343	/	/
	原油	K_1n_2	1336.00~1339.00	T1	WB-37	1.078	-0.348	/	/
	原油	K_1n_2	1007.00~1013.00	T201	WB-38	1.186	-0.174	/	/
	原油	K_1n_1	2271.00~2280.00	S15	WB-39	1.274	-0.432	/	/
	原油	K_1n_1	2367.00~2373.00	S15-1	WB-40	1.177	-0.704	/	/
	油砂	K_1n_1	2142.78	S42	WB-41	1.240	-0.127	/	/
	油砂	K_1n_1	2176.57	S43	WB-42	1.588	-0.131	/	/
	油砂	K_1n_1	1748.69	S47	WB-43	1.429	-0.466	/	/
	原油	K_1t	1852.20~1859.00	S29-45	WB-44	1.107	-0.323	/	/
	油砂	K_1t	2205.54	S33-2	WB-45	1.219	-0.261	/	/
	油砂	K_1t	2214.31	S33-2	WB-46	1.289	-0.331	/	/
乌尔逊凹陷南部	泥岩	K_1d_1	2192.86	W14	WN-1	0.496	0.247	0.004	0.418
	泥岩	K_1d_1	2195.06	W14	WN-2	0.609	0.292	-0.012	0.334
	泥岩	K_1d_1	2198.36	W14	WN-3	0.791	0.251	0.014	0.277
	泥岩	K_1d_1	2702.94	W19	WN-4	1.224	0.208	0.032	0.157
	泥岩	K_1d_1	2451.60	W22	WN-5	1.125	-0.139	0.154	0.129
	泥岩	K_1d_1	2120.18	W29	WN-6	1.104	-0.098	0.138	0.154
	泥岩	K_1d_1	2031.05	W42	WN-7	1.365	0.112	0.111	0.186

位置	岩性	层位	深度/m	井号	编号	PCA 结果		MDS 结果	
						PC1	PC2	MDS-1	MDS-2
	泥岩	$K_1 d_1$	2035.15	W42	WN-8	1.271	0.132	0.044	0.067
	泥岩	$K_1 d_1$	2040.25	W42	WN-9	1.330	0.166	0.097	0.169
	砂岩	$K_1 n_2$	2176.03	W134-92	WN-10	1.090	-0.157	0.129	0.114
	泥岩	$K_1 n_2$	2181.45	W134-92	WN-11	1.032	-0.152	0.189	0.188
	泥岩	$K_1 n_2$	2268.43	W134-92	WN-12	1.193	-0.100	0.088	0.074
	泥岩	$K_1 n_2$	2345.50	W134-92	WN-13	1.290	-0.293	0.157	-0.039
	泥岩	$K_1 n_2$	2348.60	W134-92	WN-14	1.324	-0.240	0.141	-0.014
	泥岩	$K_1 n_2$	2060.00	W18	WN-15	0.577	0.747	-0.199	0.574
	泥岩	$K_1 n_2$	1841.70	W21	WN-16	0.929	0.237	0.226	0.390
	泥岩	$K_1 n_2$	2479.28	W22	WN-17	1.123	-0.084	0.094	0.105
	泥岩	$K_1 n_2$	2207.94	W29	WN-18	1.198	-0.294	0.192	0.097
	泥岩	$K_1 n_2$	2358.20	W33	WN-19	1.247	-0.231	0.142	0.003
	泥岩	$K_1 n_2$	2373.31	W33	WN-20	1.092	-0.099	0.060	0.041
	泥岩	$K_1 n_2$	2389.61	W33	WN-21	1.046	-0.009	0.026	0.077
	泥岩	$K_1 n_2$	2566.53	W34	WN-22	1.271	-0.283	0.154	0.030
	泥岩	$K_1 n_2$	2568.53	W34	WN-23	1.266	-0.330	0.180	0.042
乌尔逊凹陷南部	泥岩	$K_1 n_2$	2570.53	W34	WN-24	1.394	-0.382	0.193	0.002
	泥岩	$K_1 n_2$	2634.80	W34	WN-25	1.440	-0.464	0.208	-0.022
	泥岩	$K_1 n_2$	2636.80	W34	WN-26	1.400	-0.507	0.229	-0.005
	泥岩	$K_1 n_2$	2639.30	W34	WN-27	1.481	-0.527	0.222	-0.044
	泥岩	$K_1 n_2$	2641.30	W34	WN-28	1.618	-0.500	0.208	-0.071
	泥岩	$K_1 n_2$	2642.80	W34	WN-29	1.485	-0.500	0.225	-0.027
	泥岩	$K_1 n_2$	1949.90	W38	WN-30	1.385	0.051	0.118	0.127
	泥岩	$K_1 n_2$	1953.10	W38	WN-31	1.468	0.336	0.134	0.193
	泥岩	$K_1 n_2$	1956.00	W38	WN-32	1.352	0.019	0.190	0.131
	泥岩	$K_1 n_2$	2495.10	W39	WN-33	1.302	-0.222	0.098	-0.056
	泥岩	$K_1 n_2$	1286.26	W59	WN-34	0.949	0.156	0.027	0.187
	泥岩	$K_1 n_2$	2225.10	W84-106	WN-35	1.246	-0.108	0.083	0.002
	泥岩	$K_1 n_2$	2227.80	W84-106	WN-36	1.189	-0.051	0.051	-0.010
	泥岩	$K_1 n_1$	1711.58	B1	WN-37	0.847	0.292	-0.043	0.212
	泥岩	$K_1 n_1$	1712.58	B1	WN-38	0.763	0.252	-0.065	0.249
	泥岩	$K_1 n_1$	2268.10	W108-112	WN-39	0.803	0.197	-0.073	0.170
	泥岩	$K_1 n_1$	2271.70	W108-112	WN-40	0.891	0.189	-0.110	-0.114
	泥岩	$K_1 n_1$	2308.60	W122-95	WN-41	1.249	-0.120	0.127	0.056

位置	岩性		层位	深度/m	井号	编号	PCA 结果		MDS 结果	
							PC1	PC2	MDS-1	MDS-2
乌尔逊凹陷南部	泥岩		K_1n_1	2330.92	W122-95	WN-42	1.184	−0.084	0.054	0.003
	泥岩		K_1n_1	2333.42	W122-95	WN-43	1.177	−0.099	0.042	−0.047
	泥岩		K_1n_1	2339.42	W122-95	WN-44	1.064	0.025	0.001	−0.014
	泥岩		K_1n_1	2358.30	W122-95	WN-45	1.250	−0.192	0.070	−0.072
	泥岩		K_1n_1	2524.00	W132-80	WN-46	1.161	0.031	0.032	−0.131
	泥岩		K_1n_1	2547.00	W132-80	WN-47	1.365	−0.107	0.072	−0.055
	泥岩		K_1n_1	2270.69	W24	WN-48	1.149	−0.140	0.112	0.084
	泥岩		K_1n_1	2275.09	W24	WN-49	1.175	−0.001	0.055	0.085
	泥岩		K_1n_1	2439.80	W24	WN-50	1.181	−0.179	0.105	0.044
	泥岩		K_1n_1	2372.11	W29	WN-51	1.446	−0.367	0.173	−0.054
	泥岩		K_1n_1	2209.05	W31	WN-52	1.236	−0.224	0.129	0.034
	泥岩		K_1n_1	2297.15	W31	WN-53	1.336	−0.272	0.138	−0.065
	泥岩		K_1n_1	2560.06	W31	WN-54	1.195	0.132	0.000	−0.120
	泥岩		K_1n_1	2478.50	W33	WN-55	0.969	0.343	−0.120	−0.015
	泥岩		K_1n_1	2165.60	W38	WN-56	1.340	0.287	−0.049	−0.012
	泥岩		K_1n_1	2345.30	W38	WN-57	1.654	0.310	0.015	−0.193
	泥岩		K_1n_1	1846.91	W38-5	WN-58	0.811	0.811	−0.294	0.027
	泥岩		K_1n_1	1847.86	W38-5	WN-59	0.956	1.034	−0.316	0.055
	泥岩		K_1n_1	1825.81	W45	WN-60	0.895	0.639	−0.211	0.027
	泥岩		K_1n_1	1826.41	W45	WN-61	0.660	0.575	−0.360	−0.128
	泥岩		K_1t	2154.35	B16	WN-62	0.952	0.183	−0.035	0.138
	泥岩		K_1t	2155.85	B16	WN-63	0.995	0.069	0.020	0.125
	泥岩		K_1t	2693.40	W22	WN-64	1.670	−0.294	0.157	−0.121
	泥岩		K_1t	2457.05	W29	WN-65	1.351	−0.075	0.088	−0.023
	泥岩		K_1t	1989.30	W40	WN-66	0.832	0.094	0.048	0.261
	泥岩		K_1t	2207.66	W40	WN-67	1.231	0.124	−0.005	0.013
	泥岩		K_1t	2310.20	W40	WN-68	1.144	−0.015	−0.029	−0.114
	泥岩		K_1t	2312.20	W40	WN-69	1.139	−0.004	−0.039	−0.155
	泥岩		K_1t	2279.64	W46-112	WN-70	1.388	−0.217	0.121	−0.035
	泥岩		K_1t	1726.36	W65	WN-71	0.891	0.105	−0.113	0.129
	I组	原油	K_1d_2	1302.80~1305.20	W20	WN-72	1.230	−0.103	0.077	0.012
		原油	K_1d_2	1470.00~1476.00	W16	WN-73	1.203	−0.062	0.057	0.022
		原油	K_1d_2	1507.40~1509.80	W22	WN-74	1.175	−0.026	0.054	0.058
		油砂	K_1d_1	2032.59	W42	WN-75	1.273	−0.064	0.083	0.037

续表

位置	岩性	层位	深度/m	井号	编号	PCA 结果		MDS 结果	
						PC1	PC2	MDS-1	MDS-2
乌尔逊凹陷南部	I 组	原油	K_1n_2	2061.00~2067.00	W20	WN-76	1.409	-0.261	0.134	-0.021
		油砂	K_1n_2	2669.99	W34	WN-77	1.527	0.116	0.026	-0.026
		原油	K_1n_1	2822.00~2823.00	W18	WN-78	1.371	-0.158	0.101	-0.020
		油砂	K_1n_1	1672.66	W30	WN-79	1.337	-0.222	0.138	0.019
		油砂	K_1n_1	1673.07	W30	WN-80	1.390	-0.190	0.153	0.070
		油砂	K_1n_1	1674.74	W30	WN-81	1.218	-0.182	0.114	0.026
		原油	K_1n_1	1671.00~1675.00	W30	WN-82	1.267	-0.108	0.093	0.058
		油砂	K_1t	2064.26	W51-1	WN-83	1.144	-0.086	0.044	-0.029
	II 组	原油	K_1d_2	1807.00~1832.00	W17	WN-84	0.950	0.137	0.001	0.148
		原油	K_1n_2	1588.40~1821.60	W4	WN-85	0.741	0.137	-0.127	0.238
		原油	K_1n_2	1706.40~1711.40	W4	WN-86	0.760	0.105	-0.143	0.199
		油砂	K_1n_2	2365.05	W33	WN-87	0.984	0.209	-0.077	0.009
		油砂	K_1n_2	2376.31	W33	WN-88	1.157	0.213	-0.039	-0.028
		油砂	K_1n_2	1752.80	W38-3	WN-89	0.775	0.515	-0.217	0.092
		油砂	K_1n_2	1755.80	W38-3	WN-90	0.790	0.613	-0.247	0.100
		油砂	K_1n_2	1283.16	W59	WN-91	0.894	0.074	-0.087	0.059
		原油	K_1n_2	1471.00~1474.00	W51	WN-92	0.894	0.085	-0.036	0.120
		原油	K_1n_2	1471.00~1474.00	W51	WN-93	0.850	0.164	-0.070	0.121
		油砂	K_1n_2	2223.19	W84-106	WN-94	1.132	0.047	0.017	0.044
		油砂	K_1n_2	2342.77	W134-92	WN-95	0.965	-0.030	0.046	0.191
		原油	K_1n_1	1792.00~1826.00	B1	WN-96	0.610	0.306	-0.231	0.160
		油砂	K_1n_1	2476.79	W24	WN-97	1.008	0.035	-0.038	0.096
		油砂	K_1n_1	2480.88	W24	WN-98	0.985	0.103	-0.074	0.070
		原油	K_1n_1	2493.00~2572.00	W29	WN-99	1.168	0.148	-0.012	-0.051
		油砂	K_1n_1	2287.23	W31	WN-100	1.049	0.121	-0.064	-0.061
		油砂	K_1n_1	2293.72	W31	WN-101	1.171	0.259	-0.068	-0.075
		油砂	K_1n_1	2302.05	W31	WN-102	1.202	0.412	-0.103	-0.079
		油砂	K_1n_1	2010.65	W38-3	WN-103	0.734	0.429	-0.258	-0.090
		油砂	K_1n_1	2188.16	W108-112	WN-104	0.890	0.211	-0.111	0.020
		油砂	K_1n_1	2266.40	W108-112	WN-105	0.712	0.225	-0.217	-0.105
		油砂	K_1n_1	2336.12	W122-95	WN-106	0.742	0.608	-0.305	-0.018
		原油	K_1t	1848.80~1853.00	W13	WN-107	0.803	0.077	-0.168	0.129
		原油	K_1t	1835.00~1939.80	BX-2	WN-108	0.935	0.101	-0.038	0.062

注："/" 代表未计算。

8.2　烃源岩的有机质丰度与干酪根类型

8.2.1　乌尔逊凹陷北部

大磨拐河组一段（K_1d_1）烃源岩中的 TOC 含量高达 3.22%，均值为 2.45%。南屯组二段（K_1n_2）烃源岩中的 TOC 含量为 1.78% ~ 7.88%，均值为 2.96%，而南屯组一段（K_1n_1）烃源岩中的 TOC 含量变化范围较大，介于 0.55% ~ 6.08%，均值为 2.30%。K_1d_1、K_1n_2 和 K_1n_1 段烃源岩的生烃潜力（S_1+S_2）分别为 3.21 ~ 7.37mg/g、2.22 ~ 29.70mg/g 和 1.20 ~ 17.67mg/g，平均值分别为 4.57mg/g、9.65mg/g 和 7.78mg/g。这些结果表明，K_1d_1 段烃源岩的生烃潜力为中等，而 K_1n_2 和 K_1n_1 段为较好的烃源岩［图 8-4（a）］（Peters and Cassa，1994）。乌尔逊凹陷北部烃源岩中的氢指数（HI）和 T_{max} 关系图表明，K_1d_1、K_1n_2 和 K_1n_1 烃源岩以Ⅱ型有机质为主［图 8-4（b）］。

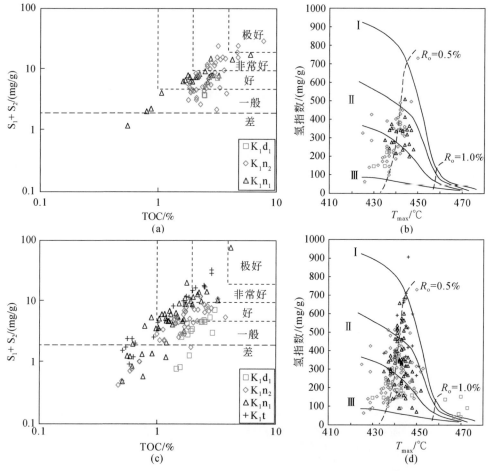

图 8-4　乌尔逊凹陷北部（a）、（b）和南部（c）、（d）岩石样品中的生烃潜力（S_1+S_2）与 TOC 和氢指数（HI）与 T_{max} 关系图

烃源岩的评价标准参考的是 Peters 和 Cassa（1994）

S_1-TOC 和 PI-T_{max} 关系图可用于鉴别烃源岩中是否存在运移油的污染（Hunt，1996；Peters and Cassa，1994）。通常，当迁移指数（S_1/TOC）低于 1.5 时就说明样品没有遭受运移油的污染。类似地，未遭受运移油污染样品的 PI 和 T_{max} 存在以下关系：①如果 T_{max} 在 390～435℃范围内，那么 PI 必须小于 0.1；②如果 T_{max} 在 436～445℃范围内，那么 PI 必须小于 0.3；③如果 T_{max} 在 445～460℃范围内，那么 PI 必须小于 0.4。乌尔逊凹陷北部烃源岩样品的 S_1-TOC 和 PI-T_{max} 关系图表明，研究的样品未受运移油污染（图 8-5）。

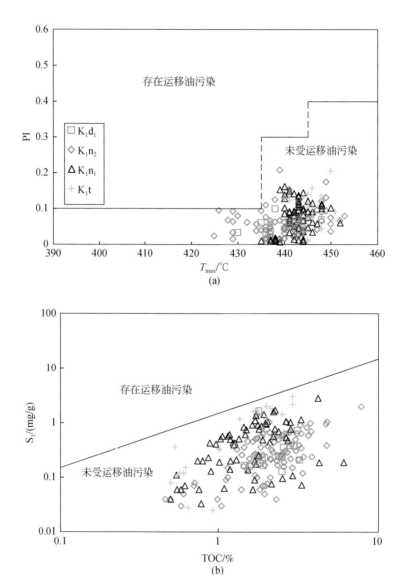

图 8-5　乌尔逊凹陷烃源岩中的 PI 与 T_{max} 和 S_1 与 TOC 关系图

8.2.2　乌尔逊凹陷南部

图 8-4（c）所示的是乌尔逊凹陷南部烃源岩样品中的生烃潜力与 TOC 关系图。K_1d_1 段烃源岩中的 TOC 含量为 1.46% ~3.10%，均值为 2.19%，而生烃潜力值相对较低，介于 0.79~7.39mg/g，均值为 3.66mg/g，表明 K_1d_1 烃源岩的生烃潜力一般。K_1n_2 烃源岩中的 TOC 含量介于 0.47%~3.82%，生烃潜力值为 0.43~12.20mg/g，均值为 5.13mg/g，这表明 K_1n_2 烃源岩的生烃潜力较好。K_1n_1 烃源岩也具有较好的生烃潜力，其 TOC 含量和生烃潜力值分别介于 0.50%~4.19%（均值为 1.46%）和 0.49~77.57mg/g（均值为 7.90mg/g）。K_1t 组烃源岩同样表现出较好的生烃潜力，TOC 含量介于 0.51%~2.91%，生烃潜力值为 0.94~33.38mg/g（均值为 10.19mg/g）。图 8-4（d）表明，研究的 K_1d_1、K_1n_1、K_1n_2 段和 K_1t 组烃源岩以 II 型干酪根有机质为主，并且其中的部分 K_1n_2 和 K_1n_1 段样品落入了 I 型干酪根区域。

8.2.3　烃源岩的分布与发育

根据 8.2.1 节和 8.2.2 节的分析，可以得出如下结论：乌尔逊凹陷北部的 K_1d_1、K_1n_1 和 K_1n_2 段分别为中等、好和好的烃源岩；乌尔逊凹陷南部的 K_1n_1、K_1n_2 段和 K_1t 组为好的烃源岩，而 K_1d_1 段为中等烃源岩。因此，通过结合各层段烃源岩的生烃潜力以及分布、发育特征，我们可以粗略估算不同层段烃源岩对研究区内原油的贡献。前人的研究已经表明，暗色泥岩是乌尔逊凹陷最重要的烃源岩（杨伟红等，2010）。贾芳芳（2010）详细说明了乌尔逊凹陷暗色泥岩的分布和发育情况。根据该研究，暗色泥岩在 K_1d 和 K_1n 组（包括 K_1n_1 和 K_1n_2 段）最为发育，而 K_1t 组烃源岩主要集中在乌尔逊凹陷南部，且整体不发育。刘新颖等（2009）的研究也证实了这一点，K_1d 组暗色泥岩的累积厚度为 150~600m，K_1n 组暗色泥岩的累积厚度为 100~300m，而 K_1t 组暗色泥岩整体不发育。综上所述，K_1n 组是研究区最重要的烃源岩，K_1d_1 段和 K_1t 组对乌尔逊原油的贡献较小。

8.3　烃源岩的沉积环境

8.3.1　乌尔逊凹陷北部

低 Pr/Ph（<1）值代表的是还原的沉积环境，而高 Pr/Ph（>1）值反映氧化的沉积环境（Didyk et al.，1978）。K_1d_1、K_1n_2 和 K_1n_1 段烃源岩中的 Pr/Ph 值分别介于 1.46~1.65、0.77~1.73 和 0.62~1.68（表 8-2），这表明三套烃源岩是以氧化的沉积环境为主，但部

分 K_1n_2 和 K_1n_1 段的样品可能沉积在较为还原的沉积环境。

前人的研究表明，丰富的 C_{27} 甾醇（或甾烷）代表海洋有机物或湖泊藻类的输入，而 C_{29} 甾醇（或甾烷）常与高等植物输入有关（Huang and Meinschein，1979）。高丰度的 C_{29} 甾烷被广泛用于指示强陆源有机物质输入的指标（Abeed et al.，2012；Ding et al.，2015，2016；Dong et al.，2015a，2015b；Gao et al.，2015；Huang et al.，2011；Hunt，1996；Peters et al.，1986，2005），但微藻或蓝细菌也可以是 C_{29} 甾烷前驱物的来源。因此，应谨慎使用该指标。乌尔逊凹陷北部烃源岩中的 C_{27}、C_{28} 和 C_{29} 规则甾烷相对丰度可能表明以陆源有机质输入为主的特征，水生藻类、细菌贡献较少［表8-2，图8-6（a）］。该结论与前人的研究也是一致的，即研究区内的原油主要来源于陆源有机质输入（贾芳芳，2010；杨伟红等，2010）。

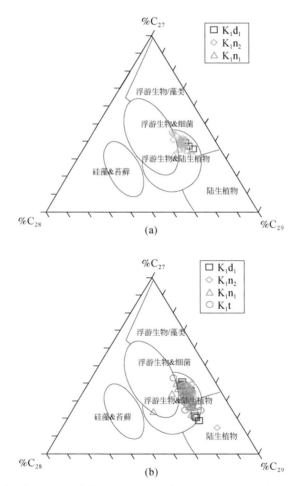

图8-6　乌尔逊凹陷北部（a）和南部（b）烃源岩中的 C_{27}、C_{28} 和 C_{29} 规则甾烷相对丰度三角图

烃源岩和原油中的高 C_{35}/C_{34} 值往往与强还原的沉积环境有关（Peters and Moldowan，1991）。K_1d_1 段烃源岩中的 C_{35}/C_{34} 值较低，而 K_1n_2 和 K_1n_1 段烃源岩中的 C_{35}/C_{34} 值变化范围较宽（表8-2）。这些数据表明，K_1d_1 段的烃源岩沉积环境相对氧化，而 K_1n_2 和 K_1n_1 段

的烃源岩沉积在还原至氧化的沉积环境，这与 Pr/Ph 值的结论是一致的。通常认为，Ga/C_{31}R（伽马蜡烷指数）值较高，表明在烃源岩的沉积过程中存在分层水体和还原的沉积环境（Fu et al., 1986；Sinninghe Damsté et al., 1995）。乌尔逊凹陷北部烃源岩中的 Ga/C_{31}R 值介于 0.01 ~ 0.18，表明烃源岩的沉积过程中不存在水体分层。

8.3.2　乌尔逊凹陷南部

K_1d_1 和 K_1n_2 段烃源岩中的 Pr/Ph 值相对较高（平均值>1），分别介于 0.83 ~ 1.83（均值为 1.3）和 0.42 ~ 2.25（均值为 1.38）；而 K_1n_1 段和 K_1t 组烃源岩中的 Pr/Ph 值相对较低（平均值<1），分别介于 0.28 ~ 1.46（均值为 0.74）和 0.53 ~ 1.56（均值为 0.92）（表 8-2）。这些值表明，K_1d_1 和 K_1n_2 段烃源岩沉积于变化的氧化还原环境，而 K_1n_1 段和 K_1t 组烃源岩的沉积环境可能比 K_1d_1 和 K_1n_2 段烃源岩更为还原。

研究烃源岩中的 C_{27}、C_{28} 和 C_{29} 规则甾烷相对丰度分别介于 15.02% ~ 43.31%（均值为 33.02%）、11.25% ~ 37.25%（均值为 16.66%）和 38.48% ~ 73.19%（均值为 50.32%）（表 8-2）。这些值可能表明，乌尔逊凹陷南部烃源岩以陆源有机质输入为主的特征，水生藻类、细菌贡献较少［图 8-6（b）］。

乌尔逊凹陷南部烃源岩中的 C_{35}/C_{34} 值均较低，介于 0.26 ~ 0.92（表 8-2），表明其沉积于氧化的沉积环境。此外，乌尔逊凹陷南部烃源岩中的 Ga/C_{31}R 值较低，也表明普遍不存在分层水体的现象。

8.4　烃源岩的热成熟度

本书综合应用多个生物标志化合物参数对乌尔逊凹陷烃源岩的热成熟度进行了评价。随着热成熟度的增加，C_{32}22S/（22S+22R）藿烷、C_{29}20S/（20R+20S）和 C_{29}ββ/（αα+ββ）甾烷三种生物标志化合物比值分别会从 0 增加至 0.6、0.5 和 0.7（Seifert and Moldowan, 1980；Seifert and Moldowan, 1986）。基本上，当接近早期生油窗时，C_{32}22S/（22S+22R）藿烷比值达到平衡，而 C_{29}20S/（20R+20S）和 C_{29}ββ/（αα+ββ）甾烷比值可延伸至成熟生油窗（Seifert and Moldowan, 1986）。

8.4.1　乌尔逊凹陷北部

K_1d_1、K_1n_2 和 K_1n_1 烃源岩中的 C_{32}22S/（22S+22R）藿烷比值分别介于 0.54 ~ 0.58、0.57 ~ 0.60 和 0.51 ~ 0.59，表明研究的烃源岩至少已经到达了成熟的边缘。位于顶部的 K_1d_1 段烃源岩 C_{29}ββ/（αα+ββ）和 C_{29}20S/（20R+20S）甾烷比值介于 0.25 ~ 0.28 和 0.28 ~ 0.33，表明 K_1d_1 段烃源岩处于未成熟至低成熟阶段。位于中部的 K_1n_2 段烃源岩中的 C_{29}ββ/（αα+ββ）和 C_{29}20S/（20R+20S）甾烷比值相对较高，介于 0.27 ~ 0.48（均值为 0.37）和 0.26 ~ 0.49（均值为 0.41），表明该段烃源岩处于低成熟至成熟的阶段；而位于底部的 K_1n_1 段烃源岩中的 C_{29}ββ/（αα+ββ）和 C_{29}20S/（20R+20S）甾烷比值最高，介于 0.21 ~

0.54（均值为0.45）和0.22～0.50（均值为0.44），表明大部分的K_1n_1段烃源岩已经成熟。

8.4.2　乌尔逊凹陷南部

乌尔逊凹陷南部烃源岩中的C_{32}22S/（22S+22R）藿烷比值介于0.46～0.60（均值为0.57）（表8-2），表明大部分烃源岩样品已经达到平衡或处于成熟阶段（Seifert and Moldowan，1980）。位于顶部的K_1d_1段烃源岩C_{29}ββ/（αα+ββ）和C_{29}20S/（20R+20S）甾烷比值介于0.35～0.47（均值为0.41）；0.42～0.52（均值为0.47）。位于中部的K_1n_2段烃源岩中的C_{29}ββ/（αα+ββ）和C_{29}20S/（20R+20S）甾烷比值介于0.21～0.59（均值为0.46）和0.20～0.53（均值为0.47）；K_1n_1段烃源岩中的C_{29}ββ/（αα+ββ）和C_{29}20S/（20R+20S）甾烷比值介于0.14～0.56（均值为0.39）和0.13～0.60（均值为0.41）。位于底部的K_1t组烃源岩中的C_{29}ββ/（αα+ββ）和C_{29}20S/（20R+20S）甾烷比值相对较高，介于0.25～0.57（均值为0.45）和0.39～0.53（均值为0.48）。这些值说明，研究区的大部分烃源岩样品基本已经成熟。不同层段烃源岩之间的热成熟度差异不大，但总体而言，K_1t烃源岩的热成熟度要略微高于其他层段的烃源岩。

8.5　乌尔逊凹陷原油特征

8.5.1　乌尔逊凹陷北部原油特征

乌尔逊凹陷北部原油的物理性质如表8-4所示。乌尔逊凹陷北部原油的密度介于0.8061～0.8650g/cm³，主要分布于0.84～0.86g/cm³之间；黏度介于4.2～21.9mPa·s；含蜡量介于3.3%～44.4%；凝固点介于11.0～33.0℃。K_1d和K_1n组原油具有较高的含蜡量（均值为17.8%和19.0%）和凝固点（均值为28.7℃和26.9℃），而K_1t组原油中的含蜡量（均值为10.8%）和凝固点（均值为16.3℃）相对较低。

表8-4　不同层位原油的物理性质统计

层位		密度/（g/cm³）	黏度/（mPa·s）	含蜡量/%	凝固点/℃
乌尔逊凹陷北部	K_1d	$\dfrac{0.8355-0.8593}{0.8490（3）}$	$\dfrac{6.5-16.4}{11.8（3）}$	$\dfrac{9.8-22.9}{17.8（3）}$	$\dfrac{24.0-33.0}{28.7（3）}$
	K_1n	$\dfrac{0.8061-0.8650}{0.8480（11）}$	$\dfrac{4.2-21.9}{12.3（9）}$	$\dfrac{3.3-44.4}{19.0（11）}$	$\dfrac{20.0-33.0}{26.9（10）}$
	K_1t	$\dfrac{0.8444-0.8528}{0.8498（6）}$	/	$\dfrac{4.8-14.3}{10.8（6）}$	$\dfrac{11.0-24.0}{16.3（6）}$

层位		密度/(g/cm³)	黏度/(mPa·s)	含蜡量/%	凝固点/℃
乌尔逊凹陷南部	K_1d	$\dfrac{0.8333-0.8562}{0.8485（3）}$	$\dfrac{8.5-12.0}{10.3（3）}$	$\dfrac{19.5-23.8}{21.7（3）}$	$\dfrac{25.0-35.0}{29.7（3）}$
	K_1n	$\dfrac{0.8155-0.9376}{0.8543（6）}$	$\dfrac{3.7-14.8}{8.9（5）}$	$\dfrac{4.8-6.2}{5.5（2）}$	$\dfrac{11.0-13.0}{12.0（2）}$
	K_1t	$\dfrac{0.8363-0.8630}{0.8497（2）}$	$\dfrac{7.5-34.9}{21.2（2）}$	$\dfrac{10.7-18.2}{14.5（2）}$	$\dfrac{25.0-31.0}{28.0（2）}$

注：表中格式为$\dfrac{最小值-最大值}{平均值（样品数量）}$；"/"代表未计算。

乌尔逊凹陷北部代表性原油的族组成如表8-5所示,其特征为饱和烃组分高、沥青质含量低和饱和烃/芳烃大于3.7,这可能表明原油未遭受生物降解作用的影响,且已经处于成熟阶段。饱和烃、芳烃、非烃和沥青质的含量分别介于68.30%~74.88%、14.26%~18.40%、8.16%~11.91%和0.70%~3.06%。

表8-5　乌尔逊凹陷原油的族组成及饱和烃和芳烃的稳定碳同位素比值

区域	井号	深度/m	层位	$\delta^{13}C_{Sat}$ /‰	$\delta^{13}C_{Aro}$ /‰	Sat /%	Aro /%	Sat/Aro	Res /%	Asp /%
乌尔逊凹陷北部	T2	940.50~1004.00	K_1d_2	-31.08	-31.44	69.12	17.59	3.93	11.91	1.38
	S15	2271.00~2280.00	K_1n_1	-30.56	-28.11	/	/	/	/	/
	S15-1	2367.00~2373.00	K_1n_1	-30.04	-27.70	74.88	14.26	5.25	8.16	2.70
	S27	1736.00~1742.00	K_1n_2	-32.42	-31.34	68.30	18.40	3.71	10.23	3.06
	S29-45	1461.00~1472.40	K_1n_2	-30.63	-29.62	71.80	16.46	4.36	10.65	1.09
	T1	1336.00~1339.00	K_1n_2	-31.08	-29.30	72.45	15.21	4.76	11.63	0.70
	T201	1007.00~1013.00	K_1n_2	-30.61	-28.54	73.60	14.57	5.05	11.07	0.76
	S29-45	1852.20~1859.00	K_1t	-30.42	-29.71	/	/	/	/	/
乌尔逊凹陷南部 I组	W20	1302.80~1305.20	K_1d_2	-28.97	-27.24	71.68	15.92	4.50	10.30	2.11
	W16	1470.00~1476.00	K_1d_2	-28.94	-27.75	69.43	17.36	4.00	7.86	0.80
	W18	2822.00~2823.00	K_1n_1	-27.18	-24.50	82.46	13.35	6.18	4.12	0.06
	W20	2061.00~2067.00	K_1n_2	-28.90	-27.37	79.64	13.38	5.95	5.96	1.02
乌尔逊凹陷南部 II组	W29	2493.00~2572.00	K_1n_1	-29.94	-28.75	/	/	/	/	/
	W17	1832.00~1807.00	K_1d_2	-30.59	-28.67	52.45	18.40	2.85	22.60	6.55
	W4	1706.40~1711.40	K_1n_2	-34.35	-28.84	71.50	13.08	5.47	12.53	2.90

注：Sat=饱和烃；Aro=芳烃；Res=非烃；Asp=沥青质；"/"代表未检测。

　　乌尔逊凹陷北部原油中的正构烷烃系列呈单峰型分布，未见明显的奇偶优势，碳数分布范围较宽（$nC_{14} \sim nC_{35}$），主峰碳主要介于 $nC_{17} \sim nC_{21}$ ［图8-7（a）］。高丰度的低碳数正构烷烃的存在同样说明原油样品没有遭受生物降解的作用。乌尔逊凹陷北部原油中的 Pr/Ph 值介于 0.68 ~ 1.79，且均具有较低的 Pr/nC_{17} 和 Ph/nC_{18} 值（表8-2）。

　　乌尔逊凹陷北部原油中的甾烷（m/z 217）质量色谱图如图8-7（b）所示，C_{27}、C_{28} 和 C_{29} 规则甾烷相对丰度分别介于 31.59% ~ 47.46%（均值为 38.97%）、13.73% ~ 23.94%（均值为 17.10%）和 28.60% ~ 53.07%（均值为 43.92%），这些值可能表明陆源有机质输入略有优势［图8-8（a）］。

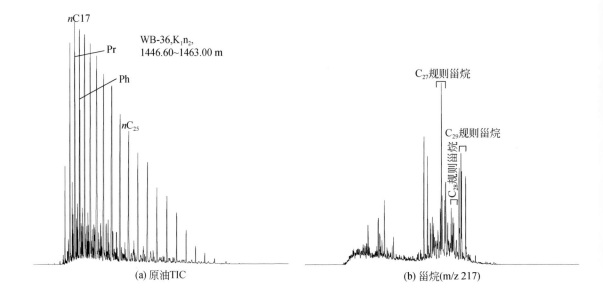

(a) 原油TIC

(b) 甾烷(m/z 217)

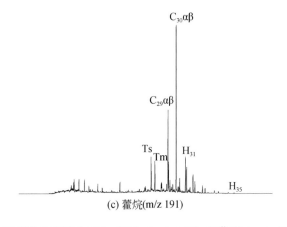

(c) 藿烷(m/z 191)

图 8-7　乌尔逊凹陷北部原油 TIC、甾烷（m/z 217）和藿烷（m/z 191）分布特征

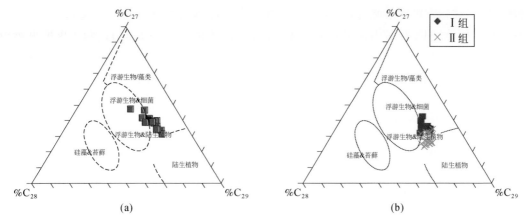

图 8-8　乌尔逊凹陷北部（a）和南部（b）原油中的 C_{27}、C_{28} 和 C_{29} 规则甾烷相对丰度三角图

图 8-7（c）显示的是代表性油样品的饱和烃馏分萜烷（m/z 191）质量色谱图。乌尔逊凹陷北部原油中的 C_{35}/C_{34} 值较低，在 0.06 ~ 0.88 之间，说明原油母质沉积于氧化的沉积环境，这与 Pr/Ph 值是一致的。此外，乌尔逊凹陷北部原油具有显著低的 $Ga/C_{31}R$ 值，介于 0 ~ 0.13，反映沉积时不存在分层水体的现象。

乌尔逊凹陷北部原油中的 $C_{32}22S/(22S+22R)$ 值介于 0.5 ~ 0.6，表明大部分原油中的该值已经达到平衡。同样地，乌尔逊凹陷北部原油中的 $C_{29}\beta\beta/(\alpha\alpha+\beta\beta)$ 和 $C_{29}20S/(20R+20S)$ 甾烷比值分别介于 0.33 ~ 0.54 和 0.45 ~ 0.57，表明研究的原油样品已经成熟（Seifert and Moldowan，1986）。

乌尔逊凹陷北部原油中的饱和烃和芳烃的稳定碳同位素比值相对较轻（表 8-5），$\delta^{13}C_{Sat}$ 值介于 -32.42‰ ~ -30.04‰，$\delta^{13}C_{Aro}$ 值介于 -31.44‰ ~ -27.70‰。这些值表明，原油

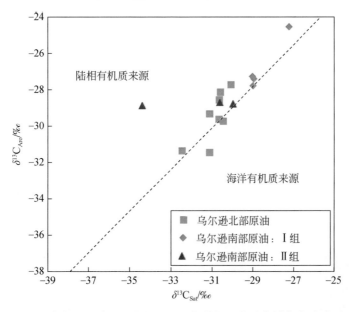

图 8-9　乌尔逊凹陷原油中的饱和烃与芳烃组分稳定同位素关系图

母质可能是陆相有机质来源（图8-9），但有两个样品落入海洋有机质来源区域（Sofer，1984）。这可能是因为湖相来源原油的稳定同位素数值并不总是与有机质类型相对应（Peters et al.，1986），并且甚至可能表现出海相有机质来源的同位素特征（Peters et al.，1996），这与乌尔逊凹陷为湖相沉积环境是一致的（贾芳芳，2010）。

8.5.2　乌尔逊凹陷南部原油特征

乌尔逊凹陷南部原油的物理性质如表8-4所示。研究区原油中的物理性质在不同储集层段差异很大。K_1d组原油密度相对较低（平均值为$0.8485g/cm^3$）、黏度中等（均值为$10.3mPa \cdot s$）、含蜡量高（平均值21.7%）、凝固点高（均值为29.7℃）。K_1n组原油密度高（均值为$0.8543g/cm^3$）、黏度低（均值为$8.9mPa \cdot s$）、含蜡量低（均值为5.5%）、凝固点低（均值12.0℃）。K_1t组原油密度中等（均值为$0.8497g/cm^3$）、黏度高（均值为$21.2mPa \cdot s$）、含蜡量中等（均值为14.5%）、凝固点中等（均值为28.0℃）。乌尔逊凹陷原油不同层段之间物理性质的不同可能是成熟度存在差异的原因。

乌尔逊凹陷南部原油中的饱和烃含量介于52.45%~82.46%，芳烃含量介于13.08%~18.40%，非烃含量介于4.12%~22.60%，沥青质含量介于0.06%~6.55%（表8-5）。总体而言，乌尔逊南部原油具有高饱和烃和低沥青质含量的特点。

乌尔逊凹陷南部原油中的正构烷烃系列呈单峰型分布，这与乌尔逊凹陷北部原油一致[图8-10（a），图8-10（b）]。通常，正构烷烃的碳数分布范围为$nC_{15}~nC_{35}$，主峰碳主要分布在$nC_{17}~nC_{19}$之间。如表8-2所示，乌尔逊凹陷南部原油中的Pr/Ph值介于0.34~2.13，表明其母质为还原至氧化的沉积环境。

乌尔逊凹陷南部两个代表性原油的甾烷（m/z 217）质谱图如图8-10（c）、图8-10（d）所示。原油中的C_{27}、C_{28}和C_{29}规则甾烷的相对丰度分别介于23.21%~42.74%（平均值=31.04%）、13.58%~24.28%（平均值=18.46%）和42.15%~55.72%（平均值=50.50%），指示了原油母质可能以陆源有机质输入为主的特征[图8-8（b）]。

图8-10（e）、图8-10（f）所示的是乌尔逊凹陷南部两个代表性原油中的藿烷（m/z 191）质谱图。原油中的C_{35}/C_{34}值介于0.21~0.87，这反映了原油母质氧化的沉积环境（Peters and Moldowan，1991），$Ga/C_{31}R$值介于0.01~0.13，证明原油母质的沉积水体不存在分层水体。

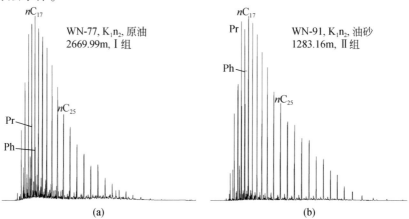

(a)　　　　　　　　　　　　　　　　　(b)

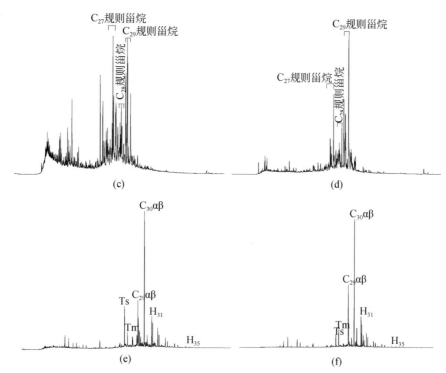

图 8-10　乌尔逊凹陷南部原油的 TIC、甾烷（m/z 217）和藿烷（m/z 191）分布特征

乌尔逊南部原油中的 C_{32}22S/（22S+22R）值已趋于平衡，介于 0.54 ~ 0.60，并且 C_{29}ββ/（αα+ββ）值介于 0.26 ~ 0.54（平均值=0.44），C_{29}20S/（20R+20S）值介于 0.34 ~ 0.53（平均值=0.47），表明所研究的油样已经处于成熟阶段。

乌尔逊凹陷南部原油中的饱和烃和芳烃稳定碳同位素组成如表 8-5 所示。$\delta^{13}C_{Sat}$ 值介于 –34.35‰ ~ –27.18‰，$\delta^{13}C_{Aro}$ 值介于 –28.84‰ ~ –24.50‰，表明陆源有机质输入为主的特征（Sofer，1984），这与乌尔逊凹陷为湖相沉积环境是一致的（贾芳芳，2010）。

8.6　乌尔逊凹陷的油–油和油–源对比

由于化学计量学方法可以同时处理大批量的数据和多个参数，所以它可以提高分析地球化学数据的能力和准确性。近年来，石油地球化学家常常应用化学计量学来开展精细化的油–油和油–源对比研究，其准确性也得到了广泛的认可（Alizadeh et al.，2017；Diasty et al.，2016；Dong et al.，2015a；Mashhadi and Rabbani，2015；Peters et al.，2019）。

8.6.1　乌尔逊凹陷北部

将 PCA 应用于乌尔逊凹陷北部烃源岩和原油中选取的 9 个生物标志化合物比值参数，其中前两个主成分 PC1 和 PC2 分别占原始数据集总方差的 76.5% 和 10.5%。根据 PC1 与 PC2 关系图，原油样品主要沿着 PC1 方向分布，且仅存在一组原油［图 8-11（a）］。

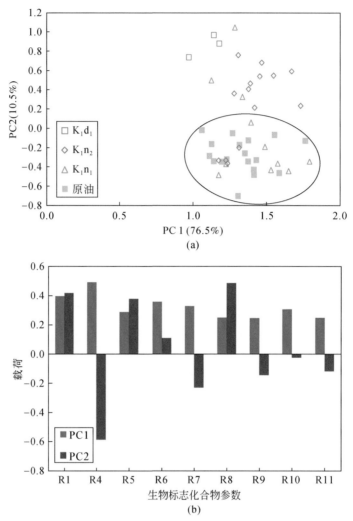

图 8-11　主成分分析显示原油的类别、与烃源岩的相关性和选择的生物标志化合物参数的因子载荷

R1 = 姥鲛烷/植烷；R4 = Ts/（Ts+Tm）三降藿烷；R5 = C_{29} 降藿烷/C_{30} 藿烷；R6 = C_{35} 升藿烷/C_{34} 升藿烷；R7 = 伽马蜡烷/C_{31} 22R 升藿烷；R8 = C_{31} 22R 升藿烷/C_{30} 藿烷；R9 = 甾烷/藿烷；R10 = % C_{27} 规则甾烷/% C_{29} 规则甾烷；R11 = % C_{28} 规则甾烷/% C_{29} 规则甾烷

8.6.2　乌尔逊凹陷南部

根据 PCA 和 MDS 对比图可知，乌尔逊凹陷南部原油可分为 I 和 II 两组 ［图 8-12（a），图 8-12（c）］。I 组原油中的饱和烃含量相对较高、沥青质含量较低，饱和烃与芳烃比大于 4，而 II 组原油中的饱和烃含量相对较低、沥青质含量较高，饱和烃与芳烃比大于 2.8（表 8-5），表明两组油均已成熟且未遭受生物降解作用的影响。这些数据同样说明 I 组原油比 II 组原油更成熟，这从两组原油中的成熟度指标 $C_{29}\beta\beta/(\alpha\alpha+\beta\beta)$ 和

$C_{29}20S/(20R+20S)$ 甾烷比值也可以得到印证。Ⅰ组原油中的 Pr/Ph 值（>1）相对较高，介于 $1.02 \sim 2.13$，而Ⅱ组原油中的 Pr/Ph 值（<1）相对较低，介于 $0.34 \sim 0.97$，这表明Ⅰ组原油可能沉积于更加氧化的沉积环境。Ⅰ组原油中的 C_{27}/C_{29} 规则甾烷比值较Ⅱ组原油存在轻微优势（表 8-2），这表明该类原油中的水生生物的贡献略高于Ⅱ组原油，而Ⅱ组原油显示出 C_{29} 规则甾烷的优势，这可能意味更多陆源有机质的输入［图 8-8（b）］。根据原油中的饱和烃和芳香烃 $\delta^{13}C$ 值关系图，同样说明乌尔逊凹陷南部的原油可大致分为两组（图 8-9）。

PCA 的前两个主成分的因子得分占原始数据总方差的 89.8%，基本上可以代表原本数据集的信息。在 2D-PCA 图中［图 8-12（a）］，K_1d_1 和 K_1n_2 段烃源岩主要分布在图的右下角，且与Ⅰ组原油存在重叠，而 K_1n_1 段烃源岩在图中分布相对较广，与两组原油均有重叠，K_1t 组烃源岩均匀分布在图的中部。此外，图 8-12（b）所示的是 9 个选择的生物标志化合物比值参数对 PC1 和 PC2 的相对贡献（因子载荷）。PC1 主要与反映更多藻类有机质输入的 C_{27}/C_{29} 规则甾烷和 Ts/(Ts+Tm) 值的载荷呈正相关。因此，PC1 可能代表的是更

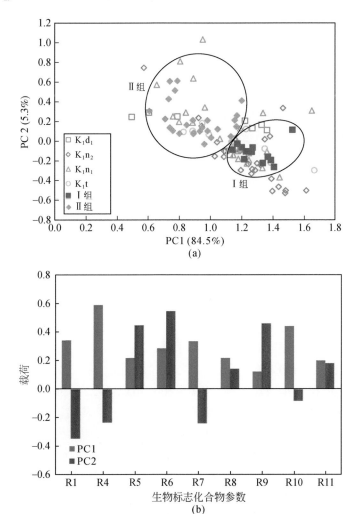

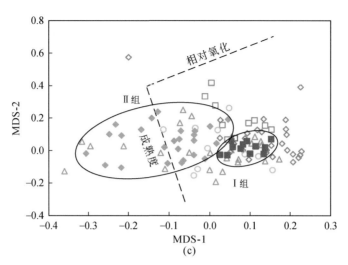

图 8-12　乌尔逊凹陷原油和烃源岩样品中的 9 个与生源或年龄相关的生物标志化合物参数的化学计量学结果
（a）PCA 的因子得分；（b）生物标志化合物的因子载荷；（c）MDS 的因子得分。R1 = 姥鲛烷/植烷；R4 = Ts/（Ts+
Tm）三降藿烷；R5 = C_{29} 降藿烷/C_{30} 藿烷；R6 = C_{35} 升藿烷/C_{34} 升藿烷；R7 = 伽马蜡烷/C_{31} 22R 升藿烷；R8 = C_{31} 22R 升
藿烷/C_{30} 藿烷；R9 = 甾烷/藿烷；R10 = % C_{27} 规则甾烷/% C_{29} 规则甾烷；R11 = % C_{28} 规则甾烷/% C_{29} 规则甾烷

多藻类输入的方向，而 PC2 代表的是更多真核生物（主要为高等植物和藻类）输入和缺
氧的沉积环境，因为常用来判定有机质输入和沉积环境的甾烷/藿烷（S/H）、C_{35}/C_{34} 藿烷
和降藿烷/藿烷（C_{29}/H）值的载荷与 PC2 呈正相关。根据 2D-PCA，很难判定乌尔逊凹陷
南部原油的来源，因为几套烃源岩与原油均有重叠，这说明研究区的几套烃源岩具有相似
的地球化学特征。因此，本书同样采用了 MDS 来揭示原油与烃源岩之间的成因关系。

　　在经过 1000 次迭代后得到的 MDS 剩余平方和为 0.0453，说明 MDS 结果的拟合优度
为好至极好（表 5-1）。STRESS 是用来衡量最佳拟合构图偏离原始数据集的程度，也可称
它为损失函数（Borg and Groenen，2005），并且最佳拟合构图代表的原始数据集的信息可
用以下数学表达式计算：F =（1-STRESS）×100%（Kruskal，1964）。乌尔逊凹陷南部烃
源岩和原油 MDS 的前两个主成分占原始数据集的方差为 95.46%。在 MDS 图中［图 8-12
（c）］，大部分 K_1d_1 段烃源岩显示较高的 MDS-2 值，并且只有少部分样品与 Ⅱ 组原油重叠，
而 K_1n_2 段烃源岩具有相对较高 MDS-1 值，且表现出与 Ⅰ 组原油相关。此外，K_1n_1 段烃源
岩在图中分布较宽，一部分样品与 Ⅰ 组原油重叠，另一部分与 Ⅱ 组原油重叠，K_1t 组烃源
岩一般均匀分布在图的中部和右侧［图 8-12（c）］。因此，我们可以得到以下结论：Ⅰ 组
原油主要来源于 K_1n_1 和 K_1n_2 段烃源岩，K_1t 组和 K_1d_1 段烃源岩贡献较小，而 Ⅱ 组原油主要
来源于 K_1n_1 段烃源岩，K_1n_2 段和 K_1t 组烃源岩贡献较小。这些结论同样得到了乌尔逊凹陷
南部烃源岩的发育和生烃潜力的支持。如前所述，K_1d_1 段烃源岩生烃潜力中等，K_1n_1 和 K_1
n_2 段烃源岩的生烃潜力较好［图 8-4（c）］，而 K_1t 组烃源岩在乌尔逊凹陷整体发育较差。
如图 8-13 所示的是基于 MDS 结果的一次趋势面分析，该方法是一种拟合地质数据的空间
分布和区域变化的数学方法（Chorley and Haggett，1965）。图 8-13（a）显示的是乌尔逊
凹陷南部烃源岩和原油样品沉积环境的变化方向，使用的指标为 Pr/Ph 值；图 8-13（b）

显示的是乌尔逊凹陷南部烃源岩和原油样品成熟度的变化方向，使用的指标为 $C_{29}20S/(20R+20S)$ 甾烷比值，这也是 MDS 图中成熟度和相对氧化两个箭头的来源 ［图 8-12（c）］。此外，图 8-13 显示 Pr/Ph 值与 MDS-1 之间以及 $C_{29}20S/(20R+20S)$ 甾烷比值与 MDS-2 之间存在良好的相关性。因此，MDS-1 可粗略地代表相对氧化的沉积环境，而 MDS-2 代表的是成熟度的变化方向。

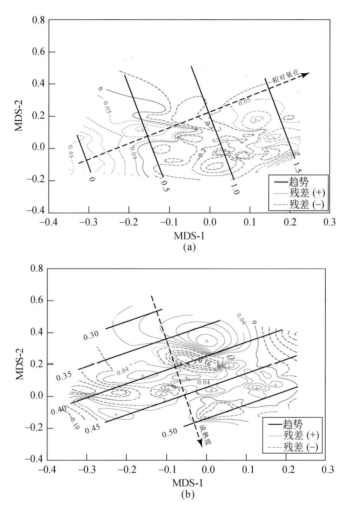

图 8-13　乌尔逊凹陷南部烃源岩和原油中的 Pr/Ph 值（a）和 $C_{29}20S/(20R+20S)$ 甾烷比值（b）的一次趋势面分析所得的最佳拟合线性面和正负偏差（残差）

8.7　乌尔逊凹陷的油气充注史

前人的文献中已经详细报道过乌尔逊凹陷的构造演化和四套主力烃源岩（K_1d_1，K_1n_2，K_1n_1 段和 K_1t 组）的生排烃史（崔军平和任战利，2011；崔军平等，2007；龚永杰，2012；侯启军等，2004）。此外，本书中的油–油对比结果表明，乌尔逊凹陷北部仅存在一组原油，而乌尔逊凹陷南部存在两组不同成熟度的原油。

对于乌尔逊凹陷北部的油藏，唯一的油气充注事件发生在距今约100Ma的伊敏组沉积期间［图8-14（a）］。在这一时期，由 K_1n_1 段烃源岩产生的大量油气充注到白垩系储层，其他层段烃源岩由于成熟度偏低（如 K_1d_1 段）和烃源岩的厚度分布较小（如 K_1t 组），所以对原油的贡献均较小。油气充注后，由于局部隆起而导致油气生成停止。与乌尔逊凹陷南部相比，乌尔逊凹陷北部随后的沉降速率相对减慢，所以可能未产生二次生排烃作用。因此，乌尔逊凹陷北部只存在一组原油（图8-11），其成熟度与 K_1n_1 段烃源岩相当。乌尔逊凹陷北部的 HC-4 和 S102 井的流体包裹体均一化温度为 92~100℃（马学辉等，2004），这与 K_1n_1 地层在距今约100Ma所处的温度是一致的（崔军平等，2007）。

通过化学计量学方法，我们已经证实乌尔逊凹陷南部存在成熟度不同的两组原油：Ⅰ组和Ⅱ组（图8-12）。Ⅰ组原油的成熟度略高，这表明油气生成的时间晚于Ⅱ组原油，Ⅱ组原油在距今约93Ma（即最大埋深处）的时期充注到储层［图8-14（b）］，基本上相当于乌尔逊凹陷北部原油的充注时间。

前人普遍认为，乌尔逊凹陷南部存在两次油气充注事件。早期的研究表明，这两次的油气成藏分别为距今 120~80Ma 和距今 88.5Ma 到现今（马学辉等，2004）以及距今 94.87~92.52Ma 和古近纪到现今（崔军平和任战利，2011），这些结果主要综合应用伊利石测年法和包裹体均一温度法。然而，近期报道的乌尔逊凹陷南部两期次的油气成藏时间为距今 100~92Ma 和距今 25Ma 到现今（龚永杰，2012）。因此，在下面讨论中使用的是龚永杰（2012）的结果。以往人们认为，乌尔逊凹陷南部的第二次的油气充注事件对乌尔逊凹陷油气藏的形成和成藏具有更重要意义（崔军平和任战利，2011；龚永杰，2012）。然而，我们的结果表明，在距今约93Ma 充注的Ⅱ组原油要比在距今 25Ma 时期生成的Ⅰ组原油更多［图8-11（b），图8-12（a）］。

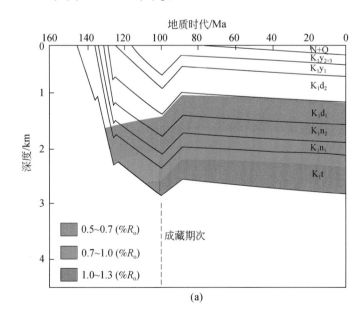

(a)

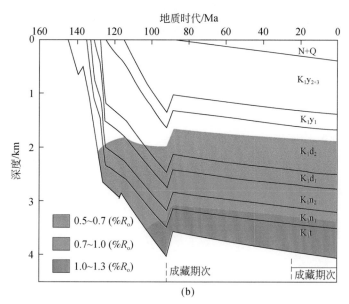

图 8-14　乌尔逊凹陷北部 HC-4 井和乌尔逊凹陷南部 HC-1 井的埋藏热演化史
（崔军平和任战利，2011；崔军平等，2007；龚永杰，2012）

　　第一次的油气充注时期，K_1n_1 段烃源岩处在生油的高峰期［图 8-14（b）］，而 K_1n_1 段烃源岩成熟度还未达到生烃高峰期，K_1t 组整体的生烃潜力较小。随着青元岗组的逐渐沉降，乌尔逊凹陷南部中部的成熟烃源岩（K_1d_1、K_1n_2、K_1n_1 段和 K_1t 组）进入第二个生烃阶段［图 8-14（b）］。简而言之，成熟度相对较高的 I 组原油的油气成藏期可归因于第二次油气成藏期，主要来源于 K_1n_2 和 K_1n_1 段烃源岩的混合，而成熟度较低的 II 组原油的成藏期与第一次油气成藏期有关，与 K_1n_1 段烃源岩相关性最好，K_1n_2 段和 K_1t 组烃源岩的贡献相对较小。此外，从乌尔逊凹陷的生烃热演化史也可排除后期侵位热蚀变作用对烃源岩和原油热成熟度的影响。油气充注史与两组原油中的饱和烃和芳烃稳定碳同位素值也可得到印证，即晚期生成的 I 组原油的碳同位素值比早期形成的 II 组原油更富集 [13]C（图 8-9）。

　　图 8-15（a）所示的是 I 和 II 两组原油的位置分布。I 组原油主要分布在成熟烃源岩的附近，而 II 组原油离成熟烃源岩区域相对较远。这一现象表明，两次油气成藏的地质条件和运移模式可能有所不同。通过地质剖面线 AB 可知，乌尔逊凹陷南部的最大埋深的成熟烃源岩主要分布在中部，靠近 HC-1、W-18 和 W-16 井［图 8-15（b）］。如前所述，I 组原油来源于距今约 25Ma 的第二次成藏期，在这一时期，K_1t 组（中等烃源岩）、K_1n 组和部分 K_1d_1 段烃源岩已经进入生排烃高峰期［图 8-14（b）］。在伊敏期（距今 88.5Ma）至青元岗期（距今 88.5～65Ma）（图 8-2），乌尔逊凹陷近东西方向发生了强烈的构造挤压运动，导致早期断层再活化并形成一系列的逆断层和反转结构（刘志宏等，2009；吴河勇等，2006）。因此，晚期成藏的 I 组原油表现为近源分布［图 8-15（a）］，可能是 I 组原油沿断层垂直运移的结果［图 8-15（b）］。II 组原油形成于距今约 93Ma 的第一次油气充注时期，在此时期，主力烃源岩 K_1n_1 段处于生排烃高峰期，乌尔逊凹陷南部

构造平缓，断层不发育（李春柏，2009）。因此，Ⅱ组原油呈远源分布［图 8-15（a）］，可能是Ⅱ组原油沿砂体横向运移的结果［图 8-15（b）］，这一现象表明乌尔逊凹陷南部外围具有良好的油气勘探前景。

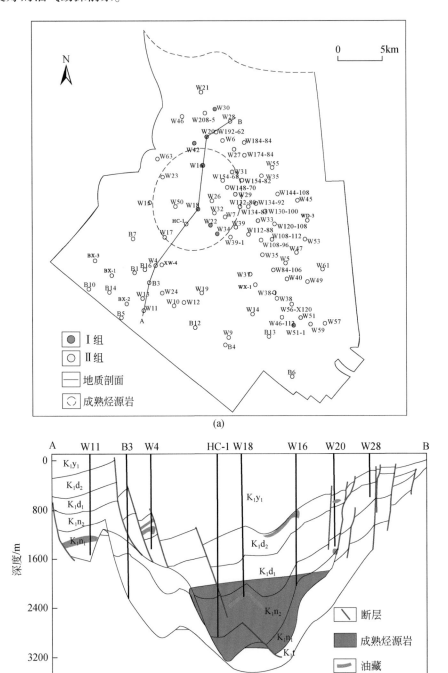

图 8-15　乌尔逊凹陷南部原油的分布（a）和地质剖面线 AB 图（b）（刘志文，2008）

参 考 文 献

曹天军, 陈瑞生, 袁延芳. 2011. 海拉尔盆地油气富集规律. 石油天然气学报, 33 (6): 178-182.

崔军平, 任战利. 2011. 内蒙古海拉尔盆地乌尔逊凹陷热演化史. 现代地质, 25: 668-674.

崔军平, 任战利, 陈全红, 等. 2007. 海拉尔盆地乌尔逊凹陷油气成藏期次分析. 西北大学学报 (自然科
　　学版), 37: 465-469.

董焕忠. 2011. 海拉尔盆地乌尔逊凹陷南部大磨拐河组油气来源及成藏机制. 石油学报, 32: 62-69.

杜春国, 付广, 王安. 2004. 断裂在乌尔逊凹陷油气成藏中的作用. 新疆石油地质, 25: 495-497.

宫广胜, 庞雄奇. 2007. 乌尔逊凹陷暗色泥岩排烃特征. 大庆石油学院学报, 31: 61-64.

龚永杰. 2012. 海拉尔盆地乌尔逊凹陷南部油气成藏期次研究. 世界地质, 31: 748-752.

侯启军, 冯子辉, 霍秋立. 2004. 海拉尔盆地乌尔逊凹陷石油运移模式与成藏期. 地球科学 (中国地质大
　　学学报), 29: 397-403.

贾芳芳. 2010. 海拉尔盆地乌尔逊凹陷油源对比与成藏过程分析. 大庆: 大庆石油学院硕士学位论文.

姜福杰, 庞雄奇, 姜振学, 等. 2008. 海拉尔盆地乌尔逊及贝尔凹陷烃源岩有机质丰度的恢复. 石油实验
　　地质, 30: 82-85.

揭异新, 袁月琴, 王斌. 2007. 海拉尔盆地乌尔逊–贝尔凹陷白垩系原油地球化学特征及油源对比. 石油
　　实验地质, 29: 82-87.

李春柏. 2009. 海拉尔盆地乌尔逊、贝尔凹陷构造演化及油气分布. 北京: 中国地质大学 (北京) 博士学
　　位论文.

李松, 毛小平, 汤达祯, 等. 2009. 海拉尔盆地呼和湖凹陷煤成气资源潜力评价. 中国地质, 36:
　　1350-1358.

李占东, 鲍楚慧, 王殿举, 等. 2016a. 海拉尔盆地乌尔逊—贝尔凹陷构造–古地貌对沉积砂体的控制. 中
　　南大学学报 (自然科学版), 47: 2357-2365.

李占东, 刘秋宏, 李丽, 等. 2016b. 同生断裂传递带控砂研究——以海拉尔盆地乌尔逊–贝尔凹陷为例.
　　地球物理学进展, 31: 537-544.

刘新颖, 邓宏文, 邸永香, 等. 2009. 海拉尔盆地乌尔逊凹陷南屯组优质烃源岩发育特征. 石油实验地
　　质, 31: 68-73.

刘志宏, 万传彪, 任延广, 等. 2006. 海拉尔盆地乌尔逊–贝尔凹陷的地质特征及油气成藏规律. 吉林大
　　学学报 (地球科学版), 36: 527-534.

刘志宏, 柳行军, 王芃, 等. 2009. 海拉尔盆地乌尔逊–贝尔凹陷挤压构造的发现及其地质意义. 地学前
　　缘, 16: 138-146.

刘志文. 2008. 乌尔逊凹陷油气运移方向研究. 断块油气田, 15: 31-33.

马学辉, 张海桥, 宋吉杰. 2004. 海拉尔盆地乌尔逊凹陷油气成藏期次研究. 大庆石油地质与开发, 23:
　　7-8.

马中振, 庞雄奇, 魏建设, 等. 2007. 海拉尔盆地乌尔逊凹陷石油地质特征. 新疆石油地质, 28:
　　296-299.

孙国昕, 陈均亮, 张明学. 2011. 乌尔逊凹陷大磨拐河组油气成藏机制. 断块油气田, 18: 696-700.

孙文峰. 2012. 乌南地区古地貌发育特征与油气富集规律. 大庆: 东北石油大学硕士学位论文.

吴河勇, 李子顺, 冯子辉, 等. 2006. 海拉尔盆地乌尔逊–贝尔凹陷构造特征与油气成藏过程分析. 石油
　　学报, 27: 1-6.

杨伟红, 候读杰, 李松, 等. 2010. 海拉尔盆地乌尔逊南斜坡带原油特征及油源对比. 洁净煤技术, 16:
　　87-90.

张文宾，陈守田，周俊宏．2004．海拉尔盆地油气分布规律及成藏模式．大庆石油学院学报，28：8-10.

张元玉，孙慧宁，鲁青春．2007．乌尔逊凹陷大一段泥岩盖层综合评价．大庆石油地质与开发，26：11-15.

Abeed Q，Leythaeuser D，Littke R. 2012. Geochemistry，origin and correlation of crude oils in Lower Cretaceous sedimentary sequences of the Southern Mesopotamian Basin，southern Iraq. Organic Geochemistry，46：113-126.

Alizadeh B，Alipour M，Chehrazi A，et al. 2017. Chemometric classification and geochemistry of oils in the Iranian sector of the Southern Persian Gulf Basin. Organic Geochemistry，111：67-81.

Borg I，Groenen P J F. 2005. Modern Multidimensional Scaling：Theory and Applications. New York：Springer.

Chen J，Deng C，Song F，et al. 2007. A mathematical calculation model using biomarkers to quantitatively determine the relative source proportion of mixed oils. Acta Geologica Sinica（English Edition），81：817-826.

Chorley R J，Haggett P. 1965. Trend- surface mapping in geographical research. Transactions of the Institute of British Geographers，37：47-67.

Christie O H J. 1992. Multivariate methodology in petroleum exploration A geochemical software package. Chemometrics & Intelligent Laboratory Systems，14：319-329.

Christie O H J，Esbensen K，Meyer T，et al. 1984. Aspects of pattern recognition in organic geochemistry. Organic Geochemistry，6：885-891.

Diasty W S E，Beialy S Y E，Mahdi A Q，et al. 2016. Geochemical characterization of source rocks and oils from northern Iraq：Insights from biomarker and stable carbon isotope investigations. Marine & Petroleum Geology，77：1140-1162.

Didyk B M，Simoneit B R T，Brassell S C，et al. 1978. Organic geochemical indicators of palaeoenvironmental conditions of sedimentation. Nature，272：216-222.

Ding X，Liu G，Zha M，et al. 2015. Characteristics and origin of lacustrine source rocks in the Lower Cretaceous，Erlian Basin，Northern China. Marine and Petroleum Geology，66：939-955.

Ding X，Liu G，Zha M，et al. 2016. Geochemical characterization and depositional environment of source rocks of small fault basin in Erlian Basin，Northern China. Marine and Petroleum Geology，69：231-240.

Dong T，He S，Liu G，et al. 2015a. Geochemistry and correlation of crude oils from reservoirs and source rocks in southern Biyang Sag，Nanxiang Basin，China. Organic Geochemistry，80：18-34.

Dong T，He S，Yin S，et al. 2015b. Geochemical characterization of source rocks and crude oils in the Upper Cretaceous Qingshankou Formation，Changling Sag，Southern Songliao Basin. Marine and Petroleum Geology，64：173-188.

Fu J，Sheng G Y，Peng P，et al. 1986. Peculiarities of salt lake sediments as potential source rocks in China. Organic Geochemistry，10：119-126.

Gao P，Liu G，Jia C，et al. 2015. Evaluating rare earth elements as a proxy for oil- source correlation. A case study from Aer Sag，Erlian Basin，Northern China. Organic Geochemistry，87：35-54.

Greenacre M，Primicero R. 2013. Multidimensional scaling biplot，multivariate analysis of ecological data. Spain：BBVA Foundation.

Gürgey K. 2003. Correlation，alteration，and origin of hydrocarbons in the GCA，Bahar，and Gum Adasi fields，western South Caspian Basin：geochemical and multivariate statistical assessments. Marine and Petroleum Geology，20（10）：1119-1139.

Huang B，Xiao X，Cai D，et al. 2011. Oil families and their source rocks in the Weixinan Sub-basin，Beibuwan Basin，South China Sea. Organic Geochemistry，42：134-145.

Huang W Y, Meinschein W G. 1979. Sterols as ecological indicators. Geochimica et Cosmochimica Acta, 43: 739-745.

Hunt J M. 1996. Petroleum Geochemistry and Geology. New York: W. H. Freeman and Company.

Kruskal J B. 1964. Multidimensional scaling by optimizing goodness of fit to a nonmetric hypothesis. Psychometrika, 29: 1-27.

Makeen Y M, Abdullah W H, Hakimi M H, et al. 2015. Geochemical characteristics of crude oils, their asphaltene and related organic matter source inputs from Fula oilfields in the Muglad Basin, Sudan. Marine and Petroleum Geology, 67: 816-828.

Mashhadi Z S, Rabbani A R. 2015. Organic geochemistry of crude oils and cretaceous source rocks in the Iranian sector of the Persian Gulf: An oil-oil and oil-source rock correlation study. International Journal of Coal Geology, 146: 118-144.

Moldowan J M, Sundararaman P, Schoell M. 1986. Sensitivity of biomarker properties to depositional environment and/or source input in the Lower Toarcian of SW-Germany. Organic Geochemistry, 10: 915-926.

Peters K E, Moldowan J M. 1991. Effects of source, thermal maturity, and biodegradation on the distribution and isomerization of homohopanes in petroleum. Organic Geochemistry, 17: 47-61.

Peters K E, Cassa MR. 1994. Applied source rock geochemistry// Magoon L B, Dow W G. The Petroleum System: From Source to Trap. Tulsa: American Association of Petroleum Geologists.

Peters K E, Moldowan J M, Schoell M, et al. 1986. Petroleum isotopic and biomarker composition related to source rock organic matter and depositional environment. Organic Geochemistry, 10: 17-27.

Peters K E, Cunningham A E, Walters C C, et al. 1996. Petroleum systems in the Jiangling-Dangyang area, Jianghan Basin, China. Organic Geochemistry, 24: 1035-1060.

Peters K E, Walters C C, Moldowan J M. 2005. The Biomarker Guide: Biomarkers and Isotopes in Petroleum Exploration and Earth History. Cambridge: Cambridge University Press.

Peters K E, Ramos L S, Zumberge J E, et al. 2007. Circum-Arctic petroleum systems identified using decision-tree chemometrics. American Association of Petroleum Geologists Bulletin, 91: 877-913.

Peters K E, Coutrot D, Nouvelle X, et al. 2013. Chemometric differentiation of crude oil families in the San Joaquin Basin, California. American Association of Petroleum Geologists Bulletin, 97: 103-143.

Peters K E, Wright T L, Ramos L S, et al. 2016. Chemometric recognition of genetically distinct oil families in the Los Angeles basin, California. American Association of Petroleum Geologists Bulletin, 100: 115-135.

Peters K E, Lillis P G, Lorenson T D, et al. 2019. Geochemically distinct oil families in the onshore and offshore Santa Maria basins, California. AAPG Bulletin, 103: 243-271.

Seifert W K, Moldowan J M. 1978. Applications of steranes, terpanes and monoaromatics to the maturation, migration and source of crude oils. Geochimica et Cosmochimica Acta, 42: 77-95.

Seifert W K, Moldowan J M. 1980. The effect of thermal stress on source-rock quality as measured by hopane stereochemistry. Physics and Chemistry of the Earth, 12: 229-237.

Seifert W K, Moldowan J M. 1986. Use of biological markers in petroleum exploration. Methods in Geochemistry & Geophysics, 24: 261-290.

Sinninghe Damsté J S, Kenig F, Koopmans M P, et al. 1995. Evidence for gammacerane as an indicator of water column stratification. Geochimica et Cosmochimica Acta, 59: 1895-1900.

Sofer Z. 1984. Stable carbon isotope compositions of crude oils: application to source depositional environments and petroleum alteration. American Association of Petroleum Geologists Bulletin, 68: 31-49.

Sumithra V S, Surendran S. 2015. A review of various linear and non linear dimensionality reduction techniques. International Journal of Computer Science and Information Technologies, 6: 2354-2360.

Van Graas G W. 1990. Biomarker maturity parameters for high maturities: calibration of the working range up the oil/condensate threshold. Organic Geochemistry, 16: 1025-1032.

Wang Y P, Zhang F, Zou Y R, et al. 2016. Chemometrics reveals oil sources in the Fangzheng Fault Depression, NE China. Organic Geochemistry, 102: 1-13.

Zhan Z W, Zou Y R, Shi J T, et al. 2016. Unmixing of mixed oil using chemometrics. Organic Geochemistry, 92: 1-15.

第9章 化学计量学定量解析混源油方法

9.1 混源油研究现状

从化学组成角度，任何原油都是由不同类型的烃类化合物和非烃类物质组成的混合物。广义上讲，由于烃源岩生烃的连续性和原油的可流动性，地下储层中聚集的油气也都是混合油气。对于来自单一烃源岩在演化过程中连续生成的原油，其分子化学组成和地球化学指标，特别是某些生物标志化合物参数会具有一致性，且相互关联、佐证。这类原油的成因分类、油源对比等研究方法相对简单和完善。但是，油气藏中的原油是盆地成烃、成藏作用的综合产物，往往由不同母质来源的多套烃源岩（或形成于不同沉积环境，或处于明显不同的热演化阶段）所产生的原油混合而成，此类原油称作混源油（李水福等，2008a）。混源油通常都具有非均质性，在油气地球化学研究中，尤其是在油-源，油-油对比或者成熟度划分时，常会出现不同地球化学参数或指标相互矛盾甚至相反的情况，这些都给原油研究及成藏过程分析造成一定困难。在石油地质勘探开发过程中，若对混源油的存在、成因、不同端元的贡献等认识不清，势必会影响对有效烃源岩层位的确认以及对资源量的评价，并对勘探部署和开发对策等造成影响。因此，混源油研究，包括混源油的判识、端元贡献比率、端元油组成和来源等，对油气勘探具有重要的现实意义。这是解释许多大型含油气盆地成藏机理的重要研究内容之一，也是大多数叠合盆地油气勘探领域遇到的难点和热点问题。

9.1.1 混源油分类与形成

在多烃源层发育的含油气盆地，油气混源现象十分普遍，国内外均有相关报道。例如，中国西部准噶尔盆地（Chen et al., 2003a, 2003b）、塔里木盆地（Li et al., 2015）、渤海湾盆地（梁生正等，2001）、珠江口盆地（Zhang et al., 2003）、北海（Isaksen et al., 2002），以及苏格兰 Brora 地区（Peters et al., 1999）等。侯读杰（2000）将油气混源现象按其来源分为多期次混源或单期次混源，按类别分为油油混源、油气混源和气气混源。其中，油油混源通常是研究重点，其又可进一步分为：不同层系生油岩或不同地区相同层系生油岩形成原油的混合、未熟原油与成熟原油的混合、降解原油和正常原油的混合（李水福等，2008a）。

第一类是不同层系生油岩生成原油的混源油。许多大型含油气盆地，常含有多套或多类具有生排烃能力的烃源岩，如塔里木盆地垂向上就发育有海相寒武系—奥陶系、海陆交互相石炭系—二叠系和陆相三叠系—侏罗系三大类烃源岩，其中海相源岩还可分为寒武系—下奥陶统和中、上奥陶统烃源岩两套；渤海湾盆地的济阳拗陷存在沙四上和沙三下段两套湖相主力烃源岩，由于不同层系源岩均可对同一圈闭参与供烃形成混源油藏，此类混源油是最常见的（Peters et al.，1989；Jiang et al.，2001；Chen et al.，2003a，2003b；Pang et al.，2003；Zhang et al.，2003；Li et al.，2015）。此类油通常会综合表现出不同类型烃源岩的地球化学特征，并受到各自相对贡献的控制。若已知不同类型烃源岩各自的独特指标或特征，该类混源油是比较容易判别的。但有时会因为烃源岩差异不易辨识，混源特征就会变得模糊，而更倾向于表现出贡献更大的或某些化合物浓度更高的烃源岩的特点。

第二类是不同成熟度原油形成的混源油，这里不同成熟度指的是在差别较大的不同生烃阶段，如未熟油与成熟油或高成熟油，或者生油窗早期与晚期生成的原油。因为，同一烃源岩在生油阶段连续生烃的话，由于烃源岩在不同阶段生烃量差异较大和原油在运移（包括初次运移和二次运移）及成藏过程中的混合作用，成熟度上的差异可能会变得微弱。Lehne 和 Dieckmann（2010）认为气侵是高过成熟阶段的油气与早期较低成熟度阶段的油气混合的过程，因此烃源岩生气阶段形成的天然气与原油混合形成的混源油也属于这类混源油。此类混源油中，不同组分的成熟度参数指示的成熟度特征不一致，甚至矛盾或呈现某种线性关系，造成对该类油成熟度的误判（王文军等，1999；Xiao et al.，2014）。

第三类是生物降解油与未生物降解油形成的混源油，即早期注入油藏中的原油发生了生物降解，后期原油再次充注并混合而形成的混源油。这类混源油比较常见且研究较多，如塔里木盆地塔北地区的塔河油田奥陶系油藏（王铁冠等，2004），辽河盆地西部凹陷的稠油藏（朱芳冰等，2004）和哥伦比亚 Central L Ianos Basin Oil（Dzou et al.，1999）等。这类油判识的难易程度与生物降解油的降解程度相关，若是发生了严重的生物降解，混源油在其化学组成上比较容易判断，因为其地球化学特征具有双重性，既具有完整的正构烷烃分布，体现后期未遭受生物降解的正常原油特征，也存在因生物降解作用形成的复杂化合物 "UCM" 色谱基线隆起，同时还有可能是由于藿烷的降解形成的 25-降藿烷系列化合物的存在。若生物降解油的降解作用不太严重，即还没有达到改变其链烷烃分布面貌或有特殊化合物形成，这类混源油就难以辨别。

在实际地质情况中，混源油的类型和形成比上述情况要复杂得多，通常是上述两种，甚至是三种类型的综合，受多重因素共同控制。例如，塔里木盆地就存在来自不同类型烃源岩不同生成阶段原油的混源油或两期甚至多期生物降解后再混合形成的混源油（王铁冠等，2004）；苏北盆地金湖凹陷具有的三套不同成熟度的烃源岩，既提供了时间上混源的条件也提供了混源的物质基础（王文军等，1999）；准噶尔盆地东部地区彩南油田原油为二叠系、三叠系和侏罗系烃源岩形成原油的混源油（Chen et al.，2003a，2003b）。

9.1.2　混源油的定性判识

定性判识主要针对混源油的地球化学特征进行油-油分类和油-源对比，主要研究方法有以下 5 种。

（1）特殊生物标志化合物含量、分布及其相关参数。由于不同类型的原油混合会使混源油中化学组分发生变化，而作为最常用的油-油对比分析手段之一的生物标志化合物特征可以用来识别混源油。这种方法具有许多应用实例，如 Aarssen 等（1999）通过对甲基萘系列化合物的分布，判断 Parrot Hill 油藏是低熟油还是高成熟阶段的凝析油混合形成的混源油；Dzou 等（1999）用断代生物标志化合物二萜类和奥利烷以及 25-降藿烷系列化合物，确定哥伦比亚 Central Ianos 盆地中的原油为早期充注的白垩系原油降解后与古近系—新近系正常原油混合形成的混源油；Peters 等（1999）应用 24-正丙基胆甾烷、β-胡萝卜烷、25-降藿烷以及 24-或 27-降胆甾烷等生物标志化合物，判定苏格兰 Brora 地区油砂碎屑中的原油为泥盆纪湖相源岩生成的原油和白垩纪及其以后的海相源岩生成原油的混源油；Zhang 等（2003）根据 4-甲基甾烷的含量，对珠江口盆地文昌组和恩平组原油先后充注形成的混源油藏进行了定性判断。利用生物标志化合物特征进行混源油定性判断必须注意后期改造作用（如生物降解、热成熟作用等）对原油生物标志化合物组成及分布造成的影响，这些过程都会导致生物标志化合物特征发生变化，从而影响判断。

（2）稳定同位素组成。由于成熟度对原油的同位素影响较小，该方法对于不同成熟度的混源油判识不太有效。但是不同环境形成的烃源岩，由于母质类型、沉积水体特征等差异导致其干酪根及其生成原油之间的碳、氢同位素具有较大的差异，其可以用于区分不同类型烃源岩形成的混源油（Peters et al.，1989）。原油中单体烃类，特别是正构烷烃系列化合物的碳、氢同位素的差异也可以用于混源油的判识（Li et al.，2015）。Jia 等（2013）根据原油正构烷烃碳、氢同位素特征，判定塔里木盆地海相油是由不同类型烃源岩生烃形成的混源油，或者是同类烃源岩在不同演化阶段生烃而形成的混源油。

（3）原油沥青质吸附与包裹组分的对比研究。沥青质特有的结构使其可以吸附、包裹其他组分，由于得到沥青质结构的有效保护而较少受到后期演化的影响，吸附、包裹的组分被认为具有原生性的成分，代表早期注入原油的特征（Liao et al.，2005）；利用不同程度的氧化降解得到沥青质中的吸附、包裹组分，研究其有机分子特征，并与原油进行对比分析，也是一种判识混源油的手段（Liao et al.，2006）。

（4）储集岩的连续抽提物分析。储集岩的连续抽提物中的烃类被认为是表示自由态、束缚态和包裹态的原油组分，它们可以代表原油进入储层的顺序；对储集岩连续抽提实验得到的储层中不同富集态的组分进行对比分析能够有效识别油气藏充注期次，从而间接判断是否发生了混合作用（潘长春和杨坚强，1997；靳广兴等，2005；Yu et al.，2011）。

（5）其他地质综合方法。利用烃源岩的生排烃演化历史，从生储盖组合匹配关系、油藏成藏等角度综合分析油藏的形成机制，判断混源油藏（庞雄奇，2008）；利用包裹体中生物标志化合物的特征、均一化温度分布、储层沥青的类型和形成条件等判断油藏充注期次、油藏形成条件机制等判断混源油藏存在与否（陈建平等，2000）。

9.1.3　混源油的定量研究

混源油的定量研究主要是对组成混源油的不同端元油的相对贡献比进行定量评价，目前主要有 5 种方法。

（1）稳定碳同位素定量评价。稳定碳同位素组成代表了原油宏观特性，且受运移过程、生物降解等次生改造作用的影响较小，保留了原始生烃母质的碳同位素特征，可以用于混源油的定量评价。Peters 等（1989）用碳同位素方法计算了英国 Inner Moray Firth 的一个由中侏罗统和泥盆系两源混合形成的混源油中两类源岩的大致贡献。Tian 等（2012）在预先假定存在两个端元油的前提下，利用端元油与原油样品的碳同位素值计算了塔里木盆地塔中地区混源油的端元贡献比。Li 等（2015）在假定已知端元的情况下，采用单体正构烷烃浓度及其碳同位素组成计算了塔里木盆地塔中地区混源油不同端元的贡献比。

（2）利用原油中生物标志化合物绝对浓度的变化。众多的学者直接利用饱和烃中某些生物标志化合物绝对浓度的变化规律，对混源油的各端元油贡献比例进行计算。例如，Jiang 和 Li（2002）采用生物标志化合物绝对定量数据计算了加拿大 Williston 盆地中 Bakken 组和 Lodgepole 组对混源油的贡献；杨杰等（2003）利用生物降解油与正常油混合油中 25-降藿烷和正构烷烃绝对含量计算了塔里木盆地塔北地区海相油藏内两期充注的原油贡献比例，并利用三芳甾烷的相对含量进行验证；梁宏斌等（2004）根据冀中拗陷原油地球化学特征，利用 C_{19}-C_{25} 三环萜烷和萘化合物绝对浓度的变化规律，建立苏桥–文安地区混源油定量识别模式图版，定量判断苏 49 和文 102-1 井油藏混源程度；田彦宽（2012）也利用生物标志化合物 $C_{28}\alpha\alpha\alpha R$、三芳甾烷和正构烷烃的浓度计算了轮南地区和哈拉哈塘地区原油不同来源的贡献比。

（3）配比实验。该方法是目前最常用的方法。在预设端元的情况下，基于质量加和定律，通过人工配比实验得到混合油；利用不同类型原油中生物标志化合物绝对浓度或者地球化学指标之间的差异与不同源岩贡献率之间的线性或非线性关系，拟合出端元油对原油样品贡献率与这些参数之间的数学模型，再将实际混源油样品中该参数的值与标准关系进行对比，从而定量评价混源情况（Chen et al.，2003a，2003b；Arouri and Mckirdy，2005；李水福等，2008b；吕慧等，2009）。王文军等（1999）等通过配比实验中甾烷参数的变化对苏北地区未熟油与成熟油的混源程度做出了定量判断。宋孚庆等（2004）利用三芳甾烷/三芳甲藻甾烷峰面积比值估算了 PL19-3-4 井的生物降解混源油各端元的混合比例。张敏等（2007）通过对塔里木盆地来源于不同烃源岩典型原油的配比实验，根据伽马蜡烷/C_{31} 藿烷和 C_{28}/（C_{27}+C_{28}+C_{29}）规则甾烷变化规律，建立了该盆地海相混源油定量识别模式。陈建平等（2007）利用三端元配比实验，解析混源油中生物标志化合物比值参数和浓度参数与端元油贡献比的关系，建立了两端元、三端元，甚至多端元混源油定量计算各端元贡献比的理论图版，并对准噶尔盆地彩南油田和渤海湾盆地 PL19-3 油田的混源油进行了定量评价。

（4）多元数理统计学方法。采用专业统计学软件对原油中多个生物标志化合物浓度进行多元统计学分析，得出混源油中各端元油的贡献。Peters 等（2008）采用 46 个生物标志化合物浓度数据对阿拉斯加北斜坡 Prudhoe Bay 油田的混源油进行交替最小二乘法分析，预测了三套烃源岩的相对贡献率及其运移路径；该研究结果认为，交替最小二乘法分析不需要预先选定端元油，可直接利用化合物浓度与混源比率之间的线性关系对混源油进行定量评价。陶国亮等（2010）结合地球化学分析，根据三环萜烷和藿烷的浓度数据，利用多元数理统计学方法评价了塔河油田海相油藏，得出四个理论端元，结合地质情况认为它们分别来自两套烃源岩，并预测了它们各自的贡献比。

（5）色谱峰面积。王铁冠等（2004）在利用地球化学方法证明塔里木盆地塔河油田奥陶系原油属于两期充注混合的混源油前提下，采用正构烷烃基线上方所有可分辨的色谱峰面积总和与"鼓包"（UCM 峰）下方面积之比计算了塔河地区奥陶系两期充注原油的比例。

9.1.4　存在的主要问题

混源油研究中，目前存在的主要问题体现在两个方面：

一是复杂地质–地化条件的影响下混源油研究工作难以开展。大多数叠合盆地和断陷盆地都存在多期构造旋回的地质背景，具有多套烃源岩、多期生排烃的特征，油藏经历过多次改造调整，形成的混源油藏受到高温热作用、生物降解、气侵、水洗、TSR 等各种次生作用的影响，油气性质变得多样而复杂，给混源油研究工作带来巨大的困难，致使复杂地质条件下混源油研究工作难以有效开展。

二是端元油选择的问题。在目前的混源油定量评价方法中，预设端元油是所有工作的基础，端元油的代表性直接决定了结果的可靠性，特别是在人工配比实验并以此为基础建立的各种数据模型的方法中，端元油的选择更为重要。在一些复杂的盆地，原油混源现象十分普遍，难以直接获得准确的单源未混的端元油样品，这就导致相关的实验和模型建立工作无法进行。

9.2　人工混源油实验

9.2.1　实验设计及过程

1. 实验目的

用已知的三个不同类型原油样品作为端元，按一定比例混配得到混源油样品，实验得出端元油及混源油中常用化合物浓度及地球化学参数，利用多元数理统计学方法，探索用化学计量法对混源油判识及源解析的可能性和准确性。

2. 端元油特征

三个端元油分别来自不同的储层，其烃源岩类型和年代也不同。其中端元油 A 来自奥陶系海相烃源岩，储层为碳酸盐岩储层，储有正常原油，有完整的链烷烃系列分布；端元油 B 来自古近系煤系烃源岩，储层为砂质储层，储有轻质油，低碳数烃含量高；端元油 C 为古近系湖湘泥质烃源岩，砂质储层，储有重质油，由于较强烈的生物降解，其直链烷烃已消耗殆尽。它们在物理和化学组成上有较大的区别（表 9-1，图 9-1），如端元油 A 含高碳数三环萜烷，无奥利烷；端元油 B 奥利烷含量高，伽马蜡烷低；端元油 C 伽马蜡烷含量高，C_{27} 甾烷含量高。用它们作端元油进行混合可以代表大多数实际地质情况下的原油混合类型，如早期充注的原油生物降解后再注的混合情况、不同年代不同类型烃源岩产物的混合等。

表9-1　端元油基本信息

端元油	类型	烃源岩	密度 / （g/cm³）	黏度，50℃ / （mPa·s）	饱和烃 /%	芳烃 /%	胶质+沥青质 /%	R_e* /%
A	正常油	海相灰质泥岩	0.86	30.0	40.5	22.8	36.7	0.81
B	轻质油	陆源煤系泥岩	0.80	1.4	77.2	13.5	9.30	0.96
C	重质油	湖相泥岩	0.93	120.0	30.3	23.0	46.7	0.70

* R_e，根据甲基菲指数（MPI1）计算的等效镜质组反射率。

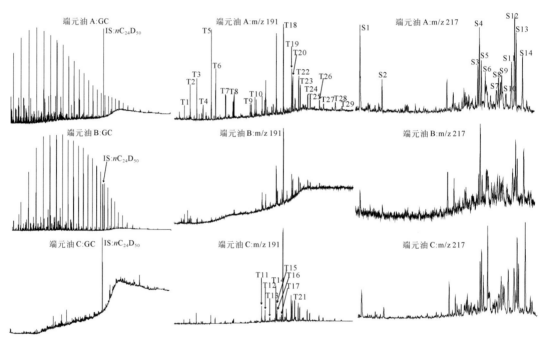

图9-1　端元油全油色谱及饱和烃甾、萜烷生物标志化合物（m/z 217 和 m/z 191）分布特征

T1 ~ T7：C_{19}三环萜烷 ~ C_{25}三环萜烷（C_{19} TT ~ C_{25} TT）；T8 ~ T10：C_{26}，C_{28}，C_{29}三环萜烷（C_{26} TT，C_{28} TT，C_{29} TT，S+R）；T11：C_{27}三降藿烷（Ts）；T12：C_{27}三降新藿烷（Tm）；T13：C_{29}重排藿烷（diaC$_{29}$）；T14：C_{29}藿烷（C_{29} H）；T15：C_{29}新藿烷（C_{29}Ts）；T16：C_{30}重排藿烷（diaC$_{30}$）；T17：奥利烷（Ol）；T18：C_{30}藿烷（C_{30} H）；T19、T20：C_{31}升藿烷（C_{31} H，S+R）；T21：伽马蜡烷（Ga）；T22 ~ T29：C_{32}升藿烷 ~ C_{35}升藿烷（C_{32} H ~ C_{35} H，S+R）；S1：C_{21}孕甾烷；S2：C_{22}升孕甾烷；S3 ~ S6，S7 ~ S10，S11 ~ S14：C_{27}，C_{28}，C_{29}（ααα20S，αββ20R，αββ20S，ααα20R）甾烷

3. 混源油配制及族组分分离

将三个端元油按质量比例10%变化，混配成61个混合油（其中，由两端元组成的混源油25个，三端元34个）。样品的名称及混配比例见表9.2，如样品 MABC＝M136 表示这个混源油中端元油 A、B 和 C 的质量贡献分别为10%、30%和60%。为了验证实验和分析的重复性和稳定性，端元油 A、B 和 C 各取了三个不同质量的样品作为重复样。上述每个样品都配制两份，形成两组样品，每组中含61个混合油和9个端元油（三个端元，每个端元三个样品）。其中一组样品用于全油色谱和同位素分析，加入一定体积已知浓度的

$n\mathrm{C}_{24}\mathrm{D}_{50}$ 作为内标对链烷烃进行定量；另一组样品用于柱色谱分离，其中加入已知体积和浓度的 5α-雄甾烷和蒽-D10 作为内标分别对饱和烃生物标志化合物和芳烃进行定量。在离心分离沥青质后，用硅胶/氧化铝柱（体积比 2∶1）进行族组成分离，依次加入正己烷、正己烷+二氯甲烷（体积比 2∶1）和二氯甲烷+甲醇（体积比 1∶1）得到饱和烃、芳烃和胶质组分。各族组分浓缩后备用。

9.2.2　仪器分析及数据处理

1. 仪器分析

采用 Finigan-Delta Plus XL 稳定同位素比值质谱仪对端元油及人工混源油样品进行稳定碳同位素分析。He 载气，氧气纯度 99.99%，氧化管本底温度 950℃，还原管温度 650℃。每个样品至少测试两次，V-PDB 标准，$\delta^{13}\mathrm{C}$ 值误差不超过 0.5‰，采用数据为误差范围内的平均值。

采用 SHIMADZU GC-2010Plus FID 气相色谱仪进行全油色谱分析以定量链烷烃。分析条件：DB-5MS 色谱柱（60m×0.25mm×0.25μm）；40℃起温保留 5min，以 4℃/min 升温到 290℃，恒温保持 30min；进样口温度 290℃，检测器温度 320℃。载气为 He，恒流模式，流速 1.0mL/min；分流进样，分流比为 10。

采用 SHIMADZU GC-2010/GC-2010Plus-MS OP2010 Ultra 型气相质谱对端元油和混源油的饱和烃和芳烃分别进行 GCMS 分析。第一级 GC 采用 VB-5MS 毛细柱（30m×0.25mm× 0.25μm），起始温度 50℃保持 2min，以 10℃/min 升温至 140℃，再以 4℃/min 升温至 300℃，保持 49min。第二级 GC 采用 CD-5MS 毛细柱（30m×0.25mm×0.25μm），起始温度 100℃保持 10min，以 4℃/min 升温至 200℃，再以 2℃/min 升温至 300℃，保持 15min。质谱为 EI 模式，电离电压 70eV，离子源温度 230℃，载气为 He，采用全扫描与选择性离子检测（SIM）相结合的模式，质量扫描范围为 50～550Da。

2. 数据处理

各化合物根据保留时间和前期的文献鉴定（图 9-1）。化合物对各自内标物的相对响应系数都假定为 1，化合物浓度根据其峰面积、内标物峰面积和内标物浓度计算得到。峰面积采用仪器自带的分析软件自动积分求取，部分化合物（因含量低等原因）经手动积分调整。

在本研究中，形成两个数据集分别进行化学计量学分析。其中一个由 43 个生物标志化合物浓度数据（包括 14 个甾类化合物和 29 个萜类化合物，分别示于表 9-2 和表 9-3）和全油碳同位素值组成（表 9-2），称为浓度数据集（C）。另一个由 24 个生物标志化合物比值参数和全油碳同位素值组成，称为比值数据集（R）。采用的 24 个比值参数为：$R1 = \mathrm{C}_{19}\mathrm{TT}/\mathrm{C}_{23}\mathrm{TT}$，$R2 = \mathrm{C}_{22}\mathrm{TT}/\mathrm{C}_{21}\mathrm{TT}$，$R3 = \mathrm{C}_{24}\mathrm{TT}/\mathrm{C}_{23}\mathrm{TT}$，$R4 = (\mathrm{C}_{28}\mathrm{TT},\ \mathrm{C}_{29}\mathrm{TT})/(\mathrm{C}_{28}\mathrm{TT},\ \mathrm{C}_{29}\mathrm{TT}+\mathrm{Ts})$，$R5 = (\mathrm{C}_{28}\mathrm{TT},\ \mathrm{C}_{29}\mathrm{TT})/(\mathrm{C}_{29}\mathrm{H}\sim\mathrm{C}_{35}\mathrm{H})$，$R6 = \mathrm{C}_{23}\mathrm{TT}/\mathrm{C}_{30}\mathrm{H}$，$R7 = \mathrm{C}_{19}\mathrm{TT}\sim \mathrm{C}_{25}\mathrm{TT}/\mathrm{C}_{28}\mathrm{TT},\ \mathrm{C}_{29}\mathrm{TT}$，$R8 = \mathrm{C}_{29}\mathrm{H}/\mathrm{C}_{30}\mathrm{H}$，$R9 = \mathrm{C}_{29}\mathrm{Ts}/\mathrm{C}_{29}\mathrm{H}$，$R10 = \mathrm{C}_{29}\mathrm{Ts}/(\mathrm{C}_{29}\mathrm{H}+\mathrm{dia}\mathrm{C}_{30})$，$R11 =$

$C_{35}/C_{34}H$，$R12 = C_{35}H/C_{30}H$，$R13 = diaC_{30}H/C_{30}H$，$R14 = Ol/C_{30}H$，$R15 = Ga/C_{30}H$，$R16 = S/H = C_{27-29}$（$\alpha\alpha\alpha20S$，$\alpha\beta\beta20R$，$\alpha\beta\beta20S$，$\alpha\alpha\alpha20R$）/[$C_{29}H + C_{30}H + C_{31-35}H$（$S+R$）]，$R17 = C_{27}/C_{27-29}$（$\alpha\alpha\alpha20S$，$\alpha\beta\beta20R$，$\alpha\beta\beta20S$，$\alpha\alpha\alpha20R$），$R18 = C_{28}/C_{27-29}$（$\alpha\alpha\alpha20S$，$\alpha\beta\beta20R$，$\alpha\beta\beta20S$，$\alpha\alpha\alpha20R$），$R19 = C_{29}/C_{27-29}$（$\alpha\alpha\alpha20S$，$\alpha\beta\beta20R$，$\alpha\beta\beta20S$，$\alpha\alpha\alpha20R$），$R20 = C_{28}/C_{29}$（$\alpha\alpha\alpha20S$，$\alpha\beta\beta20R$，$\alpha\beta\beta20S$，$\alpha\alpha\alpha20R$），$R21 = Ts/(Ts+Tm)$，$R22 = C_{31}HS/R$，$R23 = C_{29}\alpha\alpha\alpha20S/(20S+20R)$，$R24 = C_{29}$（$\alpha\beta\beta20S + \alpha\beta\beta20R$）/$C_{29}$（$\alpha\alpha\alpha20S$，$\alpha\beta\beta20R$，$\alpha\beta\beta20S$，$\alpha\alpha\alpha20R$）。其中，TT 为三环萜烷，H 为藿烷，Ol 为奥利烷，Ga 为伽马蜡烷，dia-表示重排。比值参数表略，所有的比值数据可以通过表9-2 或表9-3 的浓度数据计算得到。

每个数据集中都包含64 个样品，包括61 个混合油样和3 个端元油样，3 个端元油样的数据来自它们各自的三个重复样的算术平均值。数据集中各参数的选取主要考虑三个因素：①常用的具有生源、年代等指示意义的化合物或参数；②原油中浓度较高，积分对其影响较小的化合物；③原油中特有的或具特殊分布规律的化合物或系列。

本书所用的化学计量学方法均使用美国 Infometrix 公司研发的多元数理统计学的商业软件 Piroutte 4.5 完成，各方法的应用条件将在书中具体应用时描述。

表 9-2　浓度数据集中甾类化合物浓度和同位素值（$\delta^{13}C$）

样品	S1	S2	S3	S4	S5	S6	S7	S8	S9	S10	S11	S12	S13	S14	$\delta^{13}C/‰$
A	144	51	73	111	76	56	36	58	68	29	123	174	160	106	-32.226
B	33	12	34	50	27	26	26	26	23	22	80	61	56	61	-26.496
C	142	53	229	254	176	334	91	204	184	330	471	400	317	559	-28.800
M019	132	49	199	221	155	304	89	199	177	290	449	380	279	495	-28.382
M028	120	43	187	214	144	270	81	164	146	241	388	334	251	457	-28.324
M037	116	40	174	183	127	242	71	150	128	223	339	281	228	399	-27.910
M046	101	38	149	167	115	203	61	128	117	197	301	263	209	357	-27.753
M055	113	34	148	162	104	181	62	118	99	160	279	230	194	315	-27.697
M064	80	28	111	129	83	148	51	100	84	138	238	200	151	260	-27.445
M073	86	27	107	125	75	128	53	81	73	107	215	172	142	229	-27.121
M082	56	20	84	85	50	82	40	63	55	70	145	121	106	152	-26.911
M091	48	19	57	75	42	61	37	50	44	65	122	98	89	122	-26.780
M109	161	49	206	228	153	298	91	176	156	278	413	369	293	485	-29.054
M118	133	47	210	226	147	267	78	170	153	259	383	339	276	447	-28.816
M127	116	43	180	191	139	240	71	150	134	224	344	289	234	399	-28.549
M136	122	43	158	175	117	204	65	135	120	197	302	261	210	352	-28.549
M145	103	37	138	162	103	182	59	116	104	159	267	235	198	299	-27.976
M154	97	32	123	130	90	151	54	101	89	136	236	195	163	258	-28.009
M163	88	31	100	121	75	122	48	80	68	98	208	166	140	215	-27.940
M172	68	23	73	90	61	90	40	60	55	76	153	133	114	159	-27.644
M181	53	22	57	75	45	58	35	49	46	52	121	106	88	116	-27.326
M190	40	18	42	50	29	24	26	25	25	23	81	72	64	59	-27.452
M208	149	51	195	229	157	268	79	181	167	260	394	347	293	455	-29.482
M217	131	46	183	201	145	238	71	150	131	220	349	309	237	402	-29.281

续表

样品	S1	S2	S3	S4	S5	S6	S7	S8	S9	S10	S11	S12	S13	S14	$\delta^{13}C/‰$
M226	121	47	169	183	121	207	68	136	124	182	296	275	228	362	−29.055
M235	130	45	143	168	111	184	62	117	102	164	259	236	199	299	−28.629
M244	102	36	126	146	98	158	50	104	95	128	240	220	185	263	−28.589
M253	88	34	99	119	75	121	48	84	80	102	207	170	144	220	−28.354
M262	78	30	80	99	65	92	41	65	63	77	164	151	132	163	−28.288
M271	75	27	70	92	55	75	30	56	53	53	140	127	110	129	−27.921
M280	51	22	39	62	35	32	36	30	35	24	90	88	81	75	−27.951
M307	153	52	185	216	148	244	74	152	143	201	344	313	256	400	−30.100
M316	130	48	160	184	127	211	69	134	126	186	320	284	238	368	−29.451
M325	131	45	152	159	104	172	63	103	100	143	260	234	201	292	−29.240
M334	109	39	122	136	100	152	56	107	97	146	244	227	189	264	−29.064
M343	105	39	107	138	88	127	48	87	83	100	203	191	161	215	−28.802
M352	100	34	91	115	72	98	44	72	70	75	174	166	139	173	−28.560
M361	90	29	74	97	59	58	37	53	52	53	137	134	119	128	−28.550
M370	70	24	46	72	45	26	32	36	35	25	93	95	88	74	−28.574
M406	137	50	168	191	130	219	69	139	131	193	330	300	252	373	−30.278
M415	144	46	139	165	109	186	65	108	103	169	285	264	219	312	−30.197
M424	122	44	130	153	101	156	64	109	93	132	246	227	196	264	−29.675
M433	118	40	105	126	93	121	49	87	88	98	201	208	162	212	−29.507
M442	105	37	91	117	76	99	48	74	67	75	174	174	149	173	−29.193
M451	100	35	73	103	65	74	37	58	57	54	141	151	129	136	−28.972
M460	90	33	56	84	49	36	30	45	45	22	101	118	110	88	−29.078
M505	141	50	129	162	106	163	63	105	102	134	248	239	205	271	−30.574
M523	124	46	106	138	92	124	51	88	91	106	200	218	176	211	−29.874
M532	125	41	102	129	84	99	43	77	74	75	177	184	161	183	−29.827
M541	106	38	74	108	69	65	44	60	60	58	141	154	135	133	−29.477
M550	93	34	54	82	53	41	34	44	52	21	107	128	118	87	−29.831
M604	143	49	136	166	115	156	58	113	110	130	257	257	219	273	−31.145
M613	144	48	107	144	97	125	51	93	92	115	208	226	198	221	−30.767
M622	115	44	94	126	83	91	44	79	75	76	164	192	167	177	−30.359
M640	107	40	59	94	59	45	33	46	51	25	107	140	132	94	−30.317
M703	149	52	105	143	98	120	39	87	85	93	194	211	187	205	−31.421
M712	134	48	100	130	86	104	44	82	80	74	180	200	176	181	−31.076
M721	130	45	72	113	73	64	38	66	65	52	144	170	155	135	−30.753
M730	122	47	57	96	66	50	32	50	60	28	104	133	117	99	−30.488
M802	140	52	97	132	89	105	49	79	81	73	179	206	180	181	−31.824
M811	130	47	83	116	79	82	43	67	70	51	137	172	156	136	−31.523
M820	124	45	62	101	67	51	37	55	59	29	115	158	142	102	−30.990
M901	136	50	83	123	83	78	42	72	80	54	155	194	177	145	−32.025
M910	142	62	65	107	77	56	33	55	63	31	124	145	152	107	−31.840

注：A，B，C 为端元油样；样品 M136 指的是该混源油中端元油 A，B 和 C 的贡献比分别是 10%，30% 和 60%，其他类似。化合物代号 S1~S14 见图 9-1，浓度单位均为 ppm（1ppm＝1μg/g）。

表 9-3　浓度数据集中萜类化合物浓度数据

（单位：ppm）

样品	T1	T2	T3	T4	T5	T6	T7	T8	T9	T10	T11	T12	T13	T14	T15	T16	T17	T18	T19	T20	T21	T22	T23	T24	T25	T26	T27	T28	T29
A	53	141	163	73	408	235	213	221	155	208	114	222	123	505	91	13	0	556	353	207	172	248	194	140	112	130	86	113	103
B	72	69	33	13	45	35	20	62	25	45	219	198	80	476	163	194	195	901	312	241	70	188	145	122	99	59	36	35	31
C	100	155	272	64	283	179	130	221	141	192	638	502	471	1657	777	492	347	4193	1323	970	1401	971	749	649	499	452	299	201	216
M019	95	144	245	58	256	164	116	201	123	176	590	469	430	1524	708	459	333	3871	1225	890	1275	889	679	590	453	406	266	179	190
M028	93	132	224	54	235	148	107	188	110	147	548	427	381	1352	642	420	315	3487	1085	814	1097	800	617	530	403	362	237	165	152
M037	90	131	197	50	215	135	92	168	112	138	498	397	339	1277	573	381	288	3043	964	733	976	706	545	476	365	223	205	148	151
M046	88	120	175	45	187	122	85	155	94	140	468	379	301	1174	523	344	278	2788	908	674	866	645	490	430	330	286	190	136	139
M055	85	121	166	39	181	111	85	149	101	129	443	346	279	1096	469	343	267	2564	827	596	756	548	422	353	255	240	158	109	124
M064	82	102	129	34	133	89	68	118	71	109	380	312	238	932	399	302	242	2212	731	518	590	491	384	321	252	208	134	92	107
M073	82	98	115	30	129	83	63	125	82	114	361	301	215	898	351	277	230	1964	646	477	521	416	342	261	205	195	121	79	60
M082	84	89	77	31	99	68	41	113	56	68	275	233	145	657	269	253	213	1431	451	344	250	306	236	188	155	165	95	78	59
M091	77	79	62	22	76	58	47	92	38	91	279	230	122	636	244	252	217	1252	420	328	257	279	216	170	155	116	73	50	34
M109	94	149	250	56	278	181	122	220	130	191	582	456	425	1467	691	444	315	3780	1166	865	1264	863	693	571	433	410	267	181	190
M118	92	138	232	58	273	176	122	210	125	168	521	414	386	1403	622	404	280	3369	1065	787	1095	784	605	519	400	386	224	166	180
M127	91	136	216	56	250	159	120	202	118	158	488	410	345	1264	569	371	267	3096	969	717	967	710	562	477	356	328	204	144	149
M136	86	129	196	51	231	146	112	179	119	145	450	376	312	1172	505	340	252	2761	903	659	856	575	495	421	325	284	191	138	125
M145	84	118	163	43	190	128	95	153	93	127	409	345	267	1025	355	309	237	2438	808	584	740	559	439	359	282	246	151	116	131
M154	83	109	140	39	184	111	84	138	85	120	368	305	226	940	378	288	213	2130	718	513	613	488	379	316	249	226	154	102	107
M163	81	105	122	39	167	103	85	130	83	115	334	285	202	835	318	253	203	1822	589	424	492	394	291	278	189	195	107	84	83
M172	74	94	96	30	122	85	64	109	60	85	281	255	153	689	278	228	191	1469	473	358	322	340	236	216	173	141	88	77	64
M181	70	86	68	29	112	73	57	107	61	74	238	221	121	589	214	200	177	1172	402	298	170	262	191	185	132	96	69	46	51
M190	59	76	48	20	91	59	48	85	54	58	208	218	92	484	170	175	160	930	317	246	83	190	159	126	92	67	51	44	25

续表

样品	T1	T2	T3	T4	T5	T6	T7	T8	T9	T10	T11	T12	T13	T14	T15	T16	T17	T18	T19	T20	T21	T22	T23	T24	T25	T26	T27	T28	T29
M208	89	148	243	64	300	198	133	222	135	188	514	428	394	1403	616	416	261	3381	1083	795	1115	806	617	522	405	408	235	166	178
M217	88	140	233	65	279	179	137	208	131	172	474	397	339	1247	557	331	249	3063	988	714	992	706	543	468	360	326	207	139	160
M226	83	130	207	53	250	156	126	186	111	158	439	381	308	1146	493	337	230	2724	883	667	884	659	514	444	330	302	198	148	137
M235	88	128	193	52	260	158	133	174	122	156	413	335	265	1075	451	301	228	2390	789	551	745	530	422	343	249	227	145	104	128
M244	81	117	150	42	211	132	105	163	100	143	342	324	230	917	363	263	196	2070	713	495	594	485	398	315	249	256	130	102	113
M253	75	106	133	39	186	120	90	142	81	111	323	292	204	829	320	244	200	1770	597	429	491	426	326	272	194	193	119	96	97
M262	73	99	104	35	168	102	82	116	74	104	271	250	160	697	258	208	176	1436	519	354	351	337	273	223	170	146	91	80	81
M271	69	96	92	32	160	102	80	121	79	102	255	246	140	638	214	177	190	1231	421	320	247	266	218	156	122	109	78	69	44
M280	62	75	58	25	129	77	79	104	67	70	202	211	90	487	143	162	160	826	340	223	112	214	172	187	89	81	44	39	55
M307	81	152	237	68	327	208	168	228	120	186	476	426	344	1232	521	315	222	2901	979	678	981	709	500	440	337	294	211	158	160
M316	86	146	215	59	296	183	144	204	135	171	409	383	320	1202	473	276	209	2720	936	638	851	641	488	423	324	355	192	163	112
M325	84	138	197	56	274	162	140	187	127	166	366	325	260	999	405	286	192	2221	774	511	738	513	420	330	232	218	150	116	123
M334	76	123	166	51	246	154	119	172	110	142	345	326	244	940	378	247	186	2095	726	505	623	506	399	328	256	238	144	114	122
M343	73	115	142	46	224	138	109	148	100	133	307	286	208	824	320	236	182	1741	611	434	484	431	337	272	213	179	110	101	102
M352	74	108	125	43	222	128	107	153	98	141	260	258	174	727	252	195	154	1387	510	340	315	368	261	204	164	162	108	86	88
M361	70	101	103	39	200	118	112	140	84	117	236	247	137	625	215	170	145	1128	429	297	276	285	233	152	130	85	76	69	71
M370	60	94	76	34	177	112	87	124	73	86	197	206	93	489	150	121	137	837	327	232	110	201	184	120	97	87	49	51	36
M406	77	144	224	65	336	202	165	216	138	187	416	387	330	1205	491	284	207	2742	941	645	898	670	516	427	321	315	191	172	160
M415	78	133	194	62	306	190	148	204	123	173	374	352	283	1037	425	261	185	2330	835	580	766	566	459	378	282	267	174	135	151
M424	81	135	179	58	301	178	160	199	140	179	318	331	246	925	336	248	169	1968	730	500	609	508	401	322	241	269	175	126	121
M433	71	121	157	50	260	157	138	159	107	143	300	293	206	831	305	210	147	1650	615	427	495	422	333	280	214	190	127	110	96
M442	73	115	134	46	242	149	120	170	117	141	253	265	174	701	266	198	140	1358	546	347	361	369	284	252	182	191	107	116	87

续表

样品	T1	T2	T3	T4	T5	T6	T7	T8	T9	T10	T11	T12	T13	T14	T15	T16	T17	T18	T19	T20	T21	T22	T23	T24	T25	T26	T27	T28	T29
M451	68	110	117	47	238	142	118	156	100	143	234	240	141	631	200	158	124	1134	432	308	255	284	233	170	126	138	82	80	82
M460	63	99	96	43	221	136	136	141	95	116	193	212	101	474	135	128	129	828	346	223	114	220	165	133	92	107	64	64	51
M505	81	137	220	62	318	209	153	200	136	183	318	311	249	902	354	236	151	1949	754	505	717	497	418	321	243	203	149	124	133
M523	69	129	167	54	297	178	153	189	123	163	284	300	211	833	293	195	136	1664	618	441	504	431	340	273	214	208	130	121	117
M532	65	128	156	56	303	186	154	179	118	152	242	240	177	704	239	190	118	1330	499	347	347	347	262	204	167	150	119	109	88
M541	65	116	125	48	285	164	148	180	123	159	214	258	141	624	177	116	118	1029	397	295	230	283	216	181	126	150	89	97	54
M550	60	105	109	46	224	133	129	153	93	131	165	216	107	473	128	104	100	749	342	219	135	225	164	131	119	103	62	80	73
M604	72	150	206	69	357	213	181	217	152	184	322	335	247	950	344	202	141	1963	741	513	642	523	410	339	239	269	154	149	140
M613	69	142	183	65	317	197	173	201	140	166	274	291	218	814	282	177	118	1578	595	398	512	436	339	375	202	200	128	121	128
M622	68	124	162	59	300	197	180	196	136	161	231	244	164	700	225	166	97	1297	523	346	334	399	279	220	184	182	127	120	95
M640	57	110	118	57	286	171	152	168	111	140	170	234	107	487	136	103	81	733	321	215	124	244	184	142	101	109	63	97	75
M703	66	145	212	73	379	226	199	217	144	161	248	273	194	752	250	144	84	1373	556	366	442	398	326	335	189	181	135	98	103
M712	66	137	182	66	340	211	189	192	131	167	232	256	180	695	210	134	79	1218	490	332	356	357	269	233	164	163	110	112	96
M721	63	127	146	63	327	189	169	191	127	156	187	238	144	617	161	92	71	929	407	270	245	283	227	165	124	125	82	99	89
M730	51	121	129	63	322	177	155	177	122	162	149	225	115	490	124	73	68	621	319	203	143	240	165	142	99	115	65	98	79
M802	65	142	189	70	394	226	195	214	178	180	216	242	179	705	210	115	61	1214	502	346	387	350	279	252	163	194	116	130	99
M811	60	129	163	64	342	208	194	203	159	180	158	240	124	578	166	91	51	900	430	279	272	283	225	171	125	132	92	112	94
M820	53	125	141	68	360	200	191	189	148	187	136	233	115	476	111	51	44	634	345	173	147	238	192	147	101	127	66	107	91
M901	56	142	175	71	399	240	198	222	153	187	156	238	146	609	137	66	33	888	442	278	271	303	237	185	125	167	99	111	102
M910	54	134	155	70	327	235	223	204	171	187	135	234	124	505	117	49	20	566	298	208	163	233	188	137	114	120	79	105	96

注：样品代号的意义见表9.2；化合物代号T1~T29见图9-1。

3. 重现性分析

实验过程的稳定性通过每个端元油 3 个重复样品的实验数据来验证。在每个端元油的重复样品中，族组分的相对含量都保持在稳定的范围。对于同一个端元油，绝大多数化合物绝对浓度在 3 个重复样品中都保持相对稳定，相对偏差小于 5%。对于某些化合物，由于其绝对浓度太低，相对偏差较大，如一些重排的生物标志化合物，这些生物标志化合物不被纳入数据集中进行化学计量学分析。

9.3　人工混源油定性研究

9.3.1　混源油中地球化学参数的变化

在混源油中，不同类型地球化学参数随端元油的贡献比例呈复杂的变化。其中，生物标志化合物绝对浓度与端元贡献比呈线性关系，而化合物比值参数随端元贡献比呈非线性关系（Chen et al.，2003b；Peters et al.，2008），这种变化也被建立了较完整的数据模型（陈建平等，2007）。

1. 混源油中化合物浓度的变化

在三端元混源油中，化合物浓度随三个端元油的贡献在一个受限制的三角平面内变化，其三条边即三端元中两两混合的化合物浓度变化的线性关系（陈建平等，2007）。为了更清楚阐述三端元混合原油中地球化学参数的变化，可以固定其中一个端元的贡献，将其转化成两端元混合来讨论，然后再逐步改变这个端元的贡献比，观察其系统变化。在本研究中，以固定端元油 A 的贡献比（f_A）来阐明这种变化。当 $f_A = 0$，混合原油（M）只由端元油 B 和 C 组成，某化合物（X）绝对浓度可以表示为式（9-1）。如果 $f_A \neq 0$，那么这混合油就由三个端元油 A、B 和 C 组成，化合物 X 绝对浓度可以表示为式（9-2）。若假设 $f_A = 30\%$，则为式（9-3）。很显然，在 f_A 固定或已知的情况下，这是一个线性关系，且这个线性关系的斜率随化合物在端元油 B 和 C 中的浓度差异变化，而与端元油 A 的贡献（即 f_A）无关。如本次混合实验中，混合原油中 C_{30} 藿烷（$C_{30}H$）绝对浓度可以表示为 $M_{C_{30}H} = (B_{C_{30}H} - C_{C_{30}H})f_B + (A_{C_{30}H} - C_{C_{30}H})f_A + C_{C_{30}H}$，随着 f_A 从 0 向 100% 增加，其浓度在一个三角平面里变化，而其变化斜率保持稳定（图9-2）。

$$M_X = (B_X - C_X)f_B + C_X \tag{9-1}$$

$$M_X = (B_X - C_X)f_B + (A_X - C_X)f_A + C_X \tag{9-2}$$

$$M_X = (B_X - C_X)f_B + (0.3A_X + 0.7C_X) \tag{9-3}$$

式中，A_X，B_X，C_X 和 M_X 分别指端元油 A，B，C 和混合油 M 中化合物 X 的浓度；f_A 和 f_B 表示端元油 A 和 B 组成混合油 M 的质量贡献比，且 $0 \leqslant f_A \leqslant 1$，$0 \leqslant f_B \leqslant 1$。

2. 混源油中生物标志化合物比值的变化

混合油中生物标志化合物比值的变化要比化合物浓度变化复杂得多。在两端元混合油

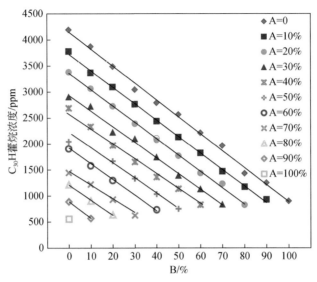

图 9-2　混源油中 $C_{30}H$ 藿烷与端元油贡献比的变化关系

中，生物标志化合物比值与其中一个端元油的贡献比可以表示为式（9-4），而在三端元混合油中，比值变化可表示为式（9-5）。很显然，混合油中生物标志化合物比值与组成混合油的端元的贡献呈非线性关系。在数学上，两端元混合油中这种非线性表现为曲线关系，即 M_R 随 f_B 沿曲线变化；而在三端元混合油中则表现为曲面的变化关系，即 M_R 在 f_A 和 f_B 组成的曲面里变化。

$$M_R = \frac{M_X}{M_Y} = \frac{(B_X - C_X)f_B + C_X}{(B_Y - C_Y)f_B + C_Y} \tag{9-4}$$

$$M_R = \frac{M_X}{M_Y} = \frac{(B_X - C_X)f_B + (A_X - C_X)f_A + C_X}{(B_Y - C_Y)f_B + (A_Y - C_Y)f_A + C_Y} \tag{9-5}$$

式中，M_X，M_Y，A_X，A_Y，B_X，B_Y，C_X，C_Y 分别为化合物 X 和 Y 在混合油 M，端元油 A，B 和 C 中的绝对浓度；M_R 为混合油 M 中化合物 X 和 Y 的比值；f_A 和 f_B 为端元油 A 和 B 组成混合油 M 的质量贡献比，且 $0 \leqslant f_A \leqslant 1$，$0 \leqslant f_B \leqslant 1$。

在本次实验中，当 f_A 固定时，混合油中 C_{30} 藿烷（$C_{30}H$），伽马蜡烷（Ga）和奥利烷（Ol）的绝对浓度都随 f_B 呈线性关系，且随着 f_A 的增加（0~100%）而有规律地变化 [图 9-3（a）]。但是，伽马蜡烷与藿烷（Ga/$C_{30}H$）和奥利烷与藿烷比值（Ol/$C_{30}H$）都随 f_B 呈非线性关系，且随着 f_A 的增加（0~100%）而没有表现出规律性变化 [图 9-3（b）]。从图 9-3（b）可以发现，当 f_B 在小范围变化时（如 0~30%），无论 f_A 为多少，Ga/$C_{30}H$ 和 Ol/$C_{30}H$ 都几乎保持稳定或在很小的范围变化；当 f_B 大于 50% 后，比值就会随 f_A 急剧变化，且变化的方向和大小在不同比值之间是不一样的，这可能主要取决于它们在各端元油中比值的相对大小。

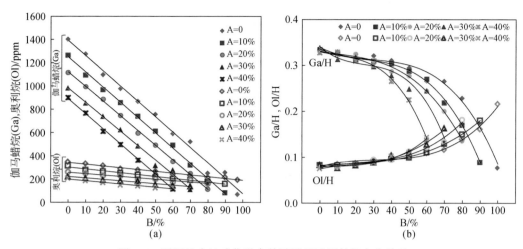

图 9-3 混源油中地球化学参数随端元油贡献的变化关系

（a）伽马蜡烷和奥利烷浓度与端元油贡献的关系；（b）Ga/C$_{30}$H 和 Ol/C$_{30}$H 与端元油贡献比的变化关系

9.3.2 混源油判识

1. 一元或二元参数分析

油-油和油-岩分类对比是油气地球化学重要的工作内容之一。许多地球化学参数，特别是某些具有特殊意义的生物标志化合物及其比值或同位素数据都被用于这一问题，因为它们在具有成因联系的原油或源岩样品中是相似的，在某一特定地质背景下形成的样品中又是特殊的。如在我们选取的三个端元油中，它们的稳定碳同位素比值具有明显的差异（表 9-2），端元油 A，B 和 C 分别为 -32.226‰，-26.496‰ 和 -28.800‰，这很容易得出它们具有不同的成因、属于不同类型原油的结论。这对于具有单一来源的样品是有效的，但是对于具多源成因的混合样品有可能造成误解。例如，C$_{23}$ 三环萜烷（C$_{23}$TT）、奥利烷（Ol）的浓度以及它们与 C$_{30}$H 的比值（C$_{23}$TT/C$_{30}$H，Ol/C$_{30}$H）都是具有生源和年代指示意义的生物标志化合物参数。在本研究中，它们在各端元油中也有较明显的区别，C$_{23}$TT 在端元油 A 中最高（408ppm），在端元油 B 中最低（45ppm），在端元油 C 中居中（283ppm）；而奥利烷在端元油 A 中不存在或为痕量（0ppm），在端元油 B 中居中（195ppm），在端元油 C 中最高（347ppm）（表 9.3）。C$_{23}$TT/C$_{30}$H 值在端元油 A，B 和 C 中分别为 0.73，0.05 和 0.07；而 Ol/C$_{30}$H 值则分别为 0，0.22 和 0.08。但是从这些混合油样品在 C$_{23}$TT/C$_{30}$H 与 Ol/C$_{30}$H 关系图上的分布上，很容易得出这些原油主要由端元 C 组成的与实际不相符的结论［图 9-4（a）］。同样地，在奥利烷与 C$_{23}$ 三环萜烷绝对浓度组成的关系图上，这些样品也没有体现出由端元油 A，B 和 C 有规则混合而成的分布特征［图 9-4（b）］。可见，对于混源油的分类对比研究，依靠常规的一元或二元参数分析，很可能会得出错误的结论。

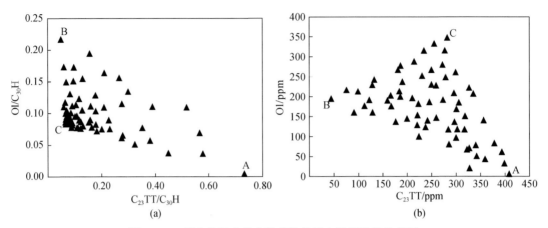

图 9-4　二元生物标志化合物参数关系中混源油的分布图

（a）样品在 $C_{23}TT/C_{30}H$ 与 $OI/C_{30}H$ 关系图中的分布；（b）样品在 C_{23} 三环萜烷与奥利烷绝对浓度关系图中的分布

2. 主成分分析（PCA）

使用多参数的综合分析可以有效降低仅使用一元或二元参数研究混源油造成的地球化学结论的不确定性（Peters et al., 2004）。多参数的数理统计分析为这类研究提供了有效的方法。PCA 可通过提取参数之间的联系，将多维地球化学数据的有效维数减少到能够最大限度解释数据变化的若干组分，即能在不改变样品间相互关系的基础上有效降低维数，且能够在降维后的二维或三维主成分关系图上展现样品之间的相关关系。本研究中，对包含 3 个端元油在内的 64 个混合油样品的 43 个生物标志化合物浓度数据和全油碳同位素值（表 9-2，表 9-3）进行 PCA，在三维主成分因子得分图上可以清晰地看到这些样品呈现近似的正三角形分布（图 9-5），表明它们是由三个端元有规律混合而成。

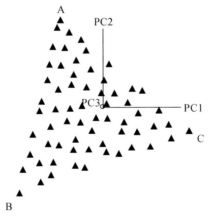

图 9-5　三维主成分关系中混源油的分布图

PCA 采用的数据包括 64 个原油的 43 个生物标志化合物浓度和全油碳同位素。PC1，PC2 和 PC3 是主成分且相互垂直，其因子得分分别为 75.2%，23.0% 和 0.3%。PCA（Pirouette）条件：Preprocessing = autoscale，maximum factors = 10，validation method = none，and row = none

9.4　人工混源油定量研究

9.4.1　交替最小二乘法（ALS）

较之常规的混源配比模拟实验，多元数理统计学方法解析混源油具有明显的优势，它不需要获得端元样品，而是直接计算分析实际混源油，得到端元原油的数量、组成和贡献比例（Peters et al.，2008；陶国亮等，2010）。多元数理统计法解析混源油的基本原理可以作如下简述。假设有原油样品 S_i 和 E_j，原油样品集 S 和 E：

$$S = \begin{bmatrix} S_1 \\ \vdots \\ S_i \\ \vdots \\ S_m \end{bmatrix} = \begin{bmatrix} x_{11} & x_{12} & \cdots & x_{1n} \\ \vdots & \vdots & & \vdots \\ x_{i1} & x_{i2} & \cdots & x_{in} \\ \vdots & \vdots & & \vdots \\ x_{m1} & x_{m2} & \cdots & x_{mn} \end{bmatrix}$$

$$E = \begin{bmatrix} E_1 \\ \vdots \\ E_j \\ \vdots \\ E_k \end{bmatrix} = \begin{bmatrix} y_{11} & y_{12} & \cdots & y_{1n} \\ \vdots & \vdots & & \vdots \\ y_{j1} & y_{j2} & \cdots & y_{jn} \\ \vdots & \vdots & & \vdots \\ y_{k1} & y_{k2} & \cdots & y_{kn} \end{bmatrix}$$

$$F = \begin{bmatrix} F_1 \\ \vdots \\ F_i \\ \vdots \\ F_m \end{bmatrix} = \begin{bmatrix} f_{11} & f_{12} & \cdots & f_{1k} \\ \vdots & \vdots & & \vdots \\ f_{i1} & f_{i2} & \cdots & f_{ik} \\ \vdots & \vdots & & \vdots \\ f_{m1} & f_{m2} & \cdots & f_{mk} \end{bmatrix}$$

上述矩阵中，x_{in} 和 y_{jn} 分别是原油样品 S_i 和 E_j 的第 n 个参数（它们是同一个参数，但是具有不同值）；F 是一个系数矩阵，$0 \leqslant f_{ik} \leqslant 1$ 和 $\sum_1^k f_{ik} = 1$；S 由 m 个已知原油样品组成，E 由 k 个已知或未知的原油样品组成。根据混合物中浓度加和原理：混合物中化合物浓度等于组成混合物的每个端元中该化合物的浓度之和，即混合物中化合物浓度与端元贡献比呈线性关系（Peters et al.，2008；陈建平等，2007）。如果存在 $S = FE$，那么 E 就是端元油样品集，f_i 为端元油组成混源油 S_i 的贡献比。因此，S 可称为已知混源油样品集，F 为由端元油组成混源油的贡献系数矩阵。给予 E 和 F 最初的估计值，进行最小二乘拟合，通过数理统计算法，不断改变端元赋值，进行迭代拟合，可以得到最优的 E 和 F，即得到组成混源油的端元油化学组成和贡献比。化学计量学中的交替最小二乘法（ALS）可以实现上述过程，从而在端元油未知的情况下，通过多元数理统计方法解析混源油（Peters et al.，2008；蒋启贵等，2014）。

9.4.2　混源油端元解析

ALS 可以对混源油进行解析，预测其端元油个数、贡献及组成。通过三端元模拟混合实验，分别采用生物标志化合物浓度数据和比值数据进行 ALS 分析，验证和对比它们解析三端元混源油的可行性和准确性。ALS（Pirouette，Infometrix）条件：initial estimates from rows，non-negativity＝amounts and profiles，closure＝amounts。

1. 端元油相对贡献计算

对混合油生物标志化合物浓度数据（43 个参数）和比值数据（24 个比值）分别进行 ALS 分析（ALS-C 和 ALS-R），对比它们的计算结果。两大数据集中都包含全油碳同位素数据，因为 ALS 分析要求输入参数为非负，碳同位素数据取绝对值后参与计算。ALS-C 和 ALS-R 计算的端元油贡献比差异较大，前者比后者要更接近于实际混合配比情况（表9-4）。对于全部 64 个样品数据（包括 61 个混合油和 3 个端元油），ALS-C 计算的端元油对混合油的贡献与实际配比的最大误差为 0.0%～6.9%，86% 的样品最大误差小于 5%［表9-4，图9-6（a）］；而 ALS-R 计算的最大误差为 2.5%～60.4%，86% 的样品最大误差大于 10%（表9-4）。若去掉数据集中 3 个端元油的数据（即剩下 61 个混合油），ALS-C 计算结果的最大误差为 0.1%～6.9%，82% 的样品最大误差小于 5%［图9-6（b）］。若再随机去掉 10 个样品的数据（即余下 51 个混合油），ALS-C 计算结果的最大误差为 0.0%～9.5%，72% 的样品最大误差小于 5%［图9-6（c）］。若去掉 3 个端元油后再随机去掉 20 个样品数据（即余下 41 个混合油），ALS-C 计算结果的最大误差为 0.0%～10.7%，且 66% 的样品最大误差小于 5%［图9-6（d）］。由此可见，通过 ALS-C 计算端元油贡献比的精确性与数据集中端元油数据的存在与否无关，但准确性会随着混源油样品数的减少而降低；而 ALS-R 不能用来解析混源油。

表 9-4　端元油贡献的实际配比值和 ALS 计算值　　　　　　（单位：%）

样品	实际配比			ALS-C 计算				ALS-R 计算			
	A	B	C	A	B	C	最大误差	A	B	C	最大误差
A	100.0	0.0	0.0	99.7	0.0	0.3	0.3	79.2	20.4	0.4	20.8
B	0.0	100.0	0.0	0.0	100.0	0.0	0.0	1.7	65.8	32.5	34.2
C	0.0	0.0	100.0	1.6	1.1	97.3	2.7	24.1	4.1	71.8	28.4
M019	0.0	10.0	90.0	0.0	8.9	91.1	1.1	13.7	10.1	76.2	13.8
M028	0.0	19.9	80.1	0.0	20.5	79.5	0.6	22.7	14.5	62.9	22.7
M037	0.0	30.0	70.0	3.6	29.9	66.5	3.6	19.4	8.6	72.0	21.4
M046	0.0	40.0	60.0	3.8	36.9	59.3	3.8	13.7	20.7	65.6	19.3

续表

样品	实际配比			ALS-C 计算				ALS-R 计算			
	A	B	C	A	B	C	最大误差	A	B	C	最大误差
M055	0.0	50.0	50.0	3.3	49.1	47.7	3.3	21.6	19.2	59.2	30.9
M064	0.0	60.2	39.8	0.0	59.1	40.9	1.0	9.4	27.5	63.1	32.7
M073	0.0	70.0	30.0	4.0	64.8	31.2	5.2	15.3	33.5	51.2	36.5
M082	0.0	79.6	20.4	2.9	82.4	14.7	5.7	9.1	28.1	62.7	51.4
M091	0.0	89.8	10.2	2.8	85.9	11.3	3.9	0.0	29.4	70.6	60.4
M109	10.0	0.0	90.0	5.4	0.3	94.3	4.6	28.4	6.7	64.9	25.1
M118	10.1	10.0	79.9	13.3	11.5	75.2	4.7	30.4	0.2	69.4	20.3
M127	10.0	20.0	70.1	10.7	22.7	66.6	3.4	28.8	0.7	70.6	19.8
M136	10.2	29.8	60.0	12.4	31.5	56.1	3.8	25.4	3.5	71.1	26.3
M145	9.9	40.1	50.0	11.5	36.8	51.7	3.3	23.8	14.3	61.9	25.8
M154	10.1	49.9	40.1	12.2	46.4	41.4	3.5	21.5	12.7	65.8	37.2
M163	10.4	59.9	29.6	13.2	56.1	30.7	3.8	26.0	29.7	44.3	30.2
M172	10.0	70.1	19.9	9.5	71.2	19.3	1.2	17.6	33.0	49.3	37.0
M181	10.0	79.9	10.1	10.9	81.3	7.7	2.4	8.3	37.6	54.1	44.0
M190	10.2	89.8	0.0	8.5	90.9	0.7	1.7	14.2	67.6	18.2	22.2
M208	19.9	0.0	80.1	20.3	3.8	75.9	4.2	31.5	0.0	68.5	11.5
M217	20.1	10.0	69.9	19.6	8.3	72.1	2.2	38.6	0.6	60.8	18.5
M226	19.9	19.8	60.3	20.9	16.4	62.6	3.4	34.8	4.6	60.6	15.2
M235	20.1	30.0	49.8	22.6	32.9	44.5	5.3	34.9	0.0	65.1	30.0
M244	20.2	39.8	40.0	23.4	37.2	39.4	3.2	32.5	18.0	49.5	21.8
M253	20.0	50.1	29.9	20.2	49.6	30.2	0.4	22.8	23.6	53.6	26.4
M262	20.2	59.8	20.0	21.6	57.9	20.6	1.9	23.9	33.5	42.6	26.2
M271	20.0	70.1	9.9	20.6	69.3	10.1	0.8	31.0	37.5	31.5	32.6
M280	20.1	79.9	0.0	23.5	75.8	0.7	4.1	11.0	61.5	27.5	27.5
M307	29.9	0.0	70.1	34.1	2.0	63.9	6.2	47.8	0.0	52.2	17.8
M316	29.8	10.0	60.1	30.8	14.6	54.6	5.5	35.6	12.5	51.9	8.2
M325	29.8	20.1	50.1	33.8	18.5	47.7	4.0	43.2	8.9	47.9	13.4
M334	30.0	30.1	39.9	29.6	29.4	41.0	1.1	26.4	14.1	59.5	19.6

续表

样品	实际配比			ALS-C 计算				ALS-R 计算			
	A	B	C	A	B	C	最大误差	A	B	C	最大误差
M343	30.0	40.0	30.0	29.2	42.0	28.7	2.0	39.7	12.3	48.0	27.7
M352	30.1	49.8	20.0	34.1	50.6	15.3	3.9	33.8	25.5	40.7	24.3
M361	29.9	59.9	10.2	34.5	54.8	10.7	5.1	32.3	39.9	27.9	20.1
M370	29.9	70.1	0.0	31.3	68.1	0.5	1.9	29.4	47.8	22.8	22.8
M406	40.0	0.0	60.0	37.9	3.9	58.2	3.9	44.7	5.6	49.7	10.3
M415	40.1	10.0	49.9	40.5	9.1	50.4	0.9	43.0	13.0	44.0	6.0
M424	40.0	19.9	40.1	45.0	19.4	35.6	5.0	41.9	5.2	52.9	14.7
M433	40.1	29.9	30.0	41.6	30.6	27.8	2.2	39.7	15.4	44.9	14.9
M442	39.8	40.1	20.1	43.5	37.9	18.6	3.7	40.2	24.3	35.5	15.7
M451	39.9	50.1	10.0	42.0	48.1	9.9	2.1	40.4	34.9	24.7	15.2
M460	40.0	60.0	0.0	42.4	57.1	0.5	2.9	39.1	54.6	6.2	6.2
M505	50.0	0.0	50.0	54.4	0.0	45.6	4.4	52.6	0.0	47.4	2.5
M523	50.1	20.0	29.9	49.3	22.7	28.0	2.7	43.4	9.5	47.1	17.2
M532	50.1	29.9	20.0	51.6	31.7	16.7	3.3	53.6	17.6	28.8	12.3
M541	50.0	40.0	10.0	52.5	41.0	6.5	3.5	40.4	23.3	36.4	26.3
M550	50.1	49.9	0.0	52.3	46.4	1.3	3.5	41.8	51.1	7.0	8.2
M604	60.1	0.0	39.9	58.2	4.9	36.9	4.9	57.4	1.9	40.7	2.7
M613	60.1	10.0	29.9	62.7	7.4	29.9	2.6	49.1	8.7	42.2	12.3
M622	60.0	20.1	19.9	58.0	25.8	16.3	5.6	50.9	16.5	32.6	12.7
M640	60.1	39.9	0.0	60.0	40.0	0.0	0.1	54.6	45.4	0.0	5.4
M703	69.9	0.0	30.1	74.5	2.3	23.2	6.9	68.6	4.4	27.0	4.4
M712	69.9	10.0	20.1	68.5	15.0	16.5	5.0	61.6	11.9	26.5	8.3
M721	70.1	20.0	9.9	68.0	25.1	6.9	5.1	51.2	30.2	18.6	18.9
M730	69.9	30.1	0.0	72.3	27.7	0.0	2.4	64.7	11.1	24.2	24.2
M802	80.0	0.0	20.0	79.6	2.0	18.4	2.0	69.1	7.2	23.7	10.9
M811	79.8	10.0	10.2	79.7	11.0	9.3	1.0	73.3	0.0	26.7	16.6
M820	80.0	20.0	0.0	82.9	17.0	0.1	3.0	59.6	33.0	7.3	20.4
M901	90.0	0.0	10.0	88.3	3.0	8.7	3.0	67.4	15.0	17.6	22.5
M910	90.0	10.0	0.0	88.2	11.8	0.0	1.8	78.8	15.5	5.7	11.2

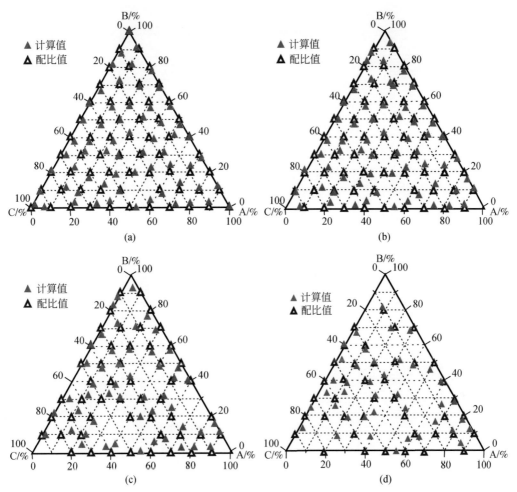

图 9-6　端元油贡献比 ALS-C 计算值与实际配比值对比

（a）包含全部 64 个样品；（b）去掉 3 个端元油后的 61 个混合油样品；（c）去掉 3 个端元油后再随机去掉 10 个混合油样品（即余下 51 个样品）；（d）去掉 3 个端元油后再随机去掉 20 个混合油样品（即余下 41 个样品）。ALS（Pirouette，Infometrix）条件：initial estimates from rows，non-negativity＝amounts and profiles，closure＝amounts

2. 端元油组成预测

利用 ALS-C 计算了组成混源油的端元油化合物组成（指参与 ALS 计算的化合物），计算结果与端元油实际分析数据吻合（图 9-7）。对于全部 64 个样品数据（包括 61 个混合油和 3 个端元油），ALS-C 计算的端元油化合物浓度与实际使用的分析数据（即 GC-MS 得出的化后浓度）相对误差一般小于 5%。若去掉数据集中 3 个端元油和任意 10 个混合油（即余下 51 个混合油），ALS-C 计算的结果对于大多数化合物来说，相对误差依然小于 5%（图 9-7）。对比发现，端元油组成的 ALS-C 计算值与实际检测值之间的差值与化合物在端元油中的绝对浓度有关，绝对浓度高的化合物会产生较小的差值。如端元油 B 中化合物差值要普遍大于端元油 A 和 C 中对应化合物的差值（图 9-7），因为端元

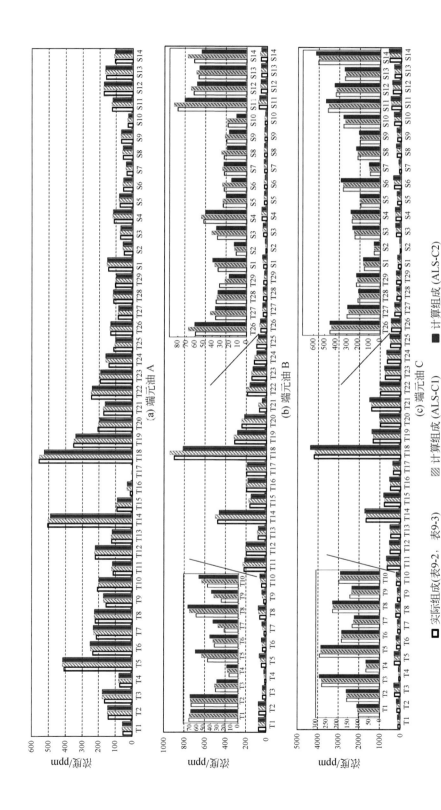

图19-7 端元油组成ALS-C计算值与实际值对比

化合物代号（T1~T29 和 S1~S14）见图9-1；ALS-C1 表示全部64个样品数据的计算结果(3个端元油和61个混源油样品)；ALS-C2表示51个样品数据的计算结果（去掉3个端元油和随机去掉10个混源油样品）

油 B 属于轻质油，其生物标志化合物含量低。可见，组成混源油的端元油组成可以通过 ALS-C 预测，其准确性与数据集中端元油存在与否与样品个数关系较小，而主要与端元油中化合物浓度有关。

采用 ALS-R 计算端元油的生物标志比值的结果与实际检测值存在较大的误差。但是，端元油的生物标志化合物比值可以间接地通过 ALS-C 计算得到的生物标志化合物浓度数据人工计算得到，其结果与实际参数集值接近。

9.5　利用杂原子化合物解析混源油

原油主要由非极性的烃类化合物组成，极性化合物（含 O、N、S 等杂原子）只占其组成的较小部分（通常为 10% ~ 20%），但也蕴含着丰富的地质–地球化学信息，如原油母岩沉积环境性质、热演化程度、原油运移方向等。绝大部分极性化合物主要归属于胶质和沥青质组分，其分子量和沸点在常见的烃类化合物中较高，常用于有机地化分析的色谱、色谱质谱等技术对其分析能力有限。傅里叶变换离子回旋共振质谱（FT-ICR MS）突破了样品沸点限制，具有超高的分辨率和质量准确度，检测分子量范围可达 10000Da，结合不同的软电流源，如电喷雾电离（ESI），可在分子水平上表征极性化合物，如环烷酸、中性和碱性氮化合物、硫化物和金属卟啉化合物。FT-ICR MS 分析无需对样品进行预处理，可直接进样分析，既高效又省时，可避免样品前处理过程中造成的污染，对于原油样品中含杂原子化合物有独特的优势。

9.4 节介绍了利用原油中烃类化合物（主要是生物标志化合物）浓度进行交替最小二乘法分析（ALS-C）来定量解析混源油，本节将探索利用 FT-ICR MS 定量分析混源油中杂原子化合物浓度，探索利用原油中杂原子化合物（主要是含氧原子的酸性化合物）浓度进混源油定量解析。

9.5.1　实验分析与数据处理

1. 样品与实验

把三个来自不同储层的原油作为端元油（A、B、C），A 和 B 未受到过生物降解，含有完整的正构烷烃和类异戊二烯烷烃系列化合物；C 经受过严重的生物降解。A 和 B 原油中植烷和伽马蜡烷的相对丰度高于 C 原油；A 中 C_{34} 和 C_{35} 升藿烷的相对丰度高于 B 和 C；A 和 C 中 C_{27} 甾烷相对丰度高于 C_{29} 甾烷，B 原油有相反的特征。

为达到不同的目的，准备了两组原油进行 FT-ICR MS 分析。第 I 组包含 6 个不同质量浓度的混原油，用来评估利用 FT-ICR MS 对酸性化合物定量分析的可行性。具体方法：将等质量的端元油（A : B : C=1 : 1 : 1）溶于甲苯中，然后用甲醇/甲苯混合溶液（体积比为 3 : 1）稀释至 0.05mg/mL、0.10mg/mL、0.20mg/mL、0.30mg/mL、0.40mg/mL 和 0.50mg/mL。第 II 组包含三个端元油和 18 个由端元油按不同质量比例（20%）混合得到的混源油，用来进行化学计量学定量解析。样品号对应三个端元油的质量相对贡献量，如样品 244 对应的是 A、B、C 的质量分数分别为 20%、40% 和 40%。

在进行 FT-ICR MS 分析之前，将每个样品溶解在甲苯中，用甲醇/甲苯混合物（体积比为 3∶1）稀释至 0.15mg/mL。每 1mL 样品中加入 80μL 氘代十四酸（$C_{14}D_{27}HO_2$，0.1018μmol/L），$[C_{14}D_{27}HO_2]^-$ 峰可作为酸性化合物定量分析的内标（IS）。每个样品用负离子 ESI FT-ICR MS 分析三次，采用的是 Bruker solariX XR 9.4T FT-ICR 型质谱。为了能检测到最多的酸性化合物质量峰，质量范围设置为 150~800Da，离子积累时间为 0.6s，采样点数 4M，扫描次数 128 次。

2. 数据处理与分析

质谱的外部校准采用的是原油样品中已知种类的、高丰度的 N_1 和 O_2 化合物，再用样品中 O_2 化合物的峰进行重新校准。通过软件计算，信噪比 >10 的质谱峰，质量误差小于 ±0.5ppm。数据处理的原理和其他细节参见 Shi 等（2010，2013）。

在实验及数据处理过程中把 $[C_{14}D_{27}HO_2]^-$ 峰（m/z = 254.37113）做内标定量原油样品中的其他 O_2 化合物。每个 O_2 化合物的浓度通过比较待分析物的峰强度、IS 的峰强度以及相应的相对响应因子（RRF）来计算。化合物浓度 = 峰强度（分析物）× 浓度（IS）/ [IS 峰强度 × 相对响应因子]。本次计算假设每个 O_2 化合物相对于 IS 的 RRF 和 IS 的浓度都为 1。

图 9-8（a）和 9-8（b）分别展示了端元油 A、B、C 样品负离子 FT-ICR MS 质谱图和不同类型杂原子化合物组成与分布。所有样品极性化合物质量范围都在 m/z = 200~800 之间，可以分为两组：O_x（x = 1~5）和 N_1O_x（x = 0~4），每一组都有不同的 DBE（等价双键）值。与端元油 C 相比，A 和 B 油中含有更多的多氧（O_3~O_5）化合物。所有端元油都含有丰富的 DBE = 1~3 的 O_2 化合物，说明烷基羟酸在这些原油中含量丰富。图 9-8（c）展示了各端元油中 O_2 类化合物碳数和 DBE 分布及其化合物相对丰度的关系，每个圆圈的面积与分子的相对丰度成正比。此图表明，每个端元油都具有不同的 O_2 化合物分布与组成特征：端元油 A 富含 DBE = 1 的 O_2 化合物，端元油 B 中 DBE = 1~2 的 O_2 化合物丰富，而端元油 C 中 DBE = 1~3 的 O_2 化合物占优。

酸性化合物（如脂肪酸和环烷酸）是原油中常见的极性物质，在 ESI 中可以很容易地去离子化，适合于 ESI FT-ICR MS 定量分析。由于化合物的化学结构不同，FT-ICR MS 对分子量相差较大的离子分辨能力也不同，某些具有不同结构的酸性化合物（如各种环烷环和碳链）的电离效率可能有所不同。因此，原油中并不是所有的酸性化合物都能用外加的氘代酸性内标来定量分析。

第 I 组样品用来评价原油中酸性化合物定量分析的可行性，[分析物/IS 峰强度] 值的重现性好是定量分析所必需的。相对偏差值（RSD）可用来检验分析物电离的重现性和稳定性，本研究只选择 3 次重复样分析中 RSD 小于 0.15 的化合物作进一步研究，剔除 RSD 大于 0.15 的化合物。通过考察分析物浓度（3 次重复实验的平均值）与混源油中各端元的质量贡献之间的线性关系，选择用于化学计量学定量解析的化合物数据集。对第 I 组样品的考察发现，除部分 O_2 类化合物外，其他类型化合物（包括 N_1、N_1O_1、N_1O_2、O_1、O_3 和 O_4）的线性关系较差，说明这些化合物不能用氘代十四酸进行定量分析 [图 9-9（a）]。但是，有

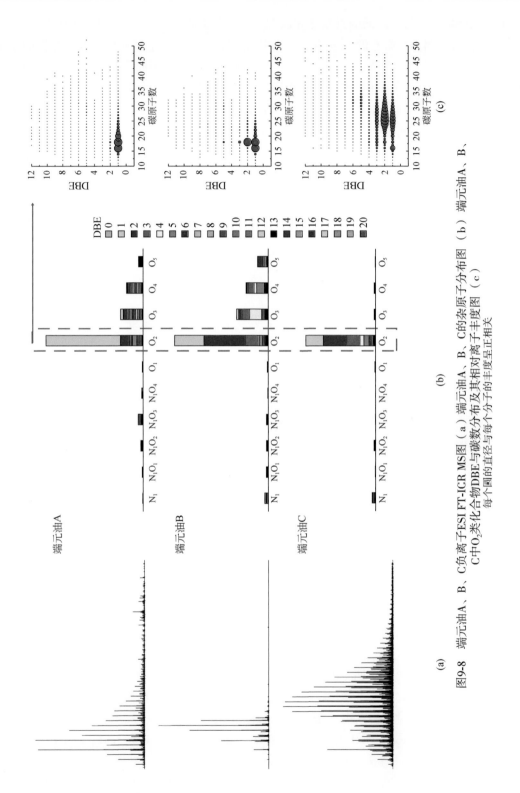

图9-8　端元油A、B、C负离子ESI FT-ICR MS图　(a) 端元油A、B、C的质谱图　(b) 端元油A、B、C的杂原子分子分布图　(c) 端元油A、B、C中O₂类化合物DBE与碳数分布及其相对离子丰度图　每个圆的直径与每个分子的丰度呈正相关

些 O_2 类化合物浓度与端元油的贡献比并没有呈现出良好的线性关系，如图9-9（a）中的 $C_{14}H_{13}O_2^-$，这说明不是所有的 O_2 类化合物都能用该内标物进行定量分析，因为它们的化学结构可能不同于氘代十四酸，如一些 O_2 类化合物含有两个羟基而不是一个羧基。为了找到适合半定量分析的 O_2 类化合物集，计算了 O_2 类化合物校准曲线的 R^2 值。校准曲线的 R^2 值分布为 0.908~0.999，研究发现，R^2 值超过 0.99 的 16 个 O_2 类的化合物浓度与端元油的贡献都具有良好的线性关系，可进行准确的定量分析［图9-9（b）］。

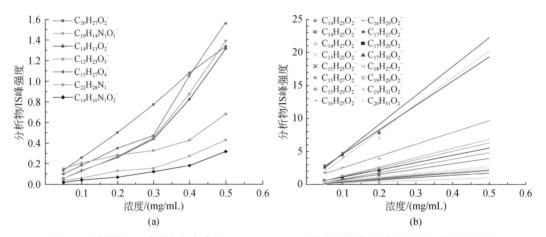

图9-9　分析物/IS 峰强度与负离子 ESI FT-ICR MS 测得的混合油样质量浓度的线性关系

（a）分析物化学式是 $C_{20}H_{27}O_2^-$，$C_{19}H_{14}N_1O_1^-$，$C_{14}H_{13}O_2^-$，$C_{12}H_{23}O_3^-$，$C_{15}H_{27}O_4^-$，$C_{22}H_{28}N_1^-$，和 $C_{14}H_{10}N_1O_2^-$；（b）分析物化学式，包括 16 个选择进行定量分析的 O_2 类化合物，是 $C_{14}H_{23}O_2^-$，$C_{14}H_{25}O_2^-$，$C_{14}H_{27}O_2^-$，$C_{15}H_{23}O_2^-$，$C_{15}H_{25}O_2^-$，$C_{15}H_{27}O_2^-$，$C_{15}H_{29}O_2^-$，$C_{16}H_{25}O_2^-$，$C_{16}H_{29}O_2^-$，$C_{17}H_{27}O_2^-$，$C_{17}H_{29}O_2^-$，$C_{17}H_{33}O_2^-$，$C_{18}H_{27}O_2^-$，$C_{19}H_{29}O_2^-$，$C_{19}H_{31}O_2^-$，和 $C_{20}H_{31}O_2^-$

9.5.2　混源油定量解析

前人研究表明，在二端元混合中，化合物浓度与混合物中各端元的相对贡献量呈线性关系（陈建平等，2007）；对于三端元混合，如果混合物中某个端元的贡献分数是固定的，则化合物浓度和混合物中剩余两个端元之一的相对贡献量呈线性关系。利用内标化合物浓度求得用于混源油分析的第Ⅱ组样品中 16 个 O_2 类化合物的相对浓度（3 次重复的平均值和 FT-ICR MS 实验的标准偏差）。图9-10 展示了每个样品中的两个 O_2 类化合物随端元油贡献量的变化趋势，显然这两个 O_2 类化合物的浓度与端元油 B 的质量分数呈良好的线性关系。将第Ⅱ组原油样品中的这 16 个 O_2 类化合物及其浓度组成数据集（**C**），利用交替最小二乘法（ALS）定量解析其端元油个数、贡献比例和组成。ALS 采用美国 Infometrix 公司研发的商业软件 Piroutte 4.0 完成。ALS 条件：initial estimates from rows，non-negativity = amounts and profiles，closure = amounts。

首先，确定端元油的个数。在进行 ALS 计算时，对端元油的数量设置了一个较高的值（在 ALS 软件中称为"最多源"参数），根据所有源的累计贡献量选择最合适的值。例如，

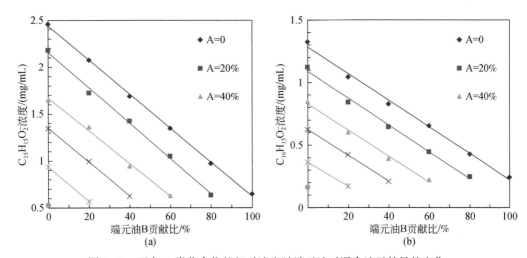

图 9-10　两个 O_2 类化合物的相对浓度随端元油对混合油贡献量的变化

（a）$C_{15}H_{25}O_2^-$ 浓度随端元油 B 贡献比例的变化；（b）$C_{16}H_{25}O_2^-$ 浓度随端元油 B 贡献比例的变化

当端元个数为三时，计算的累计贡献量即达到 99.98%，非常接近于 1，但端元个数再继续增加时，其累计贡献增加量很小，因此，端元个数为三即可满足分析要求，这也与实际情况相符。

在确定端元个数后，每个端元油对第 Ⅱ 组人工混合油的相对贡献量也由 ALS-C 计算得到。结果表明，利用 ALS 计算得到的混合比例与已知的混合比例非常接近。对于完整的数据集（全部的 21 个样品），实际混合比例与 ALS 计算所得比例的最大误差为 0 ~ 6.3%，在 21 个样品中，有 86% 的样品的计算误差小于 5%［图 9-11（a）］。通过从数据集中除去样本，研究了样本数和端元油的存在与否对计算结果的影响。当除去三个端元数据后（留下 18 个混合油样品），实际值与计算值之间的误差是 0.5% ~ 5.4%，18 个样品中有 83% 的样品的误差小于 4%。除去三个端元和 4 个任意混合油样品（剩下 14 个混合油样品）后，计算误差为 0.6% ~ 5.8%，14 个样品中有 86% 的样品误差值小于 5%［图 9-11（b）］。

三个端元油的 O_2 类化合物浓度组成也可通过 ALS-C 计算得到（图 9-12）。对于完整的数据集（21 个样品，ALS-C1），大多数 O_2 类化合物浓度的实际值与 ALS-C 计算值之间的误差小于 10%；对于除去端元油和 4 个任意样品的不完整数据集（14 个样品，ALS-C2），也可以计算得到端元油的组成，其相对浓度误差也在 10% 以下，但是大于 ALS-C1 的误差。

FT-ICR MS 实验的重复性通过比较所有样品中三次重复分析测得的 16 个 O_2 类化合物的相对浓度来检测，多数 O_2 类化合物相对浓度的相对标准误差在 5% 以下（除了部分相对浓度很小的 O_2 类化合物），说明 FT-ICR MS 实验的结果是稳定的。ALS 计算结果的重复性检测是通过对比计算端元油对每个样品的贡献比例和每个端元油中 16 种 O_2 类化合物相对组成所得结果与三次检测所得结果来检测，计算所得大部分样品各组分贡献量的误差都在 3% 以下，而我们人工混配混源油样品时，各端元的质量贡献差为 20%，说

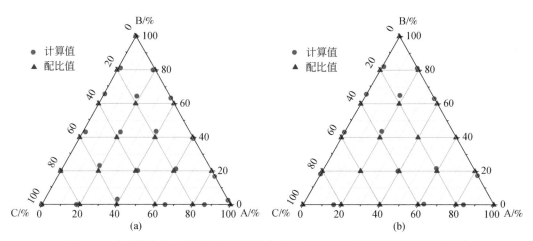

图 9-11　人工混合油中端元油的实际混合比例与 ALS-C 计算所得比例的比较图

（a）包含 21 个样品数据（三个端元油和 18 个混合油样品）的数据集；（b）仅包括 14 个混合油样品数据（去掉三个端元油和任意 4 个混合油样品）的数据集。计算精度略有变化，主要受是否包含端元的影响

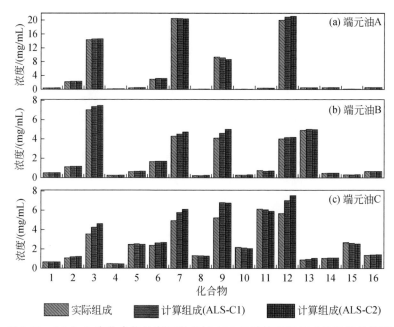

图 9-12　16 个 O_2 类化合物的实际组成与 ALS-C 计算所得组成的柱状比较图

ALS-C1 是对 21 个样品数据（三个端元油和 18 个混合油样品）浓度数据进行交替最小二乘的结果，ALS-C2 是对 14 个混合油样品（去掉三个端元油和任意 4 个混合油样品）浓度数据进行交替最小二乘的结果。1~16 个 O_2 化合物依次为 $C_{14}H_{23}O_2^-$、$C_{14}H_{25}O_2^-$、$C_{14}H_{27}O_2^-$、$C_{15}H_{23}O_2^-$、$C_{15}H_{25}O_2^-$、$C_{15}H_{27}O_2^-$、$C_{15}H_{29}O_2^-$、$C_{16}H_{25}O_2^-$、$C_{16}H_{29}O_2^-$、$C_{17}H_{27}O_2^-$、$C_{17}H_{29}O_2^-$、$C_{17}H_{33}O_2^-$、$C_{18}H_{27}O_2^-$、$C_{19}H_{29}O_2^-$、$C_{19}H_{31}O_2^-$ 和 $C_{20}H_{31}O_2^-$

明 ALS-C 计算结果是较为准确的。每个端元油中多数 O_2 化合物相对浓度的计算误差也很小，低于 5%。

因此，利用负离子 ESI FT-ICR MS 分析测得的极性酸性化合物的相对浓度数据应用于 ALS，可以用于预测端元油对混源油的贡献比例和每个端元油的成分组成。这个方法有如下优点：与常用的人工混合实验相比，避免了选择端元油时的不确定性；与使用非极性生物标志化合物的方法相比，本方法更加简单，避免样品前处理实验、节约溶剂，减少污染、节约时间。

9.6　小　　结

（1）混源油在具有多套烃源岩和多期充注成藏史的含油气盆地中广泛存在。不同类型的原油混合会导致原油性质和组成的复杂变化。实验室的多元混合实验证实，混源油中化合物浓度随端元油贡献率呈线性关系（浓度加和性），而化合物比值与之呈非线性关系。这种差异导致了使用浓度数据和使用比值数据对混源油分类和解析结果的不同。

（2）大多数地球化学参数都有多重意义，且会受到诸如成熟作用、生物降解作用等多重因素的影响，常用的一元或二元分析方法可能会忽视或遗漏这些参数的某方面意义，造成认识得不全面，甚至误解。化学计量学能同时处理几乎所有的地球化学参数，可以更全面、深入地分析地质样品。用于化学计量学分析的地球化学参数可以根据分析目的而选取，排除次生过程影响较大或者与研究目的无关的参数。

（3）与生物标志化合物比值参数相比，生物标志化合物浓度数据更适合用于解析混源油。ALS-C 计算的端元油贡献率和端元油组成比 ALS-R 的结果更准确。这主要是因为混源油中化合物浓度与端元贡献呈线性相关，ALS 是一种基于线性拟合的化学计量学方法，它的应用需要使用的变量具有加和性，而生物标志化合物比值不具这一性质。

（4）端元油的化合物组成可以通过 ALS-C 求得，而端元油的生物标志化合物比值不能由 ALS 求得，但是可间接地通过 ALS-C 计算得到的生物标志化合物浓度数据计算得到。

（5）使用假定的端元油在实验室混合得到混合曲线，将实际样品数据与之对比是最常用的预测混源油中端元油混合比例的方法（王文军等，1999；Hwang et al.，2000；Arouri and McKirdy，2005）。但是，从自然样品中选择端元油比较困难，具不确定性，且实验室的混配实验也费时费力。ALS-C 是一种较好的预测组成混源油的端元油个数、相对贡献和生物标志化合物组成的方法。ALS-C 计算结果的可靠性与数据集中端元油数据的存在与否关系不大，而主要与混源油的样品数量有关，它避免了从自然样品中预先假定端元油的不确定性。

（6）利用负离子 ESI FT-ICR MS 分析测得的混源油中酸性化合物的浓度数据集进行 ALS 分析，预测组成混源油的端元油个数及其对混源油的贡献比例和每个端元油的极性化合物组成。该方法是一种更为高效的混源油定量解析方法，避免样品前处理实验、节约溶剂，减少污染、节约时间。

参 考 文 献

陈建平，查明，周瑶琪．2000．有机包裹体在油气运移研究中的应用综述．地质科技情报，19（1）：
　　61-64.

陈建平, 邓春萍, 宋孚庆, 等. 2007. 用生物标志物定量计算混合原油油源的数学模型. 地球化学, 36 (2): 205-214.

侯读杰. 2000. 混源油气运移方向的地球化学识别. 石油大学学报 (自然科学版), 24 (4): 87-90.

蒋启贵, 张志荣, 秦建中, 等. 2014. 油气地球化学定量分析技术. 北京: 科学出版社.

靳广兴, 许书堂, 侯读杰, 等. 2005. 控制内蒙古二连盆地达尔其油田石油富集度的关键因素: 不同油源原油的混合作用. 现代地质, 19 (3): 425-461.

李水福, 何生, 张刚庆, 等. 2008a. 混源油研究综述. 地质科技情报, 27 (1): 77-79.

李水福, 何生, 张刚庆, 等. 2008b. 利用灰色关联法拟合的正构烷烃曲线确定混源油油源比例. 石油学报, 29 (5): 688-693.

梁宏斌, 张敏, 王东良, 等. 2004. 冀中坳陷苏桥–文安地区混源油定量识别模式研究: 典型原油混合实验及混源油识别模式. 沉积学报, 22 (4): 689-693.

梁生正, 杨国奇, 田建章, 等. 2001. 渤海湾叠合盆地大中型天然气田的勘探方向. 石油学报, 22 (6): 1-4.

吕慧, 张林晔, 刘庆, 等. 2009. 胜坨油田多源多期成藏混源油的定量判析. 石油学报, 30 (1): 68-75.

潘长春, 杨坚强. 1997. 准噶尔盆地砂岩储集岩生物标志化合物特征及其意义. 地球化学, 26 (5): 82-90.

庞雄奇. 2008. 中国西部典型叠合盆地油气成藏机制与分布规律. 石油与天然气地质, 29 (2): 157-158.

宋孚庆, 张大江, 王培荣, 等. 2004. 生物降解混源油混合比例估算方法. 石油勘探与开发, 31 (2): 67-70.

陶国亮, 秦建中, 腾格尔, 等. 2010. 塔河油田混源油地球化学及多元数理统计学对比研究. 高校地质学报, 16 (4): 527-538.

田彦宽. 2012. 塔里木盆地塔中和塔北低凸起海相混源油藏定量评价研究. 广州: 中国科学院广州地球化学研究所博士学位论文.

王铁冠, 王春江, 何发岐, 等. 2004. 塔河油田奥陶系油藏两期成藏原油充注比率测算方法. 石油实验地质, 26 (1): 74-79.

王文军, 宋宁, 姜乃煌, 等. 1999. 未熟油与成熟油的混源实验、混源理论图版及其应用. 石油勘探与开发, 26 (4): 34-37.

杨杰, 黄海平, 张水昌, 等. 2003. 塔里木盆地北部隆起原油混合作用半定量评价. 地球化学, 32 (2): 105-111.

张敏, 黄光辉, 赵红静, 等. 2007. 塔里木盆地海相混源油定量识别模式及其意义. 石油天然气学报, 29 (4): 34-39.

张水昌, 梁狄刚, 张宝民, 等. 2004. 塔里木盆地海相油气的生成. 北京: 石油工业出版社.

朱芳冰, 肖伶俐, 唐小云. 2004. 辽河盆地西部凹陷稠油成因类型及其油源分析. 地质科技情报, 23 (4): 55-58.

Aarssen van B G K, Bastow T P, Alexander R, et al. 1999. Distributions of methylated naphthalenes in crude oils: indicators of maturity, biodegradation and mixing. Organic Geochemistry, 30: 1213-1227.

Arouri K R, McKirdy D M. 2005. The behaviour of aromatic hydrocarbons in artificial mixtures of Permian and Jurassic end- member oils: application to in- reservoir mixing in the Eromanga Basin. Australia. Organic Geochemistry, 36: 105-115.

Chen J, Liang D, Wang X, et al. 2003a. Mixed oils derived from multiple source rocks in the Cainan oilfield, Junggar Basin, Northwest China. Part I: genetic potential of source rocks, features of biomarkers and oil sources of typical crude oils. Organic Geochemistry, 34: 889-909.

Chen J, Deng C, Liang D, et al. 2003b. Mixed oils derived from multiple source rocks in the Cainan oilfield, Junggar Basin, Northwest China. Part II: artificial mixing experiments on typical crude oils and quantitative oil-source correlation. Organic Geochemistry, 34: 911-930.

Dzou L I, Holba A G, Ramón J C, et al. 1999. Application of new diterpane biomarkers to source, biodegradation and mixing effects on Central Llanos Basin oils, Colombia. Organic Geochemistry, 30 (7): 515-534.

Hwang R J, Baskin D K, Teerman S C. 2000. Allocation of commingled pipeline oils to field production. Organic Geochemistry, 31: 1463-1474.

Isaksen G H, Patience R, Graas van G, et al. 2002. Hydrocarbon system analysis in a rift basin with mixed marine and nonmarine source rocks: the South Viking Graben, North Sea. AAPG Bulletin, 86: 557-591.

Jia W, Wang Q, Peng P, et al. 2013. Isotopic compositions and biomarkers in crude oils from the Tarim Basin: oil maturity and oil mixing. Organic Geochemistry, 57: 95-106.

Jiang C P, Li M W. 2002. Bakken/Madison petroleum systems in the Canadian Williston Basin. Part 3: geochemical evidence for significant Bakken-derived oils in Madison Group reservoirs. Organic Geochemistry, 33: 761-787.

Jiang C P, Li M W, Osadetz K G, et al. 2001. Bakken/Madsion Petroleum systems in the Canadian Williston Basin. Part 2, Molecular markers diagnostic of Bakken and Lidgepole source rocks. Organic Geochemistry, 32 (9): 1037-1054.

Lehne E, Dieckmann V. 2010. Improved understanding of mixed oil in Nigeria based on pyrolysis of asphaltenes. Organic Geochemistry, 41 (7): 661-674.

Li S, Amrani A, Pang X, et al. 2015. Origin and quantitative source assessment of deep oils in the Tazhong Uplift, Tarim Basin. Organic Geochemistry, 78: 1-22.

Liao Z, Zhou H, Graciaa A, et al. 2005. Adsorption/occlusion characteristics of asphaltenes: some implication for asphaltene structural features. Energy & Fuels, 19: 180-186.

Liao Z W, Geng A S, Graciaa A, et al. 2006. Different adsorption/occlusion properties of asphaltenes associated with their secondary evolution processes in oil reservoirs. Energy & Fuels, 20 (3): 1131-1136.

Pang X, Li M, Li S, et al. 2003. Geochemical of petroleum systems in the Niuzhuang South Slope of Bohai Bay Basin. Part 2: Evidence for significant contribution of mature source rocks to "immature oils" in the Bamianhe field. Organic Geochemistry, 34 (7): 931-950.

Peters K E, Moldowan J M, Driscole A R, et al. 1989. Origin of Beatrice oil by co-sourcing from Devonian and Middle Jurassic source rocks, Inner Moray firth, United Kingdom. The American Association of Petroleum Geologists Bulletin, 73 (4): 454-471.

Peters K E, Clutson M J, Robertson G. 1999. Mixed marine and lacustrine input to an oil-cemented sandstone breccia from Brora, Scotland. Organic Geochemistry, 30: 237-248.

Peters K E, Walters C C, Moldowan J M. 2004. The Biomarker Guide. Cambridge: Cambridge University Press.

Peters K E, Ramos L S, Zumberge J E, et al. 2008. De-convoluting mixed crude oil in Prudhoe Bay Field, North Slope, Alaska. Organic Geochemistry, 39: 623-645.

Shi Q, Hou D, Chung K H, et al. 2010. Characterization of heteroatom compounds in a crude oil and its saturates, aromatics, resins, and asphaltenes (SARA) and non-basic nitrogen fractions analyzed by negative-ion electrospray ionization fourier transform ion cyclotron resonance mass spectrometry. Energy Fuels, 24: 2545-2553.

Shi Q, Pan N, Long H, et al. 2013. Characterization of middle-temperature gasification coal tar. Part 3:

molecular composition of acidic compounds. Energy Fuels, 27: 108-117.

Tian Y K, Yang C P, Liao Z W, et al. 2012. Geochemical quantification of mixed marine oils from Tazhong area of Tarim Basin, NW China. Journal of Petroleum Science and Engineering, 90-91: 96-106.

Xiao F, Liu L, Zhang Z, et al. 2014. Conflicting sterane and aromatic maturity parameters in Neogene light oils, eastern Chepaizi High, Junggar Basin, NW China. Organic Geochemistry, 76: 48-61.

Yu S, Pan C C, Wang J J, et al. 2011. Molecular correlation of crude oils and oil components from reservoir rocks in the Tazhong and Tabei uplifts of the Tarim Basin, China. Organic Geochemistry, 42 (10): 1241-1262.

Zhang S, Liang D, Gong Z, et al. 2003. Geochemistry of petroleum systems in the eastern Pearl River Mouth Basin: Evidence for mixed oils. Organic Geochemistry, 34: 971-991.

第10章 塔北隆起带海相混源油研究

10.1 塔北隆起带海相混源油解析

10.1.1 石油地质背景简介

塔北隆起是塔里木盆地的一级构造单元，呈近东西向展布。北以亚南断裂带与库车拗陷分界，南部呈斜坡向北部拗陷过渡，东部与库鲁塔格断隆相过渡，西以喀拉玉尔滚–柯吐尔断裂与阿瓦提拗陷相隔。根据古生界顶面地质特征与形态，塔北隆起自西向东可划分为6个二级构造单元，依次分为英买力低凸起、轮台凸起、哈拉哈塘凹陷、轮南低凸起、草湖凹陷、库尔勒鼻状凸起，即呈"四凸两凹"的构造格局。塔北隆起经历了多期的构造演化，具有较强的分期性，决定构造格局的古生界构造形态主要形成于海西期，定型于早印支期、燕山期—喜马拉雅期沉降调整，形成现今格局（贾承造，1997）。

塔北隆起形成演化时期长，震旦系—新生界在该区均有发育，不同时期沉积古环境不同，致使不同地层具有不同的沉积类型、不同的岩相和岩性特征。震旦系地震相主要为局限台地相–潮坪相碳酸盐岩及碎屑岩，分布稳定。寒武系—奥陶系为巨厚的台地相–斜坡相–盆地相沉积。寒武系与下覆震旦系呈假整合–整合接触，底部为黑色泥页岩，中部为云质泥岩，顶部为白云岩；奥陶系下部为浅灰色白云岩，中、上部为灰色灰岩和暗色泥岩。在满加尔拗陷，下奥陶统为黑色泥岩，中上奥陶统为"类复理石沉积"。志留系—泥盆系接受海退沉积。志留系主要为滨、浅海相碎屑岩沉积；泥盆系为滨、浅海相–陆相碎屑岩沉积，岩性主要为棕色砂岩夹泥岩。石炭系主要为灰色碎屑岩及灰岩；满加尔拗陷为海湾–潮坪–陆缘浅海相沉积；以西地区接受早二叠世沉积夹火山岩；普遍缺失上二叠统。中、新生界接受巨厚的陆相碎屑岩沉积，沉积相为河流–三角洲–湖泊相，局部地区和层位有煤层和膏泥岩沉积（刘丽芳，2006）。

塔北隆起上古生界海相油气可能来自两套烃源岩，即寒武系—下奥陶统烃源岩和中–上奥陶统烃源岩。寒武系—下奥陶统烃源岩是一套腐泥型烃源岩，广泛分布于塔北隆起和满加尔拗陷，主要为欠补偿盆地–浮游藻、蒸发潟湖–浮游藻两类有机相的黑色灰岩和页岩，有机质丰度高、生烃时间早，目前处于高、过成熟阶段；中–上奥陶统烃源岩分布于轮南南部和满加尔拗陷北缘，除下部继承性发育欠补偿盆地–浮游藻有机相外，主要以闭塞–半闭塞欠补偿陆源海湾–笔石、浮游藻、台缘斜坡灰泥丘–复合藻有机相的泥灰岩和灰岩为特征，有机质丰度较高且非均质性强，目前处于成熟–成熟后期阶段（张水昌等，2004）。

塔里木盆地海相烃源可溶有机质在分子组成上具有一定的差异，寒武系—下奥陶统烃

源岩具有高 C_{28} 规则甾烷（$C_{29}>C_{28}\geq C_{27}$）、高伽马蜡烷、高甲藻甾烷和三芳甲藻甾烷、高4-甲基甾烷、高 C_{26}-24-降胆甾烷、高三环萜烷以及低重排甾烷的特征；而中–上奥陶统烃源岩则与之相反，即低 C_{28} 规则甾烷（$C_{29}>C_{28}\leq C_{27}$）、低伽马蜡烷、低甲藻甾烷和三芳甲藻甾烷、低4-甲基甾烷、低 C_{26}-24-降胆甾烷、低三环萜烷以及高重排甾烷（Zhang et al.，2000；王招明和肖中尧，2004；张水昌等，2004；马安来等，2006a，2006b，2020；Cai et al.，2009；Li et al.，2010，2012，2015a，2015b；Yu et al.，2011）。使用这些指标可以对两套源岩生成的原油进行定性区分和研究，有时单一指标不能很好地辨识来源，需要使用多种指标综合评价。

塔北隆起储集层条件优越，海相油气主要发现于下古生界寒武系—奥陶系碳酸盐岩型储层，储集空间为溶蚀孔洞、裂缝、粒间溶孔和白云岩晶间孔，受古岩溶作用和构造作用的控制。一般认为，断裂系统和断层是塔北地区油气主要的输导条件，但相互连通的缝洞型储集空间也被认为是有效的输导方式。塔北地区发育多起区域性、地区性或局部不整合，普遍具有继承性和迁移性。不整合对油气成藏的作用主要表现为长距离运移的有利通道，对下古生界岩溶储层发育起控制作用和对油气藏的调整破坏作用。塔北地区与海相油气藏相关的盖层主要有中–上奥陶统泥质岩段、下石炭统膏盐岩、下三叠统泥岩等，这些盖层与其下伏储集层形成多套储盖组合（刘丽芳，2006）。

塔里木盆地具有多期成盆、多套烃源岩、多期生排烃、多期成藏及多期次、多类型成藏后改造作用等复杂特征，造成了对现存油气藏的油气源研究的复杂性。塔北地区纵向上含油层系多，横向上原油类型多样。塔北隆起海相油气自发现以来，对其来源的认识虽曾经历了几次反复，目前普遍认为其主力源岩为寒武系—奥陶系海相烃源岩，但对有效源岩的分布层段、烃源灶位置等认识仍存在分歧。

根据全油色谱峰形态（UCM峰），链烷烃的完整性，25-降藿烷的存在，甾、萜烷生物标志化合物含量、组成和分布特征，原油及正构烷烃单体碳同位素特征和储集岩连续抽提物、沥青质中吸附/包裹烃类的分布特征等判定塔北地区的海相油藏多为混源油，既有中–上奥陶统源岩贡献，也有寒武系—下奥陶统源岩的贡献，并采用不同的方法对混源油进行定性和定量评价（Li et al.，2010，2015a，2015b；Yu et al.，2011；Zhu et al.，2012，2013；Tian et al.，2012；田彦宽，2012；Jia et al.，2013）。例如，米敬奎等（2007，2010）根据配比实验中甾烷参数的变化特征认为轮南地区原油主要来自中–上奥陶统烃源岩，不存在单纯来自寒武系源岩的原油，但它们的混源油却是大量存在。在指定两个端元油的前提下，杨杰等（2003）利用正构烷烃与25-降藿烷的浓度计算了塔北地区两套烃源岩的相对贡献比；田彦宽（2012）也利用生物标志化合物 $C_{28}\alpha\alpha\alpha R$、三芳甾烷和正构烷烃的浓度计算了轮南地区和哈拉哈塘地区原油不同来源的贡献比。

可见，塔北隆起海相油主要来自寒武系—下奥陶统和中–上奥陶统烃源岩的混合，这一观点已被众多学者认可，关注点主要集中在两套烃源岩谁为主次、贡献比率、混合时间和混合过程等问题上。

10.1.2　样品与实验

1. 样品来源及分布

塔北地区是塔里木盆地最重要的产油气区之一，油气类型多样，轻质油主要产于东部地区，正常和重质油几乎见于整个隆起带。本次选取该隆起东部（轮南低凸起）、中部（哈拉哈塘凹陷）和西部（英买力低凸起）的 60 个正常和重质原油进行地球化学分析，其分布位置见图 10-1，相关信息见表 10-1。为了更好地对混源油解析结果进行地质解释，将产自塔中地区塔中 62 井志留系原油（样品 61，TZ62，S）也一并进行分析，该原油常被认为是来自寒武系—下奥陶统的端元油（Li et al.，2010，2015a，2015b；Tian et al.，2012；田彦宽，2012）。由于需要对原油中生物标志化合物进行定量研究，轻质油或凝析油并没有成为本次的研究对象。

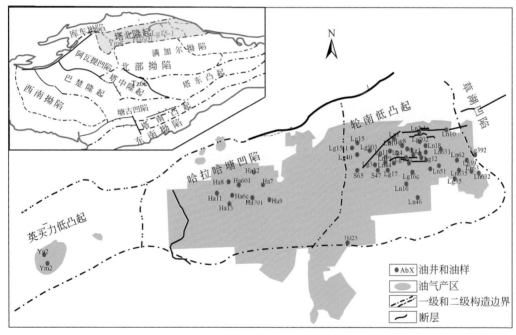

图 10-1　研究区构造区划与样品分布

表 10-1　塔北隆起研究区原油样品信息、部分参数和各端元油贡献比

样品	深度 /m	$\delta^{13}C$ /‰	R1	R2	R3	R4	R5	R6	R7	R8	R9	R10	端元油贡献比/%		
													EM1	EM2	EM3
Ln632	6452~6472	-32.0	0.74	0.49	0.51	0.48	0.19	27	30	44	0.51	0.56	6	8	86
Lg392	6330~6350	-32.1	0.81	0.60	2.35	0.71	0.10	27	29	44	0.48	0.57	1	64	36
Lg39	5861~5717	-32.2	0.99	0.83	0.60	0.60	0.06	32	26	42	0.52	0.62	0	11	89
Lg352	5872~6110	-31.6	0.99	1.15	2.10	0.89	0.04	33	20	46	0.51	0.63	0	30	70

样品	深度 /m	$\delta^{13}C$ /‰	R1	R2	R3	R4	R5	R6	R7	R8	R9	R10	端元油贡献比/%		
													EM1	EM2	EM3
Ln62	5565~5578	−31.4	0.94	0.71	0.37	0.49	0.16	33	31	36	0.52	0.51	11	12	77
Ln635	5815~5842	−31.7	0.96	0.59	3.70	1.13	0.08	42	20	38	0.54	0.62	0	32	68
Ln631(1)	5844~5884	−31.7	0.78	0.63	6.10	1.07	0.17	41	18	42	0.52	0.62	0	25	75
Ln631(3)	5902~5990	−31.6	0.93	0.62	2.19	0.79	0.15	38	23	39	0.50	0.61	0	19	81
Ln63(2)	5957~6071	−31.5	0.86	0.70	0.24	0.50	0.16	25	32	42	0.45	0.47	34	0	66
Lg100-H1	5541~5605	−31.9	1.06	0.84	0.92	0.66	0.02	27	22	51	0.53	0.61	0	33	67
Lg100	5431~5525	−31.9	1.00	0.83	0.89	0.72	0.04	27	22	51	0.53	0.63	3	37	60
Lg101-4	5459~5490	−31.6	1.10	0.90	1.24	0.71	0.03	31	24	45	0.53	0.64	0	36	64
Lg12	5407~5528	−32.3	1.01	0.82	0.71	0.80	0.05	22	24	55	0.51	0.61	2	13	85
Lg16c	5468~5600	−31.8	0.96	0.91	1.00	0.71	0.02	28	22	50	0.53	0.62	0	40	60
Lg17C	5245~5268	−31.3	1.20	0.72	1.74	0.71	0.09	27	25	47	0.55	0.59	0	41	59
Lg17(o)	5464~5479	−32.1	0.95	0.79	0.95	0.72	0.05	25	20	55	0.49	0.59	2	35	63
Ln51	5418~5550	−31.4	0.95	0.65	0.35	0.45	0.12	27	27	47	0.47	0.50	20	17	63
Ln44	5283~5323	−31.9	1.01	0.65	1.55	0.75	0.07	27	23	50	0.52	0.61	1	44	55
Ln46	6119~6144	−31.7	1.09	0.70	0.98	0.59	0.12	24	29	48	0.50	0.57	10	33	57
Ln16	5585~5605	−31.9	0.95	0.79	0.54	0.57	0.09	25	26	49	0.51	0.59	5	23	72
Lg4O1	5270~5296	−32.8	1.00	0.76	0.82	0.66	0.11	28	27	45	0.51	0.55	5	20	76
Lg4O	5379~5397	−31.8	1.00	0.71	0.89	0.69	0.07	25	25	50	0.51	0.61	6	34	60
Lg8	5145~5220	−32.0	0.98	0.88	1.00	0.73	0.06	28	23	49	0.53	0.62	0	33	67
Ln8	5167~5230	−31.8	0.92	0.83	0.97	0.71	0.03	29	23	48	0.52	0.62	0	34	66
Lg1	5210~5590	−31.6	1.05	0.75	1.79	0.73	0.02	32	23	45	0.57	0.61	0	51	49
Lg202	5142~5146	−31.5	1.07	0.82	0.62	0.57	0.09	27	25	47	0.51	0.59	4	28	68
Lg208	5330~5370	−31.6	1.00	0.82	1.60	0.91	0.02	30	21	50	0.50	0.61	0	47	53
Ln18-1	5244~5350	−32.3	0.95	0.85	0.63	0.68	0.13	24	24	51	0.49	0.58	14	11	75
Lg6c	5416~5430	−31.5	1.17	0.87	0.97	0.72	0.10	34	26	40	0.48	0.56	0	35	64
Lg2-1	5421~5510	−31.8	1.09	0.68	1.81	0.88	0.06	30	20	50	0.51	0.61	4	52	44
Lg2	5345~5431	−31.9	1.07	0.69	1.51	0.90	0.07	30	19	51	0.51	0.63	4	47	50
Lg21	5043~5060	−31.9	0.95	0.81	1.09	0.70	0.02	32	20	48	0.53	0.63	0	38	62
Lg201	5350~5353	−31.7	1.03	0.79	1.24	0.85	0.06	29	20	51	0.50	0.60	4	42	54
Ln19(1)	5570~5585	−32.1	0.95	0.99	0.70	0.84	0.04	26	19	55	0.48	0.60	8	11	81
Ln19(2)	5338~5360	−32.2	0.96	0.87	0.67	0.80	0.06	26	20	53	0.49	0.59	10	9	81
Ln10(1)	5283~5343	−31.6	1.04	0.67	5.14	0.97	0.13	37	18	45	0.53	0.64	0	49	51
Ln2-1c	5364~5458	−31.8	1.17	0.65	2.72	0.94	0.08	32	19	49	0.51	0.62	2	60	37
Ln11	5278~5310	−32.8	1.05	0.74	0.62	0.87	0.12	24	23	53	0.49	0.60	0	5	95

样品	深度 /m	$\delta^{13}C$ /‰	R1	R2	R3	R4	R5	R6	R7	R8	R9	R10	端元油贡献比/%		
													EM1	EM2	EM3
Lg3	5196~5270	-32.4	1.15	0.76	0.90	0.78	0.06	28	22	50	0.52	0.61	2	25	72
Ln101	5049~5150	-31.9	1.00	0.66	0.53	0.54	0.14	28	30	42	0.49	0.52	29	17	54
Ln1	5038~5052	-32.9	0.93	0.74	0.72	0.85	0.09	25	21	54	0.50	0.60	0	10	90
Lg15	5726~5750	-32.7	0.90	0.84	1.06	0.87	0.09	26	21	53	0.51	0.61	10	22	68
Lg15-1	5904~5954	-32.8	0.87	0.80	1.13	0.93	0.09	26	21	53	0.51	0.60	0	17	83
Lg40	5339~5346	-32.5	0.91	0.87	0.70	0.81	0.04	27	21	52	0.50	0.61	14	16	70
Lg903	5530~5568	-32.8	0.90	0.67	0.52	0.74	0.17	23	27	51	0.50	0.57	16	3	81
S47	5344~5370	-32.9	0.85	0.73	0.68	0.86	0.08	26	21	54	0.51	0.61	12	8	80
S65	—	-33.2	0.95	0.71	0.67	0.82	0.10	23	21	55	0.51	0.59	10	7	84
Ha6c(1)	6731~6830	-32.6	0.83	0.73	4.23	1.02	0.08	25	23	52	0.54	0.61	8	72	20
Ha6c(2)	6746~6830	-32.6	1.06	0.79	4.59	1.03	0.07	24	23	52	0.53	0.61	5	68	28
Ha7	6622~6646	-32.5	1.02	0.73	2.12	1.06	0.07	30	21	50	0.53	0.59	3	50	47
Ha8	6643~6680	-32.4	0.97	0.70	1.16	0.79	0.08	24	24	52	0.53	0.61	2	36	62
Ha9	6598~6710	-32.9	0.97	0.68	2.54	1.10	0.08	28	21	51	0.53	0.61	4	57	39
Ha11	6658~6748	-32.4	1.10	0.64	1.88	0.95	0.08	27	23	50	0.53	0.63	0	46	54
Ha12	6694~6696	-32.4	1.06	0.80	1.86	0.97	0.10	24	22	54	0.52	0.62	5	54	42
Ha13	6668~6800	-32.6	1.04	0.77	1.47	0.89	0.07	25	24	51	0.55	0.63	0	43	57
Ha601	6598~6677	-32.3	0.95	0.72	1.85	0.91	0.08	25	23	52	0.54	0.60	0	48	52
Ha701	6557~6618	-33.0	0.90	0.73	8.01	1.57	0.09	32	21	46	0.53	0.60	3	84	13
HD23	6253~6440	-32.8	0.80	1.04	0.72	0.80	0.05	27	22	52	0.49	0.60	8	18	74
YM2	5940~5953	-33.5	0.91	1.14	0.52	0.81	0.05	26	21	53	0.50	0.60	2	10	88
YG2	6009~6070	-33.8	0.92	1.13	0.50	0.85	0.05	27	21	52	0.49	0.59	4	7	89
Tz62	4052~4074	-28.8	1.16	0.74	0.92	0.61	0.18	21	38	41	0.50	0.48	100	0	0

注：R1 = Pr/Ph；R2 = C_{24} Tet/C_{26} TT；R3 = C_{23} TT/C_{30} H；R4 = C_{29} H/C_{30} H；R5 = Ga/C_{30} H；R6 = % C_{27} ααα20R；R7 = % C_{28} ααα20R；R8 = % C_{29} ααα20R；R9 = C_{29}20S/(20S+20R)；R10 = C_{29}ββ/(αα+ββ)。

2. 样品分析与数据处理

准确称取一定质量原油后加入标样，加入正己烷沉淀离心分离沥青质后进行族组分柱色谱分类。对全油进行稳定碳同位素测试，仪器为 Thermo Finigan-Delta Plus XL 稳定同位素比值质谱仪，每个样品至少重复分析一次，误差范围在 0.5‰以内，采用数据为误差范围内多次测量平均值。对全油进行 GC-FID 分析，以定量链烷烃；对饱和烃和芳烃分别进行 GC-MS 分析，以定量各分子化合物。其中，采用的链烷烃内标为 $nC_{15}D_{32}$、$nC_{20}D_{42}$ 和 $nC_{24}D_{50}$，饱和烃生物标志化合物和多环芳烃化合物内标分别 2,2,4,4-d4-C_{27}ααα(20R)-Cholestane 和 d8-Benzothiophene。样品前处理及分析过程等参见第 9 章。

采用手动积分方式获取所有样品目标化合物的峰面积数据，各化合物对其内标物的相对响应系数都假定为 1，化合物浓度根据其峰面积、内标物峰面积和内标物浓度计算得到。

本研究中，40 个生物标志化合物浓度参数和全油碳同位素组成浓度数据集用于化学计量学分析。参数的筛选主要考虑其地球化学意义和在原油中的浓度大小，排除了不常用和浓度低的化合物参数。数据集中包括 16 个甾烷类生物标志化合物，即 C_{21} 孕甾烷，C_{22} 升孕甾烷，$C_{27}\beta\alpha$ 重排甾烷（20S、20R），C_{27}、C_{28} 和 C_{29}（$\alpha\alpha\alpha$20S、$\alpha\beta\beta$20R、$\alpha\beta\beta$20S、$\alpha\alpha\alpha$20R）甾烷；24 个萜烷类生物标志化合物，即 $C_{19}\sim C_{25}$ 三环萜烷，C_{24} 四环萜烷，C_{26}、C_{28}、C_{29} 三环萜烷（S+R），C_{27} 三降藿烷（Ts），C_{27} 三降新藿烷（Tm），C_{29} 藿烷，C_{30} 藿烷，伽马蜡烷，$C_{31}\sim C_{34}$ 升藿烷（22S、22R）。数据处理方式与 PCA 和 ALS 分析条件与第 9 章相似。

10.1.3　原油地球化学特征

1. 原油宏观组成

原油碳同位素组成受其形成后的次生作用影响较小，主要决定于其源岩有机质类型及沉积环境。塔北隆起古生界原油具有相对一致的碳同位素值，分布在 –33.76‰ ~ –31.31‰ 之间，变化较小，平均 –32.17‰。在整个构造剖面上，从西向东，碳同位素值总体上具有微小的变大趋势。这种近乎一致的碳同位素值，说明塔北地区古生界原油的烃源岩具有相似的沉积环境，而平面上的微小变化可能指示其成熟度或源岩有机相的差异。

与碳同位素值不同，原油族组成具有明显的差异，如原油饱和烃含量较高（10.6% ~ 87.9%，平均58.0%），芳香烃含量较低（3.0% ~ 23.7%，平均12.6%），还有相对含量变化较大的非烃沥青质组分（7.4% ~ 82.8%，平均29.1%）。原油饱/芳比变化较大（1.0 ~ 18.9）。尽管原油族组成存在如此大的差异，但是在构造横向和纵向剖面上，均未发现明显的变化趋势或规律性变化，这可能反映了塔北隆起上古生界原油经历了复杂的成藏过程和程度或类型各异的次生作用而改变了其原始面貌。

2. 原油链烷烃组成与分布

原油链烷烃组成与分布特征常用于石油地球化学研究，但它们易受到各种地球化学过程的影响。在遭受严重生物降解后再充注的原油中，正构烷烃和类异戊二烯烃系列可能仅代表后期注入油的特征，指示其相关的地球化学意义，如有机质类型、沉积环境和成熟度等。

在全油气相色谱图上可检测到完整的、较高丰度的正构烷烃（$nC_9 \sim nC_{30+}$）和类异戊二烯烃（$iC_{13} \sim iC_{20}$）化合物，且几乎在每个样品的谱图上都有大小不等的"鼓包"，即难分辨的复杂混合物峰（UCM）。尽管有这些相似性，但在链烷烃分布模式、主峰碳数、高低分子量烃类的相对丰度和 UCM 大小等特征上仍存在明显的差异（图 10-2）。总的正构烷烃绝对浓度变化范围为 10.8 ~ 324mg/g，高低分子量烃类丰度比（$\sum nC_{21-}/\sum nC_{22+}$）在 0.61 ~ 9.85 之间变化。与原油族组成变化相似，如此巨大的差异存在于相近的储层之中，但并没有在构造剖面上体现出有规律性的变化，反映了这些原油可能经历了复杂或多变的地球化学过程，如降解、混合、分馏等成藏后作用。

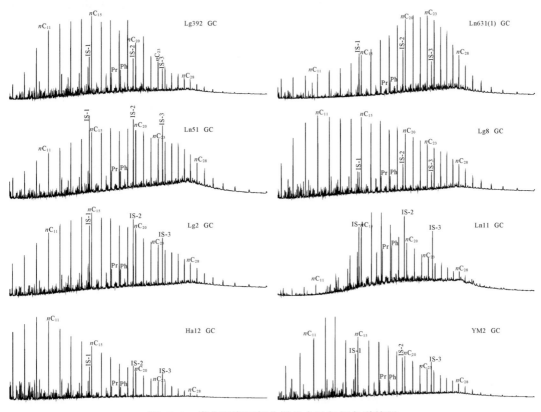

图 10-2 塔北研究区部分样品全油气相色谱特征

原油中类异戊二烯烷烃的分布特征通常用于判断其源岩沉积环境的性质，其与正构烷烃的比值在一定范围和程度上也具有环境和成熟度意义。塔北隆起古生界原油姥鲛烷与植烷的比值（Pr/Ph）分布在 0.74 ~ 1.20 之间，Pr/nC_{17} 和 Ph/nC_{18} 分别在 0.06 ~ 0.61 和 0.02 ~ 0.67 之间，它们之间存在一种很好的相关性，在 Pr/nC_{17}-Ph/nC_{18} 相关图版上（Connan and Cassau，1980），所有的样品均位于海相干酪根区域，并体现出成熟原油特征。

3. 生物标志化合物组成与分布

图 10-3 展示了本研究部分样品甾、萜烷的分布特征，相关的地球化学参数见表 10-1。所有样品均检测到以 C_{23} 为主峰的 C_{19} ~ C_{29} 三环萜烷（$C_{19}TT$ ~ $C_{29}TT$）。$C_{19}TT/C_{23}TT$ 和 $C_{21}TT/C_{23}TT$值分别为 0.05 ~ 0.48 和 0.34 ~ 0.69，平均值分别为 0.22 和 0.48。C_{24} 四环萜烷（$C_{24}Tet$）相对含量变化较大，$C_{24}Te/C_{26}TT$ 值在 0.49 ~ 1.15 之间变化，平均 0.77。除了 7 个原油样品外，大多数样品均具有相对较高含量的长链三环萜烷（$C_{26}TT$ ~ $C_{29}TT$）而较低含量的短链三环萜烷（$C_{19~21}TT$），它们的比值（$\Sigma C_{19~21}TT/\Sigma C_{26~29}TT$）大多小于 1.0。大多数样品中，五环三萜化合物是以 C_{29} 或 C_{30} 藿烷（$C_{29}H$ 或 $C_{30}H$）为主峰，升

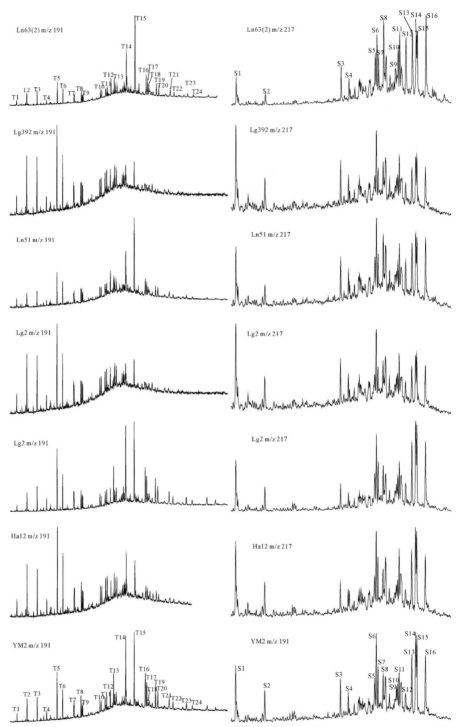

图 10-3　部分原油饱和烃甾、萜烷生物标志化合物（m/z 217 和 m/z 191）分布特征

T1 ~ T7：C_{19} ~ C_{25} 三环萜烷；T8：C_{24} 四环萜烷；T9 ~ T11：C_{26}，C_{28}，C_{29} 三环萜烷（S+R）；T12：C_{27} 三降藿烷（Ts）；T13：C_{27} 三降新藿烷（Tm）；T14：C_{29} 藿烷；T15：C_{30} 藿烷；T18：伽马蜡烷；T16，T17，T19 ~ T24：C_{31} ~ C_{34} 升藿烷（22S，22R）；S1：C_{21} 孕甾烷；S2：C_{22} 升孕甾烷；S3，S4：C_{27} βα 重排甾烷（20R，20S）；S5 ~ S8，S9 ~ S16：C_{27}，C_{28}，C_{29} （ααα20S，αββ20R，αββ20S，ααα20R）甾烷

藿烷系列的相对丰度随碳数增加逐渐减低。虽然分布模式大多相似，但一些生物标志化合物绝对浓度和相对含量却变化很大，如 $C_{29}H/C_{30}H$ 值在 $0.45 \sim 1.57$ 之间变化，反映了它们的成因、成熟度或受次生作用影响的差异。几乎所有样品中都可以检测到含量不等的伽马蜡烷（Ga）和 $C_{29}25$-降藿烷（C_{29}-NH），大多数样品中 $Ga/C_{30}H$ 都小于 0.1，只有少量样品例外，25-NH$/C_{30}H$ 值在 $0.01 \sim 1.75$ 范围内变化。Tm 和 Ts 都显示出较大的浓度变化，Ts$/$(Ts+Tm) 值为 $0.32 \sim 0.86$。总体上，塔北隆起古生界原油的萜烷系列化合物展现出两种类型。第一种类型在 m/z 191 质量色谱图上以高丰度的三环萜烷为特征，其主峰为 $C_{23}TT$，没有或仅有微量的五环萜烷系列化合物，$C_{23}TT/C_{30}H$ 值大于 1.0。第二种类型展现出相反的特征，主峰为 $C_{29}H$ 或 $C_{30}H$，含有相对高丰度和完整的五环萜烷系列。这些差异体现出烃源岩有机相和成熟度的不同。

研究区所有样品都包含有完整的甾烷系列，包括孕甾烷、重排甾烷和规则甾烷。规则甾烷系列是以 C_{29} 规则甾烷丰度最高为特征，归一化的规则甾烷相对含量 C_{27}、C_{28} 和 $C_{29}\alpha\alpha\alpha20R$ 的变化范围分别为 $21\% \sim 42\%$，$18\% \sim 38\%$ 和 $36\% \sim 55\%$。两个常用的 C_{29} 甾烷成熟度参数——$C_{29}20S/$(20S+20R) 和 $C_{29}\beta\beta/$($\beta\beta+\alpha\alpha$) 分布范围分别为 $0.45 \sim 0.57$ 和 $0.47 \sim 0.64$。它们作为成熟度参数的平衡点分别为 $0.52 \sim 0.55$ 和 $0.67 \sim 0.71$，这说明它们都属于成熟油，来自原岩的生油窗阶段。大多数原油样品 m/z 217 质量色谱图上的主峰为 C_{21} 孕甾烷。孕甾烷和重排甾烷相对于规则甾烷的丰度都呈现较大幅度的变化。$C_{21,22}$ 孕甾烷与 $C_{27 \sim 29}$ 规则甾烷的比值（$\sum$ preg$/\sum$ reg）和 C_{27} 重排甾烷与规则甾烷的比值（diaC$_{27}/$regC$_{27}$）分别为 $0.06 \sim 0.33$ 和 $0.20 \sim 0.58$。孕甾烷和重排甾烷的热稳定性和抗生物降解能力都要强于规则甾烷，它们相对比值的巨大差异，可能暗示这些原油的成熟度水平和生物降解程度的不同。

4. 芳烃化合物分布与组成

芳香烃是原油的重要组分，大多都具有强于饱和烃的抗生物降解能力，特别是对于生物降解油来说，它们是评价其成熟度和源岩沉积环境的有用工具。多环芳烃的抗生物降解能力取决于芳香环数、烷基取代程度和位置，三芳甾烷类是芳烃馏分抗生物降解能力最强的化合物（Peters et al.，2004）。图 10-4 呈现了部分样品中菲、甲基菲、二苯并噻吩、甲基二苯并噻吩、三芳孕甾烷和三芳开孕甾烷的分布特征。它们的分布形态、相对含量和浓度都有很大的变化。二苯并噻吩与菲的比值（DBT/P）常被认为与沉积环境有关（Hughes et al.，1995），除了两个样品外（样品 52 和 57），本研究的其他样品中该比值都小于 1。三个与芳烃有关的成熟度参数，即甲基菲指数（MPI 1，Radke and Welte，1983）、甲基二苯并噻吩比值（MDR，Radke et al.，1986）和三芳甾烷比值 [TA（Ⅰ）/TA（Ⅰ+Ⅱ），Peters et al.，2004] 的变化范围分别为 $0.53 \sim 0.98$、$2.13 \sim 11.49$ 和 $0.05 \sim 0.78$。成熟度参数的这种大幅度变化表明塔北隆起古生界原油具有不同的成熟度范围或者是不同成熟度原油的混源油。

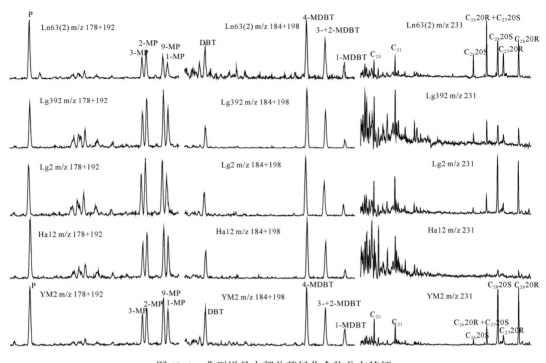

图 10-4 典型样品中部分芳烃化合物分布特征

P：菲；MP：甲基菲；DBT：二苯并噻吩；MDBT：甲基二苯并噻吩；C_{20}，C_{21}：三芳孕甾烷和三芳升孕甾烷

10.1.4 原油混源的地球化学证据

塔里木盆地的海相油大多是混源油的认识已被众多学者认可，学者也用不同的方法提出了证据，如包裹体分析、沥青质包裹与吸附烃的对比、储集岩逐步抽提物对比分析、烃源岩热演化生排烃史、区域构造演化角度等。本章主要通过原油的微观分子地球化学特征，提供塔北原油是混源油的证据。

1. 25-降藿烷与原油色谱指纹

在大部分分析的塔北原油中都检测到了 25-降藿烷系列化合物，甚至在部分样品中还检测到了不同丰度的 25-降升藿烷系列和 17-降三环萜烷系列化合物（图 10-5）。目前，关于 25-降藿烷类化合物的成因主要有三种：①在生物降解过程中，微生物脱除藿烷类系列化合物 C-10 位上的甲基而形成；②起源于烃源岩，由于其抗生物降解能力强而在生物降解原油中富集；③来源于对原油进行严重降解作用的细菌，但这与藿烷的脱甲基作用无直接关系（Bennett et al.，2006）。尽管 25-降藿烷可能存在多种成因，但它的检出通常被认为是原油遭受了严重生物降解作用的指示（Peters et al.，2004）。基于以下两点原因，可以认为塔北海相油中 25-降藿烷主要来自原油生物降解过程中细菌对藿烷化合物的脱甲基作用。一是在塔里木盆地未经污染的井下有效烃源岩样品中，没有检测出 25-降藿烷系列化合物；二是塔里木盆地（包括塔北隆起）中存在不含 25-降藿烷和 UCM 峰的正常原油。

因此，塔北隆起古生界海相油中 25-降藿烷的存在说明这些原油曾经经历过严重的生物降解。

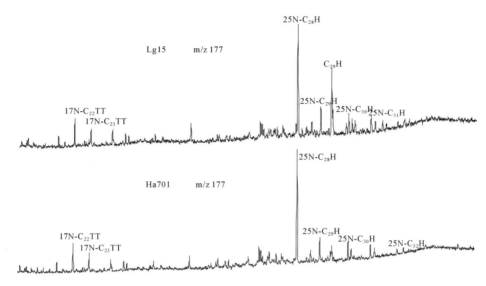

图 10-5　代表性样品 m/z 177 质量色谱图展示 25-降藿烷（25N-）和 17-降三环萜烷（17N-）分布特征

色谱图上的 UCM 峰被认为是原油遭受生物降解的证据之一（Peters et al., 2004）。在原油的组分中，正构烷烃是最容易被降解的一类化合物。严重降解的原油色谱图上通常缺少正构烷烃而呈现出不同的 UCM 峰。对于本书研究的原油，几乎所有的样品色谱图上都包含有大小不等的 UCM 峰，但是也都能检测出完整的正构烷烃和类异戊二烯烃化合物（图 10-2）。25-降藿烷系列化合物、色谱中上 UCM 峰和完整的正构烷烃系列的共存，表明塔北隆起古生界海相油是由严重的生物降解油与后期充注的非生物降解油的混合油。这种混合至少代表在塔北古生界储层中存在两期原油充注。这种多期的原油有可能来自不同的烃源岩或同一烃源岩的不同生烃阶段。

2. 不同类型的成熟度参数

一些被用来评价原油成熟度的化合物参数主要是基于分子间的稳定性或相互转换关系而建立，由于反应终点和对地质过程的响应各异，不同的成熟度参数会有不一致的适用性和应用范围。不同类型成熟度参数间的差异和相关性可能会提供除原油成熟度之外的信息。

在研究的塔北隆起原油样品中，常用的饱和烃生物标志化合物参数显示出原油具有不一致的成熟度特征。例如，规则甾烷 $C_{29}20S/(20S+20R)$ 和 $C_{29}\beta\beta/(\beta\beta+\alpha\alpha)$ 值大多小于或等于其平衡值，说明它们都属于成熟油，来自原岩的生油窗阶段。反映出大多数原油形成于生油窗早期至生油高峰阶段。而适用范围较大的两个成熟度参数——Ts/（Ts+Tm）和 $diaC_{27}/regC_{27}$ 都在很大的范围内变化，且两者之间表现出很好的线性关系［图 10-6（a）］，表明这些原油形成于整个生油窗阶段。对于严重生物降解油或高成熟原油而言，芳烃化合物比值可能是潜在更有效的成熟度参数，因为它们具有强的抗生物降解能力和在生油高峰至生油窗后期依然具有热敏感性。在研究的塔北隆起的原油样品中，芳烃成熟度参数 MPI1 与 MDR 具有较好的线性相关性 [图 10-6（b）]。等效镜质组反射率,% R_{c1}（0.6× MPI1+0.4，Radke and Welte，1983）和 R_{c2}（0.2633×LnMDR+0.9034，Dzou et al.，1995）的变化范围分别为 0.72%～0.99% 和 1.10%～1.55%。本研究中，R_{c2} 与利用甲基金刚烷指数计算的等效镜质组反射率的分布范围接近（R_{c3} = 0.90%～1.74%，Zhang et al.，2005）。MDR 或 R_{c2} 值表明研究的原油样品形成于中–高成熟度阶段，相对低的 R_{c1} 值可能与 MPI1 在高成熟阶段的倒转有关（Radke and Welte，1983）。生物标志化合物比值 Ts/(Ts+Tm) 和 TA（Ⅰ）/TA（Ⅰ+Ⅱ）属于不同类型化合物的成熟度参数，研究区原油在它们的关系图上呈现两条不一致的线性关系 [图 10-6（c）]，反映出它们具有不同的演化途径，指示不同类型化合物来自同一烃源岩的不同生烃阶段，或者指示原油是不同烃源岩生烃或同一烃源岩不同阶段生烃的混合油。具有指示源岩成熟度和沉积环境性质的 $\sum preg/\sum reg$ 和 $diaC_{27}/regC_{27}$ 也呈现出不同的线性关系 [图 10-6（d）]，可能意味着这些原油是来自不同烃源岩生烃的混合物。

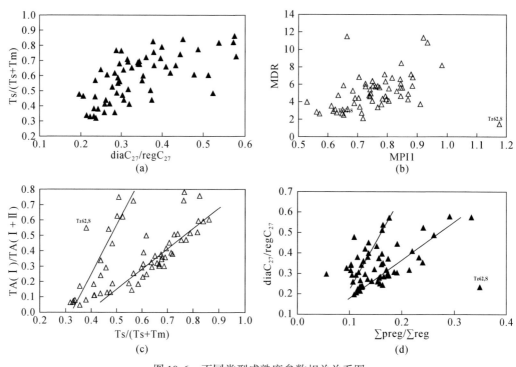

图 10-6　不同类型成熟度参数相关关系图

（a）Ts/(Ts+Tm) 与 $diaC_{27}/regC_{27}$；（b）MDR 与 MPI1；（c）Ts/(Ts+Tm) 与
TA（Ⅰ）/TA（Ⅰ+Ⅱ）；（d）$\sum preg/\sum reg$ 与 $diaC_{27}/regC_{27}$

3. 全油与族组成碳同位素

原油各族组分一般随组分极性增加和沸点升高，^{13}C 值有变重的趋势。原油各族组分都在干酪根热裂解的歧化反应中生成，动力学的分馏作用导致干酪根富集^{13}C，而各族组分的碳同位素则随其极性的降低逐渐变轻，顺序为：沥青质>胶质>芳香烃>饱和烃；全油碳同位素值通常介于饱和烃和芳烃组分之间（Peters et al.，2004）。

塔北隆起海相原油及其族组分之间具有与上述不一致的碳同位素组成模式。塔北原油样品中各组分之间同位素差异很小，甚至在一些样品中，碳同位素值出现随极性增加而变轻或完全倒转的现象，即饱和烃>全油>芳香烃>胶质>沥青质，或饱和烃>全油，或者芳烃>胶质>沥青质（图 10-7）。虽然特殊的有机质贡献可能会造成这种倒转，但不同原油的混合也可以造成这种现象。对于来自不同烃源岩、具有不同碳同位素特征的原油混合，造成混源油中全油和族组分碳同位素倒转的现象是常见的，并很好理解。对于同一套烃源岩而言，早期生成的原油比晚期的原油具有低的成熟度和高的极性组分含量，且碳同位素偏轻。当油藏中早期的原油遭受了生物降解，在饱和烃和芳烃组分被消耗后，留下具有相对较轻碳同位素的胶质和沥青质等极性组分；当后期生成的具有较重同位素组成的较高成熟度的原油进入储层与前期残余油混合，那么在混合油中就可以形成类似于塔北海相油中的族组分同位素倒转现象（王铁冠等，2004）。尽管由成熟度原因导致的碳同位素分馏有限（一般不超过 2‰~3‰），但这种混合过程足以解释塔北隆起古生界海相油中各组分之间碳同位素的差异，甚至倒转的现象。但是，不管是属于哪种混合类型，混源油及其组分碳同位素值都取决于其烃源岩碳同位素特征和混合比例。

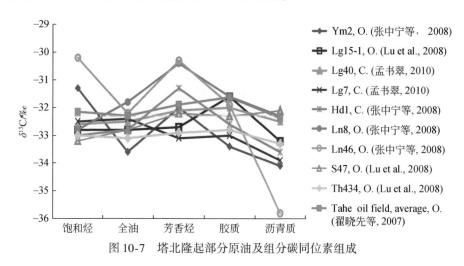

图 10-7　塔北隆起部分原油及组分碳同位素组成

4. PCA 因子分布图

主成分分析（PCA）是一种多元数据统计方法，它能从复杂的多维数据中提取相关的信息，从而在最大程度保留原有信息的前提下将多维数据降为低维数据。在油气地球化学研究中，PCA 的主要目的是将地球化学数据的有效维数减少到能够最大限度地解释多维数据变化的若干个主成分（Peters et al.，2004）。对 PCA 而言，PC1 与 PC2 关系图（也称为得分评价图）代表了从多维空间提取出来的最佳二维分类图。Peters 等（2000）利用 PCA 二维主成分（PC1 与 PC2）的得分评价图区分了印度尼西亚加里曼马哈坎三角洲 61 个原油样品。在本书第 9 章的方法论证中，采用三维主成分（PC1、PC2 与 PC3）关系中混源油的分布图展现出了 64 个实验室混合油的分布特征（图 9-5）。

在本研究中，对 61 个原油样品的 40 个生物标志化合物浓度数据和碳同位素数据集（具体见 10.1.2 节）分析。在三维主成分得分图（PC1，PC2 和 PC3）和二维主成分得分图（PC1 和 PC2）上，这些原油样品都呈现出近似的三角形分布，表明这些原油可能是三个端元的混合油（图 10-8）。

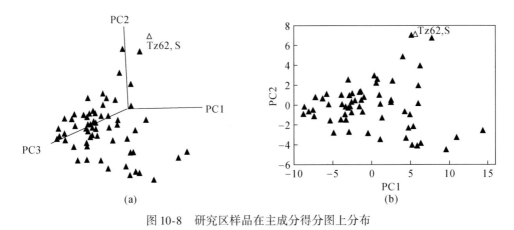

图 10-8　研究区样品在主成分得分图上分布

10.1.5　混源油定量解析

混源油的最优端元数可以通过 ALS 分析中累计方差和端元油的贡献来选择。本研究中，结合 ALS 分析和塔北石油地质背景，塔北隆起海相混源油的端元数被确定为 3 个。当端元数被选为 3 时，累计方差达到 96%，满足多元数理统计分析要求（一般要求不小于90%）；当端元数超过 3 时，虽然累计方差可以进一步增加（97.4%），但是第四个端元的贡献在绝大多数样品中都为 0 或接近为 0。这说明从 ALS 分析角度，3 个端元是这些混合油样品的最优端元数。前期已有众多研究提出塔里木原油是由寒武系—下奥陶统和中-上奥陶统海相烃源岩生烃混合而成，这两套烃源岩都经历了多期生排烃过程（Li et al.，2010，2015a，2015b；Yu et al.，2011；Tian et al.，2012；Zhu et al.，2012，2013；田彦宽，2012），这也从实际石油地质背景上支持了 ALS 分析的结论。

本书第 9 章证实，生物标志化合物浓度参数比比值参数更适合于进行 ALS 分析来定量解析混源油。本研究中，对 61 个原油的 40 个生物标志化合物浓度参数和碳同位素值组成的数据集进行 ALS 分析，计算出了 3 个端元油（EM1，EM2 和 EM3）的贡献比及其化合物组成。端元油的贡献比和根据其化合物浓度数据计算的相关生物标志化合物比值参数都列于表 10-1。从 ALS 分析结果看，EM1 对应于 TZ62 井志留系原油，是塔北混源油最小的贡献端元，其贡献比率在大多数样品中不到 10%；EM2 是次要的贡献端元；EM3 是大多数原油的主要贡献端元，其比率在 13%~95%。

根据与烃源岩烃类和沉积环境相关的参数分析，ALS 分析得出的 3 个端元油之间既有相同点也有不同点。EM2 和 EM3 具有相似的烃源岩来源，而 EM1 与之不同。EM1，EM2 和 EM3 的碳同位素值（δ^{13}C）分别为 $-29.42‰$、$-32.57‰$ 和 $-31.74‰$；$C_{28}\alpha\alpha\alpha20R$ 规则甾烷相对含量分别为 33%、23% 和 19%；这表明 EM2 和 EM3 具有相似的烃源岩来源，而 EM1 与之不同。对烃源岩沉积环境，特别是水体由盐度导致的分层具有专属性意义的 $Ga/C_{30}H$ 参数分别为 0.16、0.09 和 0.11，表明 EM1 的烃源岩比 EM2 和 EM3 烃源岩沉积于水体盐度或分层更大的环境中。

C_{29} 甾烷成熟度参数 $C_{29}20S/(20S+20R)$ 和 $C_{29}\beta\beta/(\beta\beta+\alpha\alpha)$ 值在 EM1 和 EM2 中分别为 0.48 和 0.50，0.49 和 0.58，它们均在平衡点之前；但在 EM3 中分别为 0.56 和 0.65，达到了平衡值范围。两个适用范围更广的成熟度参数——$Ts/(Ts+Tm)$ 和 $diaC_{27}/regC_{27}$，在 EM1，EM2 和 EM3 中分别为 0.45 和 0.26，0.39 和 0.28，0.97 和 0.37。这些都显示了 EM3 具有高的成熟度，形成于源岩生油晚期阶段；而 EM1 和 EM2 具有相对较低的成熟度，形成于源岩生油早期至生油高峰阶段。

甾烷和三环萜烷化合物具有比藿烷系列化合物更强的热稳定性，在高成熟阶段高分子量化合物热裂解过程中，前者会随着后者优先被破坏而在原油中富集。此外，相对于藿烷系列来说，三环萜烷化合物具有更强的抗生物降解能力，生物降解也可在一定程度上导致原油富集甾烷和三环萜烷化合物。尽管碳同位素与生物标志化合物参数表明 EM2 和 EM3 可能具有相同类型的烃源岩来源，但它们具有不同的生物标志浓度组成特征。EM3 具有低浓度的藿烷系列化合物与较高浓度的甾烷和三环萜烷系列化合物，而 EM2 则完全与之相反，这也同样表明 EM3 具有比 EM2 更高的成熟度，或者 EM2 遭受了较强的生物降解作用。

由 ALS 分析计算得出的端元油组成（生物标志化合物浓度）不能直接用来进行油源对比，但是由其浓度数据间接计算出的生物标志化合物比值参数或分布形态则可以与烃源岩抽提物进行对比，从而分析端元油的属性和来源。

到目前为止，只获得少量的寒武系—下奥陶统和中-上奥陶统烃源岩井下样品，并被众多学者研究，表 10-2 总结了部分烃源岩样品中与生源相关的生物标志化合物参数（Zhang et al., 2000；张水昌等，2004；郭建军等，2008；Cai et al., 2009；Chang et al., 2013；朱传玲等，2014）。与 ALS 计算得出的端元油对应参数对比得出：EM1 来源于寒武系—下奥陶统烃源岩；EM2 和 EM3 来源于中-上奥陶统烃源岩的不同生烃阶段。

表 10-2　塔里木盆地海相烃源岩部分生物标志化合物参数和抽提物碳同位素

样品	深度/m	层位	δ^{13}C/‰	$Ga/C_{30}H$	$C_{29}H/C_{30}H$	$\alpha\alpha\alpha20R/\%$			文献
						C_{27}	C_{28}	C_{29}	
TZ30	4918.0	O_{2-3}	31.7	0.09	0.58	33	20	47	Chang 等（2013）
LN46	6164.0	O_{2-3}	31.8	0.11	0.84	26	19	55	Chang 等（2013）
YG-08	露头	O_{2-3}		0.11	0.46	32	28	41	Cai 等（2009）
He3	4042.0	O_3		0.07	0.57	31	22	47	Cai 等（2009）
Z11-5335		O_3		0.05	0.48	22	12	66	Cai 等（2009）
Z11-5338		O_3		0.06	0.59	24	21	55	Cai 等（2009）
TZ12		O_3		0.05	0.66	32	24	44	Cai 等（2009）

样品	深度/m	层位	$\delta^{13}C/$‰	$Ga/C_{30}H$	$C_{29}H/C_{30}H$	$\alpha\alpha\alpha20R/\%$			文献
						C_{27}	C_{28}	C_{29}	
TZ12	4805.8~4806.0	O	−29.3	0.08	0.58	31	31	38	
TZ12	4645.1~4645.3	O_{2-3}	−32.7	0.07	0.68	22	25	53	
TD2	4552.0~4552.2	O_1	−29.0	0.12	0.54	27	31	42	
TD2	4672.3~4672.4	O_1	−29.1	0.17	0.46	23	30	47	
TD2（3）	4770.3~4772.3	€	−29.0	0.17	0.5	28	31	41	
ML1（5）	4944.1~4949.1	O_1	−28.7	0.14	0.59	36	28	37	
ML1（2）	5249.6~5253.2	€	−28.7	0.15	0.62	28	28	44	
KN1	4995.0~4995.2	€	−28.2	0.22	0.55	27	31	42	
YD2	4804.5~4804.6	€	−30.1	0.13	0.61	25	31	44	
XH1（7）	5804.0~5844.0	€	—		0.52	28	35	37	朱传玲等（2014）
H3	4598.0~4599.0	€	26.1	0.10	0.57	22	35	43	Chang等（2013）
EM1			−29.4	0.16	0.59	24	28	48	本研究 ALS
EM2			−32.6	0.09	0.71	28	17	55	本研究 ALS
EM3			−31.7	0.12	1.07	30	18	52	本研究 ALS

注：①TD2（3），ML1（5），ML1（2）和XH1（7），括号中的数字表示样品数量，字母后面的参数值为平均值；②没有文献出处的样品及参数为作者自有的前期未发表数据。

10.2　塔河油田混源油解析与应用

10.2.1　石油地质背景简介

　　塔河油田主体位于塔里木盆地北部的塔北隆起（沙雅隆起）中段阿克库勒凸起西南斜坡带，东临草湖凹陷，西邻哈拉哈塘凹陷，南接顺托果勒隆起及满加尔坳陷，北部为雅克拉断凸（图10-9）。塔河油田是在塔北地区长期发育的阿克库勒古隆起基础上形成的以古生界碳酸盐岩储层为主的缝洞型大型油气田。阿克库勒凸起为前震旦系变质基底上发育的一个长期发展、经历了多期构造运动变形叠加的古凸起。其后经历了加里东期、海西期、印支期—燕山期及喜马拉雅期等多期构造运动，发育震旦系—泥盆系海相沉积、石炭系—二叠系海陆交互相沉积和三叠系—第四系陆相沉积等三个不同沉积期。目前钻井揭示的地层有：寒武系、奥陶系、下志留统、上泥盆统、下石炭统、上二叠系（火山岩）、三叠系、下侏罗统、白垩系、古近系—新近系和第四系。由于多期构造运动地壳抬升的影响，阿克库勒凸起主体部位及南部斜坡的大部分地区，缺失志留系、中下泥盆统、上石炭统、二叠系、上侏罗统，并且上奥陶统与中-上奥陶统分别遭受不同程度的剥蚀，以至局部地带缺失，仅在凸起南部边缘部位保留了中-上奥陶统、下志留统，在凸起的西部边缘保留了上泥盆统东河塘组。

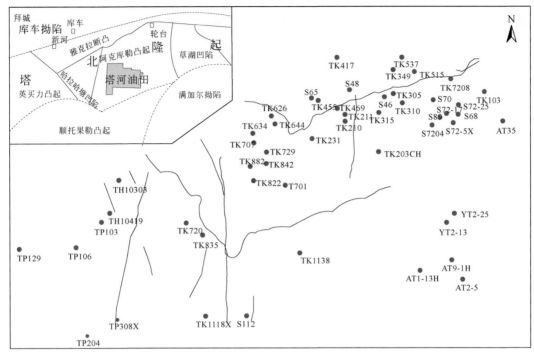

图 10-9　塔河油田构造位置及本研究样品分布

　　前期对塔河油田奥陶系、石炭系、三叠系、白垩系原油和天然气的油/气源分析，均表明油气来自海相腐泥型母质，有机质主要来源于藻类，其有机质类型以 Ⅰ 型为主，也就是来自寒武系—奥陶系烃源岩（张水昌等，2004）。寒武系（部分可能为下奥陶统）烃源岩主要分布于满加尔拗陷和塔北隆起南部的广大地区，属于斜坡、盆地及台地相。其中，斜坡–盆地相烃源岩的岩性为深灰、黑灰色灰岩、泥质灰岩和灰黑色泥岩，是塔北有机质丰度最高的烃源岩；台地相烃源岩主要为灰、浅灰色灰岩和白云岩，较斜坡–盆地相烃源岩差。中–上奥陶统烃源岩为斜坡–盆地相，但有机质丰度较寒武系差。中–上奥陶统烃源岩主要赋存于良里塔格组（阿克库勒地区见于轮南）下部台地相区的丘间洼地及生物灰泥丘中，岩性主要为泥质泥晶灰岩及灰质泥岩。关于这两套烃源岩的地球化学特征参见 10.1 节的背景简介部分。

　　阿克库勒及邻区寒武系—奥陶系烃源岩，现今在较高部位（隆起及斜坡）处于成熟–高成熟阶段（等效镜质组反射率为 0.71%~1.84%），在拗陷部位处于过成熟阶段（等效镜质组反射率大于 2.0%）。模拟结果表明，满加尔拗陷生油高峰出现在泥盆末剥蚀前；在阿克库勒凸起的东南部，下奥陶统顶界古地温在加里东期已经达到 95℃，接近生油高峰，到海西晚期以后，生油能力递减，至喜马拉雅期以产裂解气和凝析油为主（李丕龙等，2010；张水昌等，2004）。

　　阿克库勒凸起已在奥陶系、志留系、泥盆系、石炭系、三叠系、白垩系等层系中获得油气突破。其中，中–下奥陶统碳酸盐岩缝洞型储集层、三叠系碎屑岩储集层是主要产层。

　　阿克库勒凸起邻近大型生油拗陷，是多期油气运移的指向地区。阿克库勒凸起被 3 个可能的生烃中心环绕，即东临草湖凹陷，西邻哈拉哈塘凹陷，南接满加尔拗陷（图 10-9）。塔河地区加里东期、海西早期、海西晚期发生了多期构造变动，形成下奥陶统岩溶-缝洞型储层及圈闭；印支期—喜马拉雅期断裂活动形成石炭系、三叠系背斜-断背斜型圈闭。这些圈闭的形成期与生油拗陷油气生排烃期基本匹配，可以形成多期充注的油气藏。

　　塔河油田及其周缘轮南油田的油源问题一直是各家讨论的热点，其中最核心的关键问题是目前发现的原油到底来自哪套烃源岩，以及由此引发的关于烃源岩有效性、生排烃高峰期及主成藏期的确定等问题。虽然，原油来自寒武系—下奥陶统或来自中-上奥陶统烃源岩都有学者支持，并提供各自的地球化学证据，但越来越多的学者都关注到混合和次生改造作用的影响。塔河油田原油（甚至整个塔北隆起海相原油）都存在混合的迹象，是由多期油气充注混合而成，这一认识已获得更多支持。但到底是同一来源不同成熟度原油的混合，还是不同来源的混合，或不同来源不同成熟度的混合，这是目前认识不一致的地方。若是同源的混合，那么问题在于原油是来自寒武系—下奥陶系烃源岩还是中-上奥陶烃烃源岩；若是异源混合，那么各自贡献比率是多少、主力烃源岩是哪套；同时，主成藏期次、混合过程如何等又成为随之而来的关键问题。

　　不同类型的地球化学参数对次生作用有不一样的响应，而塔河油田原油（甚至整个塔北隆起海相原油）经历了多期次、复杂的、不同程度的次生作用过程，使用不同的地化资料，肯定会有不一致的认识。此外，在区域性的改造作用下，端元油的选取也是一项困难的工作，以不同的端元油做研究对象或手段，肯定会有不一样的原油混合比例。研究通过对所选塔河油田原油样品饱和烃和芳烃化合物进行绝对浓度定量分析，讨论原油分子地球化学特征及其意义，探讨其生源、环境和成熟度特性；采用多元统计的化学计量分析方法对塔河原油进行解析，预测混源油的端元数、端元贡献比和端元组成；并在此基础上，结合前人研究的地质资料，开展油源分析工作，探索原油混合模式。

10.2.2　样品与实验

　　塔河油田主要的含油气层和产层有中-下奥陶统碳酸盐岩层、下石炭统及三叠系砂岩层，由于经历了多期充注成藏和不同程度的后期改造作用，不同地区或不同储层的原油性质差异较大，非均质性强。本研究在全区范围内选择了 52 个原油样品，油品类型丰富，其中 41 个原油样品来自奥陶系碳酸盐岩产层，3 个来自石炭系砂岩储层和 8 个样品来自三叠系砂岩层。样品空间分布及其基础资料见图 10-9 和表 10-3。

表 10-3　塔河油田原油样品基础信息和部分参数

样品	层位	深度/m	P1	P2	P3	P4	P5	P6	P7	P8	P9	P10	P11	P12
AT2-5	T_3h	4029~4033	—	-32.1	-31.6	0.98	0.76	0.88	0.15	26	23	51	0.49	0.63
AT1-13	T_2a^3	—	-32.6	-32.2	-32.2	0.94	0.75	0.87	0.21	28	21	51	0.50	0.64
AT9-1H	T_2a	4608~4718	—	—	—	—	0.40	1.04	0.24	30	22	48	0.48	0.63

续表

样品	层位	深度/m	P1	P2	P3	P4	P5	P6	P7	P8	P9	P10	P11	P12
YT2-13	T_2a^3	—	-32.5	-32.2	-32.1	0.95	0.75	0.90	0.21	29	19	52	0.49	0.63
YT2-25	T_2a^3	—	-32.5	-32.2	-31.7	1.01	0.76	0.89	0.20	29	19	52	0.49	0.64
TK203CH	T_2a^3	4593~4597	-32.4	-32.3	-31.7	0.97	0.69	0.87	0.13	28	17	55	0.49	0.65
TK7208	T_3h^{1-3}	4412~4415	-32.5	-32.4	-31.7	0.92	0.75	0.84	0.22	32	19	49	0.47	0.63
TK103	T_2a^1	4514~4576	-32.7	-32.1	-32.3	0.96	0.74	0.90	0.22	26	21	53	0.51	0.64
TK305	C_1kl	5231~5239	-32.4	-32.3	-31.6	0.96	0.72	0.86	0.08	27	21	53	0.51	0.64
S70	C_1k	5153~5168	—	-32.3	-31.7	0.98	0.72	0.82	0.09	30	19	51	0.47	0.63
TK310	C_1kl	5016~5019	-32.5	-32.5	-31.6	0.96	0.75	0.89	0.12	31	21	48	0.50	0.67
S89	O_2yj	5519~5550	-32.2	-31.8	-31.5	1.09	0.83	0.72	0.05	29	19	52	0.48	0.65
S68	O_2yj	—	-32.3	-32.2	-31.6	1.03	0.77	0.77	0.08	31	22	47	0.50	0.65
S7204	O_2yj	5783~6124	-32.8	-32.5	-31.7	0.85	0.85	0.86	0.00	29	20	51	0.49	0.63
S72-17	O_2yj	5476~5550	-32.0	-31.8	-31.2	1.06	0.89	0.71	0.13	29	19	52	0.49	0.64
S72-25	O_2yj	—	-32.8	-32.6	-31.9	0.85	0.72	0.83	0.05	30	18	52	0.51	0.65
S72-5X	O_2yj	5474~5545	-31.9	-31.9	-31.0	1.07	0.88	0.70	0.11	25	24	51	0.52	0.65
AT35	O_2yj	5737~5855	-32.4	-32.3	-31.8	1.04	0.73	0.98	1.26	24	26	50	0.52	0.66
TK515	$O_{1-2}y$	5471~5520	-32.4	-32.2	-31.9	1.03	0.75	0.97	1.20	27	26	47	0.53	0.64
TP204	O_2yj	6348~6410	-32.6	-32.5	-31.7	0.98	1.08	0.79	0.07	29	20	51	0.50	0.66
TK1118X	O_2yj	6231~6249	—	-32.4	-31.4	0.98	0.71	0.91	0.32	32	22	46	0.52	0.66
TP308X	O_2yj	6584~6679	-32.8	-32.4	-31.6	0.97	1.12	0.80	0.09	26	18	55	0.49	0.66
S112	O_3l	6172~6189	—	-32.6	-31.4	0.98	0.69	0.90	0.39	29	21	49	0.50	0.67
TK1138	O_2yj	5936~6019	-32.4	-32.0	-31.5	1.00	1.09	0.75	0.04	30	21	49	0.49	0.64
TK720	O_2yj	6120~6231	-32.9	-32.5	-32.4	0.93	0.79	0.96	0.19	27	21	51	0.48	0.64
TK835	O_{1-2}	5765~5840	—	-32.7	-32.3	0.91	0.77	0.96	0.15	24	20	56	0.49	0.64
TP129	O_2yj	6614~6682	-32.5	-32.3	-32.0	0.99	0.73	0.99	0.88	31	22	47	0.53	0.64
TH10419	O_2yj	6068~6148	-32.6	-32.3	-32.4	0.91	0.87	0.94	0.25	28	22	50	0.52	0.64
TP103	O_2yj	6130.2~6218	-32.9	-32.6	-32.2	0.89	0.82	0.95	0.26	27	21	52	0.49	0.63
TP106	O_2yj	6299~6365	—	-32.8	-32.1	0.84	0.82	0.96	0.34	25	22	53	0.50	0.62
TH10303	O_2yj	6084~6179	-32.8	-32.6	-32.2	0.98	0.77	1.05	0.41	29	21	51	0.50	0.63
T701	O	—	-32.7	-32.6	-31.1	0.89	0.99	0.79	0.05	32	20	48	0.50	0.65
T417	$O_{1-2}y$	—	-32.3	-31.7	-31.8	1.31	0.87	0.90	0.25	30	20	50	0.50	0.65
TK707	O_1	5708~5767	—	-32.5	-32.4	0.87	0.85	0.97	0.11	27	22	51	0.49	0.64

样品	层位	深度/m	P1	P2	P3	P4	P5	P6	P7	P8	P9	P10	P11	P12
S46	$O_{1-2}y$	5373~5455	—	-32.4	-32.2	0.87	0.82	0.91	0.20	28	18	54	0.50	0.64
TK882	O_2yj	5727~5765	-33.0	-32.6	-32.5	0.90	0.79	0.99	0.20	25	21	54	0.49	0.62
TK842	O_2yj	5528~5620	—	-32.7	-32.7	0.88	0.73	0.99	0.21	24	22	54	0.50	0.64
TK349	$O_{1-2}y$	5373~5428	-33.0	-32.5	-32.4	0.86	0.75	0.95	0.21	27	23	50	0.51	0.65
TK231	O_2yj	5550~5585	-32.6	-31.8	-32.5	0.90	0.78	0.96	0.22	24	22	53	0.50	0.63
TK315	O_1	5431~5498	—	-32.7	-32.6	0.82	0.75	0.97	0.23	23	22	55	0.49	0.62
TK729	O		-33.0	-32.4	-32.6	0.90	0.72	1.00	0.27	26	21	53	0.50	0.63
TK822CH	O	5631~5632	-32.9	-32.5	-32.7	0.92	0.72	1.03	0.27	26	20	54	0.49	0.62
TK537	$O_{1-2}y$	5387~5452	-33.2	-32.7	-32.7	0.88	0.76	0.98	0.30	25	21	54	0.50	0.64
S48	O_1	5363~5370	—	-32.4	-32.5	0.86	0.75	1.00	0.31	24	23	52	0.52	0.65
TK644	O_1	5565~5607	—	-32.7	-32.5	0.90	0.74	1.02	0.33	25	22	53	0.50	0.64
TK210	$O_{1-2}y$	5448~5560	—	-32.4	-32.8	0.93	0.74	1.01	0.34	25	23	53	0.51	0.63
TK211	$O_{1-2}y$	5430~5499	—	-32.8	-32.8	0.89	0.73	1.00	0.34	23	23	55	0.49	0.64
TK626	O	—	-33.1	-32.4	-32.7	0.93	0.75	1.05	0.34	25	21	54	0.49	0.63
TK634	O_1	5567~5599	—	-32.6	-32.7	0.86	0.74	1.03	0.36	24	23	54	0.50	0.64
TK469	O_1y	5562~5620	—	-32.6	-32.6	0.89	0.77	1.04	0.37	22	22	56	0.48	0.63
TK455	$O_{1-2}y$	5482~5548	—	-32.6	-32.8	0.89	0.73	1.03	0.38	25	22	53	0.51	0.64
S65	$O_{1-2}y$	5451~5585	-33.2	-32.6	-32.8	0.89	0.75	1.08	0.38	23	25	52	0.52	0.65

注: P1 = 全油碳同位素, ‰; P2 = 饱和烃碳同位素, ‰; P3 = 芳烃碳同位素, ‰; P4 = Pr/Ph; P5 = $C_{24}Tet/C_{26}TT$; P6 = $C_{29}H/C_{30}H$; P7 = $C_{29}-25N/C_{30}H$; P8 = % $C_{27}\alpha\alpha\alpha20R$; P9 = % $C_{28}\alpha\alpha\alpha20R$; P10 = % $C_{29}\alpha\alpha\alpha20R$; P11 = $C_{29}20S/(20S+20R)$; P12 = $C_{29}\beta\beta/(\alpha\alpha+\beta\beta)$。

  按质量准确称取两组样品: 一组用于全油进样分析, 包括全油气相色谱分析 (GC) 和金刚烷分析; 另一组用于族组分分离后的气相色谱质谱分析 (GC-MS)。全油进样之前, 在该组样品中加入一定量已知浓度的 $nC_{24}D_{50}$ 和氘代金刚烷 ($C_{10}D_{16}$) 作为内标分别对链烷烃系列和金刚烷系列化合物进行定量。柱分离前, 在改组样品中加入一定体积已知浓度的 5α-雄甾烷和 D10-蒽作为内标分别对饱和烃生物标志化合物和芳烃化合物绝对定量。

  样品主要开展如下分析: ①全油色谱分析定量链烷烃化合物; ②全油二维气相色谱质谱分析定量金刚烷系列化合物; ③饱和烃色谱质谱分析定量生物标志化合物; ④芳烃色谱质谱分析定量芳烃化合物; ⑤全油、饱和烃和芳烃碳同位素分析。所用仪器及方法参见前述章节。

  各化合物根据保留时间和前期的文献鉴定。化合物对各自内标物的相对响应系数都假定为1, 化合物浓度根据其峰面积、内标物峰面积和内标物浓度计算得到。峰面积采用仪器自带的分析软件自动积分求取，部分化合物经手动积分调整。相关参数根据化合物浓度数据计算而来，主要参数见表 10-3。

10.2.3　塔河原油地球化学特征

1. 原油宏观组成特征

塔河地区原油密度在纵、横向上变化较大，东部和南部地区主要是轻质油（地面密度<0.85g/cm³）和中质油（地面密度在 0.85 ~ 0.93g/cm³）；而在中北部地区（塔河主体区）主要是重质油（地面密度>0.93g/cm³），原油在开采过程中，需要采取降低黏度的工艺措施。本研究的 52 个不同区域和层序的原油样品中，饱和烃含量分布在 12% ~ 78%，平均为 42%；芳烃含量分布在 7% ~ 29%，平均为 17%；非烃（胶质和沥青质）含量分布在 8% ~ 80%，平均为 41%，饱芳比分布在 0.94 ~ 6.15，平均为 2.94，表现出显著的差异。总体上，石炭系和三叠系原油的烃类（饱和烃和芳烃）含量要高于奥陶系原油。有多种影响原油族组成的因素，包括母源类型、成熟度、油气运移分馏效应、水洗或生物降解等次生作用，塔河原油族组成的这种巨大差异，可能主要是不同程度的次生作用改造残留和多期次不同成熟度充注原油混合造成。

与原油族组成的显著差异不同，塔河油田原油的稳定碳同位素组成具有明显的相似性。在研究的样品中，全油碳同位素值分布在 -33.2‰ ~ -31.9‰，平均为 -32.63‰；饱和烃组分碳同位素值分布在 -32.7‰ ~ -31.7‰，平均为 -32.39‰；芳烃组分碳同位素值分布在 -32.8‰ ~ -31.0‰，平均为 -32.09‰（表 10-3）。原油及族组分碳同位素值体现出明显的海相原油特征（Sofer，1984），样品间微小的差异可能是源岩有机相或成熟度差异造成。

2. 原油色谱指纹特征

塔河油田原油中链烷烃分布较为完整，但高低分子量正构烷烃的含量具有较大的差异，低分子量与高分子的比值（$\sum nC_{21}-/\sum nC_{22}+$）变化范围为 1.71 ~ 7.92，平均 4.80，这主要受次生作用和运移分馏过程的影响。原油中都能检测到完整的无环类异戊二烯系列（$iC_{13} \sim iC_{20}$，缺失 iC_{17}），表现出相对一致的含量和分布特征；Pr/Ph 主频分布在 0.9 ~ 1.0 之间，但 Pr/nC_{17} 和 Ph/nC_{18} 有较明显的变化，两者分别分布在 0.260 ~ 0.58 和 0.25 ~ 0.66 之间，在其相关图上，几乎所有样品都在海相藻类 Ⅱ 型干酪根源岩的区域内（Connan and Cassau，1980）。

除了少数样品轻烃损失外，大部分原油样品都能检测到完整且具相当含量的轻烃部分（$C_6 \sim C_9$ 烃类）。轻烃参数正庚烷值（H）和异庚烷值（I）可以用于指示原油成熟度和源岩有机质类型但易受次生变化的影响。在 H-I 关系图上，塔河油田原油样品都处于低–成熟、高–过成熟区，但明显地分区分布（图 10-10），大部分样品在 Ⅰ、Ⅱ 型干酪根区（Thompson，1983），这与塔北地区烃源岩背景相似；但也有少数样品偏离了该区，可能反映次生变化的差异，如生物降解和蒸发分馏作用对该原油的影响（王培荣，2011）。

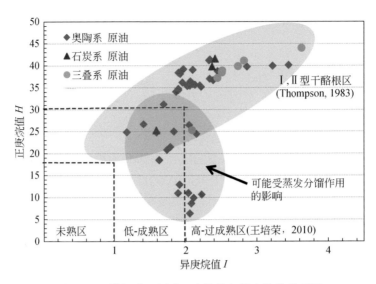

图 10-10 塔河油田原油正庚烷值与异庚烷值关系图

Thompson（1987，1988）根据实验和观测到的证据，提出利用轻烃参数芳香度（甲苯比正庚烷，Tol/nC_7）和石蜡度（正庚烷比甲基环己烷，$nC_7/MCYC_6$）判断原油遭受蒸发分馏、生物降解等次生作用的图版。当轻质组分（特别是干气）进入已存在液态烃的储层时，若地质上存在向上泄压或运移的通道，就可以发生蒸发分馏作用。蒸发分馏成因的残余油中具异常高的低分子量芳香烃和环烷烃，甲苯/nC_7值升高；而被蒸发分馏组分则相反。在 Thompson（1987）图版上，部分原油样品表现出遭受蒸发分馏作用（主要是位于塔河东部的样品）或生物降解作用的影响（图 10-11）。

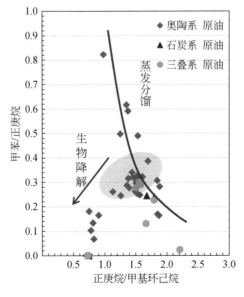

图 10-11 塔河油田原油芳香度与石蜡度关系图

在全油色谱图上，部分样品的色谱基线有不同程度的隆起，形成 UCM 峰鼓包，一般认为较高程度的生物降解作用能形成这种 UCM 峰。完整的正构烷烃分布在具 UCM 峰的基线上，通常认为是至少两期原油混合的结果。正构烷烃，特别是低分子量的烃类，极易被生物消耗掉，早期原油经生物降解后残留下支链、多环的抗降解化合物形成 UCM 峰，后期充注的未降解原油与之混合可形成这种色谱图面貌。因此，塔河油田大部分原油样品的全油色谱指纹主要反映了后期充注的原油特征。

3. 生物标志化合物组成与分布

在 m/z 191 萜类化合物色谱图上，塔河原油呈现出两种面貌（图 10-12）：一是以 $C_{29}H$ 或 $C_{30}H$ 为主峰，含有相对高丰度和完整的五环萜烷系列；二是以 $C_{23}TT$ 为主峰，具有较低或微量的五环萜烷系列化合物。但不管哪种类型，都具有相对较高且完整的 $C_{19} \sim C_{29}$ 三环萜烷，三环萜烷与藿烷比值（$\Sigma TT/\Sigma H$）在 $0.56 \sim 4.02$ 之间变化，平均为 1.01。这种不同点与相似性主要受控于烃源岩有机相和原油遭受次生变化的程度及类型。三环萜烷系

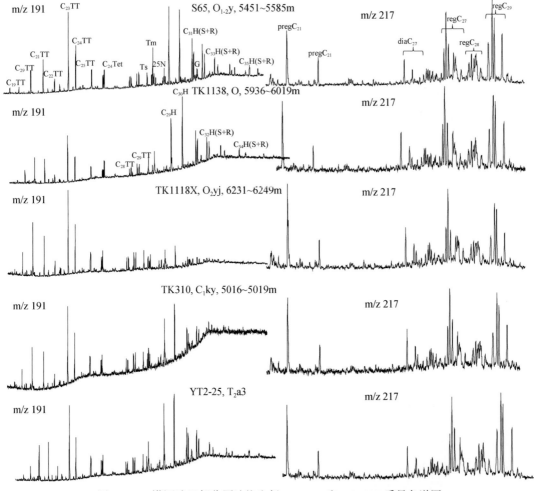

图 10-12　塔河油田部分原油饱和烃 m/z 191 和 m/z 217 质量色谱图

列化合物呈现出一致的分布特征，都是以 $C_{23}TT$ 为主峰，低碳数（$C_{19} \sim C_{22}$）呈现出正态分布，高碳数（$C_{26} \sim C_{29}$）相对丰度逐渐升高，这种分布体现出海相原油的特征，较高丰度的高碳数三环萜烷，说明源岩中藻类有机质贡献丰富。C_{24} 四环萜烷（$C_{24}Tet$）含量较高，$C_{24}Tet/C_{26}TT$ 为 0.40 ~ 1.12，平均 0.78；丰富的 $C_{24}Tet$ 可能指示碳酸盐岩或蒸发岩的沉积环境。藿烷系列组成中，C_{30} 藿烷是大多数原油的主峰，升藿烷丰度随碳数增加而递减；但还有部分原油，藿烷系列以 C_{29} 藿烷为主峰，且 C_{35} 藿烷相对于 C_{34} 藿烷具有一定的优势。$C_{29}H/C_{30}H$ 和 $C_{35}H/C_{34}H$ 值分别为 0.70 ~ 1.08 和 0.41 ~ 1.25。原油中重排藿烷含量极低，大多数样品低于分析仪器的检测限。伽马蜡烷是沉积环境水体盐度或者由盐度引起的水体分层的可靠指标。所有原油都能检测出伽马蜡烷，其浓度在 5 ~ 228ppm 之间，伽马蜡烷与藿烷比值（$Ga/C_{30}H$）在 0.09 ~ 0.59 之间，平均 0.24，表明其源岩沉积环境盐度总体不高，但变化较大，可能意味着烃源岩沉积相带的差异。

塔河油田原油都具有完整的甾烷化合物分布，包括 C_{21}、C_{22} 孕甾烷（preg-），$C_{27} \sim C_{29}$ 规则甾烷（reg-）和重排甾烷（dia-）（图 10-12）；C_{29} 规则甾烷占主要优势，占比为 46% ~ 56%；每个碳数的规则甾烷系类中，热稳定性较高的 $\alpha\beta\beta$ 甾烷都有最高的丰度；具有较低含量的重排甾烷和较高的含量孕甾烷，但相对含量变化都较大。相对于规则甾烷而言，重排甾烷和孕甾烷具有相对高的热稳定性和抗生物降解能力，塔河原油中重排甾烷和孕甾烷相对含量大范围变化，可能反映成熟度或生物降解程度的差异。具有生源指示意义的 $\alpha\alpha\alpha20R$ 甾烷相对组成有两种分布形态，即 "V" 形和近似反 "L" 形，这主要体现出 C_{28} $\alpha\alpha\alpha20R$ 甾烷的含量差异，C_{28}/C_{29} 甾烷比值分布在 0.31 ~ 0.55；$C_{28}\alpha\alpha\alpha20R$ 是塔里木盆地下古生界两套海相烃源岩的主要鉴别指标之一，反映出塔河原油来自不同的源岩。

4. 芳烃化合物组成与分布

芳烃是原油的重要组成部分，具有较高的热稳定性和抗生物降解能力，一些基于芳香烃的地球化学指标在高-过成熟或生物降解的原油研究中尤为重要。塔河油田原油芳香烃含量在 7% ~ 29% 之间，在定量计算的 6 个系列 100 余个化合物中，萘系列具有相对较高的含量（17% ~ 54%，均值 38%），其次为菲系列（23% ~ 38%）、二苯并噻吩系列（11% ~ 28%）和三芳甾烷系列（0 ~ 19%），最小的为芴系列（4% ~ 10%）和二苯并呋喃系列（2% ~ 4%）。三芴系列的相对组成是生烃母质形成环境的特征性参数，海相沉积环境中硫芴（二苯并噻吩）系列占优势，陆相环境芴和氧芴（二苯并呋喃）系列占优势（Fan et al., 1990）。在塔河油田原油中，硫芴系列是三芴组成中含量最高的，反映出原油生烃母质沉积于海相环境，但硫芴系列也是含量变化最大的，说明可能有不同沉积相带烃源岩生成原油的混合。

10.2.4　塔河原油地球化学解析

1. 生烃母质及沉积环境

（1）$C_{35}H/C_{34}H$-$Ga/C_{30}H$ [图 10-13（a）]。C_{35} 升藿烷比值（$C_{35}H/C_{34}H$）被认为是指

示成岩过程中海相沉积物的氧化还原电位，高比值代表缺氧环境（Peters et al.，2004）；高丰度的 $C_{35}H$ 通常与海相碳酸盐岩或蒸发岩有关（Fu et al.，1986），或者可解释为有机质沉积时期强还原海相环境（Peters and Moldowan，1991）。伽马蜡烷指数（$Ga/C_{30}H$）是烃源岩沉积时水柱分层（通常为高盐度所致）的专属性指标（Sinninghe et al.，1995），高含量的伽马蜡烷指示相关有机质沉积时的强还原、高盐环境（Fu et al.，1986）。在它们的关系图上，塔河原油分布相对分散，表明它们生烃母质沉积时环境的差异。原油同位素和生物标志化合物组成与分布特征都指示烃源岩形成于海相环境，鉴于塔北地区源岩发育的地质背景，这种差别可能是由沉积相态或有机相态的不同而引起的水体水化学条件（还原性和盐度等）不同所致。

（2）$\sum TT/\sum H$-S/H［图 10-13（b）］。这两个参数都是常用的母源判断指标，三环萜烷/17α-藿烷（$\sum TT/\sum H$）可用于比较细菌或藻的类脂体（三环萜类）与不同原核生物生成的标志物（藿烷）；规则甾烷/17α-藿烷（甾藿比，S/H）可以用于笼统地比较真核生物（主要指藻类）与原核生物（主要是细菌）对生烃母质的贡献（Peters er al.，2004）。高的甾烷含量和甾藿比（S/H≥1）是海相有机质输入的典型特征，有机质主要来自浮游生物或底栖藻类（Moldowan et al.，1985）；反之，低含量的甾烷和低甾藿比更多地指示陆源或经微生物改造的有机质（Tissot and Welte，1984）。塔河油田的原油样品在这两个参数的相关图上显示出很好的线性关系。除两个样品外，其他样品甾藿比都小于1，但绝大部分样品甾藿比都在0.5以上，大部分原油的$\sum TT/\sum H$大于1.0，这说明塔河原油生烃母质除典型海相生物贡献外（如浮游生物或底栖藻类等），经细菌改造的有机质也有很大贡献（如宏观藻类等）。

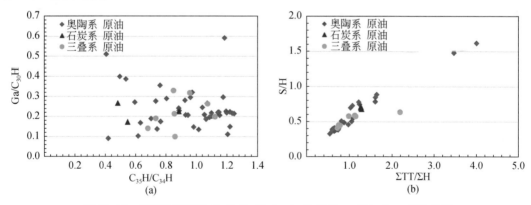

图 10-13　塔河油田原油 $C_{35}H/C_{34}H$-$Ga/C_{30}H$ 和 $\sum TT/\sum H$-S/H 相关关系

在塔里木盆地的海相烃源岩中，寒武系—下奥陶统海相烃源岩主要为欠补偿盆地浮游藻有机相和蒸发潟湖盐藻有机相；中–上奥陶统主要发育于台缘斜坡和半闭塞海湾，具有双重有机质特征，即既有浮游藻类，也有宏观藻类的镜状体贡献（张水昌等，2004）。前者的水体的盐度可能在总体上要高于后者，但烃源岩局部含灰质是这两套源岩共同的特点。上述各参数的分析表明，塔河油田原油生烃母质沉积于海相环境，沉积水体盐度存在差异，具有双重有机质的特征，是不同沉积相带或不同有机相态的含灰烃源岩生成原油的混合，即寒武系—下奥陶统和中–上奥陶统生烃的混源油。

2. 成熟度

（1）甾烷成熟度参数 $C_{29}20S/(20S+20R)$ 和 $C_{29}\beta\beta/(\alpha\alpha+\beta\beta)$。$C_{29}$ 甾烷的这两个异构化参数是原油和源岩有机质从未成熟到成熟范围内专属性很高的成熟度评价指标，与母质输入无关。$C_{29}20S/(20S+20R)$ 值随着成熟度的增加升值约 0.5（0.52 ~ 0.55 为平衡值）；$C_{29}\beta\beta/(\alpha\alpha+\beta\beta)$ 比值随成熟度增加从接近于 0 增加到约 0.7（0.67 ~ 0.71 为平衡值）。塔河油田原油这两个参数值都接近于平衡值，前者分布在 0.47 ~ 0.53，平均 0.50；后者分布在 0.62 ~ 0.67，平均 0.64，表明原油属于成熟原油，主要是烃源岩成熟到生烃高峰期的产物。

（2）Ts/（Ts+Tm）-diaC₂₇/regC₂₇关系 ［图 10-14（a）］。Ts/（Ts+Tm）适用于未成熟到成熟至过成熟的范围，diaC₂₇/regC₂₇对成熟早期到过成熟早期阶段具有专属性，但岩性和沉积环境对它们都有一定影响。塔河原油 Ts/（Ts+Tm）和 diaC₂₇/regC₂₇分别为 0.27 ~ 0.71 和 0.27 ~ 0.55，在其相关图上，样品呈较分散的线性关系，这体现了原油具有较大的成熟度范围，也说明其烃源岩形成的沉积环境存在差异。

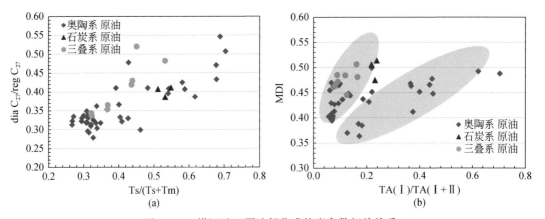

图 10-14　塔河油田原油部分成熟度参数相关关系

（3）芳烃成熟度参数。一些基于芳烃分子间相对稳定性的成熟度指标可用于高过成熟阶段成熟度评价。甲基菲指数（MPI1）是个常用的成熟度参数，在整个生油窗范围内都具有专属性。塔河原油 MPI1 = 0.55 ~ 1.12，计算的等效镜质组反射率 R_{c1} = 0.73% ~ 1.07%（$0.6 \times MPI1 + 0.40$）（Radke and Welte，1983）；甲基二苯并噻吩比值（MDR）分布在 0 ~ 9.03 之间，用其计算的等效镜质组反射率 R_{c2} = 0.99% ~ 1.48% ［$0.2633 \times \ln(MDR) + 0.9034$，Dzou et al.，1995］；甲基金刚烷指数（MDI）为 0.36 ~ 0.51，用其计算的等效镜质组反射率 R_{c3} = 1.32% ~ 1.69%（$2.4389 \times MDI + 0.4363$，Zhang et al.，2005）。MDI 和 MDR 值的等效计算均表明原油是其源岩高成熟阶段的产物。相对低的 R_{c1} 值可能与 MPI1 在高成熟阶段的倒转有关（<1.35%）。三芳甾烷比值 ［TA（Ⅰ）/TA（Ⅰ+Ⅱ）］ 是另一类成熟度参数，适用于成熟高峰至成熟晚期阶段，塔河原油 TA（Ⅰ）/TA（Ⅰ+Ⅱ）= 0.06 ~ 0.70，处于很宽的成熟度范围，这与重排生物标志化合物参数反映的情况一致。在 MDI-TA（Ⅰ）/TA（Ⅰ+Ⅱ）的关系图上 ［图 10-14（b）］，塔河原油呈现出两条不一致的线性关系，反映出它们具有不同的演化途径，指示原油是不同烃源岩不同阶段生烃的混合油。

3. 生物降解与混合

在大部分塔河油田原油样品中都能检测到 25-降藿烷系列化合物（图 10-15），C_{29}25-降藿烷浓度为 0 ~ 169ppm，C_{29}25N/C_{30}H 值为 0 ~ 0.45。尽管 25-降藿烷可能存在多种成因，但它的检出通常被认为是原油遭受了严重生物降解的指示（Peters et al., 2004）。遭受严重生物降解的原油，链烷烃会被破坏。塔河油田原油都能检测出分布完整的且含量丰富的链烷烃系列，甚至是轻烃系列化合物。这种 25-降藿烷系列、链烷烃系列和色谱基线 UCM 峰并存，通常被认识为原油至少是两期充注混合形成的，即前期充注油经历了严重的降解后，形成 25-降藿烷和 UCM 峰，后期充注的未经历降解的原油与之混合，形成完整的链烷烃分布。因此，从这点上看，塔河油田原油至少经历了两期充注混合，它们可能具有不同的来源或成熟度。

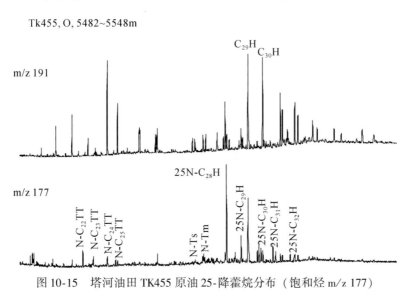

图 10-15 塔河油田 TK455 原油 25-降藿烷分布（饱和烃 m/z 177）

4. 混源比例计算

在原油生物标志化合物分析的基础上，选取 38 个生物标志化合物浓度参数组成数据集，采用化学计量学方法对塔河油田原油生物标志化合物浓度进行交替最小二乘法分析（ALS），获得不同端元油的贡献比率。生物标志化合物选取原则参见第 9 章相关部分，萜类包括 C_{19} ~ C_{29} 三环萜烷、C_{24} 四环萜烷、Ts、Tm、C_{29} ~ C_{35} 藿烷、伽马蜡烷（Ga）、25-降 C_{28} 和 C_{29} 藿烷；甾类包括孕甾烷、升孕甾烷、总的 C_{27} 重排甾烷、C_{27} ~ C_{29} 每个碳数的四个规则甾烷。其中检测到双峰的化合物，将其双峰浓度合并成一个参数进行计算，如 C_{26} 三环萜烷的双峰（S，R）合并记为 C_{26} 三环萜烷，双峰 C_{35} 升藿烷（S，R）相加记为 C_{35} 藿烷。

（1）端元个数厘定。生物标志化合物分析认为塔河油田原油来自塔北地区寒武系—下奥陶统和中-上奥陶统烃源岩；再考虑到原油体现出大的成熟度变化，即可能由不同成熟度原油的混合，可以初步确定为 4 个端元。在 ALS 分析条件中设置 4 个端元进行运算，结果发现：当端元数为 2 时，累计方差达到了 99.0%；当端元数为 3 时，累计方差达到 99.7%，端元数为 4 时，累计方差增加至 99.8%。但是当端元数为 4 时，第 4 个端元的贡献在多数样品中都接近为 0。这说明从 ALS 的数学意义上，第 4 个端元是不需要存在的，端元数为 3 是最优的。实际上，端元数为 3 时的累计方差已经完全满足统计分析的要求（一般要求不小于 90%）。因此，确定对塔河油田混源油有较大贡献的端元油为 3 个。

（2）端元油贡献。对 52 个塔河原油的 38 个生标浓度参数进行 ALS 分析，计算出了 3 个端元油各自的贡献比。其中，端元油 1 是对塔河原油贡献最小的端元，贡献比分布为 0~29%，平均为 12%；端元油 2 是主要的贡献者，贡献比为 0~99%，平均 53%；端元油 3 是次要贡献者，贡献比也为 0~99%，平均为 35%。

5. 端元油解析

（1）ALS-C 计算的端元油分析。利用生物标志化合物定量数据的化学计量学分析，计算出了 3 个端元油的甾、萜烷组成，其丰度与分布都存在一定的差异（图 10-16）。

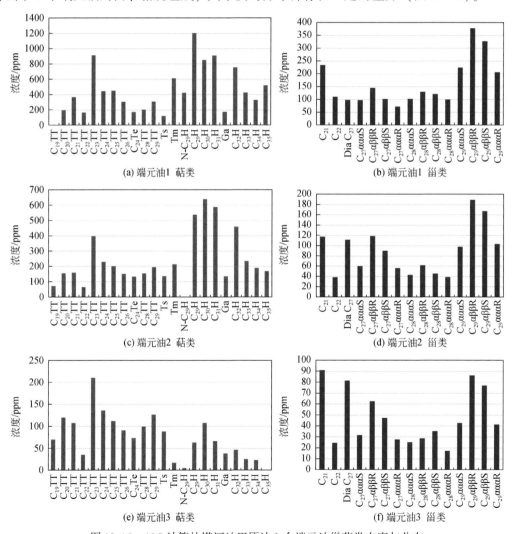

图 10-16　ALS 计算的塔河油田原油 3 个端元油甾萜类丰度与分布

端元油 1 具有最高的甾、萜烷浓度，萜类一般高于 200ppm，甾类都在 100ppm 以上。萜类以 $C_{29}H$ 为主峰，$C_{29}H/C_{30}H$ 为 1.42；三环萜含量相对较低，$C_{19}TT \sim C_{29}TT/C_{29}H \sim C_{35}H$ 为 0.67，升藿烷具有"翘尾巴"分布特征，$C_{35}H/C_{34}H$ 为 1.58；具较高浓度的伽马蜡烷含量，$Ga/C_{30}H$ 为 0.20；显示出原油的生烃母质形成于水体分层、缺氧、盐度较高的海相环境。甾烷浓度较高，但甾藿比为 0.4；有 C_{29} 甾烷优势，在规则甾烷归一化中，其占比达到 56%，C_{28} 甾烷含量较高，$\alpha\alpha\alpha20RC_{27}$-$C_{28}$-$C_{29}$ 甾烷呈现出反"L"形分布，说明藻类是其主要生烃母质。指示成熟度的 C_{29} 甾烷参数 $C_{29}20S/(20S+20R)$ 和 $C_{29}\beta\beta/(\alpha\alpha+\beta\beta)$ 分别为 0.52 和 0.62，接近于其平衡值，说明其是源岩生烃高峰时的产物；但 $Ts/(Ts+Tm)$ 极低，为 0.16，重排甾烷和孕甾烷相对含量较低，$diaC_{27}/regC_{27}$ 和 $\sum preg/\sum regS$ 分别为 0.24 和 0.17，说明其源岩中贫黏土等催化性成分而不利于这些化合物之间的转化。该端元油含有最高浓度的 $C_{29}25$ 降藿烷，C_{29}-$25N/C_{30}H$ 达到 0.50，说明其经历了强烈的生物降解，这也可能导致其具有最高的生物标志化合物浓度。综上分析认为，ALS 计算的端元油 1 来自海相含灰的烃源岩，生烃母质以浮游藻类为主，沉积于盐度较高、分层、贫黏土的局限水域强还原的沉积环境；原油是烃源岩成熟至生烃高峰阶段的产物。

端元油 2 具有较高的甾、萜烷浓度，萜类以 $C_{30}H$ 为主峰，但 $C_{29}H/C_{30}H$ 达到 0.84；升藿烷随着碳数递增而含量递减，$C_{35}H/C_{34}H$ 为 0.89，伽马蜡烷含量低，但 $Ga/C_{30}H$ 为 0.21；三环萜含量相对较低，$C_{19}TT \sim C_{29}TT/C_{29}H \sim C_{35}H$ 为 0.63，三环萜烷系列中，高碳数的三环萜烷占优势，$C_{19}TT \sim C_{21}TT/C_{26}TT \sim C_{29}TT$ 为 0.77。甾烷浓度相对较高，但甾藿比为 0.38；有一定的 C_{29} 甾烷优势，在规则甾烷归一化中，C_{27}、C_{28} 和 C_{29} 分别为 30%、18% 和 52%，$\alpha\alpha\alpha20RC_{27}$-$C_{28}$-$C_{29}$ 甾烷呈现出"V"形分布。指示成熟度的 C_{29} 甾烷参数 $C_{29}20S/(20S+20R)$ 和 $C_{29}\beta\beta/(\alpha\alpha+\beta\beta)$ 分别为 0.49 和 0.64，接近于其平衡值，说明是其源岩成熟阶段的产物；但 $Ts/(Ts+Tm)$ 较低，为 0.39，重排甾烷和孕甾烷相对含量较低，$diaC_{27}/regC_{27}$ 和 $\sum preg/\sum S$ 分别为 0.34 和 0.15，这说明其烃源岩黏土质含量可能比端元 1 稍高；该端元油不含 25-降藿烷。综合分析认为，ALS 计算的端元油 2 来自海相烃源岩，其源岩形成于水体盐度正常、亚还原的，可能为相对开阔水域的海相环境；原油是烃源岩成熟阶段的产物。

端元油 3 具有极低的甾、萜烷浓度，萜烷一般浓度低于 200ppm，甾烷浓度都低于 100ppm。萜类以 $C_{23}TT$ 为主峰，$C_{23}TT/C_{30}H$ 达到 1.96，三环萜含量明显高于五环萜类，$C_{19}TT \sim C_{29}TT/C_{29}H \sim C_{35}H$ 为 3.35，三环萜烷系列中，高碳数的三环萜烷占优势，$C_{19}TT \sim C_{21}TT/C_{26}TT \sim C_{29}TT$ 为 0.94；藿烷系列中，$C_{30}H$ 含量相对最高，$C_{29}H/C_{30}H$ 为 0.58，升藿烷随着碳数递增而含量递减，缺少 C_{35} 升藿烷，伽马蜡烷含量很低，仅 38ppm，但相对含量较高；萜类化合物的这种分布说明其具有较高的成熟度，来自水体盐度正常的开阔海相环境的烃源岩。甾烷浓度低，但甾藿比达到 1.58，有一定的 C_{29} 甾烷优势，在规则甾烷归一化中，其占比为 47%，C_{28} 甾烷含量低，$\alpha\alpha\alpha20RC_{27}$-$C_{28}$-$C_{29}$ 甾烷呈现出"V"形分布；甾烷成熟度参数 $C_{29}20S/(20S+20R)$ 和 $C_{29}\beta\beta/(\alpha\alpha+\beta\beta)$ 分别为 0.51 和 0.66，均达到其平衡值，说明其为成熟原油；$Ts/(Ts+Tm)$ 最高，达到 0.84，重排甾烷和孕甾烷相对含量高，$diaC_{27}/regC_{27}$ 和 $\sum preg/\sum S$ 分别为 0.48 和 0.22，这说明该端元油具有高的成熟度，这也可能是其生物标志化合物浓度极低的主要原因。同时，高的成熟度也导致了甾萜烷中热稳定性更强的化合物相对富集。如相对于藿烷系列而言，更富集三环萜系列和甾烷系列；在五环化合物中更富集热稳定性高的 Ts 和伽马蜡烷。该端元油含有微量的 25-降藿烷，C_{29}-25N/C_{30}H 为 0.04，从其浓度考虑（仅为 5ppm），这可能为其运移过程中遇到早期降解油的残留物而萃取的微量组分。因此，ALS 计算的端元油 3 来自海相烃源岩，其生烃母质具有双重性，形成于水体盐度正常、亚还原的沉积环境；原油是烃源岩高成熟阶段的产物。

（2）ALS-C 端元油与实际原油对比。ALS 计算端元油的组成与其最接近的实际原油样品的甾萜烷参数总结于表 10-4。在 ALS-C 计算结果中，分别有 1 个和 2 个实际样品可以分别与 ALS-C 计算的端元油 2 和端元油 3 相对应。其中，TK1138 井样品对应端元油 2，TK1118X 井和 S112 井样品对应端元油 3，贡献比均为 99%。端元油 2、3 与各自对应的实际原油样品的生物标志化合物参数都非常相似，这说明它们确实能够代表端元，具有实际的地质意义。比较端元油 2 与 3，或者 TK1138 与 TK1118X 井原油，发现在成熟度影响较小的生源或环境参数上，这两个端元油具有相似性，如 C_{24}Te/C_{26}TT、规则甾烷的归一化百分含量、C_{27}-C_{28}-$C_{29}\alpha\alpha\alpha$20R 甾烷的分布特征等，这反映出它们具有相同的来源。但是与成熟度相关的参数，它们之间就有较大的差别，如 Ts/（Tm+Ts）在 TK1118X 井和 TK1138 井原油中分别为 0.69 和 0.39）。一些同类型的化合物，高分子量的热稳定要小于低分子量，如五环萜烷的热稳定性要小于三环萜烷，三环/五环萜（C_{19}TT ~ C_{29}TT/C_{29}H ~ C_{35}H）在 TK1118X 井和 TK1138 井原油中分别为 3.48 和 0.56；这说明这两个端元油的最大差别在于成熟度，TK1118X 井原油成熟度要明显大于 TK1138 井，这也导致了它们之间一些生源或环境参数的差异，如藿烷相对于伽马蜡烷热稳定要差，高过成熟阶段 C_{30} 及以上碳数藿烷先于伽马蜡烷被裂解，导致在高-过成熟原油中高的 Ga/C_{30}H 值，如 TK1118X 井原油为 0.51，而 TK1138 井原油为 0.19；同样的参数如甾藿比等也有如此特征。因此，端元油 2 和端元油 3，或者 TK1138 与 TK1118X 井原油来自同一套烃源岩的不同生烃阶段。

表 10-4 ALS-C 计算的端元油与其最接近的实际原油参数对比

指标/参数	端元油 1		端元油 2		端元油 3		
	ALS-C	实际接近	ALS-C	实际接近	ALS-C	实际接近	
	端元 1	S65	端元 2	TK1138	端元 3	TK1118X	S112
贡献比/%	100	29	100	99	100	99	99
C_{29}H/C_{30}H	1.42	1.08	0.84	0.75	0.58	0.91	0.90
C_{35}H/C_{34}H	1.58	1.21	0.89	0.71	0.00	0.43	1.20
Ga/C_{30}H	0.20	0.11	0.21	0.19	0.36	0.51	0.60
C_{19}TT ~ C_{29}TT/C_{29}H ~ C_{35}H	0.67	0.65	0.63	0.56	3.35	3.48	3.99
C_{19}TT ~ C_{21}TT/C_{26}TT ~ C_{29}TT	0.68	0.72	0.77	0.90	0.94	1.09	1.11
Ts/（Tm+Ts）	0.16	0.32	0.39	0.39	0.84	0.69	0.71
C_{21}TT/C_{23}TT	0.40	0.40	0.40	0.47	0.51	0.45	0.47
C_{23}TT/C_{30}H	1.07	0.81	0.62	0.46	1.96	2.97	3.22
C_{24}Te/C_{26}TT	0.56	0.75	0.88	1.09	0.81	0.71	0.69
C_{29}-25N/C_{30}H	0.50	0.19	0.00	0.01	0.04	0.09	0.09

续表

指标/参数	端元油 1		端元油 2		端元油 3		
	ALS-C	实际接近	ALS-C	实际接近	ALS-C	实际接近	
	端元 1	S65	端元 2	TK1138	端元 3	TK1118X	S112
甾藿比（S/H）	0.40	0.40	0.38	0.33	1.58	1.48	1.60
$\sum$ preg$/\sum$ S	0.17	0.16	0.15	0.15	0.22	0.24	0.24
$\sum C_{27}$/%	21	25	30	32	32	31	0.30
$\sum C_{28}$/%	23	21	18	20	20	22	0.22
$\sum C_{29}$/%	56	54	52	50	47	47	0.48
$\alpha\alpha\alpha20RC_{28}/C_{29}$	0.48	0.48	0.37	0.44	0.41	0.47	0.44
C_{27}-C_{28}-$C_{29}\alpha\alpha\alpha20R$	反"L"形	反"L"形	"V"形	"V"形	"V"形	"V"形	"V"形
$diaC_{27}/regC_{27}$	0.24	0.33	0.34	0.41	0.48	0.54	0.51
$C_{29}\alpha\alpha\alpha20S/(S+R)$	0.52	0.52	0.49	0.49	0.51	0.52	0.51
$C_{29}\beta\beta/(\alpha\alpha+\beta\beta)$	0.62	0.65	0.64	0.64	0.66	0.66	0.67

ALS 计算结果中，S65 原油是含有端元油 1 贡献最高的样品，达到 21%，因为其还有 71% 的端元油 2 贡献，端元油 1 的参数与实际 S65 样品的参数存在较大区别，但是它们之间还是有许多共性，如都具有相似甾烷分布特征和相对高的 $C_{28}\alpha\alpha\alpha20R$ 甾烷含量；都显示出高的 $C_{29}H/C_{30}H$ 和 $C_{35}H/C_{34}H$ 值，均大于 1；都有高浓度的 C_{29}-25 降藿烷，C_{29}-25N/$C_{30}H$ 在端元 1 和 S65 井油中分别为 0.50 和 0.19（表 10-4）。

（3）端元油油源分析。塔里木盆地台盆区海相主要发育寒武系—奥陶系烃源岩。寒武系—下奥陶统烃源岩发育在蒸发潟湖相和欠补偿盆地相，主要为水体分层、缺氧的碳酸盐岩和泥质烃源岩；中–上奥陶统烃源岩主要发育于台缘斜坡灰泥丘相和陆源海湾相；它们都受海底缺氧的保存条件和高的生物生产率两大因素共同控制（张水昌等，2004）。寒武系—下奥陶统烃源岩生烃母质以浮游藻类为主（也含底栖藻类），且表层水生产力产生的丰富有机质，容易在强还原的水体中保存；但中–上奥陶烃源岩则具有"双重母质"的特点，主要受上升洋流控制，底层水有氧，浮游、底栖动植物都很发育，藻类勃发，有大量原始贫氢的底栖藻类混入；因此，既有浮游藻类和疑源类，也包括大量宏观藻（王飞宇等，2001；蒋启贵等，2014）。

寒武系—下奥陶统和中–上奥陶统烃源岩具有不同的热演化史：寒武系—下奥陶统烃源岩生烃早，演化快，主生油期在加里东期，海西末期就处于高过成熟阶段，以生气为主；中–上奥陶统烃源岩在海西末期进入生油高峰阶段，因为中生代盆地不断降温，造成中–上奥陶统烃源岩演化慢，现今处于生油窗后期–高过成熟阶段（张水昌等，2004；蒋启贵等，2014）。

寒武系—下奥陶统和中–上奥陶统烃源岩在生标指纹上存在很大差异：与中–上奥陶统烃源岩相比，寒武系—下奥陶统烃源岩具有高 C_{28} 规则甾烷（$C_{29}>C_{28}\geq C27$）、高伽马蜡烷、高甲藻甾烷和三芳甲藻甾烷、高 4-甲基甾烷、高 C_{26}24-降胆甾烷、高三环萜烷以及低重排甾烷含量特征（张水昌等，2004；王招明和肖中尧，2004）。

对比 ALS-C 计算的端元油和其对应的实际原油与塔里木盆地两套海相烃源岩的地球化学特征，可以判定端元油 1 来自寒武系—下奥陶统烃源岩的生烃高峰期；而端元油 2 和 3 来自中–上奥陶统烃源岩，端元油 2 属于其生油窗早–中期产物，而端元油 3 属于其生油窗中–后期高成熟的产物。

10. 2. 5　塔河油田混源油形成

1. 充注与混合

（1）第一期原油充注。塔里木盆地地层对比图上，中–上奥陶统之间有一个沉积间断，说明中奥陶统形成之后经历了一个抬升剥蚀阶段，可以形成地表溶蚀孔缝、孔洞等；且其上部上奥陶统厚度较薄（150m）有利于地表水渗入溶蚀而生成大量优质储集层，这意味着中–下奥陶统储层在加里东中期的上奥陶统之前就已形成（蒋启贵等，2014）。烃源岩生烃史分析认为，寒武系—下奥陶统烃源岩在加里东期达到生烃高峰。此时即可发生第一期油气充注，原油来自寒武系—下奥陶统烃源岩的生油高峰阶段。在奥陶系泥质碳酸盐岩沉积以后，志留系发育的碎屑岩沉积，也可继续聚集下部烃源岩的排烃。因为，此时中–上奥陶统烃源岩尚未进入主要生烃阶段，油气还是主要来源于下部寒武系—下奥陶统烃源岩。由于加里东末期—海西早期运动，区域抬升，造成沉积间断，缺失泥盆系，剥蚀志留系（局部残留下志留统）和中–上奥陶统（低部位保留了部分中–上奥陶统），早期的油气（第一期充注的油气）遭受了强烈的生物降解。因此，在下部奥陶系和上部志留系形成了第一期生物降解残留油，其链烷烃已被完全消耗，产生了丰富的 25-降藿烷及其系列化合物。

（2）第二期原油充注和混合。加里东晚期—海西早期的构造抬升，不仅对第一期充注的原油起到破坏作用，而且因为岩溶作用普遍，奥陶系碳酸盐岩储层进一步发育。海西中期，即石炭纪时期形成以一套砂泥岩为主夹灰岩的海陆交互相沉积披覆在下古生界之上，其下部的厚层泥质岩为奥陶系的区域性盖层。至海西晚期，寒武系—下奥陶统烃源岩已进入高过成熟阶段，以生气为主；但是，此时中–上奥陶统烃源岩已进入生烃门限直至生烃高峰，开始生排烃。大量排出的烃类，可以进入其同时期沉积的奥陶系碳酸盐岩储层，也可以向上通过断裂或不整合面进入志留系砂岩储层，形成第二期充注油，并与之前存在的加里东期充注原油的降解残余油混合，第一次形成混源油。

海西晚期，塔北地区再次遭到沉积间断和剥蚀，缺失二叠系的大部分，石炭系也遭到不同程度的剥蚀，使得第一次形成混源油遭受生物降解等次生作用。由于志留系砂岩储层在上部，其遭受了严重的生物降解作用，形成沥青，也即目前大范围存在的沥青砂；但塔北局部地区下部的奥陶系储层由于离剥蚀面较深，使得部分地区奥陶系碳酸盐储层的原油虽然再次经历生物降解，但仍然能保存下来，形成第二期生物降解的残余油。此时的残余油包括两部分来源：第一部分来源于第一期充注的起源于寒武系—下奥陶统烃源岩生烃高峰期的原油经历两次生物降解后的残余部分；第二部分来源于第二期充注的起源于中–上奥陶统烃源岩生油窗早期阶段生成原油经历生物降解后的残余物。

（3）第三期原油充注和混合。进入中生代后，塔北隆起主要接受陆相沉积。中–晚侏罗世的燕山期，该区再度抬升，经历风化剥蚀，缺失中–上侏罗统；白垩纪及其之后，塔北隆起已基本定型。虽然在印支期、燕山期至喜马拉雅期，构造运动在大的范围内并没有对古生界造成严重影响，但构造运动导致构造面貌反转（阿克库勒凸起由早期北高南低的构造面貌，变成现今南高北低的北倾单斜构造格局），在阿克库勒构造带形成一系列的断裂和背斜，从而对下部古生界油藏进行破坏和改造。海西期运动结束后形成了一系列的中、新生代储盖组合，接受该区海相和陆相源岩的生排烃而成藏。

中生代后寒武系—下奥陶统烃源岩可能已不再具有生成液态烃的能力，而主要形成高过成熟气，这类天然气进入上部储层后，也会对已存在的油藏进行改造。由于中生代盆地不断降温，中–上奥陶统烃源岩演化慢，喜马拉雅期，逐步进入生油窗后期直至高过成熟，形成的高成熟油（主要为轻质油）大量运移至奥陶系及其上部储层，此时塔北地区发生第三期大规模的油气充注，并与前期存在的第二期充注形成的混源油残余物混合，第二次形成混源油。最终形成的混合油中包含有三部分：第一部分为第一期充注的来自寒武系—下奥陶统烃源岩生烃高峰期的原油经历两次生物降解后的残余部分，也就是本书计算得到的端元油 1；第二部分为第二期充注的来自中–上奥陶统烃源岩生油窗早期阶段生成原油经历生物降解后的残余物，也就是本书计算得到的端元油 2；第三部分为第三期充注的来自中–上奥陶统烃源岩生油窗晚期阶段生成高成熟原油，即本书计算得到的端元油 3。最终形成的混合油，可能会接受下部高过成熟烃源岩生成天然气的改造（如气侵、气洗等）和构造运动引起的调整（如蒸发分馏等）外，没有再遭到大规模的生物降解，也就是目前塔河油田开采出的原油。

2. 端元贡献程度及分布

图 10-17 ~ 图 10-20 展示了塔河油田混源油中 3 个端元油的贡献比例及分布情况。端元油 1 是最小的贡献端元，主要分布于塔河中北部和西部的奥陶系储层，平均贡献为19%，原油密度大，主要为重质油；在东部和南部地区分布较少，平均贡献 3%。端元油

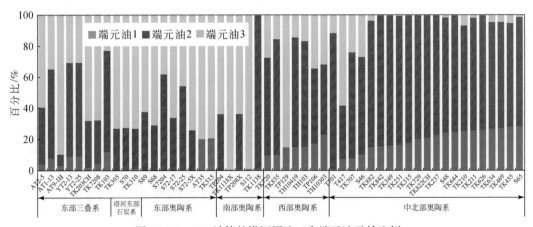

图 10-17　ALS 计算的塔河原油三个端元油贡献比例

2 是塔河油田原油重要的贡献端元，在中北部和西部是主要端元，平均贡献 66%，原油密度中等，为中质油；在东部和南部是次要端元，平均贡献 36%，原油多为中质油和轻质油；端元油 3 也是塔河油田原油的重要贡献端元，但其主要分布在东部和南部，平均贡献达 63%，油质多为中质油和轻质油。

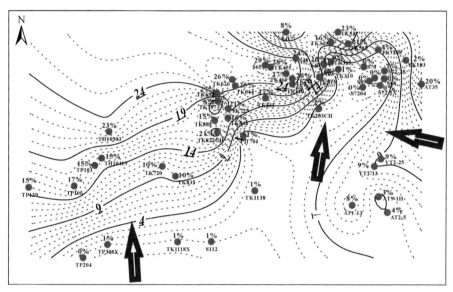

图 10-18　ALS 计算的端元油 1 贡献比例分布

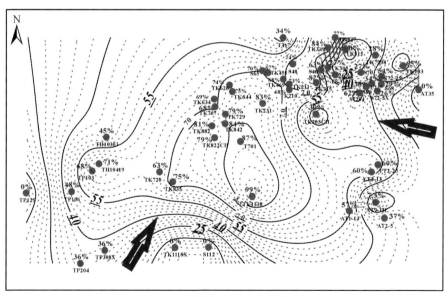

图 10-19　ALS 计算的端元油 2 贡献比例分布

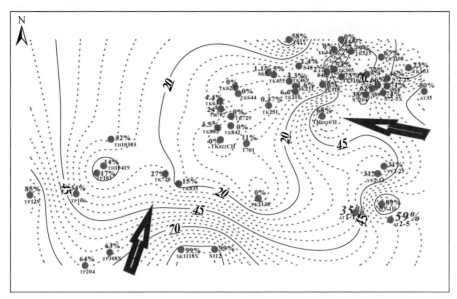

图 10-20　ALS 计算的端元油 3 贡献比例分布

对比 ALS 计算的三个端元油贡献比例等值线图发现，除塔河油田东部地区外，端元油 1 和端元油 2 贡献比都表现为从南向北或者由东南向西北方向逐渐增高（图 10-18，图 10-19），而端元油 3 的贡献比却逐渐降低（图 10-20），说明这三期原油总的运移方向是一致的。后期生成的原油沿着早期原油充注的方向运移，才能进入相同储层，并发生混合作用，甚至是"驱赶"（或驱替）已存在的早期原油继续运移，而占据最近、最有利的储集空间。因此，沿着运移方向，后期充注的原油含量会逐渐减小，而早期原油含量会逐渐增加。三期端元油贡献的这种规律与塔河油田原油密度在平面上的变化规律非常吻合（图 10-21），

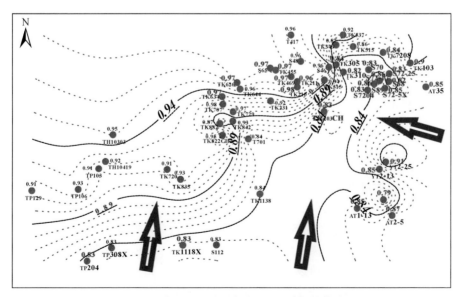

图 10-21　塔河油田原油密度（g/cm³）等值线图

前两期充注原油含量高（特别是第一期原油），原油的密度大；第三期充注原油含量高，原油密度小；即端元1的贡献越高，原油密度越大；端元油3的贡献越高，原油密度越小（图10-22）。但是这种规律在塔河油田东部地区就变得非常模糊，这可能与东部地区包含有石炭系和三叠系储层原油，而其他区域主要是奥陶系储层原油有关；这种垂向上不同层序混源油的复杂成藏过程，改变了原油正常混合的规律。

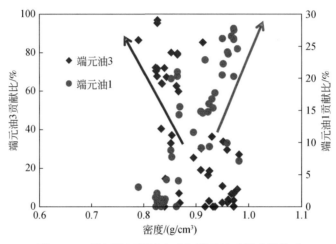

图 10-22　塔河油田原油密度与端元油贡献比的关系

3. 原油充注运移方向

油气作为流体矿产，其最大特征就是具有流动性。油气运移贯穿于整个油气地质历史，是连接生、排、聚、散各个环节的纽带。油气从生成到聚集成藏，经过了由源内到源外的初次运移和源外之后的二次运移。油气在运移过程中，各种地质–地化作用（地质色层效应、溶解作用、分馏等）会造成石油组成的差异，使得石油组成的差异在从烃源岩到油藏的各个地质体中得以保留下来，即各个地质体中保留有各种原油运移的地球化学信息，如生物标志化合物中的甾萜烷的分布、非烃中的杂原子化合物等。本研究主要从分子地球化学的角度来解析塔河油田原油的充注运移方向。

（1）含硫化合物（二苯并噻吩类）示踪原油充注方向。烷基二苯并噻吩类（DBTs）分子系由两个苯环间夹一个五员的噻吩环所组成，对称性的分子结构使其分子的环系具有很高的热稳定性与抗生物降解能力。基于 England 等（1987）建立的油藏充注模式，在一个油藏范围内，早期充注原油成熟度较低，而后期充注原油成熟度相对偏高，成熟度最高的原油分布在最接近油藏充注点地带；原油成熟度显著降低的方向即原油充注的方向（England et al.，1987；王铁冠等，2000）。二苯并噻吩类成熟度参数，如 4-/1-MDBT，2,4-/1,4-和 4,6-/1,4-DMDBT 值可作为衡量原油运移的指标。此外，基于硫原子氢键形成机理，原油中的烷基二苯并噻吩类化合物，在运移过程中产生运移分馏效应，随着运移距离增加，其绝对含量逐渐降低，所以石油中烷基二苯并噻吩类化合物总量降低的方向可以指示石油运移方向和示踪油藏充注途径（李美俊等，2008）。

　　塔河油田原油样品的甲基二苯并噻吩比值（MDR＝4-/1-MDBT）和二苯并噻吩系列化合物的总浓度平面分布分别如图 10-23 和图 10-24。根据烷基二苯并噻吩类化合物指示原油运移路线的机理，这两个参数降低的方向即原油的运移方向。从图 10-23 和图 10-24 看，塔河油田中北或西北部（即塔河主体区）是原油运移的指向区，存在两个运移路径：即以 TK1118X 或 S112 为充注点，分别由南向北或由南向西北方向运移；在东部区域还存在由东向西或由东南向西北方向运移。

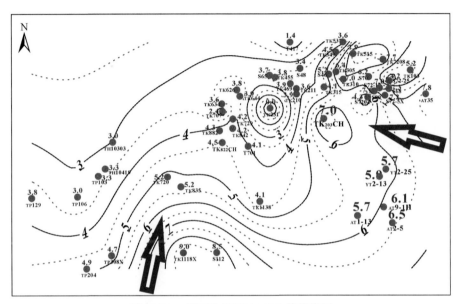

图 10-23　塔河油田原油 MDR 等值线图

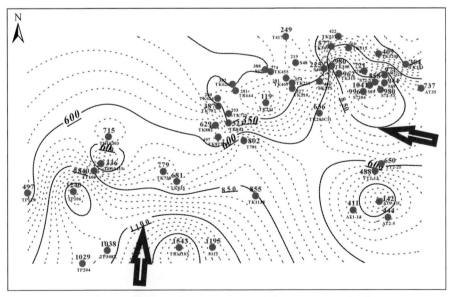

图 10-24　塔河油田原油二苯并噻吩总浓度（ppm）等值线图

（2）含氧化合物（二苯并呋喃类）示踪原油充注方向。

二苯并呋喃类化合物的结构和性质与二苯并噻吩及咔唑类化合物相似，其相对含量和总量的变化受热成熟作用和地质色层分馏效应影响。基于氧原子与输导层介质氢键形成机理及二苯并呋喃分子极性理论，在石油运移过程中，二苯并呋喃产生与咔唑类化合物类似的运移分馏效应，即原油中二苯并呋喃类化合物的总量可作为有效的油藏充注途径示踪参数（李美俊等，2011）。

塔河油田原油中二苯并呋喃类化合物总量的分布与二苯并噻吩类相似（图10-25），也显示出两个运移路径，即原油由南向北或由南向西北和由东向西或东南部向西北部方向充注。

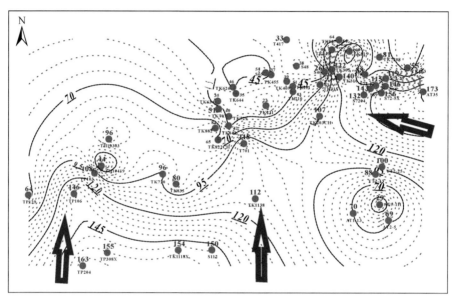

图10-25　塔河油田原油二苯并呋喃总量（ppm）等值线图

通过不同类型化合物浓度参数和比值参数，都证明塔河油田总体的运移方向可归纳为两个，即由南向北、由东向西运移，北部或西北部是油气充注的指向区。这一结论与前人采用各种成熟度指标、咔唑类化合物、苯酚类化合物、塔河地区流体势的分布等方向研究的认识相一致（顾忆等，2007；段毅等，2007；Wang et al.，2008；于双，2013；蒋启贵等，2014）。同时，在地质上也与其构造位置相符，位于阿克库勒凸起上塔河油田东临草湖凹陷、南接满加尔拗陷，而这两个是烃源岩区，都被认为可能是阿克库勒凸起的供烃区（蒋启贵等，2014）。

4. 混源油形成模式

（1）中西部地区奥陶系混源油形成。塔河油田原油来源于寒武系—奥陶系的海相不同沉积有机相带的烃源岩的不同成熟阶段，油田中西部地区储层为奥陶系碳酸盐岩储层（$O_{1-2}y$ 和 O_2yj）。烃源岩层大多与储层是相同或相邻时代沉积，在构造平面上，烃源岩层与储层相邻（垂向上肯定有构造高低之分）。从图10-20～图10-25可以看到，除了南部第二期和第三期原油的充注点处以外，在塔河油田中西部地区奥陶系主要是第一期和第二期原油的混源油，其形成时间在晚海西期。第一期（加里东中晚期）来自寒武系—下奥陶统烃源岩的原油在上部储层聚集，其后（可能为加里东晚期—海西早期）经历生物降解，在中-下奥陶统储层中聚集的为该期原油生物降解的残余物。海西晚期，来自中-上奥陶统烃源岩生油窗早期的原油运移至相同储层并与之混合，即第二期原油充注和第一次混合。在这个阶段，早期原油的残余物可能并没有来得及发生大规模的垂向变化，第二期原油从源岩到储层仅发生横向或短距离垂向运移。这种运移方式中，后期原油以波阵面的形式与早期原油混合，并推动其向前运移。在储层中，虽然它们一起经历了生物降解作用，但沿着第二期油气的运移方向，第二期原油含量逐渐降低，而第一期含量会逐渐增加。同样地，第三期（喜马拉雅期）来自中-上奥陶统烃源岩生油窗后期的原油也以这种形式向奥陶系储层运移，并与前期混源油发生混合。因此，在充注点附近，奥陶系储层几乎全为第三期原油（如 TK1118X 井和 S112 井第三端元贡献达 99%），或者仅有后两期原油的混合（如 S89、S68 等井）；而远离充注处含量几乎为 0（如 TK626、S65 等井）。

（2）东部地区混源油形成。从第一期混合油形成后降解（海西晚期第二期充注完成后）至第三期原油充注完成（喜马拉雅期）之间，由于构造运动地层抬升、塔里木盆地地温发生变化等原因，烃源岩生烃延缓（张水昌等，2004）。这期间是阿克库勒凸起主体、南部斜坡区断裂及裂缝（近东西向）主要形成期（刘家铎等，2014）；三叠纪末期的印支运动，在阿克库勒构造带形成一系列的断裂和背斜，形成现今低幅度底辟背斜构造带，在石炭系盐体边缘发育低幅度背斜构造；并在喜马拉雅期整个阿克库勒凸起构造面貌发生了反转，由北高南低变成现今的北低南高、北倾单斜构造格局。这种近乎垂向的断裂系统势必会沟通，甚至会破坏下古生界储层中的油藏，底部遭到破坏的油藏会向上部调整，原油会运移至上部储层（石炭系、三叠系），并在合适的圈闭中聚集，即下部奥陶系储层中的第一期与第二期原油形成的混源油在局部地区会调整至上部石炭系和三叠系储层，形成上部储层中的早期充注油。第三期原油形成并排出源岩以后，会首先运移至最近储层，与储层中早期原油混合并"驱赶"早期原油作横向或纵向运移；由于其成熟度高，密度小，甚至会完全"替代"早期原油而聚集在圈闭中（类似于原油差异聚集），这也就造成了局部地区（主要在东部）深部原油密度小而浅部原油密度大的现象。由于断裂系统的发育，大部分第三期充注的原油可主要作垂向运移至上部石炭系、三叠系储层，并与上部储层中存在的（也可能是同时充注进入的）原油混合形成混源油。

上部储层中（石炭系、三叠系）早期充注的来自下部储层中前两期形成的混源油，其主要的贡献者可能是第二期原油（即来自中-上奥陶统烃源岩生油窗早期的产物），因为第一期充注的原油经历了两次生物降解和一次混合，生物降解优先消耗饱和烃、芳烃等较轻的容易运移的烃类组分而残留不易运移的非烃沥青质组分，且第二期原油的充注混合又进一步降低了其相对含量。这类原油包含有严重生物降解的证据，如 25-降藿烷及其系列化合物等。这也可以解释前人在塔河油田储层含油砂岩的包裹组分和束缚组分中发现烷烃化合物与 25-降藿烷系列化合物共存的现象，以及相对较高伽马蜡烷含量和 $C_{28}\alpha\alpha\alpha20R$ 甾烷含量等寒武系—下奥陶统烃源岩贡献的证据（于双，2013）。在三叠系和石炭系储层的混源油中，来自中-上奥陶统烃源岩生油窗晚期原油占主要成分，其早期阶段原油占次要成分；而来自寒武系—下奥陶统烃源岩原油的含量极低，这种组分含量甚至可以认为是来自晚期原油对早期原油残余物的溶解萃取组分。

参 考 文 献

段毅，王传远，郑朝阳，等.2007. 塔里木盆地塔河油田原油中双金刚烷分布特征与油气运移. 天然气地球科学，18（5）：693-696.

顾忆，郝志兵，陈强路，等.2007. 塔河油田油气运移与聚集规律. 石油实验地质，29（3）：224-230.

郭建军，陈践发，王铁冠，等.2008. 塔里木盆地寒武系烃源岩的研究新进展. 沉积学报，26（3）：518-524.

贾承造.1997. 中国塔里木盆地构造特征与油气. 北京：石油工业出版社.

蒋启贵，张志荣，秦建中，等.2014. 油气地球化学定量分析技术. 北京：科学出版社.

李美俊，王铁冠，刘菊，等.2008. 烷基二苯并噻吩总量示踪福山凹陷凝析油藏充注途径. 中国科学（D辑：地球科学），38（S1）：122-128.

李美俊，王铁冠，杨福林，等.2011. 凝析油藏充注方向示踪分子标志物：烷基二苯并呋喃. 石油天然气学报，33（3）：6-11.

李丕龙，冯建辉，樊太亮，等.2010. 塔里木盆地构造沉积与成藏. 北京：地质出版社.

刘家铎，漆立新，田景春，等.2014. 塔里木盆地构造演化与沉积格架. 北京：科学出版社.

刘丽芳.2006. 塔北隆起油气成藏体系研究. 北京：中国地质大学（北京）博士学位论文.

马安来，金之钧，王毅.2006a. 塔里木盆地台盆区海相油源对比存在的问题及进一步工作方向. 石油与天然气地质，27（3）：356-362.

马安来，金之钧，张水昌，等.2006b. 塔里木盆地寒武–奥陶系烃源岩的分子地球化学特征. 地球化学，35（6）：593-601.

马安来，李慧莉，李杰豪，等.2020. 塔里木盆地柯坪露头剖面中上奥陶统烃源岩地球化学特征与海相油源对比. 天然气地球科学，31（1）：47-60.

孟书翠.2010. 塔北地区石炭系海相油气成藏与控制因素研究. 青岛：中国石油大学（华东）硕士学位论文.

米敬奎，张水昌，陈建平，等.2007. 轮南地区寒武系原油的分布特征. 科学通报，52（S1）：101-107.

米敬奎，张水昌，陈建平，等.2010. 塔北地区原油碳同位素组成特征及影响因素. 石油勘探与开发，37（1）：21-25.

田彦宽.2012. 塔里木盆地塔中和塔北低凸起海相混源油藏定量评价研究. 广州：中国科学院广州地球化学研究所博士学位论文.

王飞宇，边立曾，张水昌，等.2001. 塔里木盆地奥陶系海相烃源岩中两类生烃母质. 中国科学，31（2）：96-102.

王培荣.2011. 烃源岩与原油中轻馏分烃测定及其地球化学应用. 北京：石油工业出版社.

王铁冠，李素梅，张爱云，等.2000. 应用含氮化合物探讨新疆轮南油田油气运移. 地质学报，74（1）：85-93.

王铁冠，王春江，何发岐，等.2004. 塔河油田奥陶系油藏两期成藏原油充注比率测算方法. 石油实验地质，26（1）：74-79.

王铁冠，何发岐，李美俊，等.2005. 烷基二苯并噻吩类：示踪油藏充注途径的分子标志物. 科学通报，50（2）：176-182.

王招明，肖中尧.2004. 塔里木盆地海相原油的油源问题的综合述评. 科学通报，49（S1）：1-8.

杨杰，黄海平，张水昌，等.2003. 塔里木盆地北部隆起原油混合作用半定量评价. 地球化学，32（2）：105-111.

于双 . 2013. 新疆叠合盆地深层油气藏油源示踪研究 . 广州：中国科学院广州地球化学研究所博士学位论文 .

翟晓先，顾忆，钱一雄，等 . 2007. 塔里木盆地塔深 1 井寒武系油气地球化学特征 . 石油实验地质，29（4）：329-333.

张水昌，梁狄刚，张宝民，等 . 2004. 塔里木盆地海相油气的生成 . 北京：石油工业出版社 .

张中宁，刘文汇，王作栋，等 . 2008. 塔北隆起深层海相油藏中原油及族组分碳同位素组成的纵向分布特征及其地质意义 . 沉积学报，26（4）：709-714.

朱传玲，闫华，云露，等 . 2014. 塔里木盆地沙雅隆起星火 1 井寒武系烃源岩特征 . 石油实验地质，36（5）：626-632.

Bennett B, Fustic M, Farrimond P, et al. 2006. 25-Norhopanes: formation during biodegradation of petroleum in the subsurface. Organic Geochemistry, 37: 787-797.

Cai C F, Zhang C M, Cai L L, et al. 2009. Origins of Palaeozoic oils in the Tarim Basin: evidence from sulfur isotopes and biomarkers. Chemical Geology, 268: 197-210.

Chang X, Wang T-G, Li Q, et al. 2013. Geochemistry and possible origin of petroleum in Palaeozoic reservoirs from Halahatang Depression. Journal of Asian Earth Sciences, 74: 129-141.

Connan J, Cassau A M. 1980. Properties of gases and petroleum liquids derived from terrestrial kerogen at various maturation levels. Geochimica et Cosmochimica Acta, 44: 1-23.

Dzou L I P, Noble R A, Senftle J T. 1995. Maturation effects on absolute biomarker concentration in a suite of coals and associated vitrinite concentrates. Organic Geochemistry, 23: 681-697.

England W A, Mackenzie A S, Mann D M, et al. 1987. The movement and entrapment of petroleum fluids in the subsurface. Journal of the Geological Society, 144: 327-347.

Fan P, Philp R P, Li Z, et al. 1990. Geochemical characteristics of aromatic- hydrocarbons of crude oils and source rocks from different sedimentary environments. Organic Geochemistry, 16（1-3）: 427-435.

Fu J, Sheng G, Peng P, et al. 1986. Peculiarities of salt lake sediments as potential source rocks in China. Organic Geochemistry, 10: 119-126.

Hughes W B, Holba A G, Dzou L I P. 1995. The ratios of dibenzothiophene to phenanthrene and pristane to phytane as indicators of depositional environment and lithology of petroleum source rocks. Geochimica et Cosmochimica Acta, 59: 3581-3598.

Jia W, Wang Q, Peng P, et al. 2013. Isotopic compositions and biomarkers in crude oils from the Tarim Basin: oil maturity and oil mixing. Organic Geochemistry, 57: 95-106.

Li M J, Wang T G, Lillis P G, et al. 2012. The significance of 24- norcholestanes, triaromatic steroids and dinosteroids in oils and Cambrian-Ordovician source rocks from the cratonic region of the Tarim Basin, NW China. Applied Geochemistry, 27（9）: 1643-1654.

Li S M, Pang X Q, Zhang B S, et al. 2010. Oil-source rock correlation and quantitative assessment of Ordovician mixed oils in the Tazhong Uplift, Tarim Basin. Petreleum Science, 2: 179-191.

Li S, Amrani A, Pang X, et al. 2015a. Origin and quantitative source assessment of deep oils in the Tazhong Uplift, Tarim Basin. Organic Geochemistry, 78: 1-22.

Li S, Pang X, Zhang B, et al. 2015b. Marine oil source of the Yingmaili Oilfield in the Tarim Basin. Marine and Petroleum Geology, 68: 18-39.

Lu Y, Xiao Z, Gu Q, et al. 2008. Geochemical characteristics and accumulation of marine oil and gas around Halahatang depression, Tarim Basin, China. Science in China Series D: Earth Sciences, 51: 195-206.

Moldowan J M, Seifert W K, Gallegos E J. 1985. Relationship between petroleum composition and depositional environment of petroleum source rocks. American Association of Petroleum Geologists Bulletin, 69: 1255-1268.

Peters K E, Moldowan J M. 1991. Effects of source, thermal maturity, and biodegradation on the distribution and isomerization of homohopanes in petroleum. Organic Geochemistry, 17: 47-61.

Peters K E, Snedden J W, Sulaeman A, et al. 2000. A new geochemical-sequence stratigraphic model for the Mahakam delta and Makassar slope, Kalimantan, Indonesia. AAPG Bulletin, 84: 12-44.

Peters K E, Walters C C, Moldowan J M. 2004. The Biomarker Guide. Cambridge: Cambridge University Press.

Radke M, Welte D H. 1983. The methylphenanthrene index (MPI): a maturity parameter based on aromatic hydrocarbons//Malvin B. Advances in Organic Geochemistry. New York: John Wiley & Sons.

Radke M, Welte D H, Willsch H. 1986. Maturity parameters based on aromatic hydrocarbons: influence of the organic matter type. Organic Geochemistry, 10: 51-63.

Sinninghe Damst′e J S, Kenig F, Koopmans M P, et al. 1995. Evidence for gammacerane as an indicator of water-column stratification. Geochimica et Cosmochimica Acta, 59: 1895-1900.

Sofer Z. 1984. Stable carbon isotope compositions of crude oils: application to source depositional environments and petroleum alteration. AAPG Bulletin, 68 (1): 31-49.

Thompson K F M. 1983. Classification and thermal history of petroleum based on light hydrocarbons. Geochimica Et Cosmochimica Acta, 47 (2): 303-316.

Thompson K F M. 1987. Fractionated aromatic petroleums and the generation of gas-condensates. Organic Geochemistry, 11 (6): 573-590.

Thompson K F M. 1988. Gas-condensate migration and oil fractionation in deltaic systems. Marine and Petroleum Geology, 5 (3): 237-246.

Tian Y, Zhao J, Yang C, et al. 2012. Multiple-sourced features of marine oils in the Tarim Basin, NW China-Geochemical evidence from occluded hydrocarbons inside asphaltenes. Journal of Asian Earth Sciences, 54-55: 174-181.

Tissot B P, Welte D H. 1984. Petroleum Formation and Occurrence. Berlin: Springer.

Wang T G, He F, Wang C, et al. 2008. Oil filling history of the Ordovician oil reservoir in the major part of the Tahe Oilfield, Tarim Basin, NW China. Organic Geochemistry, 39: 1637-1646.

Yu S, Pan C C, Wang J J, et al. 2011. Molecular correlation of crude oils and oil components from reservoir rocks in the Tazhong and Tabei uplifts of the Tarim Basin, China. Organic Geochemistry, 42 (10): 1241-1262.

Zhang S C, Hanson A D, Moldowan J M, et al. 2000. Paleozoic oil-source rock correlations in the Tarim Basin, NW China. Organic Geochemistry, 31: 273-286.

Zhang S, Huang H, Xiao Z, et al. 2005. Geochemistry of Palaeozoic marine petroleum from the Tarim Basin, NW China. Part 2: maturity assessment. Organic Geochemistry, 36: 1215-1225.

Zhu G, Zhang S, Su J, et al. 2012. The occurrence of ultra-deep heavy oils in the Tabei Uplift of the Tarim Basin, NW China. Organic Geochemistry, 52: 88-102.

Zhu G, Zhang S, Su J, et al. 2013. Alteration and multi-stage accumulation of oil and gas in the Ordovician of the Tabei Uplift, Tarim Basin, NW China: Implications for genetic origin of the diverse hydrocarbons. Marine and Petroleum Geology, 46: 234-250.

第 11 章　济阳拗陷陆相混源油定量解析

11.1　东营凹陷环牛庄洼陷混源油研究

11.1.1　石油地质背景简介

东营凹陷是我国东部最富油的凹陷之一，位于渤海湾盆地济阳拗陷的东南部，为一个三级负向构造单元，总面积约 $5700km^2$。东营凹陷东接青坨子凸起，南部与鲁西隆起和广饶凸起接触，西接滨县–林樊家–青城凸起，北以陈家庄凸起为界。东营凹陷是在古生界结晶基岩之上经多期构造运动发育的中、新生代陆相断陷湖盆，总体上呈"北断南超、北深南浅"的箕状结构，自北向南可分为五个二级构造带：北部斜坡带、北部凹陷带、中部背斜带、南部凹陷带和南部缓坡带。北部和南部凹陷带又分为 4 个次一级洼陷，分别为民丰洼陷、利津洼陷、牛庄洼陷和博兴洼陷，它们是凹陷的沉积中心和主要烃源岩的发育区。

东营凹陷纵向上发育有太古界、中生界和新生界三大套岩系，总体上以新生界沉积地层为主。新生界从老到新依次发育孔店组（Ek）、沙河街组（Es）、东营组（Ed）、馆陶组（Ng）、明化镇组（Nm）和平原组（Qp）。其中，古近系沉积于湖盆的断层沉降时期，地层厚度一般在 4000~7000m，包含有区域内主要烃源岩层和重要的储集层；新近系是区域盖层发育时期。在孔店组和沙河街组沉积过程中，至少存在 6 大沉积体系，即冲积扇、扇三角洲、大型三角洲、辫状河、湖泊和重力流体系。孔店组以粗碎屑岩红层为主，与中生界呈不整合接触。沙河街组岩性主要为灰色、深灰色泥岩，粉砂岩和砂岩，常有灰黑色页岩、钙质页岩，钙质泥岩、白云岩、泥灰岩等穿插互层；从上至下可进一步细分为 4 段，即沙一段（Es_1）、沙二段（Es_2）、沙三段（Es_3）和沙四段（Es_4）。东营组沉积主要由三角洲和浅湖环境发育的砂岩与泥岩互层组成。新近系的馆陶组和明化镇组主要发育辫状河砾岩、砂岩和厚层泥岩。在东营凹陷，沙河街组包含主要的烃源岩层，孔店组和沙河街组是主要的砂岩储层和圈闭形成岩层，东营组可作为原油储集层和盖层，新近系包含分析的储集层和区域性的盖层。

沙河街组沙三下亚段（Es_3下）和沙四上亚段（Es_4上）广泛发育富有机质暗色泥、页岩，厚度可达数百米，被认为是东营凹陷内的两套主力烃源岩。沙四上亚段沉积时期，东营湖盆沉降速度加大，面积进一步扩张，演化成较封闭的半深湖沉积环境，湖水咸化、具备分层条件，底水含氧量低，沉积了一套以灰褐色钙质页岩、灰色泥岩为主，夹碳酸盐岩、油页岩和膏质泥岩的咸水–半咸水湖相岩层；沙三下亚段沉积时期，湖盆断陷活动达到高峰，快速沉降，古气候变得湿润，形成深湖–半深湖沉积背景，沉积一套钙质泥岩、灰色油页岩和泥岩互层的微咸水–淡水湖相岩层。

东营凹陷沙四上段烃源岩具有明显的盐湖或咸水湖相有机质特征，水生生物是其有机质的主要来源，干酪根类型以 I 和 II$_1$ 型为主，TOC 在 2%~11% 之间，生烃潜力大，主要的有机地球化学特征为：饱和烃呈单峰型分布，正构烷烃具有偶碳优势和植烷优势，Pr/Ph 小于 0.5，介于 0.10~0.45 之间，Ph/nC_{18} 大于 0.8；类胡萝卜烷类化合物含量丰富，呈系列分布；伽马蜡烷含量高，有的甚至超过 C_{30} 藿烷含量，伽马蜡烷指数通常大于 0.2，升藿烷系列具有 C_{35} 高于 C_{34} 的"翘尾巴"特征；C_{27} ~ C_{29} 规则甾烷多呈"V"形分布，重排甾烷和 C_{30}4-甲基甾烷含量较低，甾烷与藿烷的比值较大，一般大于 1。有机质稳定碳同位素组成偏负，分布在 -28.6‰ ~ -26.1‰，主频为 -29.5‰ ~ -28.5‰；正构烷烃单体碳同位素分布范围为 -31.0‰ ~ -24.0‰，一般在 nC_{23} 和 nC_{37} 出现负的异常（朱光有和金强，2003；张林晔等，2003；Zhang et al.，2009）。

东营凹陷沙三下段烃源岩有机质由水生生物和高等植物混合构成，其中水生生物输入较多，干酪根类型以 II$_1$ 型为主，TOC 大多在 2%~5%，生烃潜力较大，主要的有机地球化学特征为：正构烷烃呈现单峰型和双峰型，植烷优势明显下降，Pr/Ph 分布在 0.7~1.4 之间；伽马蜡烷含量低，伽马蜡烷指数小于 0.2，升藿烷系列呈阶梯状逐渐降低分布，无"翘尾巴"特征；C_{27} ~ C_{29} 规则甾烷呈"V"形分布，一般 C_{29} 甾烷占优，含有丰富的重排甾烷和 C_{30}4-甲基甾烷，甾烷与藿烷的比值相对较低，一般小于 0.2。有机质稳定碳同位素组成相对偏重，分布在 -28.2‰ ~ -25.2‰，主频为 -28.5‰ ~ -26.5‰；正构烷烃单体碳同位素分布范围为 -29.0‰ ~ -23.0‰，呈"U"形分布，一般在 nC_{17} ~ nC_{22} 范围内偏重，从 nC_{22} 后开始随碳数增加逐渐变轻（朱光有和金强，2003；张林晔等，2003；Zhang et al.，2009）。

东营凹陷沙四上段和沙三下段烃源岩目前大部分仍处于生油窗范围内，如沙四上段烃源岩热成熟度 R_o 值为 0.89%~1.2%，处于生液态烃后期；沙三下段烃源岩热成熟度 R_o 值为 0.8%~1.0%，处于生液态烃高峰期（Guo et al.，2012）。但是，由于受不同的古湖泊环境控制，如有机质生源类型、沉积介质水矿化度分层、底水硫酸盐和 H_2S 含量等的差异，沙四上段和沙三下段烃源岩具有不同的生排烃历史或模式。沙四上段烃源岩经历了相对早期的、多阶段的生烃过程，可以产生大量的未成熟度和成熟油，而沙三下段烃源岩则表现出相对较晚的、单阶段生烃过程（张林晔和张春荣，1999）。

11.1.2 样品与实验

1. 样品及分布

东营凹陷存在多种不同类型的原油，为了便于生物标志化合物定量分析和参数计算，一些类型的原油被排除在本研究之外：①生物标志化合物含量低的原油，如凝析油；②甾类生物标志化合物受到破坏的严重生物降解油（一般生物降解级别大于 PM6）（Peter and Moldowan，1993）。共选取了东营凹陷牛庄洼陷周边 46 个原油样品进行研究分析，均来自不同深度和储层的随钻测试样品，具体位置和基本信息见图 11-1 和表 11-1。

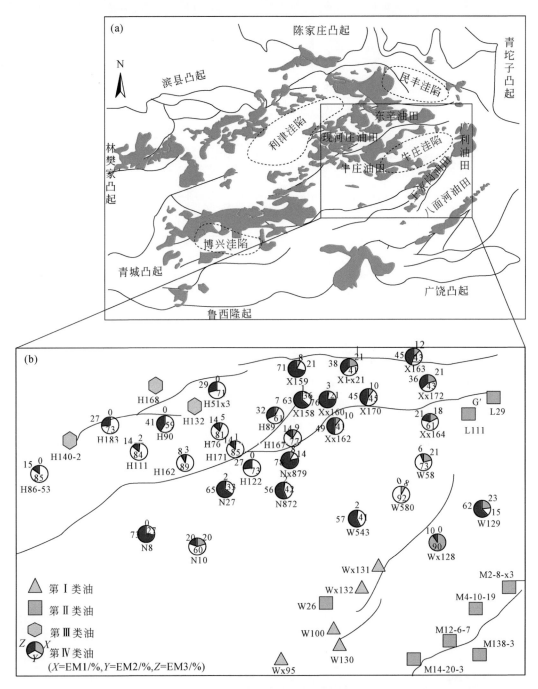

图 11-1　东营凹陷构造区划与样品分布

表 11-1　东营凹陷研究区原油样品信息、部分参数、原油分类及混源油各端元贡献比例

样品	层位	深度/m	密度 /(g/cm³)	总硫 /%	PM	分类	C₂₇αααR /%	C₂₈αααR /%	C₂₉αααR /%	端元油贡献比/%		
										EM1	EM2	EM3
Wx95	Ek₁	1885~1889	0.8454	0.24	1	I	13	31	57	—	—	—
W100	Ek₁	2112~2129	0.8646	0.19	0	I	20	28	52	—	—	—
W130	Ek₁	2179~2196	0.8584	0.18	0	I	13	28	58	—	—	—
Wx132	Ek₁	2371~2375	0.8327	0.16	0	I	12	27	61	—	—	—
Wx131	Ek₁	2467~2496	0.8320	0.18	0	I	11	30	59	—	—	—
L29	Es₄	2661~2692	0.9446	1.58	1	II	36	26	38	—	—	—
L111	Es₄	2714~2716	0.9311	1.71	1	II	38	25	37	—	—	—
M2-8-x3	Es₄	1541~1555	0.9415	1.96	3	II	39	26	35	—	—	—
M4-10-19	Es₄	1318~1347	0.9166	1.22	3	II	38	25	37	—	—	—
M12-6-7	Es₄	1392~1332	0.9372	2.63	3	II	37	26	37	—	—	—
M14-20-3	Es₄	1330~1335	0.9354	1.41	2	II	37	25	38	—	—	—
M138-3	Es₄	—	0.957	2.87	3	II	38	26	36	—	—	—
W26	Es₄	1666~1738	0.9883	3.9	1	II	41	22	36	—	—	—
H132	Es₃	3235~3308	0.9119	0.28	0	III	25	18	57	—	—	—
H140-2	Es₃	—	0.8921	0.19	0	III	29	22	49	—	—	—
H168	Es₃	3257~3333	0.907	0.24	0	III	28	16	56	—	—	—
N8	Es₄	3081~3090	0.8798	0.29	0	IV	27	26	47	0	27	73
N10	Es₄	2729~2744	0.8975	0.65	0	IV	33	24	42	20	60	20
N27	Es₃	3271~3277	0.8992	0.38	0	IV	28	21	51	2	33	65
N872	Es₃	3040~3050	0.8697	0.24	0	IV	27	23	50	2	42	56
Nx879	Es₃	3011~3017	0.8792	0.47	0	IV	28	27	45	8	14	78
W58	Es₄	3016~3022	0.8704	0.49	0	IV	34	23	42	21	73	6
Wx128	Es₄	2616~2621	0.9184	0.81	1	IV	28	30	41	90	0	10
W129	Es₂	1674~1681	0.9194	0.37	3	IV	29	25	46	23	15	62
W543	Es₃	3214~3223	0.8704	0.27	0	IV	25	24	52	2	41	57
W580	Es₄	3167~3173	0.8746	0.69	0	IV	33	22	45	8	92	0
H51x3	Es₂	2173~2179	—	0.28	0	IV	33	23	45	0	71	29
H76	Ed	1800~1804	0.884	0.63	0	IV	31	26	43	5	81	14
H86-53	Es₁	2009~2025	0.8715	0.2	0	IV	29	25	46	0	85	15
H89	Es₃	2721~2727	0.9335	0.87	0	IV	37	25	38	7	61	32
H90	Es₃	2295~2299	0.8639	0.33	0	IV	28	24	47	0	59	41
H111	Es₃	2280~2305	0.8591	0.31	0	IV	27	26	47	2	84	14
H122	Es₃	3023~3027	0.8654	0.3	0	IV	29	23	49	0	73	27
H162	Es₃	3296~3300	0.9126	0.62	0	IV	25	27	47	3	89	8
H167	Es₃	3118~3235	0.8883	0.8	0	IV	34	27	39	9	77	15
H171	Es₃	2861~2867	—	0.4	0	IV	26	26	48	1	85	14
H183	Es₃	3244~3253	0.8484	0.18	0	IV	23	25	52	0	73	27

续表

样品	层位	深度/m	密度/(g/cm³)	总硫/%	PM	分类	$C_{27}\alpha\alpha\alpha R$/%	$C_{28}\alpha\alpha\alpha R$/%	$C_{29}\alpha\alpha\alpha R$/%	端元油贡献比/%		
										EM1	EM2	EM3
X1-x21	Es₂	2247~2250	0.8868	0.75	0	IV	34	25	41	21	41	38
X158	Es₃	2927~2974	0.8677	0.24	0	IV	32	19	48	0	36	64
X159	Es₃	2654~2681	—	0.48	0	IV	32	25	44	7	22	71
Xx160	Es₃	3198~3202	0.8859	0.46	0	IV	31	24	45	3	21	76
Xx162	Es₃	3027~3044	0.8926	0.51	0	IV	34	23	43	10	41	49
X163	Es₃	2820~2840	0.8943	0.33	0	IV	30	26	43	12	43	45
Xx164	Es₃	2760~2765	0.884	0.46	0	IV	34	25	41	17	62	21
X170	Es₃	2885~2889	0.8914	0.43	0	IV	35	25	40	9	46	45
Xx172	Es₃	2761~2785	0.907	0.59	0	IV	32	26	42	20	43	37

2. 样品处理及仪器分析

按质量称取两组样品，一组溶于二硫化碳，用于全油气相色谱分析，进样前加入 $nC_{24}D_{50}$ 用于定量链烷烃浓度。另一组溶于正己烷，在离心分离沥青质后，用硅胶/氧化铝柱（体积比2∶1）进行族组成分离，利用正己烷及正己烷与二氯甲烷（体积比2∶1）的混合试剂进行冲洗，得到饱和烃和芳烃组分。在离心分离和柱色谱之前加入一定浓度的5α-雄甾烷和D10-蒽作为内标分别对饱和烃生物标志化合物和芳烃化合物进行绝对定量，内标化合物参与整个前处理流程。部分饱和烃样品经尿素络合后分离成正构烷烃部分和链烷烃部分。

全油气相色谱分析，饱和烃和芳烃气相色谱质谱分析，全油、饱和烃和芳烃组分总碳同位素分析、正构烷烃单体碳同位素分析等，所使用的仪器、流程和方法均与第9章、第10章相同。

3. 化学计量学分析

本研究使用到的化学计量学方法主要有谱系聚类分析（HCA）、主成分分析（PCA）和交替最小二乘法（ALS）。其中 HCA 和 PCA 主要分析生物标志化学物比值数据集，用于原油样品的分类和对比研究；ALS 主要分析生物标志化合物浓度数据，用关于定量解析混源油。各化学计量学方法均使用 Infometrix 公司研发的商业软件 Piroutte 4.5 实现，各方法的应用或限制条件与第9章、第10章相同。

11.1.3　原油分类

研究区原油具有相对高的 C_{26}/C_{25} 三环萜烷（C_{26}/C_{25}TT = 0.78~1.13）和四环聚戊二烯类化合物比值（TPPR = 0.15~0.75）以及相对低的 C_{31} 升藿烷/C_{30} 藿烷（$C_{31}R/C_{30}H$ = 0.14~0.28），表明它们主要源自湖相烃源岩；但一些生物标志化合物比值参数存在大幅度的变化，如甾烷/藿烷（S/H）分布范围为 0.14~3.28、伽马蜡烷指数（$Ga/C_{30}H$）分布在 0.03~1.28 之间，这说明这些原油来源于不同沉积或有机相环境和生源贡献的湖相烃源岩

（Peter et al.，2005），这也符合东营凹陷存在两套主力烃源岩的基本地质背景。

本书用于化学计量学分析（HCA 和 PCA）的比值参数数据集包括 3 个同位素比值（即全油、饱和烃和芳烃组分碳同位素）和 12 个与生源或沉积环境相关的生物标志化合物参数。这些比值参数包括姥植比（Pr/Ph）、生物构型的规则甾烷相对含量（% C_{27} $\alpha\alpha\alpha R$、% C_{28} $\alpha\alpha\alpha R$ 和% C_{29} $\alpha\alpha\alpha R$）、S/H、C_{26} TT/C_{25} TT、C_{24} 四环萜烷/C_{26} 三环萜烷（C_{24} Tet/C_{26}TT）、Ga/C_{30} H、C_{31} R/C_{30} H、升藿烷指数（C_{35} H/C_{34} H）、4-甲基甾烷比值（C_{30}-4M/$C_{29}\alpha\alpha\alpha R$）和 TPPR。为了避免成熟度对原油分类的影响，一些成熟度参数被排除在数据集之外，如甾烷 C_{29} 20S/（20S+20R）、$C_{29}\beta\beta$/（$\alpha\alpha+\beta\beta$）和 C_{31} 升藿烷比值 [C_{31} S/（S+R）]，但它们都被用于后文的讨论中。

研究区原油被 HCA 和 PCA 分成 4 类（图 11-2），每一类原油都分布在不同的油田或区域（图 11-1），并显示出不同的碳同位素和生物标志化合物参数分布范围。HCA 和 PCA

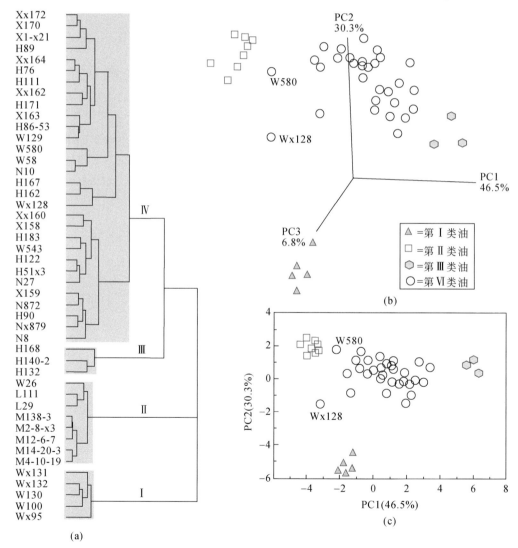

图 11-2　东营凹陷研究区原油 HCA 和 PCA 分类

分类与常用的二元或三元参数分类相比存在一些异常的样品点，如原油 W580 在二元参数分类中更靠近第Ⅱ类油（图 11-3），但它在多元数据分析中被归类于第Ⅳ类原油，这可能是原油的混源导致的差异。简单的二元或三元地球化学参数分析，一次只考虑两个或三个参数变量，有助于对样品的初步认识，但可能会忽略样品其他参数代表的信息。多元参数分析是利用矩阵代数同时处理所有的参数数据，它从一个大的数据集中提取有意义的信息，可对地质样品进行更全面理解（Peter et al.，2005）。因此，下文将详细讨论 HCA 和 PCA 分类，其他的二元参数分类仅作为支撑证据。

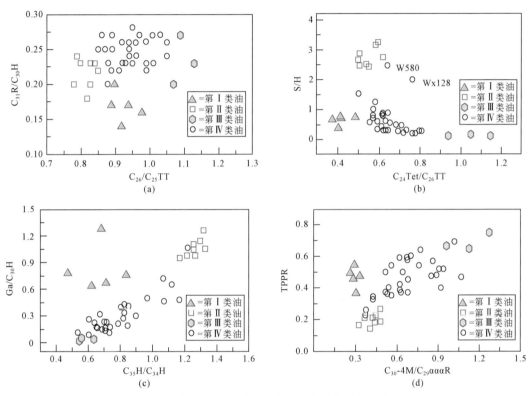

图 11-3 东营凹陷研究区原油生物标志化合物参数关系图

11.1.4 不同类型原油特征与来源

1. 第Ⅰ类油

第Ⅰ类油包含 5 个原油样品，全部来自牛庄洼陷南部缓坡带的王家岗油田 Ek_1 储层。这类原油具有相对较低的密度（$0.8320 \sim 0.8646g/cm^3$）、硫含量（$0.16\% \sim 0.24\%$）和高的蜡含量（$23\% \sim 32\%$），这些物性特征明显区别于大部分沙河街组储层中产出的原油。规则甾烷中 C_{29} 甾烷占优势（图 11-4），具有生物构型的规则甾烷相对含量% $C_{27}\alpha\alpha\alpha R$、% $C_{28}\alpha\alpha\alpha R$ 和% $C_{29}\alpha\alpha\alpha R$ 分别为 $11\% \sim 20\%$、$27\% \sim 31\%$ 和 $52\% \sim 61\%$。C_{29} 甾烷优势很可

能与高等植物或某些藻类（如褐藻和许多绿藻）的贡献有关（Moldowan et al., 1986）。C_{30}-4M/$C_{29}\alpha\alpha\alpha R$ 和 TPPR 分别为 0.27~0.33 和 0.36~0.54。原油中高丰度的 C_{30}-4-甲基甾烷和四环聚戊二烯类化合物也表明藻类对其烃源岩有机质的贡献（Holba et al., 2000）。甾烷 $C_{29}20S/(20S+20R)$、$C_{29}\beta\beta/(\alpha\alpha+\beta\beta)$ 和 C_{31} 升藿烷比值分别为 0.38~0.46、0.35~0.44 和 0.54~0.62，指示该类型属于成熟原油（图 11-5）。

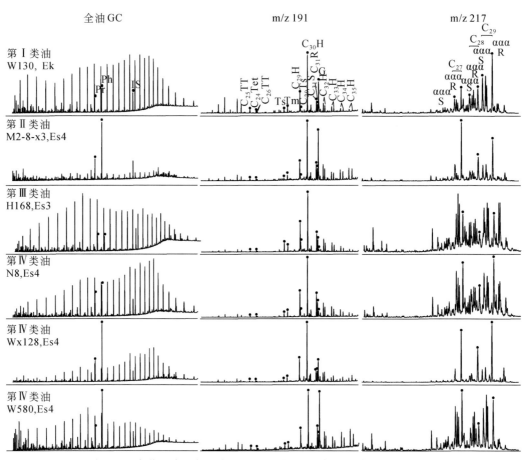

图 11-4 东营凹陷研究区代表性原油样品生物标志化合物质量色谱图

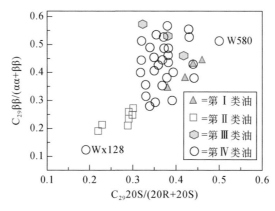

图 11-5 东营凹陷研究区原油甾烷成熟度参数关系图

第 I 类油的 $C_{26}/C_{25}TT$ 和 $C_{31}R/C_{30}H$ 值分别为 0.89~0.98 和 0.14~0.20 [图 11-3（a）]，指示其来源于湖相烃源岩（Peters et al.，2005）；但甾藿比 S/H 值为 0.40~0.75，这明显与东营凹陷两套主力烃源岩的 S/H 不同（沙四上段 S/H>1，沙三下段 S/H<0.2）（Zhang et al.，2009）；高的三环萜烷含量和低的 $C_{24}Tet/C_{26}TT$ 值（0.38~0.49），这也明显区别于其他类型原油 [图 11-3（b）和图 11-4]，反映出它们在生烃母质上的差别。全油、饱和烃和芳烃碳同位素均值分别为 -29.5‰、-29.5‰ 和 -29.1‰，要偏负于其他类型原油（图 11-6）；正构烷烃（$nC_{13}~nC_{36}$）单体碳同位素分布在 -29.1% ~ -32.0‰ 之间，也低于沙河街组产出的原油，这也说明该类原油在生烃母质上的特殊性。相对高的伽马蜡烷指数（$Ga/C_{30}H = 0.64~1.28$）指示其烃源岩形成于咸化的分层水体环境，这与该区沙四上段烃源岩相符；但是其 Pr/Ph（0.55~0.72）和 $C_{35}H/C_{34}H$（0.48~0.84）又与沙四上段烃源岩明显不同，而是接近于沙三下段烃源岩（朱光有和金强，2003）。这些特征表明第 I 类油来自研究区目前被认为是两套主力烃源岩之外的烃源岩层。在一些二元参数分析图中，该类油总是有处于其他类型原油变化趋势之外的特点，也支持上述认识（图 11-3）。Li 等（2005）研究东营凹陷牛庄洼陷及其南坡地区烃源岩后认为，包括沙四上段、沙三下段和潜在的孔店组烃源岩都不具有与该区孔店组储层产出原油的甾烷分布模式。因此，第 I 类油不能与迄今为止发现的任何烃源岩相匹配，与目前认为的该区主力烃源岩（即沙四上段和沙三下段）相比，该类油的烃源岩中应该含有更多的藻类有机质，这些有机质可以生成同位素偏负的烃类，大量的蜡、C_{29} 甾烷和三环萜烷化合物，并形成于还原的、分层的咸水环境中。

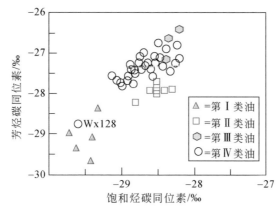

图 11-6　东营凹陷研究区原油饱和烃和芳烃碳同位素关系图

2. 第 II 类油

第 II 类油包含 8 个原油样品，都产自东营凹陷南缓坡带的 Es_4 储层（图 11-1，表 11-1），它们都遭受了轻度生物降解，正构烷烃被破坏或消失，但甾萜类生物标志化合物未受影响（图 11-4）。

第 II 类油有四个特征明显区别于其他类油。①原油具有高密度（0.9166~0.9883g/cm³）和硫含量（1.12%~3.90%）。生物降解作用可以造成原油密度升高，高的硫含量可能与烃源岩有机质类型和沉积环境相关。②原油具有最高的 S/H 值（2.47~3.28），高或平衡的 %$C_{27}\alpha\alpha\alpha R$ 与 %$C_{29}\alpha\alpha\alpha R$ 甾烷（36%~41% 与 35%~38%）和相对较高的 C_{30}-4M/C_{29} $\alpha\alpha\alpha R$ 值（0.34~0.49），指示真核生物（主要是藻类）多于原核生物（细菌）对烃源岩有机质的贡献［图 11-3（d）］。③原油具有低的 Pr/Ph（0.24~0.39）、C_{31}R/C_{30}H 值（0.18~0.24）和高的 C_{35}H/C_{34}H（1.17~1.33）、Ga/C_{30}H 值（0.96~1.26），指示其源岩形成于强还原的、分层的咸水湖相环境［图 11-3（c）］。④甾烷参数 C_{29}20S/(20S+20R) 和 $C_{29}\beta\beta/(\alpha\alpha+\beta\beta)$ 分别为 0.22~0.30 和 0.19~0.27，表明该类原油成熟度较低，属于未熟-低熟油（图 11-5）。

东营凹陷牛庄洼陷南部斜坡被认为是典型的未熟-低熟油产区，在国内外文献中被广泛讨论，原油都具有相同的生物标志化合物特征，具有低的成熟度和相似的生源，属于同一类型；牛庄洼陷及其南坡沙四上段烃岩含有大量的藻类富集层，可以形成未熟-低熟油，是该区原油的烃源岩（张林晔和张春荣，1999）。本研究的第Ⅱ类原油也产自该区域，除成熟度参数外，与生源或沉积环境有关的参数都与沙四上段烃源岩具有很好的对应关系（朱光有和金强，2003；张林晔等，2003），说明第Ⅱ类油来自沙四上段烃源岩，形成于早期生烃阶段。

3. 第Ⅲ类油

第Ⅲ类油包含 3 个原油样品，都产于沙三段储层，来自中央背斜带现河庄油田。原油具有完整的链烷烃分布（图 11-4），以及中等的密度（0.8921~0.9119g/cm³）和低的含硫量（0.19%~0.28%）。原油具有极低的 S/H 值（0.14~0.18），指示陆生的或者是微生物改造的有机质对烃源岩的贡献（Tissot and Welte，1984）；低的 C_{27} 甾烷和相对高的 C_{29} 甾烷含量（%$C_{27}\alpha\alpha\alpha R$ 与 %$C_{29}\alpha\alpha\alpha R$ 分别为 25%~29% 与 49%~57%）、相对高的 C_{24}Tet/C_{26}TT 值（0.94~1.15）和偏重的碳同位素值，也指示强的陆源有机质对烃源岩的贡献。全油、饱和烃和芳烃碳同位素均值分别为 -27.1‰、-28.3‰ 和 -26.7‰（图 11-6）；正构烷烃（nC_{13}~nC_{36}）单体碳同位素分布在 -30.5‰~-26.6‰ 之间。高 C_{26}/C_{25}TT 值（1.07~1.13）和低 C_{31}R/C_{30}H 值（0.20~0.27）说明原油来自湖相烃源岩，高丰度的 C_{30}4-甲基甾烷（图 11-4）、高 C_{30}-4M/$C_{29}\alpha\alpha\alpha$20R 值（0.97~1.28）和最高的 TPPR 值（0.65~0.75）指示烃源岩中淡水藻类有机质的输入（Holba et al.，2000）。相对较高的 Pr/Ph（0.95~0.98）值指示轻度缺氧的沉积环境；相对低的 Ga/C_{30}H（0.03~0.06）和 C_{35}H/C_{34}H 值（0.55~0.64）指示烃源岩沉积于半咸水到淡水、次氧化到氧化的沉积环境［图 11-3（c）］。C_{29}20S/(20S+20R) 和 $C_{29}\beta\beta/(\alpha\alpha+\beta\beta)$ 分别为 0.59、0.32~0.42 和 0.46~0.57，指示它们属于成熟原油（图 11-5）。

上述所有生物标志化合物参数特征表明，第Ⅲ类油烃源岩形成于偏氧化的淡水湖相沉积环境，其生源母质由藻类物质和原核生物或者是微生物改造过的陆源有机质混合构成，属于其烃源岩生烃高峰阶段的产物。东营洼陷两套主力烃源岩之一的沙三下段原油具有高的 Pr/Ph（0.7~1.4）、丰富的 C_{30}4-甲基甾烷和占优势的 C_{29} 甾烷含量、低的伽马蜡烷指数（Ga/C_{30}H<0.2）与 S/H（一般小于 0.2）和相对偏重的碳同位素组成，目前正处于生油高峰期（Zhang et al.，2009；Guo et al.，2012），这些特征与第Ⅲ类油具有非常高的可对比

性。因此，推测其是第Ⅲ类油的源岩。

4. 第Ⅳ类油

大部分原油样品（30 个）都被 HCA 和 PCA 鉴别为第Ⅳ类油，产自沙河街组和东营组储层，主要来自中央背斜带（东辛油田和现河庄油田）。除来自斜坡带的 Wx128 和 W129 原油遭受了轻度生物降解而正构烷烃轻度受损外，其他原油都具有完整无损的链烷烃分布。它们都具有较大范围的密度值（0.8484 ~ 0.9335g/cm³）和硫含量（0.18% ~ 0.87%）。全油、饱和烃和芳烃碳同位素均值分别为 −29.0‰ ~ −27.7‰，−29.6‰ ~ −28.2‰和−28.8‰ ~ −26.7‰（图11-6）；正构烷烃单体碳同位素也有较大的范围，但与第Ⅱ、第Ⅲ类油有基本类似的变化趋势。该类油的甾萜类化合物组成与分布形式多样（图11-4），各生物标志化合物参数值的分布范围较大。C_{26}/C_{25}TT（0.85 ~ 1.05）和 C_{31}R/C_{30}H（0.20 ~ 0.28）也都介于第Ⅱ、第Ⅲ类油之间［图11-3（a）］，指示其来源于湖相烃源岩。与生源有机质来源相关的生物标志化合物参数，如 S/H，TPPR 和 C_{30}-4M/C_{29}αααR 分别为 0.22 ~ 2.49，0.22 ~ 0.69 和 0.37 ~ 1.07，指示存在不同类型有机质的贡献［图11-3（b），图11-3（d）］。从 C_{27}、C_{28}、C_{29}αααR 相对百分含量（分别为23% ~ 37%，19% ~ 30% 和 38% ~ 52%）也能得出相似的认识。与烃源岩沉积环境相关的参数，如 Pr/Ph，Ga/C_{30}H 和 C_{35}H/C_{34}H 分别在 0.35 ~ 0.80，0.08 ~ 1.07 和 0.54 ~ 1.22 内变化，也指示其是由不同的水体咸度、分层和氧化还原状态的沉积环境下形成的烃源岩［图11-3（c）］。甾烷参数 C_{29}20S/（20S+20R）和 C_{29}ββ/（αα+ββ）分别为 0.19 ~ 0.50 和 0.12 ~ 0.56（图11-5），表明原油具有较宽的成熟度范围。

基于上述地球化学特征判断，第Ⅳ类油是来自不同湖相沉积环境下形成的多套烃源岩不同生烃阶段的混源油。它们与生源和沉积环境相关的生物标志化合物参数都介于沙四上段和沙三下段烃源岩之间。因此，该类原油是东营凹陷沙四上段和沙三下段烃源岩的混源油。

11.1.5　混源油定量解析（第Ⅳ类油）

选择原油中浓度较高、易于定量研究的、具有生源/年代等指示意义的生物标志化合物组成数据集，利用其浓度数据进行 ALS 分析，对混源油开展定量解析。本研究采用的浓度数据集 17 个常用的生物标志化合物分子，包括类异戊二烯烷烃 Pr、Ph，甾烷类化合物 C_{27}αααR、C_{28}αααR、C_{29}αααR、C_{29}αααS、C_{29}αββS、C_{29}αββR，萜类化合物 C_{24}Tet、C_{26}TT、Ts、Tm、C_{29}H、C_{30}H、C_{34}H、C_{35}H 和伽马蜡烷 Ga。

基于两个理由将 ALS 分析中端元油确定为 3 个：一是生物标志化合物分析表明原油来自沙四上段和沙三下段烃源岩生油的混合，东营凹陷牛庄洼陷区域沙四上段烃源岩具有多期生烃的能力，目前处于生液态烃后期，沙三下段烃源岩处于生烃高峰期（Guo et al.，2012），具备两套烃源岩三期生排烃的基础；二是在数理统计上，三个端元的累计方差可达到99.6%，不仅比两端元的累计方差高，也满足统计学上的一般大于90%的要求，而且进一步增加端元个数，其累计方差的增加也非常有限。ALS 定量解析出的三个端元油（EM1、EM2 和 EM3）的相对贡献见表 11-1。

三个端元油中，EM1 是最小的贡献者，平均贡献 10%；EM2 和 EM3 是主要贡献者，平均分别为 53% 和 37%。端元油的一些生物标志化合物比值可以通过 ALS 计算出的端元油组分间接计算出。EM1 和 EM2 最大的区别体现在成熟度参数上，前者甾烷 C_{29}20S/（20S+20R）和 $C_{29}\beta\beta/(\beta\beta+\alpha\alpha)$ 分别为 0.22 和 0.16，而后者分别为 0.63 和 0.60，表明 EM1 属于低熟油，而 EM2 为成熟油。它们的相似性体现在于生源或沉积环境相关的生物标志化合物参数上，如都具有高的 $Ga/C_{30}H$（EM1 和 EM2 分别为 0.70 和 1.26）、$C_{35}H/C_{34}H$（1.33 和 1.10），以及低的 Pr/Ph（0.30 和 0.41）和 $C_{29}\alpha\alpha\alpha R$ 甾烷含量（41% 和 44%），这些特征很好地对应于东营凹陷沙四上段烃源岩。因此，沙四上段是端元油 EM1 和 EM2 的源岩，以及牛庄洼陷及周边地区混源油的主要贡献者（共达 63%），其中 EM1 属于其低熟阶段的生烃产物，与本研究中的第 Ⅱ 类油类似，EM2 来自其生烃高峰期。端元油 EM3 具有完全不同的生物标志化合物特征，如低 $Ga/C_{30}H$（0.13）、$C_{35}H/C_{34}H$（0.68），高 Pr/Ph（1.00）和 50% 的 $C_{29}\alpha\alpha\alpha R$ 规则甾烷相对含量，较好地对应于沙三下段烃源岩；其甾烷 C_{29}20S/（20S+20R）和 $C_{29}\beta\beta/(\beta\beta+\alpha\alpha)$ 分别为 0.40 和 0.49，也与东营凹陷沙三下段烃源岩目前处于生烃高峰期相对应。因此，沙三下段是端元油 EM3 的烃源岩，是混源油的次要贡献者（37%）。

EM1 对 Wx128 和 EM2 对 W580 的贡献分别达到 90% 和 92%，即 Wx128 和 W580 原油来自沙四上段烃源岩的贡献大于 90%（表 11-1），这也是它们生物标志化合物参数与沙四上段接近，且在二元参数分析图上比较接近第 Ⅱ 类油的原因（图 11-3）。如它们都具有高 S/H（Wx128 和 W580 分别为 2.00 和 2.49）、$C_{35}H/C_{34}H$（1.17、1.22）、$Ga/C_{30}H$（0.48、1.07），以及低 Pr/Ph（0.38、0.42）C_{30}-4M/$C_{29}\alpha\alpha\alpha$20R（0.37、0.38）、TPPR（0.22、0.26）。Wx128 和 W580 的甾烷 C_{29}20S/（20S+20R）和 $C_{29}\beta\beta/(\beta\beta+\alpha\alpha)$ 值分别是 0.19、0.12 和 0.50、0.51，也分别与低成熟的 EM1 和成熟的 EM2 是相对应的。Wx128 原油偏负的碳同位素也可能与低的成熟度有关（图 11-5）。

11.1.6　混源油分布及特征

1. 中央背斜带

中央背斜带是东营凹陷最重要的产油区之一，有东辛和现河庄两个重要油田。东新油田位于背斜带的中东部地区，其北部是民丰洼陷，西部是利津洼陷，南部是牛庄洼陷。本研究从该油田沙河街组三段和二段储层选取 9 个有代表性的原油样品，都属于第 Ⅳ 类油，即来自沙四上段与沙三下段烃源岩的混源油，它们的贡献分别是 51% 和 49%，其中沙四上段低熟油占 12%，成熟油为 39%。相对于其他油田，东辛油田原油低熟油成分较高，可能与它比较靠近低熟的源区有关，如其东边的广利油田就属于低熟油区（第 Ⅱ 类油）。

现河庄油田东部是牛庄洼陷，西部是利津洼陷，地质上其处于现河庄–史家口断裂带。本研究从该油田沙河街组（1~3 段）和东营组储层共选取了 14 个代表性的原油样品（以 H 开头），它们被划分为两个类型，即来自沙三下段烃源岩的第 Ⅲ 类油和来自沙四上段与沙三下段混源的第Ⅳ类油。第Ⅲ类油的三个样品（H168、H132 和 H140-2）在地质上比较靠近利津洼陷，可能来自利津洼陷烃源岩。混源油中，沙四上段烃源岩贡献可达79％，其中成熟端元占76％，低熟的仅占3％；沙三下段烃源岩的平均贡献为21％。

对于中央背斜带的混原油，低熟油（EM1）的贡献量从南部到西北部逐渐减小，这一趋势说明低熟油沿同样的方向迁移，主要来自位于南部缓坡带和牛庄洼陷低熟的沙四上段烃源岩。但是，EM2 和 EM3 在横向和纵向上对混源油的相对贡献没有明显的变化趋势，说明它们都存在多个充注点或运移方向，可能主要来自牛庄洼陷的源岩，西部利津凹陷内的源岩可能也有贡献。

2. 南部斜坡带

王家岗地区是牛庄洼陷和南部缓坡带的过渡区域，构造位置相对较低。在该地区的不同区域发现了多个含油层系，本研究选取了11个有代表性的原油样品（以 W 开头），覆盖了不同的深度和多套储层。即使在同一构造带内，原油的组成也非常复杂，可分为多个类型。其中，产自孔店组储层的原油属于目前油源未知的第Ⅰ类油，沙河街组储层油属于第Ⅱ和第Ⅳ类油，反映了这一地区烃类产生、运移、聚集和混合的复杂性。对于有限的混源油样品，各端元的贡献量随井位和深度的变化而不同。其中，来自沙四上段的低熟端元油（EM1）的比例相对较高（平均为29％），主要来自牛庄洼陷和南部缓坡带低熟烃源岩；成熟油（EM2 和 EM3）主要来牛庄洼陷烃源岩。

11.2　沾化凹陷桩海及其周缘地区混源油研究

11.2.1　石油地质背景简介

沾化凹陷是济阳拗陷东北部的次一级新生代沉积盆地，为一断陷型凹陷，也是渤海湾盆地最富油气的和传统的原油产区之一。沾化凹陷四周被凸起包围，北部以埕南断层及埕东断层为界和埕东凸起相接，东部为垦东凸起、青坨子凸起和以陡坡性质的长堤-孤东断阶带，西部以义东断层为界与义和庄凸起相连（孙耀庭等，2015）。凹陷内主要包括孤南洼陷、孤北洼陷和渤南洼陷等多个负向构造单元及孤岛凸起1个正向构造单元，总体上都呈 NEE 走向，为向北东敞开的"北断南超"型山间断陷沉积构造（宫红波等，2019）。新生代早期，沾化凹陷受多期、多组断裂强烈活动和断裂及构造体系转化控制，形成"多凸多洼""洼凸相间"的构造格局，凹陷内主要包括孤南洼陷、孤北洼陷和渤南洼陷等多个负向构造单元和孤岛凸起1个正向构造单元，总体上都呈 NEE 走向（图11-7）。

沾化凹陷以太古界为结晶基底，在元古代、古生代和中生代为地台盖层沉积阶段，经燕山运动发生的强烈断裂变动后，开始进入盆地发育阶段，新生代古近纪为箕状断拗盆地，新近纪为断裂活动较弱的拗陷盆地（宫红波等，2019）。凹陷内古近系—新近系非常发育，总厚度接近万米，地层从老至新包括古近系的孔店组（分三段）、沙河街组（分四段）、东营组；新近系的馆陶组和明化镇组以及第四系的平原组。

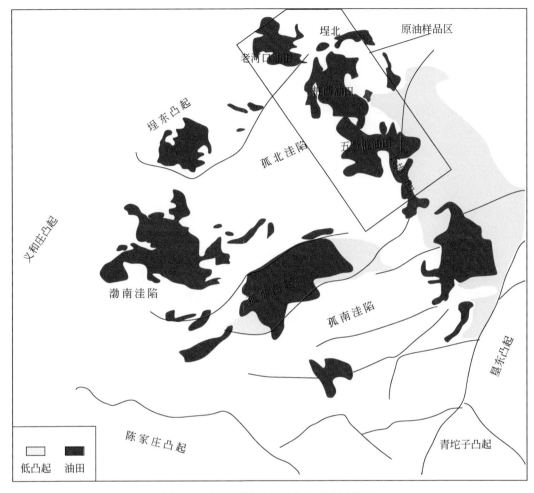

图 11-7　沾化凹陷构造区划与研究区位置

　　古近系—新近系是沾化凹陷的主要含油层序（占探明储量的80%），主要层位为沙三段、沙二段和馆陶组三个层段。馆陶组为河流相沉积，岩性主要为砂岩以及砂砾岩，局部的洪积砂砾岩透镜体和底部的火山碎屑岩也是潜在的储集层。沙三、沙二段以河流相和湖泊相为主，物源类型丰富，储集层以砂岩为主，砂体类型多样，孔隙发育。

　　沾化凹陷主要为沙三段、沙一段和明化镇组，都是区域性盖层，但不同层段地层因沉积环境不同，盖层分布范围和岩性都不尽相同，总体上以泥岩为主。沙三段沉积期湖盆属于进积期，以灰色泥岩和油页岩沉积为主，厚度大，范围广，盖层普遍、连续分布。沙一段时期湖体水域进一步扩大，以半深湖相灰绿色泥岩为主，泥岩较纯，以蒙伊混层矿物为主。明化镇组岩性以泥岩和含砂泥岩为主，蒙脱石是其主要矿物成分，明化镇组沉积时期沉积区域内的凹凸相间的构造特征已经非常不明显，其沉积物作为盖层厚度可达数百米，且遍布整个济阳拗陷，甚至渤海湾盆地。

　　始新世时期，气候条件温暖潮湿，藻类植物等大量发育；同时构造运动相对稳定，盆地快速沉降，湖盆发育进入鼎盛期，湖盆较大，陆源碎屑注入湖泊，带来大量营养物质，湖中水生生物大量繁盛，水体较深且范围扩大，有利于有机质保存，形成了沾化凹陷的三套主力烃源岩，分别为沙四上段、沙三段、沙一段烃源岩。烃源岩主要为泥页岩层系，具有厚度大、有机质类型好、丰度高、生烃潜力大的特征。综合前人研究（宋国奇等，2014；张林晔等，2015；孙耀庭等，2015；曹婷婷等，2020），对各套烃源岩的地球化学特征总结如下。

　　沙四上段烃源岩：沾化凹陷沙四上亚段沉积时期整个凹陷主要受控于北西向五号桩、孤西断层，因此沙四上段沉积发育比较局限，主要分布于凹陷北部的孤北和渤南洼陷带。早期气候干燥，属低位体系域沉积，主要为半封闭盐湖、咸水潟湖环境，湖水具有永久性分层结构，在强还原环境下有利于有机质保存，优质烃源岩发育。沙四上段烃源岩中碳酸盐含量普遍较高，总有机碳含量介于 1.5%~4.0% 之间，主要属于 I 和 II$_1$ 有机质，生烃潜力大。烃源岩可分为两大类，一是岩性以泥页岩、油泥岩及部分灰质泥岩为主，主要分布于孤北洼陷，生物标志化合物主要特征为饱和烃中 Pr/Ph 值，一般小于 1（0.23~0.83）；规则甾烷以 C$_{27}$ 为优势的"V"形分布为主，C$_{27}$ 重排甾烷含量低，4-甲基甾烷含量极低；萜烷伽马蜡烷含量较高，伽马蜡烷指数（Ga/C$_{30}$H）一般大于 0.2，正常的升藿烷分布系列，甾烷与藿烷的比值低（S/H 一般 0.1 左右），表明微生物是其重要的有机质生源，三环萜烷含量较高，Ts 含量较 Tm 低（Ts/Tm 小于 1），但甾烷成熟度参数 C$_{29}$20S/(20S+20R) 为 0.35~0.50，C$_{29}$ββ/(αα+ββ) 为 0.37~0.44，说明其已达到成熟阶段。二是岩性以碳酸盐（石灰岩、泥质灰岩）为主，主要分布于渤南洼陷，生物标志化合物主要特征为含有 C$_{28}$-二降藿烷，这是碳酸盐岩特有的生物标志化合物特征，即与微生物活动有关；具有植烷优势，Pr/Ph 值小于 1，重排甾烷极低，4-甲基甾烷丰富，萜烷中伽马蜡烷含量丰富，甚至高于 C$_{30}$ 藿烷，C$_{35}$ 升藿烷异常丰富，升藿烷指数（C$_{35}$H/C$_{34}$H）大于 1，甾烷与藿烷的比值低（S/H 小于 0.25）；硫芴含量高，可占芳烃系列 80% 以上的绝对优势，二苯并噻吩/菲（DBT/P）大于 1；成熟度较高，甾烷成熟度参数 C$_{29}$20S/(20S+20R) 和 C$_{29}$ββ/(αα+ββ) 均大于 0.45。

　　沙三段烃源岩：沾化凹陷沙三段为湖盆发育的鼎盛时期，深湖相沉积持续时间长，沉积厚度大、分布广的油泥岩、油页岩和钙质泥岩成为沾化凹陷最重要的烃源岩。沙三段沉积于半咸水–淡水还原环境，下亚段岩性以富有机质页岩、纹层泥岩为主，是区内一套主力烃源岩，其在不同的洼陷内具有不尽相同的生物标志化合物特征，Pr/Ph 一般大于 0.8，伽马蜡烷丰度低，Ga/C$_{30}$H 一般均小于 0.15；孤北和孤南洼陷重排甾烷含量和淡水甲藻类来源的 4-甲基甾烷含量高，S/H 一般大于 0.2，其他洼陷一般小 0.2，Ts 含量较高，Ts/Tm 大于 1，重排类分子含量的大幅增加与陆源碎屑大量输入引起的黏土矿物含量增加有关；甾烷成熟度参数 C$_{29}$20S/(20S+20R) 值一般大于 0.35，处于成熟阶段。沙三中段烃源岩在沾化凹陷分布十分局限，主要位于渤南洼陷，主要生物标志特征为重排甾烷发育，4-甲基甾烷含量较低或不发育，规则甾烷呈 C$_{27}$>C$_{29}$ 的"V"形；三环萜烷含量低，C$_{24}$ 四环萜远高于 C$_{26}$ 三环萜烷（C$_{24}$Tet/C$_{26}$TT 均值大于 3），重排甾烷丰富的 Ts/Tm 值大于 1，S/H 小于 0.2。

　　沙一段烃源岩：形成于咸水–半咸水湖相环境，富有机质的泥页岩发育。沙一段烃源岩生物标志化合物特征与沙四上段有相似之处，其主要特征有烷烃存在奇偶优势，低 Pr/

Ph 值；萜烷中 Ts 丰度低，Ts/Tm 小于 1，伽马蜡烷含量高，$Ga/C_{30}H$ 大于 0.17；甾烷中 C_{28} 生物构型的规则甾烷相对含量一般大于 30%，重排甾烷及 4-甲基甾烷含量低，S/H 相对较高（0.59 ~ 0.98），说明生源以真核生物贡献为主，主要为藻类等浮游生物；芳烃中含硫化合物较低，DBT/P 一般小 0.3。沙一段烃源岩在沾化凹陷内的渤南和五号桩等洼陷最厚，在深洼陷带已进入生烃门限，成为局部的重要烃源岩，其甾烷成熟度参数 $C_{29}20S/(20S+20R)$ 值一般小于 0.3，以形成低熟油为主，常与来源于其他烃源层的油气形成混源油气藏。

沾化凹陷油气成藏有多源多期的特点，主要有两期重要的油气充注成藏过程：一是东营组时期，沙四上段烃源岩达到成熟，开始大量生排烃，形成洼陷内部和边缘的单源油藏；二是明化镇组时期，沙三段烃源岩进入大量生排烃期，同时沙四段烃源岩仍然处于生排烃阶段，且局部地区沙一段烃源岩也进入生烃门限开始生排烃，油气在整个凹陷内，特别是陡坡-凸起带和中央低凸起上形成大规模的单源或混源油藏（孙耀庭等，2015）。

本研究针对的区域主要是桩海及其周缘地区。桩海地区处于济阳凹陷埕岛、埕东、桩西、长堤 4 个披覆构造的交会处，已发现有多套含油层系和多种油藏类型。由于特殊的构造位置，该区各油藏成藏特征及成藏模式多样且复杂，不同来源的或类型的混源油普遍存在。本研究根据原油的地球化学特征，采用化学计量学分析方法，进行系统的原油分类研究和来源分析，并对不同烃源岩层的贡献进行预估，以期进一步探究该区复杂的原油来源问题。

11.2.2 样品与实验

本研究选取了沾化凹陷桩海及其周缘地区 42 个原油样品，覆盖多个油田或地区，包括长提油田、五号桩油田、桩西油田和老河口油田等（图 11-7），它们主要分布于孤北洼陷的东北侧，其源岩可能主要来自孤北洼陷及其邻近洼陷。为了便于生物标志化合物定量分析和参数计算，本研究排除了生物标志化合物含量低的凝析油和遭受了严重生物降解的原油样品，同时也没考虑该地区存在奥陶系古潜山储层的原油，而是主要针对研究区下古近系—新近系沙河街组（1-4 段）、东营组的馆陶组含油层系，具体样品（井名）、层位和深度信息见表 11-2。

表 11-2 沾化凹陷研究区原油样品信息、部分地化参数、原油分类及各端元油贡献比例

样品	层位	深度/m	C_{30}-4M/ $C_{29}\alpha\alpha\alpha20R$	芳/%	氧芳/%	硫芳/%	DBT/P	分类	端元油贡献比/%		
									EM1	EM2	EM3
Z8-1	Es$_3$	2836 ~ 2851	1.35	51	19	30	0.09	1	—	—	—
Z42	Es$_3$	3196.5 ~ 3199	1.84	45	22	33	0.11	1	—	—	—
Z43	Es$_3$	3004 ~ 3006.5	1.36	59	13	29	0.08	1	—	—	—
Z78	Es$_3$	3252 ~ 3262	1.56	58	14	27	0.09	1	—	—	—
Z242	Es$_3$	3158 ~ 3179	1.25	56	13	31	0.07	1	—	—	—

续表

样品	层位	深度/m	$C_{30}-4M/C_{29}\alpha\alpha\alpha20R$	芴/%	氧芴/%	硫芴/%	DBT/P	分类	端元油贡献比/%		
									EM1	EM2	EM3
Z242	Es₃	3059.4～3063	1.26	59	13	28	0.07	1	—	—	—
Z421	Es₃	3209～3218	1.28	48	22	31	0.08	1	—	—	—
Z422	Es₄	3539.1～3604	1.32	60	13	28	0.08	1	—	—	—
Z602	Es₄	3771.3～3786.8	1.34	60	8	33	0.11	1	—	—	—
Z941	Es₃	3305.3～3311	1.51	46	25	30	0.12	1	—	—	—
Z391	Es₁	2724.2～-2756.4	0.37	45	18	37	0.23	2	—	—	—
Z399	Es₂	2851～2861.6	0.86	38	25	36	0.30	2	—	—	—
Z602	Es₁	3072.7～3100	0.48	54	16	31	0.20	2	—	—	—
Z942	Es₁	2909.9～2911.9	0.99	47	23	29	0.19	2	—	—	—
C91	Ed	1969～2023	0.86	42	21	37	0.20	3	57	0	43
C92	Ed	2243～2324	0.60	74	11	16	0.24	3	57	43	0
CB152	S	2889.6～2912	0.93	69	13	18	0.06	3	41	17	42
CB155	S	3080.3～3088	1.45	18	25	57	0.18	3	23	0	77
L16	Es₂	3125.9～3128.8	1.11	31	24	45	0.17	3	23	37	41
L30	Es₂	—	0.68	57	14	28	0.12	3	46	15	39
Z64-2	Ed	2878～2866.3	0.53	50	17	33	0.09	3	24	76	0
LX291	Ed	3559.8	1.01	38	20	42	0.31	3	24	6	70
Z11-1	Es₁	—	0.73	67	10	23	0.09	3	34	65	1
Z42	Es₁	3048～3061	0.65	64	13	23	0.08	3	34	66	0
Z47	Es₁	2753～2757.5	0.64	48	18	34	0.12	3	46	46	8
Z62-15	Es₁	3014～3038	0.61	63	13	25	0.08	3	43	57	0
Z66	Es₃	3193～3259	0.71	27	32	40	0.13	3	60	24	16
Z110	Es₃	3215.2～3276	0.89	39	26	34	0.15	3	13	68	19
Z134	Es₁	3015～3024	0.92	45	21	34	0.12	3	23	72	5
Z300	Es₁	3118～3122	0.65	57	19	24	0.10	3	46	54	0
Z303	Es₁	2472～2473	0.65	48	18	34	0.13	3	46	44	10
Z306	Es₃	2603～2613	0.75	62	13	25	0.08	3	37	58	5
Z351	Es₁	3056.8～3042.7	0.74	58	17	25	0.14	3	37	23	40
Z702	Es₂	3006～3020	0.60	65	13	22	0.08	3	34	66	0
Z931	Ed	2803～3031.5	0.61	55	15	29	0.14	3	35	40	25
ZG29	Es₂	2813～2817	1.20	23	39	38	0.18	3	11	35	54

样品	层位	深度/m	C_{30}-4M/$C_{29}\alpha\alpha\alpha20R$	芴/%	氧芴/%	硫芴/%	DBT/P	分类	端元油贡献比/%		
									EM1	EM2	EM3
ZX147	Ng	2545～2548	0.77	65	10	25	0.06	3	49	43	8
ZX183	Ng	2023.5～2025	0.75	34	28	38	0.09	3	35	65	0
ZX142	Ng	2528.4～2531	0.70	60	9	31	0.07	3	31	69	0
ZX231	Ng	2613.8～2618	0.67	64	8	28	0.07	3	33	67	0
ZX471	Es_1	2841.9～2822	0.64	44	20	36	0.14	3	47	47	7
ZX212	Ng	2697.9～2715.5	0.87	35	17	48	0.13	3	35	52	13

所选原油全部进行了原油族组分分类，通过含内标的全油色谱分析定量计算原油中链烷烃浓度及相关参数，对含内标的饱和烃和芳烃组分分别进行气相色谱质谱分析，分别定量计算原油生物标志化合物、芳烃化合物浓度和相关参数。实验过程、所使用仪器、流程和方法等均与第9章、第10章相同。

利用谱系聚类分析（HCA）和主成分分析（PCA）分析生物标志化合物比值数据集，对原油进行分类和对比研究；交替最小二乘法（ALS）分析生物标志化合物浓度数据，对混源油进行定量解析。所使用的软件及其设置条件等见第9章、第10章。

11.2.3　原油地球化学特征

因排除了遭受严重生物降解的样品，本研究所有原油都具有较完整的链烷烃分布，部分原油具有较小的植烷优势，Pr/Ph 分布为 0.74～1.96；所有的样品中，三环萜烷的相对丰度远小于藿烷，三环萜烷与藿烷的比值（TT/H）分布在 0.15～0.17 之间，但三环萜烷内部组成且有很大的差异，如 C_{26}/C_{25} 三环萜烷（C_{26}/C_{25}TT）和 C_{24} 四环萜烷/C_{26} 三环萜烷（C_{24}Tet/C_{26}TT）分别为 0.96～1.89 和 0.49～1.04；C_{27} 三降新藿烷 Ts 和伽马蜡烷（Ga）的含量变化大，Ts/（Ts+Tm）和 Ga/C_{30}H 值分别为 0.22～0.86 和 0.05～0.66；升藿烷系列随碳数增加呈阶梯状降低趋势（图 11-8），C_{35}H/C_{34}H 分布在 0.52～0.75 之间。较高的 C_{26}/C_{25}TT 值和低 C_{31}R/C_{30}H（0.12～0.26）值指示原油来自湖相烃源岩；较大范围变化的 Pr/Ph 和 Ga/C_{30}H 值表明其源岩沉积环境的水化学条件的多样性，包括水体氧化还原条件、盐度或分层状况等，这也意味着它们可能是不同烃源岩岩层供烃的混合产物［图 11-9（a）］。原油中芳烃化合物特征也支持其来自不同沉积环境源岩的认识，如具有沉积环境指示意义的三芴系列化合物（芴、氧芴、硫芴）的相对含量分别为芴＝18%～74%、氧芴＝8%～39% 和硫芴＝16%～57%，二苯并噻吩与菲的比值为 0.06～0.31，这说明它们源岩的沉积环境在氧化还原性和硫化程度上存在较大的差异。

甾烷类化合物组成中，C_{27}、C_{28} 和 $C_{29}\alpha\alpha\alpha20R$ 规则甾烷相对含量分别为 25%～39%、11%～40% 和 26%～58%，C_{27}/C_{29} 值为 0.45～1.31；重排甾烷和 4-甲基甾烷含量变化极大（图 11-8），C_{27} 重排甾烷与规则甾烷比值（diaC_{27}/regC_{27}）和 C_{30}-4 甲基甾烷与 C_{29} 生物构型的规则甾

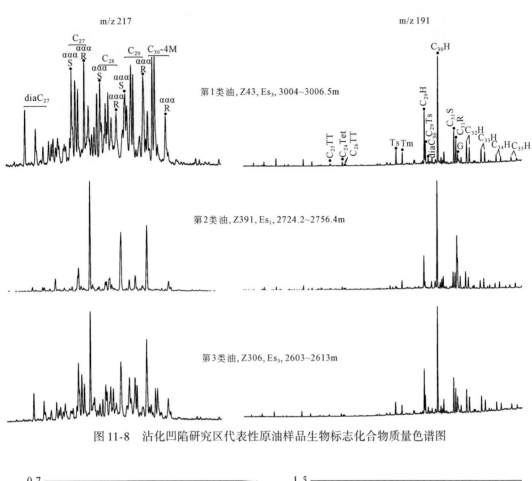

图 11-8　沾化凹陷研究区代表性原油样品生物标志化合物质量色谱图

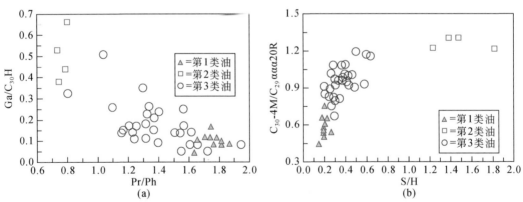

图 11-9　沾化凹陷研究区原油生物标志化合物参数关系图

烷比值（C_{30}-4M/$C_{29}\alpha\alpha\alpha$20R）分别为 0.14 ~ 0.49 和 0.37 ~ 1.84；甾藿烷比值（S/H）为 0.16 ~ 1.82 ［图 11-9（b）］。4-甲基甾烷的前身 4-甲基甾醇在藻类中含量较高，特别是鞭毛藻类和定鞭金藻（Volkman, 2016），因此在淡水湖相烃源岩及其原油中的含量通常较高。S/H 值指示真核生物（主要是藻类和高等植物）和原核生物（细菌）对烃源岩有机质的贡献，原油中较大变化范围的 S/H 值指示其原始母质的多样性。研究区原油中甾类生物标志化合物的分布与组成特征也指示其来自不同的烃源岩层。

原油的热成熟度不能直接测量，其等同于烃源岩生排烃时的成熟度，可通过分子化合物比值进行评估，但不同的分子参数指示的成熟度范围不同。升藿烷 $C_{31}S/(S+R)$ 适用于未成熟到成熟早期生成的原油，平衡值为 0.57 ~ 0.62，研究区原油 $C_{31}S/(S+R)$ 的值为 0.46 ~ 0.59，说明原油成熟度范围分布较宽，部分原油是其源岩低熟阶段的产物。甾烷成熟度参数也有较大的变化范围，甾烷 $C_{29}20S/(20S+20R)$ 和 $C_{29}\beta\beta/(\alpha\alpha+\beta\beta)$ 分别为 0.16 ~ 0.60 和 0.10 ~ 0.57，也指示部分样品属于低熟油，而大部分样品属于成熟油，是其源岩生烃高峰期的产物 [图 11-10 （a）]。重排甾萜类化合物比值成熟度指示范围较大，在未成熟、成熟至过成熟阶段皆适用，但可能会受到烃源岩岩性或黏土矿物含量和类型的影响。研究区样品 $Ts/(Ts+Tm)$ 和 $diaC_{27}/regC_{27}$ 值分布范围分别为 0.22 ~ 0.68 和 0.14 ~ 0.49，它们不仅变化范围大，相互之间还具有很好的相关性 [图 11-10 （b）]，说明原油来源于不同生烃阶段或不同岩性的烃源岩。

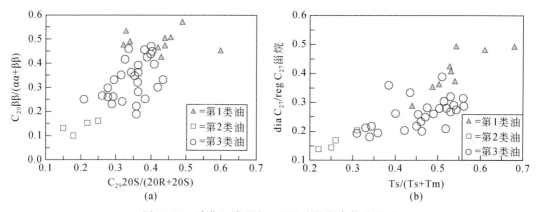

图 11-10　沾化凹陷研究区原油成熟度参数关系图

因此，本研究区原油来自不同生烃母质、在不同沉积环境下形成的、具有不同生烃阶段的多套烃源岩。结合原油与研究区烃源岩的生物标志化合物特征认为，原油来自沾化凹陷孤北洼陷的多套烃源岩，具体的原油分类和不同烃源岩的相对贡献需要进一步研究。

11.2.4　原油分类与源解析

对由 9 个与生源或沉积环境相关的生物标志化合物比值参数组成的数据集进行 HCA 和 PCA 分析，以对本研究区原油进行类型划分。这 9 个比值参数包括 Pr/Ph、$C_{26}/C_{25}TT$、$C_{24}Tet/C_{26}TT$、$Ga/C_{30}H$、S/H、$C_{30}-4M/C_{29}\alpha\alpha\alpha R$、$C_{27}\alpha\alpha\alpha R$、$C_{28}\alpha\alpha\alpha R$ 和 $C_{29}\alpha\alpha\alpha R$ 的相对含量。为避免成熟度对原油分类的影响，一些成熟度参数被排除在数据集之外，如甾烷 $C_{29}20S/(20S+20R)$、$C_{29}\beta\beta/(\alpha\alpha+\beta\beta)$ 和 C_{31} 升藿烷比值 [$C_{31}S/(S+R)$]，但它们都被用于后文的讨论中。

如图 11-11 （a）所示，研究区原油被 HCA 分为三种类型，PCA 也支持这种分类结果［图 11-11（b），图 11-11（c）］，每一类原油都具有相近的生物标志化合物参数值，但各类型之间展现出不同的生物标志参数值范围（图 11-9，图 11-10）。

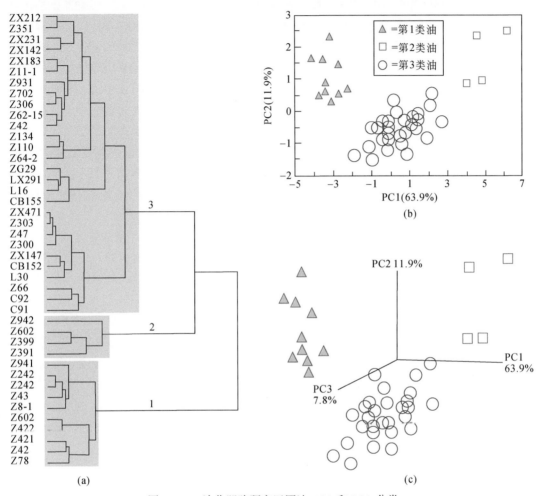

图 11-11　沾化凹陷研究区原油 HCA 和 PCA 分类

第 1 类油有 10 个样品，产层为沙四和沙三段。原油具有较低的 S/H 值（0.16～0.28），指示陆生的或经微生物改造的陆源有机质对烃源岩的贡献（Tissot and Welte，1984）；相对低的 C_{27} 甾烷、高的 C_{29} 甾烷含量（% C_{27} αααR 与% C_{29} αααR 分别为 25%～34%与 45%～58%）和高的 C_{24}Tet/C_{26}TT 值（0.74～1.04）也指示强的陆源有机质对烃源岩的贡献。高丰度的 C_{30}4-甲基甾烷和高的 C_{30}-4M/C_{29}ααα20R 值（1.25～1.84）指示烃源岩中淡水藻类有机质的输入（Holba et al.，2000）。与生源相关的参数特征说明原油的生源可能主要由经微生物改造的陆源有机质和淡水藻类混合组成。原油具有比较强烈的姥姣烷优势，Pr/Ph 值为 1.68～1.88，指示其源岩沉积于较氧化的环境；低的 Ga/C_{30}H 值（0.05～0.06）指示其烃源岩沉积于非咸化的水体环境（图 11-9）；三芴系列中较高的芴相对含量（45%～60%）和低的 DBT/P 值（0.07～0.12）也指示源岩形成与贫硫含氧的沉积环境（表 11-2）。较高的重排类生物标志化合物、高的 Ts/（Ts+Tm）和 diaC$_{27}$/regC$_{27}$

值（分别为 0.44 ~ 0.68 和 0.29 ~ 0.49）反映原油具有较高的成熟度和其源岩沉积于偏氧化的环境，且富含黏土化合物。成熟度参数 $C_{31}S/(S+R)$ 的值为 0.57 ~ 0.59，已达到其平衡值，甾烷 $C_{29}20S/(20S+20R)$ 和 $C_{29}\beta\beta/(\alpha\alpha+\beta\beta)$ 分别为 0.33 ~ 0.60 和 0.42 ~ 0.57，指示样品属于成熟油，是其原油生油窗阶段或生烃高峰期的产物（图 11-10）。该类原油生源有机质类型、沉积环境性质和成熟度特征等方面都与沾化凹陷孤北洼陷的沙三下段烃源岩具有较好的对应关系。因此，推断第 1 类油来自孤北洼陷的沙三下亚段烃源岩。

第 2 类油只有 4 个样品，产层为沙二和沙一段，原油具有几乎与第 1 类油相反的生物标志特征。高的 S/H 值（1.28 ~ 1.82）说明生源以藻类等真核生物贡献为主；具有较高的 C_{27} 和 C_{28} 生物构型甾烷（% $C_{27}\alpha\alpha\alpha R$ 与 % $C_{28}\alpha\alpha\alpha R$ 分别为 34% ~ 39% 与 29% ~ 40%）、C_{27}/C_{29} 值为 1.22 ~ 1.31，这些也指示其生源主要由真核藻类生物构成；但是原油中 C_{30} 4-甲基甾烷丰度低和较低的 C_{30}-4M/$C_{29}\alpha\alpha\alpha20R$ 值（0.37 ~ 0.99）说明其并非主要由鞭毛藻类和定鞭金藻等淡水藻类构成（图 11-9）。高的 $C_{26}/C_{25}TT$ 值（1.34 ~ 1.89）和低的 $C_{31}R/C_{30}H$（0.12 ~ 0.18）指示其源自偏咸化的湖相烃源岩；原油具有微弱的植烷优势，Pr/Ph 值为 0.74 ~ 0.80，指示其源岩沉积于偏还原的环境；高的伽马蜡烷含量和较高的 $Ga/C_{30}H$ 值（0.38 ~ 0.66）指示其源岩沉积于咸化的或分层的水体环境（图 11-9）；三芴系列中较高的硫芴相对含量（29% ~ 37%）和较高的 DBT/P 值（0.19 ~ 0.30）也指示其源岩形成于低氧含硫的沉积环境（表 11-2）。低的重排类生物标志化合物丰度和参数值，如 Ts/(Ts+Tm) 和 diaC$_{27}$/regC$_{27}$ 值分别为 0.22 ~ 0.31 和 0.14 ~ 0.20，说明其源岩沉积于偏还原环境且贫黏土化合物和具有相对较低的成熟度（图 11-10）。成熟度参数 $C_{31}S/(S+R)$、甾烷 $C_{29}20S/(20S+20R)$ 和 $C_{29}\beta\beta/(\alpha\alpha+\beta\beta)$ 值分别为 0.46 ~ 0.54、0.15 ~ 0.25 和 0.10 ~ 0.16，均未完全达到平衡值，指示该类样品属于低熟油，是其源岩生油窗前期低熟阶段的产物。该类原油与生源有机质类型和沉积环境性质相关的生物标志化合物参数及沾化凹陷内沙四上段和沙一段烃源岩都具有较好的对应关系，但是考虑到沙四上段和沙一段烃源岩目前所处的生烃阶段，以及原油的低熟油的属性及主要产自沙一和沙二段储层，该类原油应源自孤北洼陷内沙一段烃源岩。

第 3 类油包括绝大部分样品（28 个），说明其是研究区分布最广的一类油，产层为沙三段至馆陶组，原油的各项生物标志化合物指标几乎都介于第 1 类与第 2 类油之间。如原油 $C_{24}Tet/C_{26}TT$、S/H、C_{27}/C_{29} 和 C_{30}-4M/$C_{29}\alpha\alpha\alpha20R$ 值分别为 0.54 ~ 1.02、0.22 ~ 0.64、0.68 ~ 1.19 和 0.53 ~ 1.45，指示其较复杂的生源有机质构成（图 11-9）。原油 $C_{26}/C_{25}TT$ 值（1.07 ~ 1.34）和 $C_{31}R/C_{30}H$ 值（0.18 ~ 0.26）也分别介于其他两类油之间，指示其来自湖相源岩。与沉积环境相关的参数也处于较大变化范围，如 Pr/Ph、$Ga/C_{30}H$、%F 和 %SF 分别为 0.82 ~ 1.96、0.05 ~ 0.52、18% ~ 74% 和 16% ~ 57%，也指示其源岩沉积环境的多样性（表 11-2，图 11-9）。重排类生物标志化合物丰度及其参数值也有着较大变化范围，成熟度参数 $C_{31}S/(S+R)$ 为 0.56 ~ 0.59，接近于其平衡值，但甾烷 $C_{29}20S/(20S+20R)$ 和 $C_{29}\beta\beta/(\alpha\alpha+\beta\beta)$ 值依然在较大范围内变化（图 11-10），指示该类原油具有较宽的成熟范围，来自不同的生烃阶段。该类原油的生物标志化合物特征变化大，无法与沾化凹陷目前任何一套烃源岩相对应，属于研究区多套烃源岩的混源油。

选择第 3 类原油中浓度较高、易于定量研究的，具有生源、沉积环境或成熟度等指示意义的生物标志化合物组成数据集，对其浓度数据进行 ALS 分析，对该类混源油开展定量解析。本研究采用的浓度数据集包含 20 个常用的生物标志化合物：甾烷类化合物 $C_{27}\alpha\alpha\alpha R$、$C_{28}\alpha\alpha\alpha R$、$C_{29}\alpha\alpha\alpha R$、$C_{29}\alpha\alpha\alpha S$、$C_{29}\alpha\beta\beta S$、$C_{29}\alpha\beta\beta R$、$C_{30}$-4M$\alpha\alpha R$，萜类化合物 $C_{25}TT$、$C_{24}Tet$、$C_{26}TT$、Ts、Tm、$C_{29}H$、$C_{30}H$、$C_{31}H$、$C_{32}H$、$C_{33}H$、$C_{34}H$、$C_{35}H$ 和伽马蜡烷 Ga。

根据实际地质情况和数理统计分析要求将 ALS 分析中端元油的个数确定为 3 个。地质上，本次研究的原油样品来自桩海及其周缘地区，主要分布于孤北洼陷的东北侧，其源岩可能主要来自孤北洼陷，而孤北洼陷含有三套烃源岩，目前都处于生烃阶段，都可能对其有贡献。在数理统计分析方面，设计为三个端元的累计方差已达到 99.8%，若进一步增加端元数，累计方差增量极小，已无必要，因此三个端元既符合实际地质情况也能满足数理分析。ALS 定量解析出的三个端元油（EM1、EM2 和 EM3）的相对贡献见表 11-2。

三个端元油 EM1、EM2 和 EM3 对研究区混源油的平均贡献分别为 36%、45% 和 19%。根据 ALS 分析得到的端元油组成可以计算端元油的生物标志化合物参数，从而确定端元油的归属，即将其与实际地质背景下的不同烃源岩层相对应。

EM1 的 $C_{27}\alpha\alpha\alpha R$、$C_{28}\alpha\alpha\alpha R$ 和 $C_{29}\alpha\alpha\alpha R$ 规则甾烷相对含量分别为 34%、37% 和 29%，其较高的 C_{28} 甾烷含量与第 2 类原油（均值 33%）和沙一段烃源岩（$C_{28}>30\%$）接近；含有相对较低的 C_{30}-4M$\alpha\alpha R$ 甾烷和较低的 C_{30}-4M/$C_{29}\alpha\alpha\alpha R$ 比值（0.71），这也与第 2 类原油（均值 0.68%）相近；有高含量的伽马蜡烷化合物，Ga/$C_{30}H$ 为 0.36，说明其源岩沉积水体具有一定的盐度或分层；Ts 化合物含量相对较低，Ts/（Ts+Tm）为 0.34，成熟度参数 $C_{29}\beta\beta$/（$\alpha\alpha+\beta\beta$）值为 0.20，显示低熟的特征，这些特征与沾化凹陷沙一段源岩类似。因此，EM1 对应于孤北洼陷沙一段烃源岩。

EM2 的 $C_{27}\alpha\alpha\alpha R$、$C_{28}\alpha\alpha\alpha R$ 和 $C_{29}\alpha\alpha\alpha R$ 规则甾烷相对含量分别为 34%、28% 和 38%，显示微弱的 C_{29} 甾烷优势，具有相对高的 $C_{24}Tet$/$C_{26}TT$（0.95）和 C_{30}-4M/$C_{29}\alpha\alpha\alpha R$ 值；伽马蜡烷含量低，Ga/$C_{30}H$ 值为 0.05；Ts 化合物含量相对较高，Ts/（Ts+Tm）为 0.44；甾烷成熟度参数 C_{29}20S/（20S+20R）和 $C_{29}\beta\beta$/（$\alpha\alpha+\beta\beta$）分别为 0.36 和 0.39，显示出成熟油的特征，这些特征与研究区第 1 类油相似，可能来源于沙三下段源岩。因此，EM2 对应于孤北洼陷沙三下段烃源岩。

EM3 的 $C_{27}\alpha\alpha\alpha R$、$C_{28}\alpha\alpha\alpha R$ 和 $C_{29}\alpha\alpha\alpha R$ 规则甾烷相对含量分别为 37%、29% 和 34%，显示微弱的 C_{27} 甾烷优势，具有相对低的 $C_{24}Tet$/$C_{26}TT$（0.72）值；Ts 化合物含量相对较低，Ts/（Ts+Tm）为 0.33，甾烷成熟度参数 C_{29}20S/（20S+20R）为 0.36，显示成熟油的特征，这些特征与沾化凹陷沙四上段烃源岩具有可比性，但是 EM3 中伽马蜡烷含量相对较低、Ga/$C_{30}H$ 值仅为 0.11。因此，EM3 可能对应于孤北洼陷的沙四上段烃源岩。

上述分析可知，本研究区第 3 类原油为其邻近的孤北洼陷内三套烃源岩的混源油，其中沙三下段是其主要烃源岩，贡献比例达到 45%；沙一段是其次要贡献者（36%），而沙四上段烃源岩贡献可能仅为 19%。

参 考 文 献

曹婷婷，姚威，李志明，等.2020.渤海湾盆地沾化凹陷湖相泥页岩地球化学特征及有机质富集规律.石油实验地质，42（4）：558-564.

宫红波，孙耀庭，刘静，等．2019. 济阳坳陷沾化凹陷沙一下亚段优质烃源岩成因分析. 地质论评，65（3）：632-644.

宋国奇，刘华，蒋有录，等．2014. 沾化凹陷渤南洼陷沙河街组原油成因类型及分布特征. 石油实验地质，36（1）：33-38.

孙耀庭，徐守余，张世奇，等．2015. 沾化凹陷多元供烃成藏特征及成藏模式. 中国石油大学学报（自然科学版），39（6）：42-49.

朱光有，金强．2003. 东营凹陷两套优质烃源岩层地质地球化学特征研究. 沉积学报，21（3）：506-512.

张林晔，张春荣．1999. 低熟油生成机理及成油体系. 北京：地质出版社.

张林晔，孔祥星，张春荣，等．2003. 济阳坳陷下第三系优质烃源岩的发育及其意义. 地球化学，32（1）：35-42.

张林晔，刘庆，徐兴友，等．2015. 油气地球化学与成熟探区精细勘探. 北京：石油工业出版社.

Guo X, Liu K, He S, et al. 2012. Petroleum generation and charge history of the northern Dongying Depression, Bohai Bay Basin, China: insight from integrated fluid inclusion analysis and basin modelling. Marine and Petroleum Geology, 32: 21-35.

Holba A G, Tegelaar E, Ellis L, et al. 2000. Tetracyclic polyprenoids: indicators of freshwater (lacustrine) algal input. Geology, 28: 251-254.

Li S, Pang X, Li M, et al. 2005. Geochemistry of petroleum systems in the Niuzhuang South Slope of Bohai Bay Basin: Part 4. Evidence for new exploration horizons in a maturely explored petroleum province. Organic Geochemistry, 36: 1135-1150.

Moldowan J M, Sundararaman P, Schoell M. 1986. Sensitivity of biomarker properties to depositional environment and/or source input in the Lower Toarcian of S. W. Germany. Organic Geochemistry, 10: 915-926.

Peters K E, Moldowan J M. 1993. The Biomarker Guide: Interpreting Molecular Fossils in Petroleum and Ancient Sediments. Englewood: Prentice Hall.

Peters K E, Walters C C, Moldowan J M. 2005. The Biomarker Guide. Cambridge: Cambridge University Press.

Tissot B P, Welte D H. 1984. Petroleum Formation and Occurrence. Berlin: Springer-Verlag.

Volkman J K. 2016. Sterols in Microalgae. Berlin: Springer-Verlag.

Zhang L, Liu Q, Zhu R, et al. 2009. Source rocks in Mesozoic-Cenozoic continental rift basins, East China: a case from Dongying Depression, Bohai Bay Basin. Organic Geochemistry, 40: 229-242.

下篇
天然气对比
与解析探索

第12章 吐哈盆地天然气成因分类探讨

化学计量学是分析大量数据的有效工具，它应用多元统计分析方法从测试的数据中提取有用的信息（Kramer，1988），并且它可以识别和剔除干扰数据，展示样品或变量间的相似性（Peters et al.，2005）。因此，化学计量学方法在食品科学、医药工业和环境科学等领域都有十分广泛的应用，如橄榄油和乳制品等的质量鉴定（Bevilacqua et al.，2017；Christy et al.，2004；Karoui and Baerdemaeker，2007），药品质量监控和疾病诊断（Liang et al.，2004；Madsen et al.，2010；Roggo et al.，2007）以及地下水和土壤的研究（Alberto et al.，2001；Bellon- Maurel et al.，2010；Chabukdhara and Nema，2012；Helena et al.，2000；Kowalkowski et al.，2006；Singh et al.，2005）。化学计量学不仅在上述科学领域的研究中充当着重要的工具，而且它在石油地球化学上的应用也很早就有过文献报道（Kvalheim et al.，1985；Øygard et al.，1984；Peters et al.，1986；Zumberge，1987）。谱系聚类分析和主成分分析是两种常用的化学计量学方法，它们常用来揭示研究区域的原油类型（He et al.，2012；Peters et al.，2013；Peters et al.，2016；Zumberge et al.，2005）和开展精细化的油-源对比工作（Mashhadi and Rabbani，2015；Wang et al.，2014，2018）。然而，化学计量学在天然气类型划分这一应用上在国内外的研究中几乎没有相关的报道，因此，我们选取吐鲁番-哈密盆地（简称吐哈盆地）作为本次的研究实例。

吐哈盆地的面积为 $3500km^2$，是我国较为大型的含油气盆地。此处石油和天然气的勘探最早开始于 20 世纪 90 年代，并且在台北凹陷和托克逊凹陷都发现有天然气（程克明，1994；袁明生，1998）。台北凹陷的天然气储量占盆地资源总量的 89.2%，并且侏罗系是天然气的主要产出地层（杨占龙，2006；杨占龙等，2007）。

长期以来，吐哈盆地的天然气成因类型一直存在较大的争议。Li 等（2001）认为吐哈盆地存在三种类型的天然气，即油型气、油型气与煤型气的混源气和生物降解油型气，并且以油型气为主；而徐永昌等（2008）认为吐哈盆地的天然气为典型的低熟煤型气（即生物催化过渡气）。本书将在前人已发表的天然气的化学组分和同位素数据基础上应用化学计量学方法，对吐哈盆地天然气的成因类型分类进行再分析和讨论。

12.1 地质背景简介

吐哈盆地位于我国新疆的北部，东边以阿尔库山为界，西边被喀拉乌成山封闭，南边被觉罗塔格山围绕，北边则由博格达隆起相隔。从地质构造来看，吐哈盆地在中部有隆起，北部和西部有两处拗陷（邹才能等，1992）。西部的吐鲁番拗陷由吐鲁番-托克逊和台北次洼构成，面积约为 $2.1 \times 10^4 km^2$，而北部的哈密拗陷，面积约为 $1.51 \times 10^4 km^2$。吐哈盆地中部的墩隆起，面积约为 $1.25 \times 10^4 km^2$（邹才能等，1992）。

盆地内填充有从石炭系—第四系一套完整的沉积层序，最大沉积厚度超过 8700m。吐哈盆地的热历史特征表现为新生代以前温度相对较高，而新生代以来的温度相对较低（冯乔等，2004），这表明埋藏深度和地层年龄是影响烃源岩成熟的重要因素。研究区的烃源岩主要发育在二叠系、三叠系和中–下侏罗系（赵兴齐等，2013）。煤主要发育于侏罗系的八道湾组和西山窑组，总厚度大于100m（Li et al.，2001）。八道湾组形成于河流三角洲沉积环境，岩性主要由砂砾岩、粉砂岩、泥岩和煤组成；而西山窑组形成于湖泊三角洲沉积环境，岩性主要由砂岩和泥岩互层以及煤层构成（Shao et al.，2003）。

12.2 数据分析方法

在本书的研究中，HCA和PCA两种化学计量学方法被用来鉴别吐哈盆地的天然气分类。这两种方法都是在商业性的化学统计软件Pirouette 4.5（美国华盛顿Infometrix公司出品）下完成。PCA的计算条件是：自动预处理方法、欧式距离度量分析和完全连接；主成分分析的计算条件与谱系聚类分析基本一致，即自动预处理方法和6个最大主成分等。另外，我们选择了6个天然气的组成和稳定碳同位素值作为计算的参数，它们是甲烷（C_1,%）、乙烷（C_2,%）及丙烷（C_3,%）的相对含量和与之相对应的稳定碳同位素值$\delta^{13}C_1$（‰）、$\delta^{13}C_2$（‰）和$\delta^{13}C_3$（‰）。天然气的化学组成和稳定碳同位素值很早就被油气地球化学家用于天然气的成因划分和来源追溯（Fuex，1977；James，1983；Pallasser，2000；Prinzhofer and Huc，1995；Schoell，1980；Stahl，1977），并且现在依然是鉴别天然气类型的有效参数（Hu et al.，2010；Huang et al.，2017；Kotarba，2012；Li et al.，2018；Wang et al.，2017；Zhu et al.，2011）。

12.3 吐哈盆地天然气类型划分

表12-1所示的是我们收集前人已经发表的有关吐哈盆地实测天然气的化学组成和稳定碳同位素比值数据，总共有61个天然气样品。在下文，我们会对基于经典图版的天然气分类、基于化学计量学的天然气分类和基于特征地球化学参数分类详细地讨论。

12.3.1 基于经典图版的天然气分类

Schoell（1983）认为甲烷的稳定碳同位素（$\delta^{13}C_1$,‰）、甲烷的氢同位素（$\delta^2 H$-C_1,‰）和乙烷的稳定碳同位素（$\delta^{13}C_2$,‰）是鉴别天然气成因类型的有效地球化学参数，与之相对应的常用鉴别图版为$\delta^2 H$-C_1（‰）-$\delta^{13}C_1$（‰）和$\delta^{13}C_2$（‰）-$\delta^{13}C_1$（‰）。基于以上的鉴定图版，许多油气地球化学家都成功解决了研究区域的天然气来源和成因类型划分问题（Huang et al.，2003，2004，2017；Laughrey and Baldassare，1998；Prinzhofer et al.，2000；Zou et al.，2006）。另一个常用于鉴定天然气成因和次生作用的图解是碳同位素类型曲线（isotope-type curve），因为Chung等（1988）发现同源未遭受次生作用影响的天然气在天然气图解（natural gas plot）是一条近似的直线，直线的斜率与气源岩和热

表 12-1　吐哈盆地天然气的化学组成和稳定碳同位素

气田	井号	层位	深度/m	类型划分	C_1/%	C_2/%	C_3/%	$\delta^{13}C_1$/‰	$\delta^{13}C_2$/‰	$\delta^{13}C_3$/‰	$\delta^{13}C_4$/‰	$\delta^2H\text{-}C_1$/‰	参考文献
伊拉湖	托参 1 井	T_3k	2428~2435	A	62.60	7.94	10.12	−40.00	−35.80	−27.90	—	−252	Li 等 (2001)
巴喀	柯 19-2 井	J_1b	3397~3429	B_1	75.97	12.33	6.20	−41.70	−27.30	−25.40	−24.30	−254	Gong 等 (2017)
巴喀	柯 21-5 井	J_1b	3518~3528	B_1	85.72	8.86	3.32	−40.80	−27.00	−25.10	−24.90	−253	
巴喀	柯 21-2 井	J_1b	3510~3525	B_1	86.79	8.35	2.96	−40.40	−27.00	−25.50	−24.55	−252	
巴喀	柯 19-8 井	J_1b	3600~3636	B_1	84.47	9.52	3.64	−41.20	−26.70	−24.70	−24.10	−254	
米登	米 1 井	J_2s	2667~2675	B_1	61.73	13.27	10.25	−41.29	−25.89	−24.92	−24.06	—	Li 等 (2001)
米登	米 1 井	J_2s	2667~2751	B_1	66.21	15.14	9.06	−41.30	−25.90	−24.90	−24.10	—	Dai 等 (2009)
丘东	DS2	J_2x	3050.06~3096	B_1	83.30	9.52	4.41	−41.40	−27.20	−26.10	−25.00	−268	Ni 等 (2015)
丘东	温 11 井	J_2s	2777~2797.6	B_1	75.57	9.69	6.79	−40.80	−27.30	−26.10	−25.20	−268	
丘东	—	J_2q	2469.5~2474.3	B_1	86.04	8.46	3.50	−40.80	−26.60	−25.80	−24.90	−270	
丘东	丘东 26 井	J_2x	3107~3193.2	B_1	84.40	8.71	4.15	−42.20	−27.20	−26.30	−25.70	−269	
丘东	丘东 29 井	J_2x	3176.4~3191.5	B_1	81.24	9.45	5.35	−41.90	−26.80	−26.20	−25.60	−268	
丘东	丘东 33 井	J_2x	3180~3410	B_1	86.70	7.52	3.56	−42.30	−27.00	−25.80	−25.20	−279	
丘东	丘东 37 井	J_2x	3400~3440	B_1	83.72	8.54	4.48	−42.60	−27.00	−26.00	−25.50	−270	
丘东	丘东 47 井	J_2x	3198~3213	B_1	84.61	8.38	4.15	−41.50	−27.50	−26.30	−25.40	−267	
丘东	丘东 55 井	J_2s	2844.6~2931.6	B_1	79.42	9.60	5.54	−40.40	−27.10	−25.80	−25.50	−269	
丘陵	陵 3 井	J_2s+J_2x	2300~2994	B_1	67.54	13.72	9.23	−43.10	−26.60	−23.60	—	−229	Li 等 (2001)
丘陵	陵 3 井	J_2s	2405~2420	B_1	71.94	12.36	8.12	−43.00	−26.90	−26.40	−25.40	—	
丘陵	陵 4 井	J_2s	2300~2308	B_1	73.19	12.93	8.07	−40.10	−27.00	−25.60	−25.30	—	Dai 等 (2009)
鄯勒	鄯 1	J_2x	2677~2687	B_1	76.95	13.43	6.31	−43.70	−28.20	−26.10	−25.90	—	Li 等 (2001)
鄯善	台参 1	$J_2q\text{-}J_2x$	2808~3247	B_1	72.24	9.83	5.42	−44.80	−29.10	−22.10	−23.60	−242	

续表

气田	井号	层位	深度/m	类型划分	$C_1/\%$	$C_2/\%$	$C_3/\%$	$\delta^{13}C_1/‰$	$\delta^{13}C_2/‰$	$\delta^{13}C_3/‰$	$\delta^{13}C_4/‰$	$\delta^2H\text{-}C_1/‰$	参考文献
鄯善	勒1	J_1b	2578~2677	B_1	60.99	15.15	10.94	-43.10	-27.50	-26.80	-25.00	—	Dai 等 (2009)
温吉桑	温20	J_2s	—	B_1	82.98	8.59	3.64	-44.00	-26.00	-24.60	-24.60	—	
温吉桑	温21	J_2x	2816~2828	B_1	75.93	10.33	5.54	-42.10	-26.30	-25.20	-24.70	—	Li 等 (2001)
温吉桑	温5	J_2s	2488~2500	B_1	71.11	18.56	6.21	-41.60	-26.50	-24.50	-24.70	—	Dai 等 (2014)
温吉桑	温3	J_2s	2314~2323	B_1	66.49	13.34	9.20	-41.50	-26.60	-25.00	-24.40	—	
温西	温西1	J_2s	2314~2627	B_1	76.43	14.81	4.90	-43.00	-28.70	-24.70	-23.50	-265	Li 等 (2001)
温西	温西1	J_2x	2843~2860	B_1	84.40	7.80	3.89	-43.40	-28.80	-24.70	-24.20	-271	
温西	温西3	J_2s	2314~2323	B_1	66.49	13.34	9.20	-41.50	-26.60	-25.00	-24.40	—	Dai 等 (2009)
巴喀	柯21c	J_1b	3608~3620	B_2	97.94	0.80	0.51	-40.80	-27.10	-25.10	—	-254	Gong 等 (2017)
巴喀	柯24	J_1b	3396~3407	B_2	89.96	6.78	2.03	-37.20	-25.80	-24.50	-23.65	-248	
红台	红台2	J_2s	2570~2586	B_2	84.19	6.76	3.43	-40.45	-24.72	-24.59	-24.30	—	Li 等 (2001)
红台	红台2	J_2s	2570~2586	B_2	81.16	7.79	4.25	-40.50	-24.70	-24.60	-24.30	—	Dai 等 (2009)
红台	—	J_2q	2449~2454	B_2	85.29	8.28	3.93	-38.70	-26.40	-25.30	-24.90	-255	Ni (2015)
红台	红台6-1	J_2s	2481~2553.5	B_2	86.49	8.49	3.39	-38.50	-26.40	-25.40	-24.50	-257	
红台	红台202	J_2q	2016.8~2028	B_2	86.09	7.71	3.74	-38.50	-26.00	-24.80	-24.30	-250	
红台	红台206	J_2s	2305.2~2430.2	B_2	81.61	9.62	5.32	-38.30	-26.00	-24.70	-24.40	-253	
红台	红台2-37	J_2s	2339~2348.98	B_2	92.57	5.20	1.50	-38.00	-26.30	-25.40	-25.40	-253	
红台	红台2-40	$J_2q\text{-}s$	2311.5~2415.8	B_2	83.98	8.19	4.56	-38.40	-26.10	-24.70	-24.20	-252	
红台	红台2-47	J_2s	2380.5~2665	B_2	86.08	8.20	3.67	-37.70	-26.10	-25.70	-25.70	-253	
红台	红台2-50C	J_2s	2360.6~2414.5	B_2	83.21	8.45	4.81	-37.90	-25.60	-24.40	-24.10	-252	
红台	红台2-51	J_2s	2563~2584	B_2	84.79	8.06	4.22	-38.90	-26.20	-25.30	-25.10	-257	

续表

气田	井号	层位	深度/m	类型划分	$C_1/\%$	$C_2/\%$	$C_3/\%$	$\delta^{13}C_1/‰$	$\delta^{13}C_2/‰$	$\delta^{13}C_3/‰$	$\delta^{13}C_4/‰$	$\delta^2H\text{-}C_1/‰$	参考文献
红台	红台 2-57	J_2s	2201.3~2232.9	B_2	85.65	7.95	3.98	-38.30	-26.20	-24.80	-24.40	-253	
红台	—	J_2s	2320.5~2509	B_2	81.97	8.79	5.30	-39.00	-26.40	-25.10	-24.90	-253	
红台	红台 2-63	J_2q	2320.5~2509	B_2	85.80	7.79	4.05	-38.40	-25.90	-24.40	-24.00	-253	
丘东	丘东 3	J_2x	3105~3142	B_2	89.49	5.34	2.65	-39.60	-27.60	-26.10	-25.10	—	Dai 等（2009）
丘东	丘东 48	J_2s	2431.8~2468.7	B_2	83.61	9.04	4.45	-39.80	-26.70	-25.50	-24.80	-263	Ni（2015）
丘东	丘东 58	J_2s	2764~2771.5	B_2	79.33	10.91	5.74	-39.80	-25.80	-25.70	-24.70	-267	
丘陵	陵 2	J_2s	2748~2758	B_2	97.37	1.32	0.74	-45.20	-30.20	-25.70	-25.20	-280	
鄯善	勒 10	Esh	663~706	B_2	92.41	4.46	1.12	-43.10	-27.70	-26.60	-25.10	—	Dai 等（2009）
温吉桑	温 1	J_2s	2341~2362	B_2	85.32	9.01	3.55	-39.80	-26.70	-25.30	-24.80	—	
温吉桑	温 1	J_2x	2764~2819	B_2	83.65	9.44	3.54	-39.40	-26.90	-25.00	-24.90	—	
温吉桑	温 1	J_2s+J_2x	2341~2819	B_2	84.54	9.49	3.61	-38.60	-26.80	-25.20	-25.00	-240	Li 等（2001）
鄯善	鄯 13-15	J_2s	3086~3100	C	51.97	25.47	13.43	-41.50	-27.80	-25.70	-26.10	-220	Dai 等（2009）
雁北	胜北 402	K_1	1785~1792	C	45.80	17.92	18.10	-39.00	-25.70	-23.60	-23.40	—	Li 等（2001）
巴喀	柯 7	J_2x	1841~1848	D	97.73	2.27	0.00	-41.70	-20.10	-21.30	—	-229	
巴喀	巴 23	J_2x	1930~1951	D	89.07	8.38	1.29	-44.90	-25.40	-18.00	-23.10	-256	Gong 等（2017）
巴喀	柯 19	J_2x	1894~1900	D	92.84	6.41	0.41	-42.40	-24.80	-13.40	-24.30	-252	
巴喀	巴 18	J_2x	1706~1930	D	36.55	9.25	0.91	-40.80	-24.20	-13.90	-19.45	-247	
巴喀	巴 44	J_2x	1733~1966	D	36.02	8.49	2.02	-41.70	-24.90	-20.20	-21.45	-249	
巴喀	柯 13	J_2x	2456~2462	D	83.20	6.99	3.53	-43.30	-25.10	-20.90	-23.70	253	

成熟度有关。Zou 等（2007）在热解实验和前人已发表的数据基础上，对天然气图解做了进一步的改进并给出了煤型气和油型气碳同位素的分布范围。下文将详细地讨论这些图版在吐哈盆地天然气类型划分的应用。

甲烷的 δ^2H-C_1-$\delta^{13}C_1$ 图解对鉴定甲烷的成因类型特别有效（Whiticar，1996）。在图 12-1 中，几乎所有的地质数据点都分布在地下热液结晶与早期成熟腐殖型热解气边界附近，并聚为一组。此外，数据点都靠近混源 & 过渡区域，这可能表明天然气有遭受次生作用的影响。然而这一结论不能完全依靠甲烷的碳氢同位素来决定，因为天然气不同来源的混合和次生作用都会极大影响碳氢同位素的值。

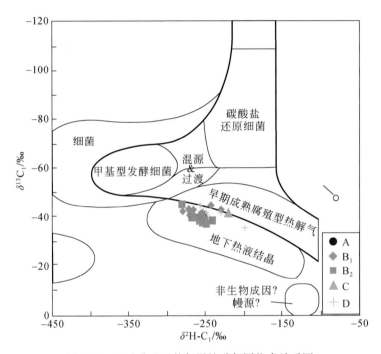

图 12-1　吐哈盆地天然气甲烷碳氢同位素关系图

如图 12-2 所示的是吐哈盆地天然气 $\delta^{13}C_2$-$\delta^{13}C_1$ 和 $\delta^{13}C_3$-$\delta^{13}C_2$ 关系图，其中油型气与煤型气分界值分别为-28.8‰和-25.5‰。根据 $\delta^{13}C_2$-$\delta^{13}C_1$ 图解，吐哈盆地天然气主要分布在煤型气区域，并且可以把天然气大致分为三类；同样地，$\delta^{13}C_3$-$\delta^{13}C_2$ 关系图也可以大致把吐哈盆地天然气分为三类，虽然两个图解分类的数据点不完全一致，但是大部分的天然气同位素值落入煤型气区域。另外，图 12-2（b）中有个数据点的 $\delta^{13}C_3$ 和 $\delta^{13}C_2$ 同位素值异常轻，属于典型的油型气（Xu and Shen，1996）；而少许数据点的 $\delta^{13}C_3$ 和 $\delta^{13}C_2$ 异常富^{13}C，这可能与生物降解作用有关，因为细菌会优先降解 C_{2+} 组分而导致残留的 C_{2+} 烷烃气的同位素偏重（Zou et al.，2007）。

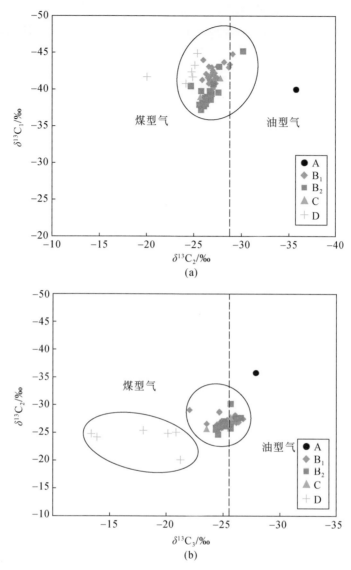

图 12-2 吐哈盆地天然气 $\delta^{13}C_2$-$\delta^{13}C_1$（a）和 $\delta^{13}C_3$-$\delta^{13}C_2$（b）图解

油型气与煤型气边界线来自 Xu 和 Shen（1996）

从吐哈盆地天然气的碳同位素类型曲线（图 12-3）可知，吐哈盆地天然气明显可分为三组，其中大多呈凸型，并且乙烷和丙烷的同位素落入煤型气区域，而甲烷的碳同位素则位于油型气区域。这表明，吐哈盆地的天然气主要来源于 II_2-III 干酪根，并且甲烷可能遭受深部甲烷气藏的混入（Wang et al.，2018）。另外，有少部分数据点分布在煤型气区域的上方，它们属于生物降解气，类似的碳同位素类型曲线分布模式如 Pallasser（2000），还有个样品明显落入油型气区域。因此，依据吐哈盆地的天然气碳同位素类型曲线，可以把天然气明显划分为三组，即生物降解气、煤型气和油型气。

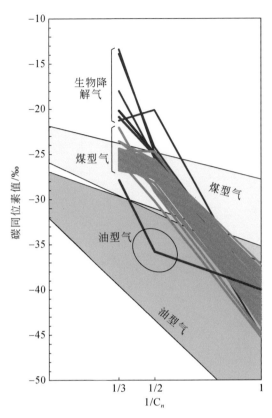

图 12-3　吐哈盆地天然气的碳同位素类型曲线（Zou et al., 2007）

12.3.2　基于化学计量学的天然气分类型

在 12.3.1 节里，我们尝试应用了常用的经典图解来确定吐哈盆地天然气类型，基本上可以确定吐哈盆地天然气可以划分为三组。另外，由于考虑到部分图版划分天然气效果不明显的问题，我们尝试引入可以同时综合考虑三个以上变量影响的化学计量学方法，精细化地探讨吐哈盆地天然气的类型划分问题。

图 12-4 所示的是吐哈盆地天然气基于 HCA 和 PCA 得到的分类结果，根据化学计量学的对比结果可以把研究的天然气样品分为 A、B、C 和 D 四组，并且 B 还可以进一步划分成 B_1 和 B_2 两个亚组。A 组天然气产出于托克逊拗陷的托参 1 井的三叠系储层。A 组天然气的甲烷含量（62.60%）较低，并且 $\delta^{13}C_2$（-35.80‰）和 $\delta^{13}C_3$（-27.90‰）值是四组天然气最低的，因此，程克明（1994）和 Li 等（2001）认为该类天然气属于典型油型气。

吐哈盆地现已发现的大部分天然气田都属于第二组天然气（B 组），具体包括巴喀气田、米登气田、丘东气田、丘陵气田、鄯善气田、鄯勒气田、温吉桑气田、温西气田和红台气田。根据 HCA 和 PCA 结果，B 组天然气还可以进一步分为两个亚组 B_1 和 B_2。B_1 组天然气的甲烷含量和烷烃气的稳定碳同位素（$C_1 \sim C_4$）值要明显低于 B_2 组天然气（表 12-

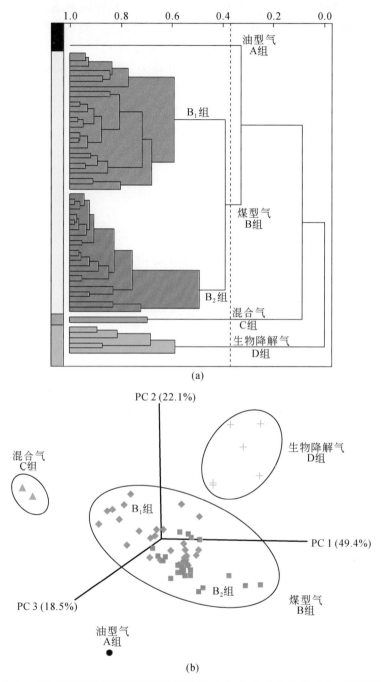

图 12-4　吐哈盆地天然气基于谱系聚类分析（a）和主成分分析（b）的分类结果

1），表明 B_1 组天然气的成熟度要低于 B_2 组天然气（Schoell，1980）。B 组天然气中的乙烷碳同位素值为典型的煤型气特征，即小于−28‰。因此 Dai 等（2009，2014）、Ni 等（2015）和 Gong 等（2017）认为它们属于煤型气。

C 组天然气仅有两个样品（鄯 13-15 井和胜北 402 井），这两个样品分别来自 Li 等

（2001）和 Dai 等（2009）。Li 等（2001）认为鄯 13-15 井样品为油型气与煤型气的混合气，而 Dai 等（2009）认为胜北 402 井样品是典型的煤型气。这两个样品的甲烷含量是四组天然气中最低的，并且 $\delta^{13}C_3$ 和 $\delta^{13}C_4$ 存在部分倒转（表 12-1），这可能是因为混入有少量的油型气（李剑等，2009）。与鄯 13-15 井样品相比，胜北 402 井样品的 $\delta^{13}C_{1-4}$ 值相对较轻，可能表明这两个气体样品来源相同，但处于不同的成熟阶段（李剑等，2009），这与吐哈盆地存在多期次的油气成藏是相吻合的（李在光等，2009）。这一结论也得到了地质证据和地球化学数据的支持。这两个天然气样品均来自油气井，即既有天然气的产出也有原油的产出，表明可能存在油型气。此外，八道湾组和西山窑组是吐哈盆地两套主要的烃源岩，它们在吐哈盆地有极其广泛的分布，最大煤层厚度超过 100m（Li et al.，2001），支持了存在煤型气的可能。另外，研究区侏罗纪煤的碳同位素组成在 –27‰ ~ –21‰ 之间，大部分分布于 –25‰ ~ –23‰ 之间（Li et al.，2001），这与 C 组烷烃气的 $\delta^{13}C$ 值是接近的（表 12-1）。综上所述，C 组气主要为煤型气，混入有少量的油型气，这也就解释了 C 组气体中异常高的 C_{2+} 组分，并且靠近 B 组气体分布的原因（图 12-4）。

D 组天然气产出于巴喀油气田的侏罗系。D 组天然气以较重的乙烷和丙烷同位素值为特征，$\delta^{13}C_2$ 为 –25.40‰ ~ –20.10‰，$\delta^{13}C_3$ 值为 –21.3‰ ~ –13.4‰，它们的产出深度基本都在 2000m 以下，因此 Li 等（2001）和 Gong 等（2017）认为它们属于典型的生物降解气。

12.3.3　基于特征地球化学参数分类

通过与经典天然气分类图解的比较，可以得出结论：化学计量学分类也是一可靠的多参数天然气成因分类方法。PCA 的分类结果在三个主成分（PC1，PC2 和 PC3）的因子得分的基础上得出。每个主成分同时受多个变量（地球化学参数）影响，并且其中存在主要控制变量。换而言之，通过每个主成分的主要控制变量对天然气进行分类，很可能获得与 PCA 三个主成分类似的结果。

表 12-2 显示的是 6 个参与 PCA 计算的地球化学参数对 PC1、PC2 和 PC3 的相对贡献，也称作载荷。一般来说，那些绝对值较大的载荷参数可以认为是该主成分的主要控制变量。PC1 主要与 C_1（%）的载荷呈正相关，而与 C_3（%）的载荷呈负相关。考虑到天然气中甲烷的含量要远远高于丙烷，因此认为 PC1 主要与 C_1（%）相关。PC2 主要与 $\delta^{13}C_3$（‰）的载荷呈正相关，而 PC3 主要与 $\delta^{13}C_1$（‰）的载荷呈正相关，因此，可以认为 $\delta^{13}C_3$（‰）和 $\delta^{13}C_1$（‰）分别是 PC2 和 PC3 的主要控制参数。如图 12-5 所示的是基于 C_1（%）、$\delta^{13}C_1$（‰）和 $\delta^{13}C_3$（‰）的三维图。为了消除每个参数之间量纲的影响，所以先通过 Z-score 标准化方法对三个变量作标准化处理，即 $X' = (X-\mu)/\delta$，其中 μ 和 δ 分别是原始数据集中的平均值和标准偏差。根据图 12-5，吐哈盆地天然气可分为四种成因类型，并且 B 组天然气还可进一步划分为两个亚类。这一结论与 HCA 和 PCA 的结果是一致的。因此，C_1（%）、$\delta^{13}C_1$（‰）和 $\delta^{13}C_3$（‰）三个参数可能是吐哈盆地天然气中的特征参数。

表 12-2 主成分与天然气组分和碳同位素组成变量的相关系数

变量	PC1 （49.4%）	PC2 （22.1%）	PC3 （18.5%）
$C_1/\%$	0.56	−0.17	−0.02
$C_2/\%$	−0.51	0.30	0.07
$C_3/\%$	−0.56	0.09	0.12
$\delta^{13}C_1/‰$	0.05	−0.20	0.89
$\delta^{13}C_2/‰$	0.24	0.60	0.42
$\delta^{13}C_3/‰$	0.23	0.69	−0.15

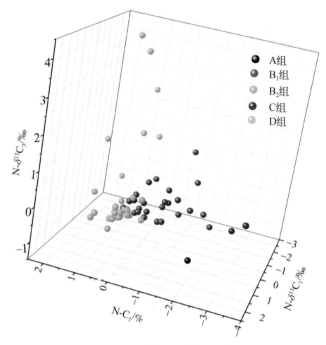

图 12-5 基于 C_1、$\delta^{13}C_1$ 和 $\delta^{13}C_3$ 参数的三维图

该图表明吐哈盆地存在四种天然气类型。这一分类结果与经典图解和化学计量学结果是一致的，

表明 C_1、$\delta^{13}C_1$ 和 $\delta^{13}C_3$ 可能为吐哈盆地天然气的特征地球化学参数；N 代表该数据已标准化

参 考 文 献

程克明 . 1994. 吐哈盆地油气生成 . 北京：石油工业出版社 .

冯乔，柳益群，张小莉，等 . 2004. 叠合盆地的热演化史与油气生成——以吐鲁番-哈密盆地南部构造带
　　为例 . 石油与天然气地质，25（3）：268-273.

李剑，姜正龙，罗霞，等 . 2009. 准噶尔盆地煤系烃源岩及煤成气地球化学特征 . 石油勘探与开发，36：
　　365-374.

李在光，刘俊田，陈启林，等 . 2009. 吐哈盆地下侏罗统天然气勘探潜力与方向 . 吐哈油气，14（1）：
　　8-12.

徐永昌，王志勇，王晓锋，等 . 2008. 低熟气及我国典型低熟气田 . 中国科学：地球科学，38（1）：

87-93.

杨占龙. 2006. 吐哈盆地台北凹陷天然气成藏条件与勘探方向. 天然气地球科学, 17 (5): 688-692.

杨占龙, 彭立才, 陈启林, 等. 2007. 吐哈盆地胜北洼陷岩性油气藏成藏条件与油气勘探方向. 岩性油气
藏, 19 (1): 62-67.

袁明生. 1998. 吐哈盆地油气分布特征及勘探方向. 新疆石油地质, 19 (2): 106-111.

赵兴齐, 陈践发, 赵红静, 等. 2013. 吐哈盆地台北凹陷天然气地球化学特征及成因分析. 天然气地球科
学, 24 (3): 612-620.

邹才能, 赵文智, 龙道江. 1992. 吐鲁番—哈密盆地烃源岩的母质类型与热演化特征. 石油勘探与开发,
19 (2): 10-19.

Alberto W D, Del Pilar D M, Valeria A M, et al. 2001. Pattern recognition techniques for the evaluation of spatial
and temporal variations in water quality. A case study: Suquia River Basin (Cordoba-Argentina). Water
Research, 35 (12): 2881-2894.

Bellon-Maurel V, Fernandez-Ahumada E, Palagos B, et al. 2010. Critical review of chemometric indicators
commonly used for assessing the quality of the prediction of soil attributes by NIR spectroscopy. Trac-Trends in
Analytical Chemistry, 29 (9): 1073-1081.

Bevilacqua M, Bro R, Marini F, et al. 2017. Recent chemometrics advances for foodomics. Trac-Trends in
Analytical Chemistry, 96: 42-51.

Chabukdhara M, Nema A K. 2012. Assessment of heavy metal contamination in Hindon River sediments: a
chemometric and geochemical approach. Chemosphere, 87 (8): 945-953.

Christy A A, Kasemsumran S, Du Y P, et al. 2004. The detection and quantification of adulteration in olive oil by
near-infrared spectroscopy and chemometrics. Analytical Sciences, 20 (6): 935-940.

Chung H M, Gormly J R, Squires R M. 1988. Origin of gaseous hydrocarbons in subsurface environments:
theoretical considerations of carbon isotope distribution. Chemical Geology, 71 (1-3): 97-103.

Dai J, Zou C, Li J, et al. 2009. Carbon isotopes of Middle-Lower Jurassic coal-derived alkane gases from the
major basins of northwestern China. International Journal of Coal Geology, 80 (2): 124-134.

Dai J, Gong D, Ni Y, et al. 2014. Stable carbon isotopes of coal-derived gases sourced from the Mesozoic coal
measures in China. Organic Geochemistry, 74: 123-142.

Fuex A N. 1977. The use of stable carbon isotopes in hydrocarbon exploration. Journal of Geochemical Exploration,
7 (77): 155-188.

Gong D, Ma R, Chen G, et al. 2017. Geochemical characteristics of biodegraded natural gas and its associated
low molecular weight hydrocarbons. Journal of Natural Gas Science and Engineering, 46: 338-349.

He M, Moldowan J M, Nemchenko-Rovenskaya A, et al. 2012. Oil families and their inferred source rocks in the
Barents Sea and Northern Timan-Pechora Basin, Russia. American Association of Petroleum Geologists Bulletin,
96 (6): 1121-1146.

Helena B, Pardo R, Vega M, et al. 2000. Temporal evolution of groundwater composition in an alluvial aquifer
(Pisuerga River, Spain) by principal component analysis. Water Research, 34 (3): 807-816.

Hu G, Li J, Shan X, et al. 2010. The origin of natural gas and the hydrocarbon charging history of the Yulin gas
field in the Ordos Basin, China. International Journal of Coal Geology, 81 (4): 381-391.

Huang B, Xiao X, Li X. 2003. Geochemistry and origins of natural gases in the Yinggehai and Qiongdongnan
basins, offshore South China Sea. Organic Geochemistry, 34 (7): 1009-1025.

Huang H, Yang J, Yang Y, et al. 2004. Geochemistry of natural gases in deep strata of the Songliao Basin, NE
China. International Journal of Coal Geology, 58 (4): 231-244.

Huang S, Feng Z, Gu T, et al. 2017. Multiple origins of the Paleogene natural gases and effects of secondary alteration in Liaohe Basin, Northeast China: insights from the molecular and stable isotopic compositions. International Journal of Coal Geology, 172: 134-148.

James A T. 1983. Correlation of natural gas by use of carbon isotopic distribution between hydrocarbon components. American Association of Petroleum Geologists Bulletin, 67 (7): 1176-1191.

Karoui R, Baerdemaeker J D. 2007. A review of the analytical methods coupled with chemometric tools for the determination of the quality and identity of dairy products. Food Chemistry, 102 (3): 621-640.

Kotarba M J. 2012. Origin of natural gases in the Paleozoic-Mesozoic basement of the Polish Carpathian Foredeep. Geologica Carpathica, 63 (4): 307-318.

Kowalkowski T, Zbytniewski R, Szpejna J, et al. 2006. Application of chemometrics in river water classification. Water Research, 40 (4): 744-752.

Kramer R. 1988. Chemometric Techniques for Quantitative Analysis. New York: Marcel Dekker.

Kvalheim O M, Aksnes D W, Brekke T, et al. 1985. Crude oil characterization and correlation by principal component analysis of ^{13}C nuclear magnetic resonance spectra. Analytical Chemistry, 57 (14): 2858-2864.

Laughrey C D, Baldassare F J. 1998. Geochemistry and origin of some natural gases in the Plateau Province, Central Appalachian Basin, Pennsylvania and Ohio. American Association of Petroleum Geologists Bulletin, 82 (2): 317-335.

Li J, Li J, Li Z S, et al. 2018. Characteristics and genetic types of the Lower Paleozoic natural gas, Ordos Basin. Marine and Petroleum Geology, 89: 106-119.

Li M, Bao J, Lin R, et al. 2001. Revised models for hydrocarbon generation, migration and accumulation in Jurassic coal measures of the Turpan Basin, NW China. Organic Geochemistry, 32 (9): 1127-1151.

Liang Y Z, Xie P S, Chan K. 2004. Quality control of herbal medicines. Journal of Chromatography B, 812 (1-2): 53-70.

Madsen R, Lundstedt T, Trygg J. 2010. Chemometrics in metabolomics-A review in human disease diagnosis. Analytica Chimica Acta, 659 (1-2): 23-33.

Mashhadi Z S, Rabbani A R. 2015. Organic geochemistry of crude oils and Cretaceous source rocks in the Iranian sector of the Persian Gulf: an oil-oil and oil-source rock correlation study. International Journal of Coal Geology, 146: 118-144.

Ni Y, Zhang D, Liao F, et al. 2015. Stable hydrogen and carbon isotopic ratios of coal-derived gases from the Turpan-Hami Basin, NW China. International Journal of Coal Geology, 152: 144-155.

Øygard K, Grahl-Nielsen O, Ulvøen S. 1984. Oil/oil correlation by aid of chemometrics. Organic Geochemistry, 6 (84): 561-567.

Pallasser R J. 2000. Recognising biodegradation in gas/oil accumulations through the δ^{13}C compositions of gas components. Organic Geochemistry, 31 (12): 1363-1373.

Peters K E, Moldowan J M, Schoell M, et al. 1986. Petroleum isotopic and biomarker composition related to source rock organic matter and depositional environment. Organic Geochemistry, 10 (1-3): 17-27.

Peters K E, Walters C C, Moldowan J M. 2005. The Biomarker Guide: Biomarkers and Isotopes in Petroleum Exploration and Earth History. Cambridge: Cambridge University Press.

Peters K E, Coutrot D, Nouvelle X, et al. 2013. Chemometric differentiation of crude oil families in the San Joaquin Basin, California. American Association of Petroleum Geologists Bulletin, 97 (1): 103-143.

Peters K E, Wright T L, Ramos L S, et al. 2016. Chemometric recognition of genetically distinct oil families in the Los Angeles basin, California. American Association of Petroleum Geologists Bulletin, 100 (1): 115-135.

Prinzhofer A, Huc A Y. 1995. Genetic and post-genetic molecular and isotopic fractionations in natural gases. Chemical Geology, 126 (3-4): 281-290.

Prinzhofer A, Vega M A G, Battani A, et al. 2000. Gas geochemistry of the Macuspana Basin (Mexico): thermogenic accumulations in sediments impregnated by bacterial gas. Marine and Petroleum Geology, 17 (9): 1029-1040.

Roggo Y, Chalus P, Maurer L, et al. 2007. A review of near infrared spectroscopy and chemometrics in pharmaceutical technologies. Journal of Pharmaceutical & Biomedical Analysis, 44 (3): 683-700.

Schoell M. 1980. The hydrogen and carbon isotopic composition of methane from natural gases of various origins. Geochimica Et Cosmochimica Acta, 44 (5): 649-661.

Schoell M. 1983. Genetic characterization of natural gases. American Association of Petroleum Geologists Bulletin, 67: 2225-2238.

Shao L, Zhang P, Hilton J, et al. 2003. Paleoenvironments and paleogeography of the Lower and lower Middle Jurassic coal measures in the Turpan-Hami oil-prone coal basin, Northwestern China. American Association of Petroleum Geologists Bulletin, 87 (2): 335-355.

Singh K P, Malik A, Singh V K, et al. 2005. Chemometric analysis of groundwater quality data of alluvial aquifer of Gangetic plain, North India. Analytica Chimica Acta, 550 (1-2): 82-91.

Stahl W J. 1977. Carbon and nitrogen isotopes in hydrocarbon research and exploration. Chemical Geology, 20 (77): 121-149.

Wang K, Pang X, Zhao Z, et al. 2017. Geochemical characteristics and origin of natural gas in southern Jingbian gas field, Ordos Basin, China. Journal of Natural Gas Science and Engineering, 46: 515-525.

Wang Y, Peters K E, Moldowan J M, et al. 2014. Cracking, mixing, and geochemical correlation of crude oils, North Slope, Alaska. American Association of Petroleum Geologists Bulletin, 98 (6): 1235-1267.

Wang Y P, Zhang F, Zou Y R, et al. 2018. Oil source and charge in the Wuerxun Depression, Hailar Basin, Northeast China: a chemometric study. Marine and Petroleum Geology, 89: 665-686.

Whiticar M J. 1996. Stable isotope geochemistry of coals, humic kerogens and related natural gases. International Journal of Coal Geology, 32 (1-4): 191-215.

Xu Y, Shen P. 1996. A study of natural gas origins in China. American Association of Petroleum Geologists Bulletin, 80 (10): 1604-1614.

Zhu G, Zhang S, Huang H, et al. 2011. Gas genetic type and origin of hydrogen sulfide in the Zhongba gas field of the Western Sichuan Basin, China. Applied Geochemistry, 26 (7): 1261-1273.

Zou Y R, Zhao C, Wang Y, et al. 2006. Characteristics and origin of natural gases in the Kuqa Depression of Tarim Basin, NW China. Organic Geochemistry, 37 (3): 280-290.

Zou Y-R, Cai Y, Zhang C, et al. 2007. Variations of natural gas carbon isotope-type curves and their interpretation-A case study. Organic Geochemistry, 38 (8): 1398-1415.

Zumberge J E. 1987. Prediction of source rock characteristics based on terpane biomarkers in crude oils: a multivariate statistical approach. Geochimica Et Cosmochimica Acta, 51 (6): 1625-1637.

Zumberge J E, Russell J A, Reid S A. 2005. Charging of Elk Hills reservoirs as determined by oil geochemistry. American Association of Petroleum Geologists Bulletin, 89 (10): 1347-1371.

第13章 准噶尔盆地天然气成因分类和混合气解析的初探

化学计量学是分析多元数据的有用工具。它可以提取数据中的有效信息，并识别和剔除干扰噪声，从而能够更加精确地揭示样品或变量之间的相关性（Kumar et al., 2014；Peters et al., 2005）。因此，化学计量学被广泛应用于许多学科（Bevilacqua et al., 2017；Chabukdhara and Nema, 2012；Madsen et al., 2010），尤其是在油气地球化学领域，它们的应用由来已久（Kvalheim et al., 1985；Øygard et al., 1984；Peters et al., 1986；Zumberge, 1987）。其中，主成分分析（PCA）是常用的划分原油成因类型（He et al., 2012；Peters et al., 2013, 2016）和开展精细化油–源对比的方法（Mashhadi and Rabbani, 2015；Wang et al., 2018）。此外，多维标度（MDS）和交替最小二乘法（ALS）分别是油–油对比（Wang et al., 2016, 2018）以及定量评估混合原油端元数和贡献的可靠工具（Peters et al., 2008；Zhan et al., 2016a, 2016b）。在以往的研究中，PCA 已经证实是划分天然气成因类型的有效方法（Wang et al., 2019）。

近年来，准噶尔盆地西北缘地区（Northwestern Junggar Basin，NWJB）丰富的油气资源日益受到学者的关注（陈建平等，2016a；Tao et al., 2016），但关于该地区天然气成因类型和来源等问题仍存在争议。Chen 等（2014）认为 NWJB 的中拐地区存在四种不同类型的天然气，包括来源于风城组（P_1f）泥岩的腐泥型气，来源于乌尔禾组（P_2w）泥岩的腐殖型气、腐殖与腐泥型气的混合气、腐泥型气与深部无机气的混合气。高岗等（2016）详细分析了 NWJB 乌夏断裂带地区的天然气成因类型，结果表明该地区仅存在一类来源于风城组的天然气。陈建平等（2016b）认为 NWJB 的天然气在成因上可划分为油型气、煤型气和油型气与煤型气的混合气。其中，油型气可能来源于风城组（P_1f），而煤型气可能主要来源于佳木河组（P_1j），部分贡献可能来源于乌尔禾组（P_2w）高成熟度的烃源岩。混合气可能主要来源于乌尔禾组（P_2w），部分贡献来源于高成熟度的风城组（P_1f）。Tao 等（2016）系统地研究了 NWJB 玛湖凹陷的天然气地球化学和来源，认为研究区内存在三种成因类型的天然气：来源于风城组（P_1f）的油型气、来源于石炭系和佳木河组（P_1j）的煤型气、来源于乌尔禾组（P_2w）的煤型气。然而，有关系统地研究 NWJB 的天然气成因类型和来源的文献还相对较少（陈建平等，2016b）。此外，使用化学计量学开展天然气成因类型划分的研究也相对较少（Wang et al., 2019），并且本书中涉及的 MDS 和 ALS 方法在天然气中的应用少有报道。因此，本书将以 NWJB 为研究实例，利用化学计量学方法对天然气的成因分类和来源进行了系统研究。

13.1 地质背景与潜在烃源岩地球化学特征

准噶尔盆地位于我国新疆维吾尔自治区的北部。根据构造单元和油气相对富集程度，将准噶尔盆地划分为西北缘、腹部、东部和南部四个油气区。研究区域构造单元和油气藏分布图见图 13-1。目前，该盆地已发现的油藏主要位于准噶尔盆地西北缘地区（NWJB），例如玛湖凹陷的克拉玛依油田（Tao et al., 2016）。尽管目前 NWJB 勘探的重点主要是原油，但根据最新的第三轮油气资源评估，同样显示了其巨大的天然气勘探潜力，总储量约为 $2.1 \times 10^{12} m^3$（Chen et al., 2014）。

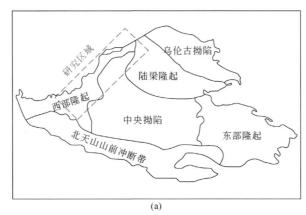

(a)

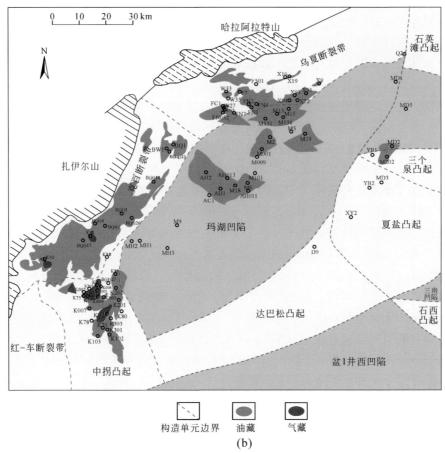

(b)

图 13-1　研究区域构造单元和油气藏分布图（据陈建平等，2016a；Tao et al., 2016）

NWJB 主要包含 13 个主要的沉积层序 (图 13-2)。它们依次为石炭系 (C);二叠系佳木河组 (P_1j)、风城组 (P_1f)、夏子街组 (P_2x)、下乌尔禾组 (P_2w);三叠系百口泉组 (T_1b)、克拉玛依组 (T_2k)、白碱滩组 (T_3b);侏罗系八道湾组 (J_1b)、三工河组 (J_1s)、西山窑组 (J_2x)、头屯河组 (J_2t);白垩系吐谷鲁群 (K_1tg)。石炭系以玄武岩和凝灰岩为

系	群/组	岩性	厚度/m	TOC/%	S_1+S_2/(mg/g)	干酪根类型	R_o/%
白垩系	吐谷鲁群 (K_1tg)		1350~2900				
侏罗系	头屯河组(J_2t)		1100~2100				
	西山窑组(J_2x)		1200~3800				
	三工河组(J_1s)		1400~3900				
	八道湾组(J_1b)		1000~4100				
三叠系	白碱滩组 (T_3b)		1100~3200				
	克拉玛依组 (T_2k)		1100~4200				
	百口泉组 (T_1b)		2400~3800				
二叠系	下乌尔禾组 (P_2w)		1000~5200	0.14~9.16 (均值=1.73)	1.45~4.96 (均值=2.68)	以Ⅲ为主, 部分为Ⅱ型	0.50~1.89 (均值=1.32)
	夏子街组 (P_2x)		2800~5300				
	风城组 (P_1f)		2200~5700	0.41~4.1 (均值=1.38)	0.28~25.64 (均值=4.96)	以Ⅱ型为主, 部分为Ⅰ型	0.60~2.11 (均值=1.17)
	佳木河组 (P_1j)		1200~6000	0.14~19.84 (均值=1.75)	0.05~19.31 (均值=1.31)	Ⅲ型	0.77~2.23 (均值=1.52)
石炭系			500~3600	0.8~5.59 (均值=2.3)	0.26~4.46 (均值=1.72)	Ⅲ型	0.99~2.03 (均值=1.51)

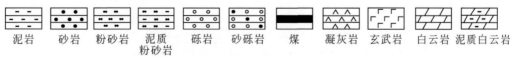

泥岩　砂岩　粉砂岩　泥质粉砂岩　砾岩　砂砾岩　煤　凝灰岩　玄武岩　白云岩　泥质白云岩

图 13-2　准噶尔盆地西北源地区上古生界—中古生界综合柱状图 (孟繁有和帕尔哈提,1999;Tao et al.,2016;陈建平等,2016a;高岗等,2016)

主。二叠系 P_1j 以泥岩、砂岩、泥质粉砂岩、凝灰岩为主，P_1f 以泥岩、白云岩、泥质白云岩为主，P_2x 以泥岩、泥质粉砂岩、砂砾岩为主，P_2w 以泥岩、砂砾岩为主。三叠系和侏罗系主要为泥岩、泥质粉砂岩、粉砂岩、砂砾岩、砾岩、碳质泥岩、煤，白垩纪则主要为泥岩、粉砂岩。

二叠系和石炭系是 NWJB 原油和天然气的主要烃源岩层段（Cao et al.，2005；Graham et al.，1990）。二叠系烃源岩主要由一套泥岩和粉砂岩组成，并广泛分布于该盆地的各沉积凹陷中，包括有下乌尔禾组（P_2w）、风城组（P_1f）和佳木河组（P_1j）（Pan et al.，2003；Cao et al.，2005）。石炭系烃源岩主要为海相、沼泽和潟湖环境的暗色火山泥岩。P_2w 和 P_1f 具有较大的生油潜力，而 P_1j 和石炭系烃源岩则是成熟度相对较高的气源岩（孟繁有和帕尔哈提，1999；Tao et al.，2016；陈建平等，2016a；高岗等，2016）。

13.2　样品与分析方法

在本研究中，我们使用了关于准噶尔盆地西北缘地区（NWJB）已发表的 71 个天然气样品开展化学计量学的天然气成因类型分类（Chen et al.，2014；Tao et al.，2016；杨海风等，2008）［表 13-1，图 13-1（b）］。在确定数据集之前，对已发表的天然气样品进行如下筛选：①排除了地球化学组分较为异常的气体样品；②相同井位和深度的样本取其平均值用于化学计量学分析。在数据集确定之后，使用主成分分析（PCA）和多维标度（MDS）鉴别了 NWJB 天然气的成因类型，并引入交替最小二乘法（ALS）解析混合油型气。化学计量学分析包括 6 个地球化学参数：C_1、C_2、C_3、$\delta^{13}C_1$、$\delta^{13}C_2$ 和 $\delta^{13}C_3$，这与先前的研究是一致的（Wang et al.，2019）。PCA 的计算使用的是商业软件 Pirouette 4.5，而 MDS 是 在 自 编 软 件 下 完 成（Wang et al.，2016）。PCA 的 计 算 条 件 为：预 处 理（preprocessing）= 尺度范围（range scale）；最大因子（maximum factor）= 3；验证方法（validation method）= 无（none）。MDS 的计算条件与 PCA 类似，但不同的是使用了布雷-柯蒂斯（Bray-Curtis）距离度量高纬空间中两点间的距离（Wang et al.，2016）。ALS 的计算条件为：预处理 = 尺度范围，最大端元数（maximum sources）= 2。

表 13-1　准噶尔盆地西北缘地区天然气的化学组成和稳定碳同位素

区域	编号	井号	深度/m	层段	分类	CH_4 /%	C_2H_6 /%	C_3H_8 /%	$\delta^{13}C_1$ /‰	$\delta^{13}C_2$ /‰	$\delta^{13}C_3$ /‰	$\delta^{13}C_4$ /‰
中拐凸起	72	K305	3403	P_1j	A	94.05	2.14	0.45	−26.6	−24.7	−20.9	—
中拐凸起	71	K82	4070 ~ 4084	P_1j	A	91.33	3.74	1.09	−29.7	−23.0	−20.1	−20.0
中拐凸起	70	K77	2763	P_2w	A	94.49	3.13	0.92	−32.9	−26.4	−24.0	−24.8
中拐凸起	69	K75	2672	P_2w	A	94.40	3.11	0.77	−35.1	−26.9	−24.0	−24.5
中拐凸起	68	K76	2964.6	P_2w	A	94.27	2.83	0.90	−32.5	−26.1	−22.5	—
中拐凸起	67	JL2	4605 ~ 4625	P_1j	A	93.30	2.39	0.52	−32.0	−25.3	−21.1	—
中拐凸起	64	K004	3195	P_2w	A	95.63	2.10	0.49	−33.9	−27.3	−25.4	−26.0
中拐凸起	63	XG2	3754 ~ 3766	P_2w	A	94.78	2.04	0.72	−33.1	−26.6	−26.1	—

续表

区域	编号	井号	深度/m	层段	分类	CH_4/%	C_2H_6/%	C_3H_8/%	$\delta^{13}C_1$/‰	$\delta^{13}C_2$/‰	$\delta^{13}C_3$/‰	$\delta^{13}C_4$/‰
中拐凸起	62	G3	4610~4634	P_2w	A	93.82	1.93	0.72	-31.6	-26.6	-26.5	-26.5
中拐凸起	61	XG1	4552~4566	P_1j	A	91.70	2.56	0.98	-32.4	-27.3	-26.6	-26.9
中拐凸起	66	K305	3200	P_1j	A	95.06	1.77	0.39	-28.4	-25.0	—	—
中拐凸起	65	K82	4166~4184	P_1j	A	90.51	3.55	0.90	-30.0	-24.2	—	—
中拐凸起	58	K79	3521	P_2w	B	94.08	2.46	0.85	-37.4	-29.1	-29.4	-28.3
中拐凸起	57	K78	3264	P_2w	B	92.89	3.37	1.12	-35.7	-28.2	-28.6	-28.4
中拐凸起	56	CP3	3600~3674	P_1j	B	92.44	2.98	1.07	-34.1	-28.6	-27.6	-28.3
中拐凸起	52	G5	3116~3126	P_1j	B	93.61	2.10	0.71	-39.6	-26.8	-24.4	-26.8
乌夏断裂带	51	X69	1468	P_1f	B	93.78	2.50	0.68	-41.0	-28.9	-27.6	-27.3
玛湖凹陷	50	M154	3026	T_1b	B	92.74	2.84	0.83	-43.3	-28.8	-27.7	-28.6
乌夏断裂带	47	X94	2835	T_1b	B	91.02	2.70	0.85	-42.0	-27.4	-26.7	-26.5
乌夏断裂带	46	X93	2680~2712	T_1b	B	90.38	3.08	0.94	-42.0	-28.3	-27.0	-26.8
玛湖凹陷	45	M134	3169	T_1b	B	89.90	3.18	1.01	-42.0	-27.5	-27.2	-26.0
中拐凸起	54	K007	3109	P_1j	B	91.52	4.78	1.76	-34.7	-27.5	-26.7	-27.9
中拐凸起	53	K001	2913	P_2w	B	86.61	5.62	3.34	-33.0	-27.5	-28.3	-29.4
	60	K302	3642~3670	P_2w	C	92.31	2.90	0.88	-38.0	-31.2	-29.8	-30.3
中拐凸起	59	K82	3532~3548	P_2w	C	93.25	3.15	0.61	-38.5	-31.8	-30.7	-30.6
玛湖凹陷	49	M13	3106	T_1b	C	92.18	3.04	0.83	-42.9	-29.2	-27.4	-26.4
玛湖凹陷	48	M139	3261	T_1b	C	90.39	2.82	0.79	-43.6	-29.5	-27.6	-26.5
中拐凸起	55	K009	3408	P_2w	C	88.48	4.60	2.22	37.3	-29.7	-28.0	-29.4
中拐凸起	44	K120	516	C	C	92.30	3.41	1.22	-45.7	-32.2	-31.1	-29.6
乌夏断裂带	43	W002	795	T_2k	C	90.80	2.26	1.31	-45.4	-31.7	-30.0	-29.7
中拐凸起	42	K116	524	C	C	95.28	2.00	1.16	-49.1	-31.9	-30.7	-29.7
乌夏断裂带	41	W33	749	T_2k	C	94.47	1.54	0.65	-45.1	-31.9	-29.9	-29.8
克百断裂带	40	B(jt)3	629	C	C	94.00	2.72	0.52	-45.6	-31.5	-29.2	-28.3
中拐凸起	39	K108	546	C	C	88.61	3.26	2.79	-45.2	-30.3	-29.3	-30.1
乌夏断裂带	38	W005	967.5	T_2k	C	89.19	3.15	1.84	-44.8	-31.2	-28.3	-29.0
乌夏断裂带	37	F7	3153.5	P_1f	C	86.88	3.70	1.21	-39.9	-31.9	-29.9	—
玛湖凹陷	36	M18	3854	T_1b	C	86.71	4.77	2.04	-42.9	-30.8	-28.7	-27.6
玛湖凹陷	35	AH011	3848	T_1b	C	85.93	5.06	2.18	-43.1	-31.0	-29.2	-28.3
克百断裂带	34	B(jt)4	756	C	C	88.84	2.55	4.70	-43.1	-32.2	-30.0	-29.8
乌夏断裂带	33	FC1	4193.9	P_1f	C	88.22	5.28	2.08	-50.2	-32.8	-31.9	-30.2
玛湖凹陷	32	M 006	3544	P_2w	C	83.40	5.18	1.85	-48.8	-29.7	-30.3	-30.0
乌夏断裂带	31	W 27	2311	P_2x	C	89.81	3.13	2.11	-48.9	-35.4	-32.9	-31.9
中拐凸起	29	K 127	870	C	C	84.85	6.96	3.29	-39.2	-29.8	-28.9	-29.0

续表

区域	编号	井号	深度/m	层段	分类	CH$_4$ /%	C$_2$H$_6$ /%	C$_3$H$_8$ /%	δ^{13}C$_1$ /‰	δ^{13}C$_2$ /‰	δ^{13}C$_3$ /‰	δ^{13}C$_4$ /‰
克百断裂带	28	B(jt)1	1458	C	C	83.08	6.27	3.71	−42.4	−32.1	−30.2	−29.8
玛湖凹陷	27	M 6	3880	T$_1$b	C	84.38	6.23	3.10	−46.8	−31.9	−28.7	−28.7
玛湖凹陷	26	M 2	3425	T$_1$b	C	84.75	6.81	3.12	−46.9	−31.3	−28.5	−27.8
乌夏断裂带	25	X 72	4808	P$_1$f	C	81.56	6.48	3.31	−46.4	−32.9	−31.8	−31.3
克百断裂带	24	B(jt)17	1694	C	C	83.44	7.13	3.20	−44.5	−33.7	−31.6	−31.1
乌夏断裂带	23	FN 2	4037.8	P$_1$f	C	82.78	6.56	2.81	−48.1	−34.4	−29.8	−33.2
乌夏断裂带	22	W 35	2152	P$_2$x	C	80.90	7.60	3.63	−49.2	−35.0	−33.5	—
乌夏断裂带	20	FN 052	2205.5	P$_2$x	C	74.11	4.61	3.34	−46.3	−34.5	−31.2	−34.2
乌夏断裂带	19	X 91-H	2796	T$_1$b	C	74.24	7.52	4.35	−44.5	−33.6	−32.1	−30.3
中拐凸起	18	K 112	520	C	C	69.98	11.31	9.12	−43.2	−31.2	−28.9	−29.1
克百断裂带	17	K 94	1440	C	C	71.05	12.42	7.02	−45.9	−34.0	−31.7	−31.0
中拐凸起	16	K 110	456	C	C	74.44	8.31	7.24	−45.8	−30.1	−27.7	−29.4
	15	K101	3681～3691	P$_2$w	C	72.56	8.69	5.84	−36.8	−30.6	−28.0	−28.2
玛湖凹陷	14	AH 1	3848	T$_1$b	C	70.65	7.99	5.20	−39.3	−30.9	−29.5	−29.0
玛湖凹陷	13	AH 013	3798	T$_1$b	C	70.23	7.70	5.23	−40.4	−31.4	−30.2	−29.4
克百断裂带	12	K 92	524	C	C	79.29	8.55	5.44	−40.9	−30.2	−29.0	−28.3
克百断裂带	11	B(jt)7	1656	C	C	77.57	8.10	5.16	−40.1	−33.4	−30.6	−31.1
乌夏断裂带	10	W 35	2927	P$_2$x	C	73.40	9.75	5.60	−48.4	−32.3	−29.2	—
克百断裂带	9	B(jt)18	1712	C	C	76.33	10.08	4.92	−47.9	−33.3	−31.3	−31.7
乌夏断裂带	8	W 35	2778	P$_2$x	C	76.51	9.48	4.99	−47.6	−32.1	−29.4	—
玛湖凹陷	7	M 2	3561	P$_2$w	C	77.50	8.74	4.68	−47.8	−30.5	−29.5	−29.1
玛湖凹陷	6	MH 1	3284～3310	T$_1$b	C	79.52	8.91	3.38	−46.0	−30.8	−29.7	−28.8
乌夏断裂带	21	FC 1	3855	P$_1$f	C	69.89	5.52	2.56	−52.7	−37.5	−34.0	−33.6
乌夏断裂带	1	F 501	972	P$_1$f	C	78.36	6.65	5.88	−53.0	−40.9	−37.7	−34.6
乌夏断裂带	5	FN 7	4296	P$_1$f	C	77.13	11.00	4.97	−52.1	−37.3	−35.1	−34.0
乌夏断裂带	4	BQ 1	4724	P$_1$f	C	77.99	9.34	5.35	−52.8	−36.2	−32.7	−31.7
乌夏断裂带	3	FN 5	4394.2	P$_1$f	C	75.24	11.27	6.91	−54.4	−38.6	−35.1	−33.5
乌夏断裂带	2	FN 5	4418	P$_1$f	C	64.68	10.20	7.21	−54.2	−37.9	−34.5	−36.8

13.3　基于 PCA 和 MDS 的天然气成因类型分类

PCA 的结果显示，研究的准噶尔盆地西北缘地区的天然气可划分为 A、B 和 C 三类 [图 13-3（a）]，这与前人使用 δ^{13}C$_2$ 值鉴别天然气类型的结果是相吻合的（戴金星等，2005）。从 MDS 图中也得到了类似的结果，表明该方法对天然气成因分类也是有效的

[图 13-3（b）]。A、B 组天然气主要分布于中拐凸起，而 C 组天然气主要产自于玛湖凹陷及邻近凸起（如克百断裂带和乌夏断裂带）。从天然气的化学和稳定碳同位素组成可知，三组天然气可能来源于不同的气源岩（表 13-2）。

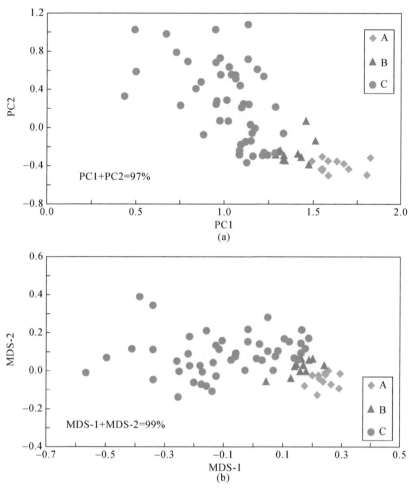

图 13-3　准噶尔盆地西北缘天然气的 PCA（a）和 MDS（b）结果

PCA 和 MDS 的前两个主成分的因子得分分别为 97% 和 99%，
表明其很好地反映了原始数据集的信息

表 13-2　准噶尔盆地西北缘 A、B 和 C 三组天然气化学和稳定碳同位素组成统计表

化学组成	CH_4	C_2H_6	C_3H_8
A 组	$\dfrac{90.51 \sim 95.63}{93.61\ (12)}$	$\dfrac{1.77 \sim 3.74}{2.61\ (12)}$	$\dfrac{0.39 \sim 1.09}{0.74\ (12)}$
B 组	$\dfrac{86.64 \sim 94.08}{91.72\ (11)}$	$\dfrac{2.10 \sim 5.62}{3.24\ (11)}$	$\dfrac{0.68 \sim 3.34}{1.20\ (11)}$
C 组	$\dfrac{64.68 \sim 95.28}{82.03\ (48)}$	$\dfrac{1.54 \sim 12.42}{6.35\ (48)}$	$\dfrac{0.52 \sim 9.12}{3.57\ (48)}$

碳同位素值	$\delta^{13}C_1$	$\delta^{13}C_2$	$\delta^{13}C_3$
A 组	−35.1 ~ −26.6 −31.5（12）	−27.3 ~ −23 −25.8（12）	−26.6 ~ −20.1 −23.7（11）
B 组	−43.3 ~ −33.0 −38.6（11）	−29.1 ~ −26.8 −28.1（11）	−29.4 ~ −24.4 −27.4（11）
C 组	−54.4 ~ −36.8 −45.4（48）	−40.9 ~ −29.2 −32.6（48）	−37.7 ~ −27.4 −30.5（48）

注：$\dfrac{\text{最小值} \sim \text{最大值}}{\text{平均值（样品数量）}}$。

A 组天然气有 12 个样品，产出于中拐凸起的二叠系（P_2w 和 P_1j）储层中。该组气体的特征是甲烷含量较高，介于 90.51% ~ 95.63%，平均值为 93.61%，并且气体的 $\delta^{13}C_2$ 和 $\delta^{13}C_3$ 值最重，分别介于 −27.3‰ ~ −23‰ 和 −26.6‰ ~ −20.1‰。因此，A 组天然气为煤型气，因为这些天然气中的 $\delta^{13}C_2$ 值通常大于 −27.5‰（戴金星等，2005）。

B 组天然气由 11 个样品组成，其产出于中拐凸起、乌夏断裂带和玛湖凹陷的三叠系（T_1b）和二叠系（P_1f、P_2w 和 P_1j）储层中。从天然气的化学成分和碳同位素组成的平均值来看，B 组气体中的甲烷含量中等，$\delta^{13}C_2$ 和 $\delta^{13}C_3$ 值与 A 组和 C 组较为接近。这可能表明 B 组天然气为混合来源（戴金星等，2005），PCA 和 MDS 图中数据点分布的位置也支持了这一结论，即 B 组天然气数据点分布于 A 组和 C 组气体之间。

C 组天然气为准噶尔盆地西北缘最常见的天然气类型，包含了 48 个天然气样品。该组天然气产出于研究区域的三叠系、二叠系和石炭系储层中。其中，甲烷含量介于 64.68% ~ 95.28%，平均值为 82.03%。此外，与 A 组和 B 组气体相比，C 组天然气的 $\delta^{13}C_2$ 和 $\delta^{13}C_3$ 值相对较低，因此，该组天然气为油型气（戴金星等，2005）。

13.4　气源对比

总体来说，A、B、C 三组天然气均显示了较为宽泛的化学和碳同位素组成特征，这表明它们可能来自多种气源岩。此外，准噶尔盆地西北缘天然气中的稳定碳同位素系列在丙烷和丁烷之间存在部分倒转的现象（图 13-4）。这同样支持了三组天然气混合来源的特征。Dai 等（2004）系统地总结了导致天然气烷烃的 $\delta^{13}C$ 值产生部分倒转的原因为：①细菌氧化；②生物气和热成因气的混合；③来源于不同气源岩层段的混合气或同一气源岩不同成熟度层段的混合；④腐泥型气与腐殖型气的混合。准噶尔盆地西北缘天然气中的 $\delta^{13}C_1$ 值介于 −54.4‰ ~ −26.6‰（> −60‰），表明天然气不太可能来自细菌氧化或生物成因气与热成因气的混合气。因此，准噶尔盆地西北缘天然气中存在的同位素部分倒转现象最可能的原因是不同烃源岩层段或同一烃源岩不同成熟度层段或腐泥型气与腐殖型气的混合。

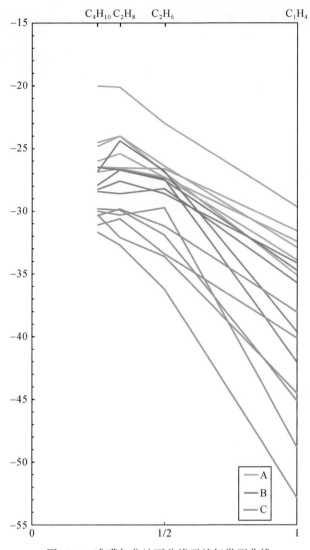

图 13-4　准噶尔盆地西北缘天然气类型曲线

根据 Tao 等（2016）的研究结果，A 组天然气产出井（如克 75 和克 77）伴生凝析油的生物标志化合物特征与佳木河组和石炭系烃源岩类似。这与佳木河组和石炭系烃源岩的干酪根类型相吻合（图 13-2）。此外，不同烃源岩层段的干酪根稳定碳同位素组成表明，风城组（P_1f）烃源岩以 II 型干酪根为主，而佳木河组（P_1j）和石炭系烃源岩以 III 型干酪根为主（图 13-5）。因此，A 组天然气可能来源于佳木河组（P_1j）和石炭系地层的煤型气，并且无法完全排除乌尔禾组（P_2w）烃源岩对 A 组天然气的贡献。

如前所述，B 组天然气很可能为腐泥型气与腐殖型气的混合气，因为 $\delta^{13}C_2$ 值中等，介于−29.1‰~−26.8‰（戴金星等，2005）。此外，如图 13-3 和图 13-4 所示，B 组天然气样品点主要分布在 A 组和 C 组天然气之间，表明 B 组天然气可能来源于 A 组和 C 组气源岩的混合。

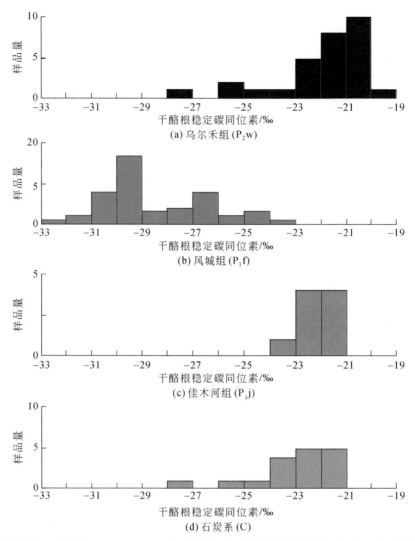

图 13-5　准噶尔盆地西北缘 P_2w、P_1f、P_1j 和 C 烃源岩的干酪根稳定碳同位素组成（陈建平等，2016b）

　　如上所述，C 组天然气是油型气。C 组天然气具有较为宽泛的化学和碳同位素组成，并且丙烷和丁烷之间的 $\delta^{13}C$ 值存在部分倒转的现象，这可能是风城组两期次油气充注的结果（Tao et al.，2016）。此外，前人的研究结果已经证实，准噶尔盆地西北缘有风城组（P_1f）和乌尔河组（P_2w）两套生油潜力巨大的烃源岩，并且目前的结果表明原油主要来源于风城组（P_1f）（陈建平等，2016b；Yu et al.，2017；Chen et al.，2016c）。然而，还有学者认为，过去低估了乌尔禾组（P_2w）烃源岩对准噶尔盆地西北缘原油的贡献（Chen et al.，2016a，2016b）。这一矛盾可能是目前对烃源岩分布的认识有限造成的，目前钻井揭示的乌尔禾组（P_2w）烃源岩主要位于盆地的边缘，而盆地中心的烃源岩发现的较少（陈建平等，2016b）。因此，C 组天然气可能来源于：①风城组（P_1f）和乌尔禾组（P_2w）的混合；②风城组（P_1f）多期次混合的结果。为了解决这具有争议的问题，我们引入了 ALS 来解析 C 组天然气。由于化学计量学分析的样本数通常应超过 30 个（Wang et al.，

2016），因此本书仅讨论了 C 组气体基于 ALS 的解析结果。根据 ALS 结果（表 13-3），C 组天然气存在 2 个端元（端元 1 和端元 2），端元 2 对 C 组天然气的贡献要高于端元 1（图 13-6）。表 13-4 所示是不同热模拟温度下风城组（P_1f）烃源岩气态烃（$C_1 \sim C_3$）的稳定碳同位素组成。在 350℃ 时，端元 1 的稳定碳同位素组成与风城组（P_1f）接近，而端元 2 的稳定碳同位素组成显示与风城组（P_1f）相差较大。因此，端元 1 可能来源于风城组（P_1f）的成熟烃源岩，而端元 2 最有可能来源于乌尔禾组（P_2w）烃源岩。准噶尔盆地西北缘乌尔禾组（P_2w）和风城组（P_1f）烃源岩抽提物与原油的碳同位素值均较为接近（图 13-7）。此外，这一结果与准噶尔盆地西北缘的中、晚二叠世，晚三叠世和早白垩世的三次油气充注事件相吻合，分别对应的主要烃源岩层段为佳木河组（P_1j）、风城组（P_1f）和乌尔禾组（P_2w）（Cao et al.，2005）。综上所述，C 组天然气可能来源于风城组和乌尔禾组烃源岩的混合，并且后者的贡献更大。因此，过去可能低估了准噶尔盆地西北缘乌尔禾组的生油潜力，今后的勘探工作应予以重视。

表 13-3 ALS 解析的 C 组天然气的 2 个端元值

端元	CH_4/%	C_2H_6/%	C_3H_8/%	$\delta^{13}C_1$/‰	$\delta^{13}C_2$/‰	$\delta^{13}C_3$/‰
端元 1	68.21	11.50	7.20	-49.7	-35.7	-32.9
端元 2	91.69	2.80	1.00	-42.5	-30.4	-28.9

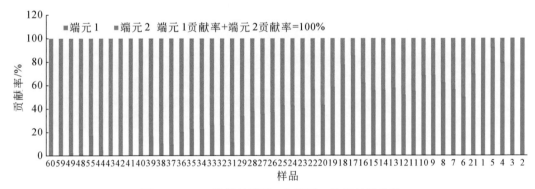

图 13-6 ALS 计算的端元 1 和端元 2 的相对贡献率

表 13-4 不同热模拟温度下的风城组（P_1f）烃源岩气态烃（$C_1 \sim C_3$）的稳定碳同位素组成（王绪龙等，2013）

层段	T/℃	$\delta^{13}C_1$/‰	$\delta^{13}C_2$/‰	$\delta^{13}C_3$/‰
P_1f	300	-44.3	—	—
	350	-43.3	-34.5	-32.8
	400	-42.9	-33.4	-31.3
	450	-36.9	-36.5	-25.6
	500	-36.2	-29.3	-24.2
	550	-34.2	-28.9	—

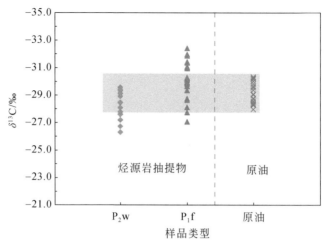

图 13-7 准噶尔盆地西北缘乌尔禾组（P_2w）、风城组（P_1f）烃源岩抽提物和
原油碳同位素值对比（Chen et al., 2016b；Chen et al., 2016c）

参 考 文 献

陈建平, 王绪龙, 邓春萍, 等. 2016a. 准噶尔盆地烃源岩与原油地球化学特征. 地质学报, 90 (1):
　37-67.

陈建平, 王绪龙, 邓春萍, 等. 2016b. 准噶尔盆地油气源、油气分布与油气系统. 地质学报, 90 (3):
　421-450.

戴金星, 秦胜飞, 陶士振, 等. 2005. 中国天然气工业发展趋势和天然气地学理论重要进展. 天然气地球
　科学, (2): 127-142.

高岗, 向宝力, 任江玲, 等. 2016. 准噶尔盆地玛湖凹陷北部—乌夏断裂带天然气成因与来源. 天然气地
　球科学, 27 (4): 672-680.

孟繁有, 帕尔哈提. 1999. 准噶尔盆地石炭系成气潜力评价. 新疆石油学院学报, 11 (2): 1-6.

王绪龙, 支东明, 王屿涛, 等. 2013. 准噶尔盆地烃源岩与油气地球化学. 北京: 石油工业出版社.

杨海风, 韦恒叶, 姜向强, 等. 2008. 准噶尔盆地西北缘五–八区二叠系天然气类型判别及分布规律研究.
　大庆石油地质与开发, (1): 46-50.

Bevilacqua M, Bro R, Marini F, et al. 2017. Recent chemometrics advances for foodomics. Trac- Trends in
　Analytical Chemistry, 96: 42-51.

Cao J, Zhang Y, Hu W, et al. 2005. The Permian hybrid petroleum system in the northwest margin of the Junggar
　Basin, Northwest China. Marine & Petroleum Geology, 22 (3): 331-349.

Chabukdhara M, Nema A K. 2012. Assessment of heavy metal contamination in Hindon River sediments: a
　chemometric and geochemical approach. Chemosphere, 87 (8): 945-953.

Chen Z, Cao Y, Ma Z, et al. 2014. Geochemistry and origins of natural gases in the Zhongguai area of Junggar
　Basin, China. Journal of Petroleum Science & Engineering, 119: 17-27.

Chen Z, Cao Y, Wang X, et al. 2016a. Oil origin and accumulation in the Paleozoic Chepaizi- Xinguang field,
　Junggar Basin, China. Journal of Asian Earth Sciences, 115: 1-15.

Chen Z, Liu G, Wang X, et al. 2016b. Origin and mixing of crude oils in Triassic reservoirs of Mahu slope area
　in Junggar Basin, NW China: implication for control on oil distribution in basin having multiple source

rocks. Marine & Petroleum Geology, 78: 373-389.

Chen Z, Zha M, Liu K, et al. 2016c. Origin and accumulation mechanisms of petroleum in the Carboniferous volcanic rocks of the Kebai Fault zone, Western Junggar Basin, China. Journal of Asian Earth Sciences, 127: 170-196.

Dai J, Xia X, Qin S, et al. 2004. Origins of partially reversed alkane δ^{13}C values for biogenic gases in China. Organic Geochemistry, 35 (4): 405-411.

Graham S, Brassell S, Carroll A, et al. 1990. Characteristics of selected petroleum source rocks, Xianjiang Uygur Autonomous Region, NW China. AAPG Bulletin, 74: 493-512.

He M, Moldowan J M, Nemchenko-Rovenskaya A, et al. 2012. Oil families and their inferred source rocks in the Barents Sea and northern Timan-Pechora Basin, Russia. American Association of Petroleum Geologists Bulletin, 96 (6): 1121-1146.

Kumar N, Bansal A, Sarma G S, et al. 2014. Chemometrics tools used in analytical chemistry: an overview. Talanta, 123: 186-199.

Kvalheim O M, Aksnes D W, Brekke T, et al. 1985. Crude oil characterization and correlation by principal component analysis of ^{13}C nuclear magnetic resonance spectra. Analytical Chemistry, 57 (14): 2858-2864.

Madsen R, Lundstedt T, Trygg J. 2010. Chemometrics in metabolomics-A review in human disease diagnosis. Analytica Chimica Acta, 659 (1-2): 23-33.

Mashhadi Z S, Rabbani A R. 2015. Organic geochemistry of crude oils and cretaceous source rocks in the Iranian sector of the Persian Gulf: an oil-oil and oil-source rock correlation study. International Journal of Coal Geology, 146: 118-144.

Øygard K, Grahl-Nielsen O, Ulvøen S. 1984. Oil/oil correlation by aid of chemometrics. Organic Geochemistry, 6 (84): 561-567.

Pan C, Yang J, Fu J, et al. 2003. Molecular correlation of free oil and inclusion oil of reservoir rocks in the Junggar Basin, China. Organic Geochemistry, 34 (3): 357-374.

Peters K E, Moldowan J M, Schoell M, et al. 1986. Petroleum isotopic and biomarker composition related to source rock organic matter and depositional environment. Organic Geochemistry, 10 (1-3): 17-27.

Peters K E, Walters C C, Moldowan J M. 2005. The Biomarker Guide: Biomarkers and Isotopes in Petroleum Exploration and Earth History. Cambridge: Cambridge University Press.

Peters K E, Ramos L S, Zumberge J E, et al. 2008. De-convoluting mixed crude oil in Prudhoe Bay Field, North Slope, Alaska. Organic Geochemistry, 39 (6): 623-645.

Peters K E, Coutrot D, Nouvelle X, et al. 2013. Chemometric differentiation of crude oil families in the San Joaquin Basin, California. American Association of Petroleum Geologists Bulletin, 97 (1): 103-143.

Peters K E, Wright T L, Ramos L S, et al. 2016. Chemometric recognition of genetically distinct oil families in the Los Angeles basin, California. American Association of Petroleum Geologists Bulletin, 100 (1): 115-135.

Tao K, Cao J, Wang Y, et al. 2016. Geochemistry and origin of natural gas in the petroliferous Mahu sag, northwestern Junggar Basin, NW China: carboniferous marine and Permian lacustrine gas systems. Organic Geochemistry, 100: 62-79.

Wang Y P, Zhang F, Zou Y R, et al. 2016. Chemometrics reveals oil sources in the Fangzheng Fault Depression, NE China. Organic Geochemistry, 102: 1-13.

Wang Y P, Zhang F, Zou Y R, et al. 2018. Oil source and charge in the Wuerxun Depression, Hailar Basin, Northeast China: a chemometric study. Marine and Petroleum Geology, 89 (3): 665-686.

Wang Y P, Zhan X, Zou Y R, et al. 2019. Chemometric methods as a tool to reveal genetic types of natural gases-a case study from the Turpan- Hami Basin, Northwestern China. Petroleum Science and Technology, 37 (3): 310-316.

Yu S, Wang X, Xiang B, et al. 2017. Molecular and carbon isotopic geochemistry of crude oils and extracts from Permian source rocks in the northwestern and central Junggar Basin, China. Organic Geochemistry, 113: 27-42.

Zhan Z W, Tian Y, Zou Y R, et al. 2016a. De- convoluting crude oil mixtures from Palaeozoic reservoirs in the Tabei Uplift, Tarim Basin, China. Organic Geochemistry, 97: 78-94.

Zhan Z W, Zou Y R, Shi J T, et al. 2016b. Unmixing of mixed oil using chemometrics. Organic Geochemistry, 92: 1-15.

Zumberge J E. 1987. Prediction of source rock characteristics based on terpane biomarkers in crude oils: a multivariate statistical approach. Geochimica et Cosmochimica Acta, 51 (6): 1625-1637.